Verilog와
VHDL을 이용한

디지털 시스템 설계

한빛아카데미
Hanbit Academy, Inc.

지은이 **노승환** rosh@kongju.ac.kr

컴퓨터 및 네트워크 분야 연구로 1993년 고려대학교에서 박사 학위를 취득했고, 1994년부터 현재까지 공주대학교 스마트정보기술공학과 교수로 재직 중이다. 이동통신망에서의 핸드오버에 대해 연구했으며, 최근에는 휴대 인터넷 및 Mobile IP 기반의 핸드오버 프로토콜에 대한 연구를 진행하고 있다. 또한 국내에 임베디드 시스템이 소개되기 시작했을 때부터 임베디드 프로세서, 리눅스 등을 이용한 하드웨어와 응용 소프트웨어를 개발했으며, 이를 이용하여 웨어러블 컴퓨터(wearable computer)에 대한 연구를 수행했다. 저서로는 『설계 프로세스로 배우는 창의적 공학설계』(한빛아카데미, 2014)가 있다.

- 1987년 8월 : 고려대학교 전자공학과 학사 학위 취득
- 1989년 8월 : 고려대학교 전자공학과 대학원 석사 학위 취득
- 1993년 8월 : 고려대학교 전자공학과 대학원 박사 학위 취득
- 1997년 6월 ~ 1998년 5월 : 한국전자통신연구원 초빙연구원
- 2002년 12월 ~ 2003년 12월 : 버밍엄대학교(University of Birmingham) 객원연구원
- 1994년 3월 ~ 현재 : 공주대학교 스마트정보기술공학과 교수
- 2016년 1월 ~ 현재 : (주)인트모션 대표이사

Verilog와 VHDL을 이용한 디지털 시스템 설계

초판발행 2024년 1월 8일

지은이 노승환 / **펴낸이** 전태호
펴낸곳 한빛아카데미(주) / **주소** 서울시 서대문구 연희로2길 62 한빛아카데미(주) 2층
전화 02-336-7112 / **팩스** 02-336-7199
등록 2013년 1월 14일 제2013-000013호 / **ISBN** 979-11-5664-005-9 93560

총괄 박현진 / **책임편집** 김평화 / **기획 · 편집** 임여울 / **교정** 이정현
디자인 이아란 / **전산편집** 카리스북 / **제작** 박성우, 김정우
영업 김태진, 김성삼, 이정훈, 임현기, 이성훈, 김주성 / **마케팅** 길진철, 김호철, 심지연

이 책에 대한 의견이나 오탈자 및 잘못된 내용에 대한 수정 정보는 아래 이메일로 알려주십시오.
잘못된 책은 구입하신 서점에서 교환해 드립니다. 책값은 뒤표지에 표시되어 있습니다.
홈페이지 www.hanbit.co.kr / 이메일 question@hanbit.co.kr

Published by HANBIT Academy, Inc. Printed in Korea

실무 현장에서 바로 활용할 수 있는 지식을 배운다!

오늘날 많은 IT 관련 산업 현장에서는 Verilog나 VHDL과 같은 하드웨어 설계 언어를 사용해 디지털 논리회로를 설계할 수 있는 인재를 원합니다. 이러한 능력을 갖추기 위해서는 Verilog와 VHDL의 구조, 데이터 타입의 종류, 코딩 방법 등과 같은 이론적 지식을 익히는 것도 중요하지만, 그보다 습득한 이론을 제대로 활용할 수 있는 훈련이 필요합니다.

사람마다 대화법이 다르듯이, 디지털 논리회로를 설계할 때에도 설계자의 개성을 반영한 독특한 설계 방법이 나올 수 있습니다. 하드웨어 설계 언어를 이용하여 설계할 때 Verilog나 VHDL 문법을 모두 알아야만 설계를 잘할 수 있는 건 아닙니다. 또한 정해진 방법대로 설계해야 한다는 규칙도 없습니다. 이 책은 Verilog와 VHDL 문법을 이용해 독자 스스로 다양한 논리회로를 설계하는 훈련을 반복할 수 있도록 도울 것입니다.

이 책은 이론에 대해 너무 많은 것을 설명하기보다는, 예제를 통해 Verilog와 VHDL 문법을 단계적으로 이해하고 실습과제를 통해 이를 활용해볼 수 있도록 구성했습니다. 그리고 설계 대상을 이해하는 데 큰 어려움이 없도록 대부분의 예제는 디지털 시스템 설계를 강의하면서 가장 많이 사용되는 문제들로 구성했으며, 시뮬레이션만으로도 그 설계 결과를 확인할 수 있게 했습니다.

이 책에서 사용하는 디지털 논리회로 설계 도구는, 가장 대표적인 설계 소프트웨어인 AMD 사의 Vivado ML과 Intel 사의 Quartus Prime 디자인 소프트웨어입니다. Vivado ML을 사용할 때는 DIGCOM-XA1.0, DIGCOM-XA1.1 키트로 실습하고, Quartus Prime 디자인 소프트웨어를 사용할 때는 DIGCOM-A1.2, DIGCOM-AC1.3 키트로 실습합니다.

당부의 글

이 책에 나오는 예제와 실습과제는 직접 설계해보기 바랍니다. 혹 이해되지 않는 부분은 여러 참고서적들을 적극적으로 활용하여 해결해보기를 권합니다. 부디 이 책이 Verilog와 VHDL을 공부하려는 학생들에게 많은 도움이 되기를 바랍니다.

실습 과정에서 궁금한 사항은 ㈜인트모션 홈페이지(http://www.intmotion.co.kr)에 관련 자료를 지속적으로 업데이트할 예정이니 이를 적극 활용하길 바랍니다.

지은이 **노승환**

CHAPTER 01

Vivado ML의 설치와 사용

이 책에서는 Verilog와 VHDL을 이용하여 디지털 회로를 설계하는 방법을 살펴볼 것이다. Verilog와 VHDL은 하드웨어 동작을 표현하는 하드웨어 설계 언어이다. 이러한 설계 언어를 이용하기 위해서는 설계 도구가 필요한데, 이 장에서는 AMD 사의 Vivado ML에 대해 살펴본다. Vivado ML은 Verilog와 VHDL의 컴파일, 배치 및 시뮬레이션 환경을 제공하는 설계 도구이다. 여기서는 Vivado ML의 설치 방법과 사용 방법을 살펴보자. Vivado ML의 설치 및 사용에 대한 동영상 파일은 인트모션 홈페이지(http://www.intmotion.co.kr)에서 볼 수 있다.

CONTENTS

장 도입글
해당 장의 내용을 왜 배우는지, 무엇을 배우는지 설명합니다.

[코드 3-1]의 6~8행에서는 assign 문을 이용해서 입력 신호인 a와 b 값이 변하면 출력 and_out, or_out과 not_out에 새로운 값을 할당한다.

```
assign and_out = a&b;
assign or_out = a|b;
assign not_out= ~a;
```

예시 박스
코드의 기본적인 구조와 사용 예를 소개합니다.

3.1.3 VHDL을 이용한 기본 논리 게이트 설계

VHDL 코드를 이용하여 간단한 논리 게이트를 설계해보도록 하자. VHDL 프로그램이 완료되면 컴파일 후 시뮬레이션을 통해 동작을 검증할 수 있다. 시뮬레이션 결과는 앞서 3.1.1절에서 설명한 Schematic 설계의 결과와 동일하다.

코드 3-2 [VHDL\DigitalDesign\AndOr]

```
-- VHDL code for logic gates
library ieee;
use ieee.std_logic_1164.all;

entity AndOr is
    port(a, b                    : in   std_logic;
         and_out, or_out, not_out : out  std_logic);
end AndOr;

architecture Behavioral of AndOr is
begin
  and_out <= a and b;
  or_out  <= a or b;
  not_out <= not a;
end Behavioral;
```

주석 / 라이브러리 / entity 선언 / architecture 본체

코드 박스
Verilog HDL 또는 VHDL 코드를 작성하는 방법을 소개합니다.

실습과제

3.2 전감산기 설계

목적 및 배경

앞에서 전가산기를 Schematic과 HDL로 설계하며, 몇 가지의 HDL 설계의 특성에 대해 살펴봤다. 이번 실습에서는 전가산기와 동일한 과정으로 전감산기[Full Subtracter]를 Schematic과 HDL로 설계하고 감산 동작을 Verilog와 VHDL로 설계하는 방법을 알아본다.

실습 내용

전가산기에서는 3비트를 더하는 회로를 설계했으며, 그중 한 비트는 아랫자리에서 더한 결과 캐리가 발생했다고 가정했다. 전감산기에서는 이와 반대로, 아랫자리에서 뺄셈했을 때 피감산 수가 감산 수보다 작아서 아랫자리로 수를 빌려주는 것을 고려하여 계산한다. 따라서 두 개의 2진수를 감산할 때는 아랫자리에서 빌림 수가 발생할 때를 고려하여 계산하며, 출력은 뺄셈한 결과와 윗자리에서 빌림 수가 발생하는 경우가 된다.

다음과 같이 두 수 Xi와 Yi를 빼는 경우 산술 연산을 하게 되며, Bi는 아랫자리에 빌려준 값이다. 그리고 연산 결과 Di는 감산 결과이며 위에서 빌린 수는 B가 된다.

| 실습과제 |

본문의 내용을 활용하여
디지털 논리회로를
설계하는 방법을 소개합니다.

실습과제

3.2 설계 실습 결과 보고서

일시		전공		실습 시간	
학번		이름			
제목	전감산기 설계				
실습 목적	전감산기는 한 자리 2진수 뺄셈 시 전가산기에서 더한 결과 캐리가 발생하는 것과 반대로, 아랫자리에서 발생하는 빌림 수를 고려해야 한다. 그리고 감산한 결과와 위에서 빌린 수를 나타내야 한다. 전감산기 설계 과정을 통해 조합논리회로를 Verilog 또는 VHDL로 설계하는 방법에 대해 공부한다. 또한 이 실습을 통해 if~else(Verilog) 또는 if~then~elsif~end if(VHDL) 형식을 배울 수 있다.				
실습 내용	실습 결과				
	1. 전감산기 연산은 다음 식과 같다. 이 식은 Xi에서 Yi를 빼는 것이며, Bi는 아랫자리에서 빌림 수가 발생한 것이다. 연산 결과는 Di이고, 출력에는 윗자리에서 빌림 수가 발생한다는 것을 나타내는 B가 있어야 한다.				

| 설계 실습 결과 보고서 |

실습과제의 수행 결과를
정리할 수 있도록
보고서 양식을 제공합니다.

| 연습문제 |

해당 장에서 학습한 내용을
점검할 수 있도록 문제를 제공합니다.

CHAPTER

03 연습문제

3.1 기본 논리 게이트

1. 다음 그림과 같은 회로에 대해 답하라.

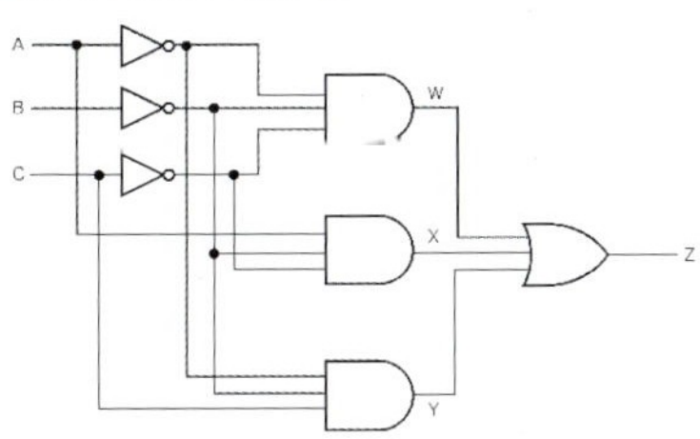

(a) 다음 지점의 논리식을 표현하라.

강의 보조 자료

한빛아카데미 홈페이지에서 '교수회원'으로 가입하신 분은 인증 후 교수용 강의 보조 자료를 제공받을 수 있습니다. 한빛아카데미 홈페이지 상단의 〈교수전용공간〉 메뉴를 클릭하세요.

http://www.hanbit.co.kr/academy

온라인 자료 안내

이 책의 예제소스 파일은 다음 경로에서 내려받을 수 있습니다.

한빛아카데미 홈페이지 접속 → [도서명] 검색 → 도서 상세 페이지의 [부록/예제소스]

실습 키트 안내

이 책에서는 실습 키트로 DIGCOM–XA1.0, DIGCOM–XA1.1과 DIGCOM–A1.2, DIGCOM–AC1.3을 사용합니다. AMD 사의 Vivado ML을 사용할 때는 DIGCOM–XA1.0, DIGCOM–XA1.1을, Intel 사의 Quartus Prime 디자인 소프트웨어를 사용할 때는 DIGCOM–A1.2, DIGCOM–AC1.3을 이용합니다. 실습 키트는 ㈜인트모션 홈페이지(http://www.intmotion.co.kr)에서 구입할 수 있습니다.

Vivado ML

DIGCOM–XA1.1

DIGCOM–XA1.0

Quartus Prime 디자인 소프트웨어

DIGCOM–AC1.3

DIGCOM–A1.2

주의 최근 DIGCOM–A1.2를 유사하게 복제한 FPGA Lite가 유통되고 있습니다. 해당 제품은 신뢰성을 보장할 수 없으므로 주의하기 바랍니다.

이 책은 학교 커리큘럼에 따라 한 학기 또는 두 학기에 걸쳐 사용할 수 있습니다. Verilog와 VHDL 중 하나를 선택하거나 조합논리회로와 순차논리회로 설계까지만 강의한다면 한 학기 수업용으로 적합하며, 두 언어를 모두 선택하거나 디지털 시계 설계 및 확장 보드를 사용하는 응용회로 실습까지 모두 강의한다면 두 학기 수업용으로 사용하는 것을 제안합니다. 다만 상황과 교육 내용에 따라 탄력적으로 강의 내용을 재구성할 수도 있습니다.

1학기

주	해당 장	주제
1	1장, 2장	Vivado ML의 설치와 사용, Quartus Prime의 설치와 사용
2	3장	조합논리회로 설계(기본 논리 게이트)
3	3장	조합논리회로 설계(전가산기)
4	3장	조합논리회로 설계(디코더)
5	3장	조합논리회로 설계(입출력 장치 실습)
6	3장	조합논리회로 설계(멀티플렉서)
7	3장	조합논리회로 설계(크기 비교기)
8		중간고사
9	4장	조합논리회로 설계(n비트 가산/감산기)
10	4장	조합논리회로 설계('1' 개수 카운터, 패리티 발생기)
11	4장	조합논리회로 설계(리플 가산기)
12	5장	순차논리회로 설계(간단한 상태도 구현, 레지스터의 표현)
13	5장	순차논리회로 설계(Up-Down 카운터)
14	5장	순차논리회로 설계(순차검출기)
15	6장	기타 논리회로 설계
16		기말고사

2학기

주	해당 장	주제
1	7장	디지털 시계 설계(MSL 설계)
2	7장	디지털 시계 설계(DCL 설계)
3	7장	디지털 시계 설계(TL 설계)
4	7장	디지털 시계 설계(AL 설계)
5	7장	디지털 시계 설계(FND 출력 설계)
6	7장	디지털 시계 설계(부가적인 기능 및 디지털 시계 실행)
7	7장	디지털 시계 설계(부가적인 기능 및 디지털 시계 실행)
8		중간고사
9	8장	응용회로 설계(스위치 매트릭스 입력)
10	8장	응용회로 설계(부저 사운드 구동)
11	8장	응용회로 설계(Text LCD 출력)
12	8장	응용회로 설계(Dot Matrix 출력)
13	8장	응용회로 설계(L293D 드라이버를 이용한 스텝모터 제어)
14	8장	응용회로 설계(DRV8834 드라이버를 이용한 스텝모터 제어)
15	8장	응용회로 설계(서보모터 제어)
16		기말고사

PART 02 디지털 논리회로의 설계 및 실습

Contents

PART

01

디지털 논리회로 설계 소프트웨어의 설치와 사용

CONTENTS

PART 01 들어가기 전에

디지털 회로를 개발하는 방법에는 여러 가지가 있다. 그중 하나는 Verilog 또는 VHDL을 이용해 하드웨어 동작을 표현함으로써 디지털 회로를 설계하는 것이다. Verilog나 VHDL로 설계하려면 설계 도구가 필요한데, AMD 사에서 제공하는 Vivado ML Machine Learning과 Intel 사에서 제공하는 Quartus Prime이 대표적인 설계 도구이다. 현재 AMD 사와 Intel 사에서는 해당 설계 소프트웨어를 무료로 제공하고 있으므로 누구나 쉽게 다운로드하여 사용할 수 있다.

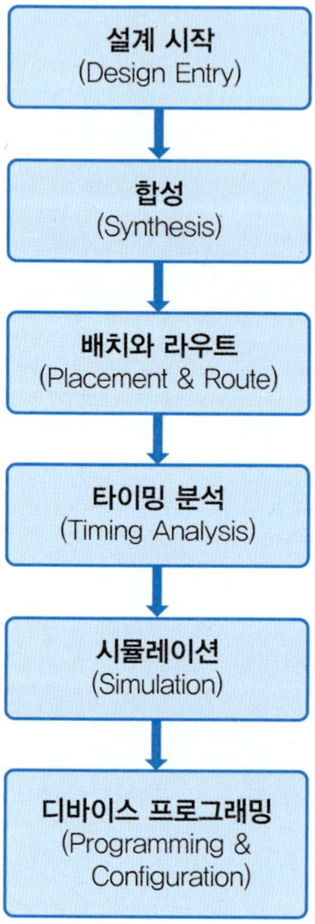

[그림 1-1] Vivado ML과 Quartus Prime의 설계 단계

Vivado ML과 Quartus Prime은 SOPC System-On-Programmable-Chip 설계와 FPGA에 프로그래밍할 수 있는 환경을 지원한다. Vivado ML과 Quartus Prime의 모든 설계 단계는 GUI 방식으로 되어 있으며, [그림 1-1]과 같은 단계를 거쳐 디지털 회로를 구현한다.

기본적으로는 설계 소프트웨어를 실행해서 프로젝트를 생성하고, Verilog 또는 VHDL로 설계한 후 컴파일하는 절차를 거친다. 이 컴파일 과정에 의해 코드를 디지털 회로로 합성하고 동작할 수 있도록 디바이스에 배치한다. 또한 타이밍 분석을 통해 디바이스에서 실행되었을 때의 지연시간을 계산함으로써 시뮬레이션 결과에서 정확한 타이밍을 보여준다.

Vivado ML과 Quartus Prime은 다음 경로에서 다운로드할 수 있다.

- Vivado ML 다운로드 : AMD 홈페이지(https://www.amd.com)
- Quartus Prime 다운로드 : Intel 홈페이지(https://www.intel.com)

이 책에서는 Vivado ML 2023.1과 Quartus Prime Lite v22.1을 다루고 있으나 이후 버전을 다운로드하더라도 충분히 실습할 수 있다. 참고로 Quartus Prime을 무료로 사용하기 위해서는 라이트 에디션을 사용해야 한다.

CHAPTER

01

Vivado ML의 설치와 사용

이 책에서는 Verilog와 VHDL을 이용하여 디지털 회로를 설계하는 방법을 살펴볼 것이다. Verilog와 VHDL은 하드웨어 동작을 표현하는 하드웨어 설계 언어이다. 이러한 설계 언어를 이용하기 위해서는 설계 도구가 필요한데, 이 장에서는 AMD 사의 Vivado ML에 대해 살펴본다. Vivado ML은 Verilog와 VHDL의 컴파일, 배치 및 시뮬레이션 환경을 제공하는 설계 도구이다. 여기서는 Vivado ML의 설치 방법과 사용 방법을 살펴보자. Vivado ML의 설치 및 사용에 대한 동영상 파일은 인트모션 홈페이지(http://www.intmotion.co.kr)에서 볼 수 있다.

CONTENTS

SECTION 1.1 Vivado ML의 설치

Vivado ML은 Verilog나 VHDL 설계를 합성Synthesis하기 위한 소프트웨어 도구로, HDL로 설계한 디지털 회로를 컴파일 및 타이밍 분석하고, 다양한 입력에 따른 시뮬레이션을 수행할 수 있도록 한다. 최종적으로 프로그램을 이용하여 디바이스에 컨피그레이션Configuration할 수 있게 한다.

Vivado ML는 AMD 홈페이지에서 다운로드한 후 라이선스 파일을 받아서 설치하면 사용할 수 있다. 기본적으로 설치 프로그램은 [〈drive〉:\xilinx\Vivado\version number]에 설치된다. 여기서 version number는 Vivado ML의 버전을 의미한다.[1]

Vivado ML은 윈도우와 리눅스에서 모두 설치 및 사용할 수 있지만, 이 책에서는 윈도우에서 설치 및 사용하는 방법에 대해 설명한다. 여기서는 Chrome 브라우저를 사용해서 다운로드하는 과정을 살펴보며, 다른 브라우저를 사용하면 브라우저 특성에 따른 차이가 있을 수 있다.

1.1.1 소프트웨어 다운로드

1 홈페이지 접속하기

AMD 홈페이지(https://www.amd.com/)에 접속해서 회원가입을 한 후 로그인한다. 설치 파일을 다운로드하기 위해 초기 화면에서 [다운로드 및 지원] – [Vivado ML 개발자 툴]을 선택한다.

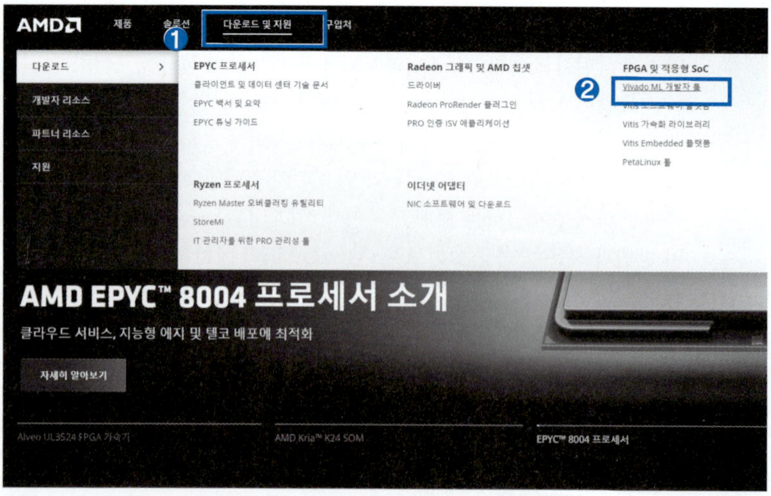

[그림 1-2] AMD 홈페이지의 초기 화면

1 Vivado ML 2023.1 버전은 기본적으로 [<drive>:\xilinx\Vivado\2023.1] 폴더에 설치된다.

2 다운로드할 파일 선택하기

다운로드 화면의 왼쪽에 원하는 버전을 선택한 후 아래로 스크롤하여 'AMD Unified Installer for FPGA & Adaptive SoCs 2023.1 SFD'를 선택한다.[2]

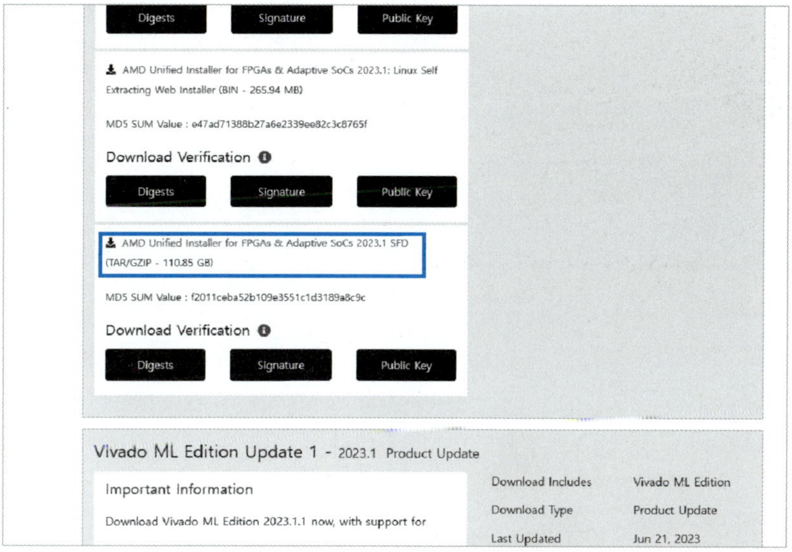

[그림 1-3] 다운로드할 파일 선택

3 다운로드하기

다운로드할 파일을 선택하면 Download Center 화면이 나타난다. 자동으로 나타나는 가입자 정보를 확인한 후에 [Download] 버튼을 클릭해서 다운로드를 시작한다.

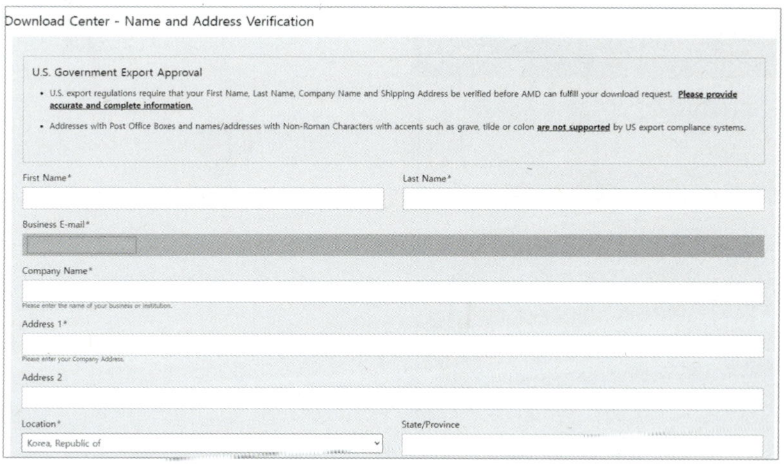

[그림 1-4] Download Center 화면

2 이 책에서는 2023.1 버전을 사용하지만, 만일 새로운 버전이 나왔다면 2023.1 이후 버전을 다운로드해도 무방하다.

1.1.2 Vivado ML 설치

1 xsetup.exe 파일 실행하기

다운로드받은 압축 파일을 해제하고 xsetup.exe 파일을 실행한다. 설치를 시작하면 [그림 1-5]와 같이 설치 초기창이 뜨며, 이때 [Next] 버튼을 클릭한다.

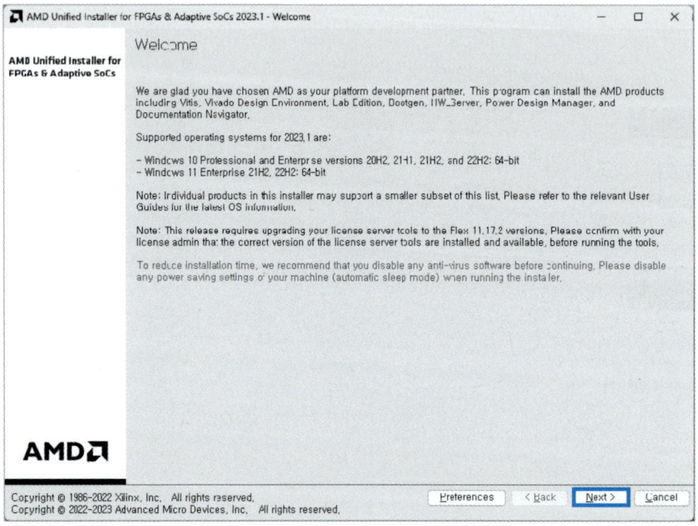

[그림 1-5] Vivado ML 설치 시작

2 설치할 제품 선택하기

〈Select Product to Install〉 창에서 여러 제품 가운데 'Vivado'를 선택하고 [Next] 버튼을 클릭한다.

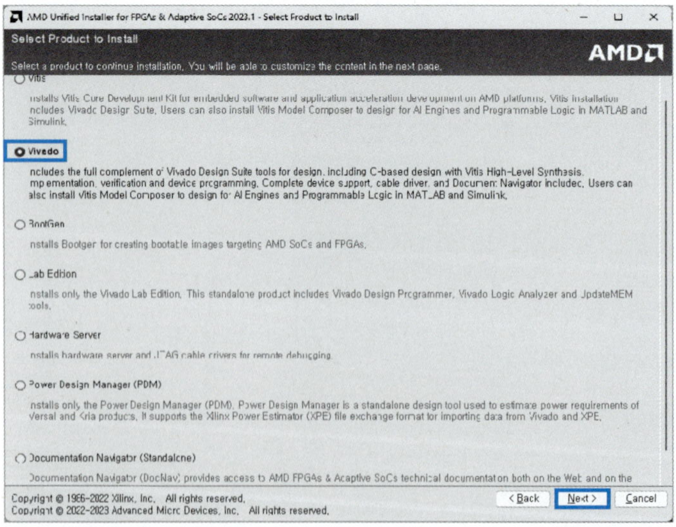

[그림 1-6] 설치할 제품 선택

3 설치할 에디션 선택하기

〈Select Edition to Install〉 창에서 'Vivado ML Standard'를 선택하고 [Next] 버튼을 클릭한다.

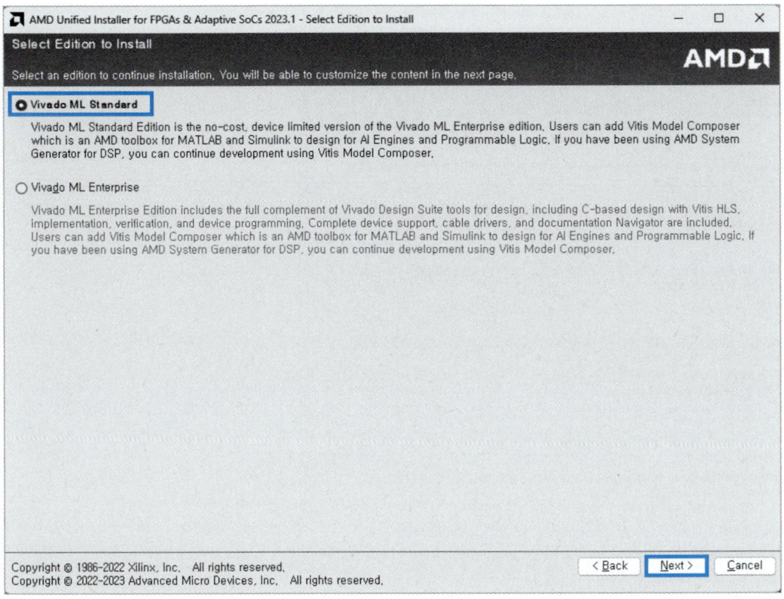

[그림 1-7] 설치할 에디션 선택

4 설치할 툴과 디바이스 선택하기

〈Vivado ML Standard〉 창에서 기본 설정된 항목을 수정하지 않고 [Next] 버튼을 클릭한다.

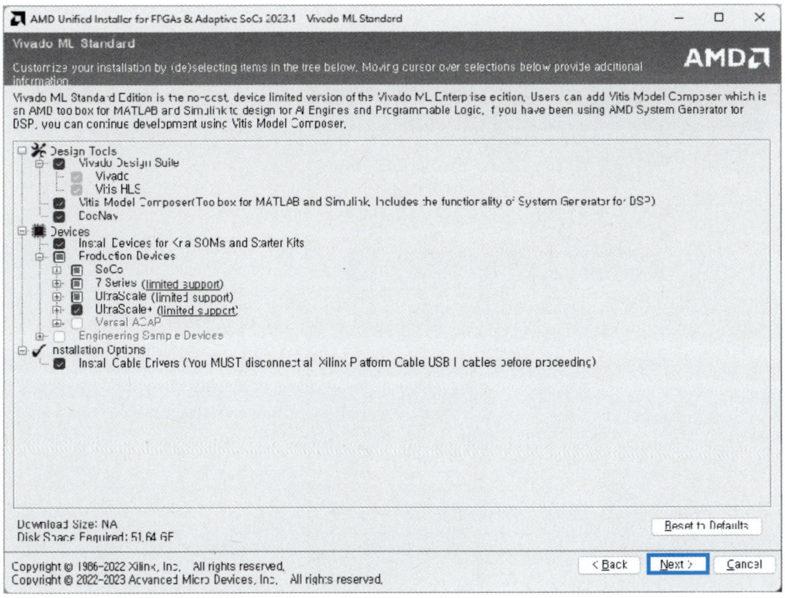

[그림 1-8] 설치할 툴과 디바이스 선택

5 라이선스 동의하기

〈Accept Licence Agreements〉 창에서 내용을 모두 살펴본 다음, 모두 동의를 한 후에 [Next] 버튼을 클릭한다.

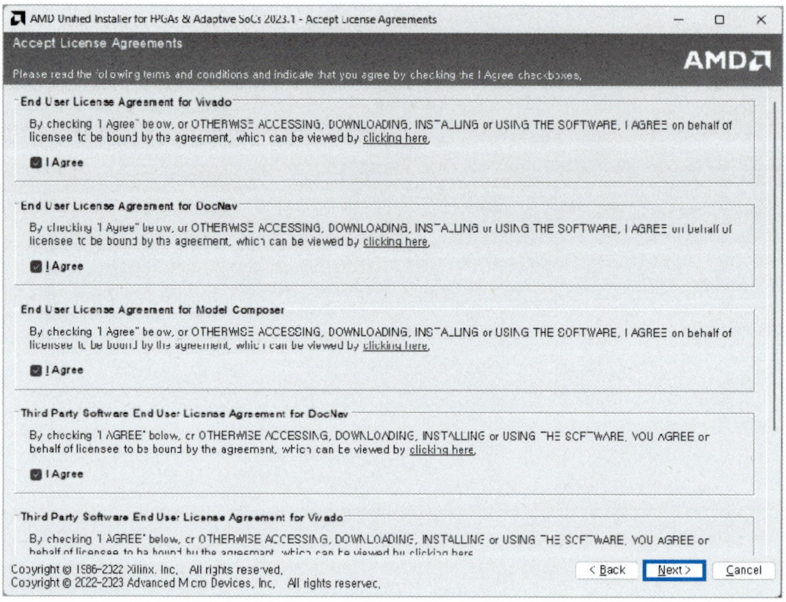

[그림 1-9] 라이선스 동의

6 설치 경로 선택하기

기본적인 설치 경로는 'C:₩Xilinx'이며, 설치하고자 하는 드라이브를 선택하고 [Next] 버튼을 클릭한다.

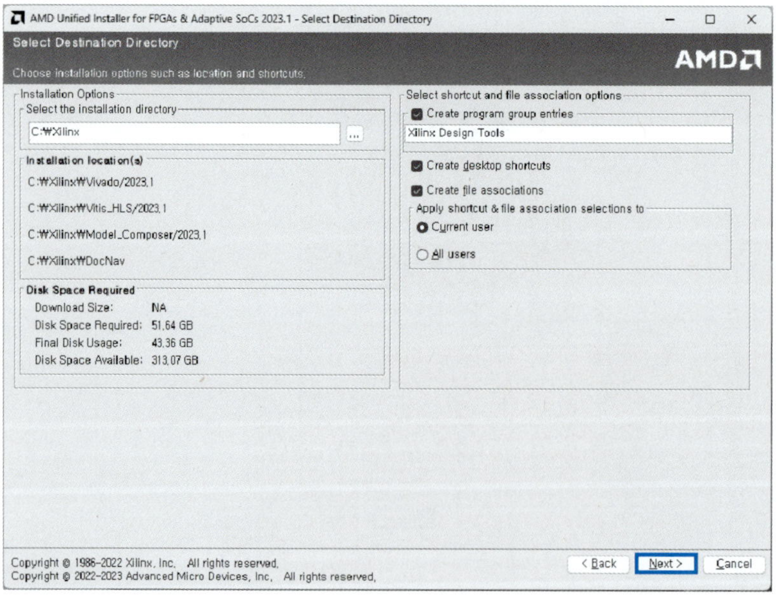

[그림 1-10] 설치 경로 선택

7 설치 옵션 확인하기

최종적으로 선택할 설치 옵션에 대한 요약이 나온다. 설치 환경을 바꾸고 싶다면 [Back] 버튼을 클릭하여 변경할 수 있다. 설치를 계속 진행하려면 [Install] 버튼을 클릭한다.

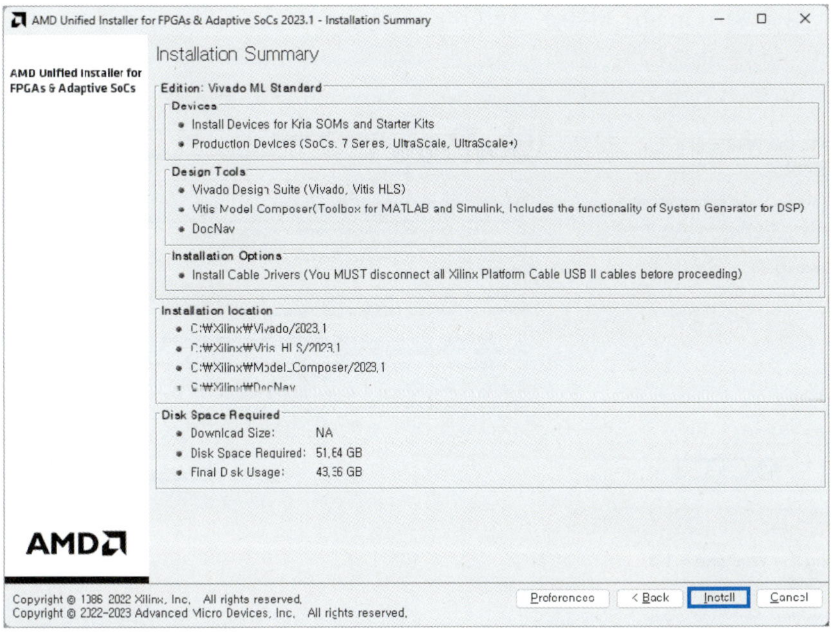

[그림 1-11] 설치 옵션 확인

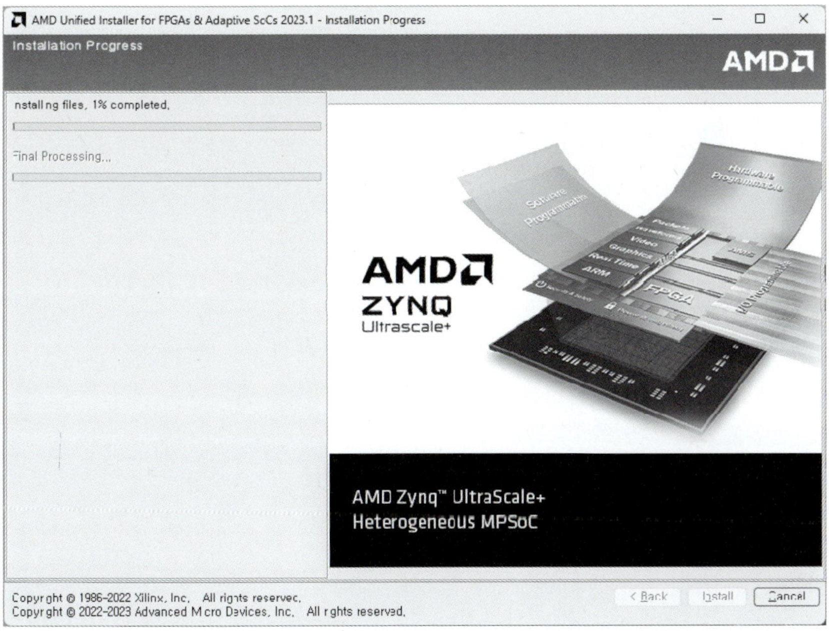

[그림 1-12] Vivado ML 설치 진행

8 WinPcap 설치 시작하기

설치를 진행하다 보면 〈WinPcap 4.1.3 Setup〉 창이 나타난다. WinPcap은 네트워크를 이용해서 설계하는 도구이다. WinPcap을 설치하기 위해 ❶ [Next] 버튼을 클릭하면, 설치를 시작하는 창이 한 번 더 나타난다. 역시 [Next] 버튼을 클릭하면 라이선스 동의에 대한 창이 나오는데, ❷ [I Agree] 버튼을 눌러서 설치를 진행한 다음 ❸ [Finish] 버튼을 클릭한다.

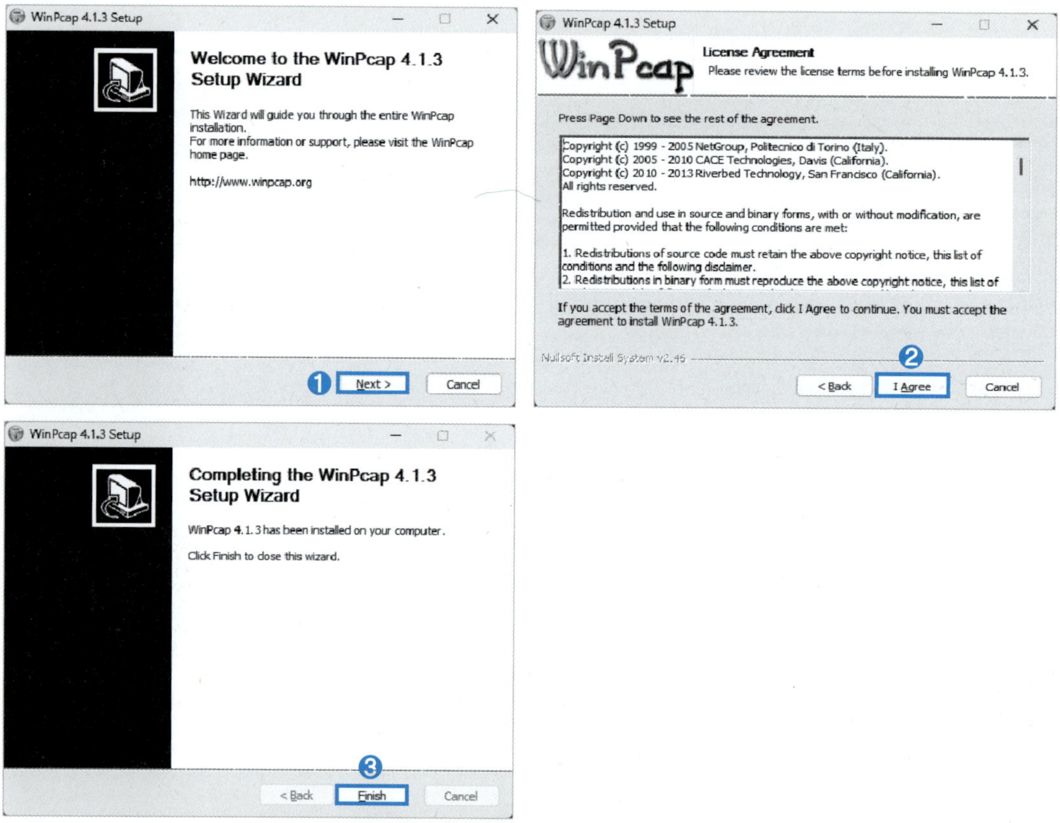

[그림 1-13] WinPcap 설치

9 설치 완료하기

설치가 종료되면 [확인] 버튼을 눌러 Vivado ML 설치를 완료한다.

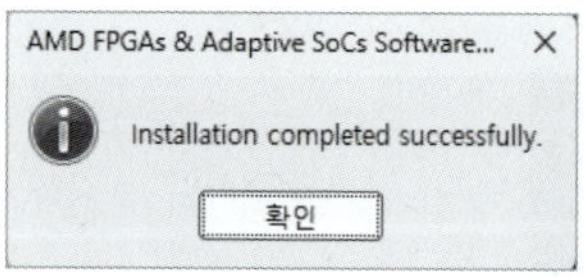

[그림 1-14] Vivado ML 설치 완료

1.1.3 라이선스 설치

1 라이선스 설치 시작하기

Vivado ML의 설치가 끝나면 Vivado를 시작하고 라이선스를 설치한다. 초기 화면의 상단 메뉴에서 [Help]- [Manage License]를 클릭하면 [그림 1-16]과 같이 〈Vivado License Manager〉 창이 뜬다.

[그림 1-15] Vivado ML의 초기 화면

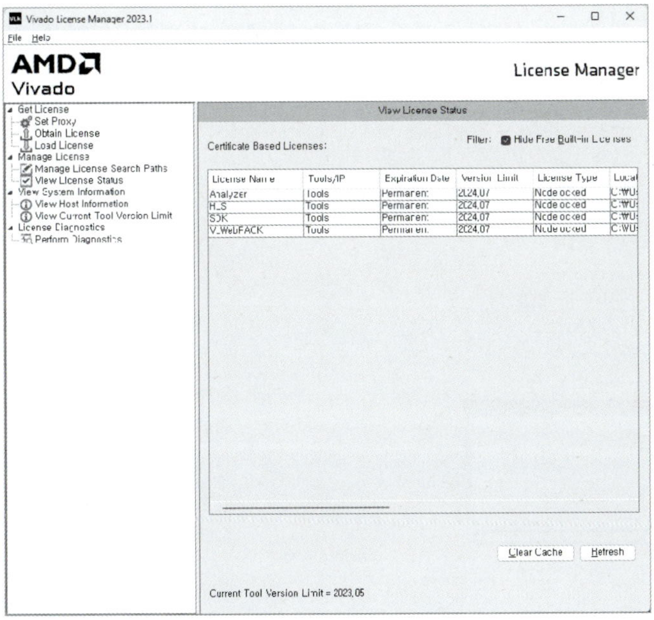

[그림 1-16] 라이선스 설치 시작

2 라이선스 서버에 연결하기

화면의 왼쪽에서 ❶ [Obtain License] 탭을 클릭하고 ❷ [Connect Now] 버튼을 클릭하여 라이선스 서버에 연결한다.

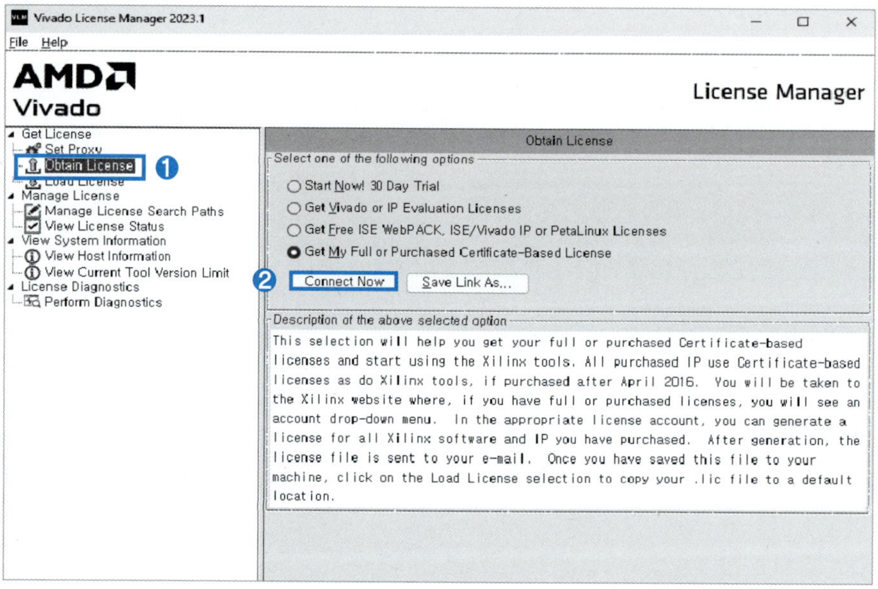

[그림 1-17] 라이선스 서버 연결

3 라이선스 선택하기

AMD 로그인 화면과 사용자 정보에 대한 화면이 나오며, 사용자 정보 아래 [Next] 버튼을 클릭하면 [그림 1-18]과 같이 Product Licensing 화면이 나타난다. 이때 'Vivado Design Suite : HL …'을 선택하고 [Generate Node-Locked License]를 클릭한다.

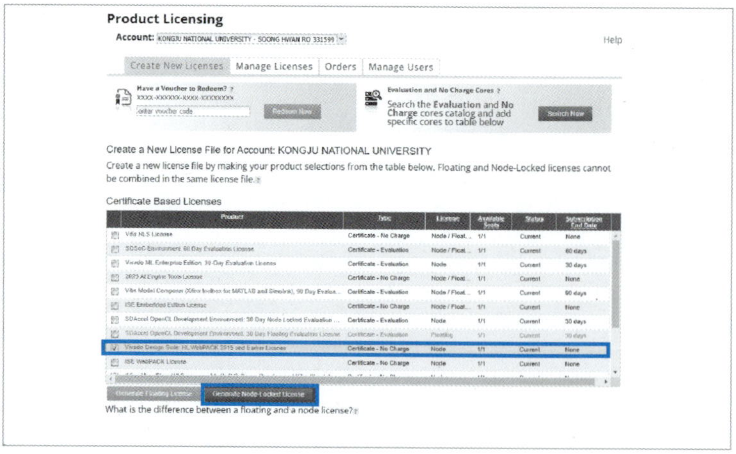

[그림 1-18] 라이선스 선택

4 노드 라이선스 생성하기

라이선스 생성 화면이 뜨고 [Next] 버튼을 두 차례 클릭하면 라이선스가 생성되어 등록된 이메일 주소로 전송된다.

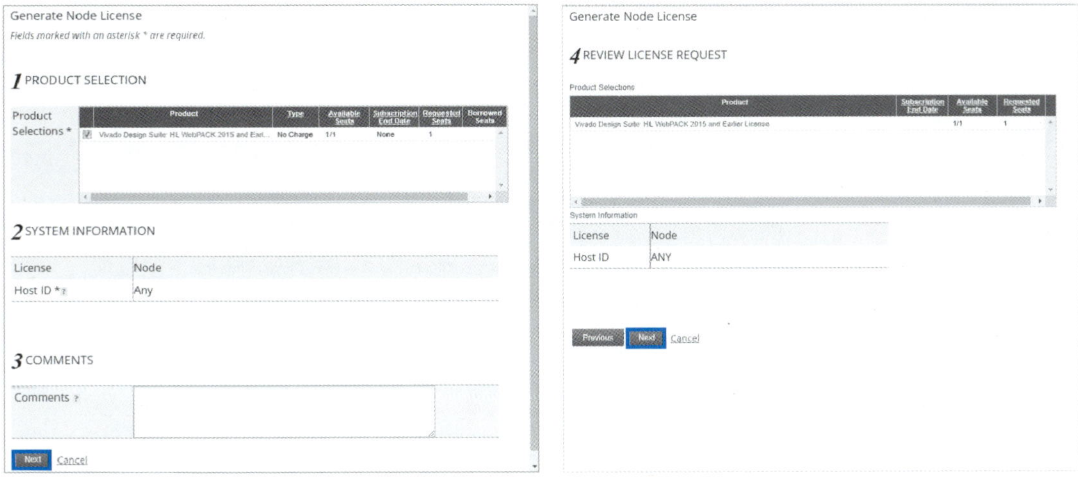

[그림 1-19] 노드 라이선스 생성

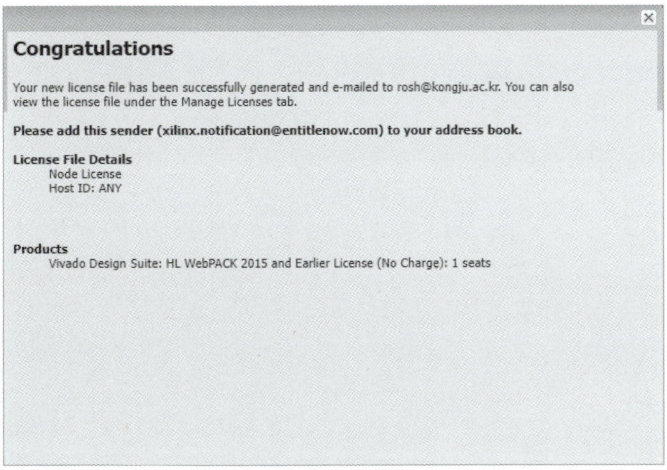

[그림 1-20] 라이선스 생성과 전송된 이메일 확인

5 노드 라이선스 불러오기

이메일을 확인하여 첨부된 라이선스 파일 'Xilinx.lic'를 적당한 위치에 다운로드한다. [그림 1-21]과 같이 ❶ [Load License] 탭을 클릭한 후 ❷ [Copy License] 버튼을 눌러 저장한 라이선스 파일을 선택하면 라이선스 설치가 완료된다.

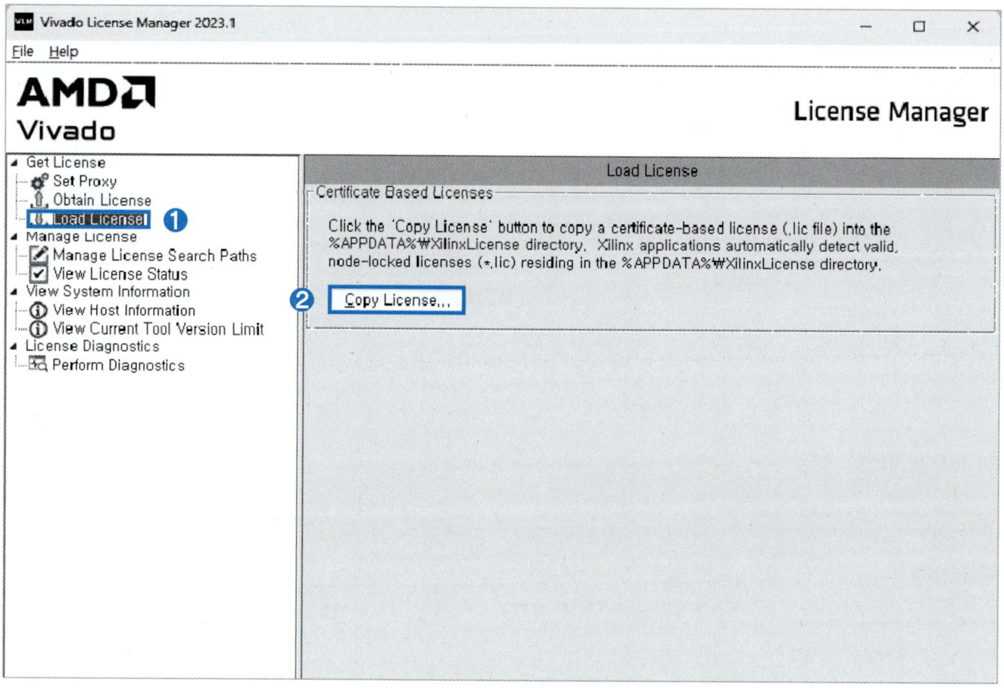

[그림 1-21] 라이선스 설치

SECTION 1.2

Vivado ML의 사용

앞서 Vivado ML의 설치 방법에 대해 살펴보았다면, 지금부터는 사용 방법에 대해 설명한다. Verilog와 VHDL은 2부에서 설명할 예정이므로 코드의 내용을 알고 싶다면 3.1절을 참고하기 바란다.

사용된 Verilog 또는 VHDL 코드를 편집 창에 입력해서 컴파일하고 시뮬레이션한 후, 실습 키트에 다운로드하고 실행함으로써 Vivado ML의 사용 방법을 이해해보도록 하자. 이 책에서는 논리회로 실습 키트인 DIGCOM-XA1.x에서 Verilog나 VHDL을 실행하도록 설명하고 있으며, DIGCOM-XA1.x에서는 'Artix7 xc7atftg250 FPGA'와 'n25q32 SPI 플래시 메모리'를 Configuration 디바이스로 사용한다. DIGCOM-XA1.x는 일반적인 논리회로를 구현할 수 있는 논리회로 실습 키트로, [부록 C]에 실습 키트의 구조와 설치 및 사용 방법이 상세하게 설명되어 있다.

1.2.1 새로운 프로젝트 생성

Verilog나 VHDL로 설계하기 위해서는 Vivado ML에서 프로젝트를 생성해야 한다. 설계를 새로 시작할 때는 새로운 프로젝트를 생성해서 설계하지만, 기존에 있는 프로젝트를 계속해서 진행할 때는 프로젝트를 오픈Open해서 설계를 시작한다.

1 Vivado ML 실행하기

'Vivado ML 2023.1'을 실행하고 Quick Start에 있는 [Create Project]를 클릭하여 새로운 프로젝트를 생성한다.

[그림 1-22] Vivado ML의 초기 실행 화면

2 프로젝트명과 위치 지정하기

〈Create a New Vivado Project〉 창에서 [Next] 버튼을 누르면 〈Project Name〉 창이 나타난다. 여기서 Project name과 Project location을 각각 지정한 후, [Next] 버튼을 클릭한다.

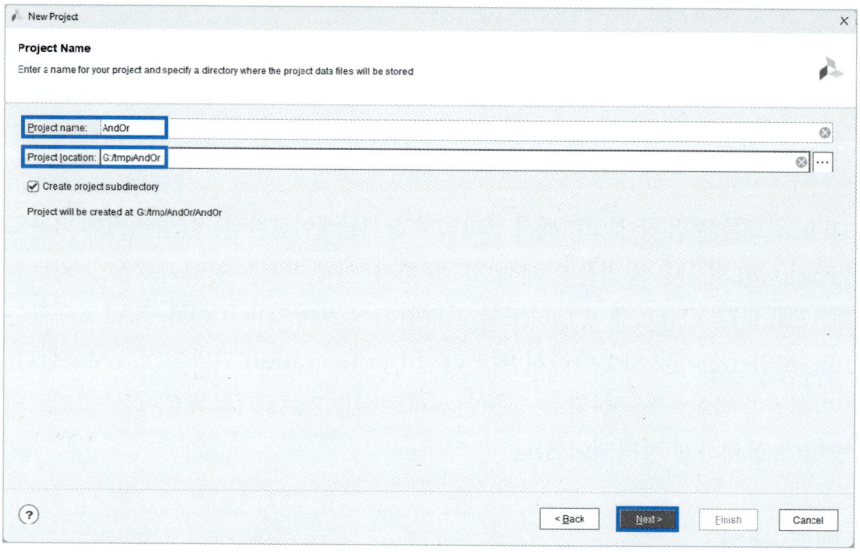

[그림 1-23] 프로젝트명과 위치 지정

3 프로젝트 타입 선택하기

〈Project Type〉 창에서 'RTL Project'를 선택한 후 [Next] 버튼을 클릭한다.

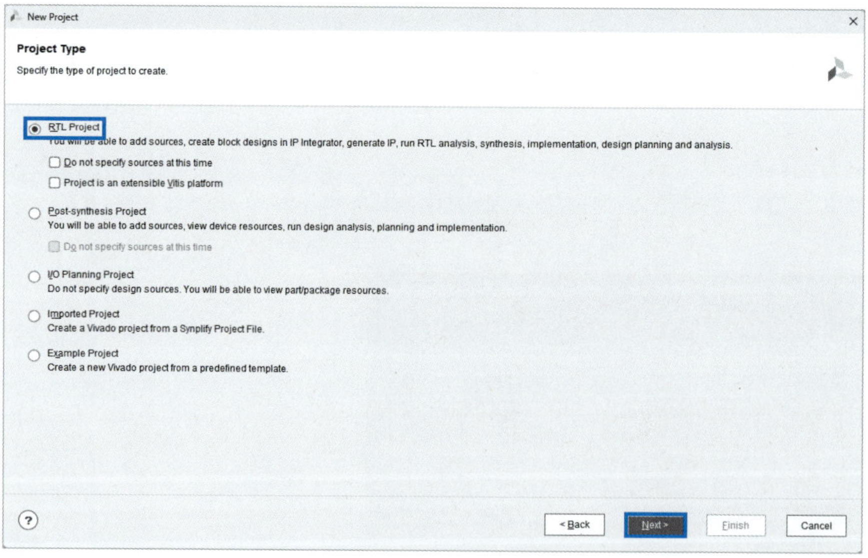

[그림 1-24] 프로젝트 타입 선택

4 소스 파일 생성하기

〈Add Sources File〉 창이 자동으로 나타나면 프로젝트를 처음 생성하는 단계이므로 [Create File] 버튼을 클릭한다. 〈Create Source File〉 창이 나오면 ❶ File type을 'Verilog(또는 VHDL)'로 선택하고 ❷ File name에 "AndOr"를 입력한다. 그 다음에 ❸ [OK] 버튼을 클릭하면 [그림 1-26]과 같이 소스 파일 이름이 포함된 것을 볼 수 있다.

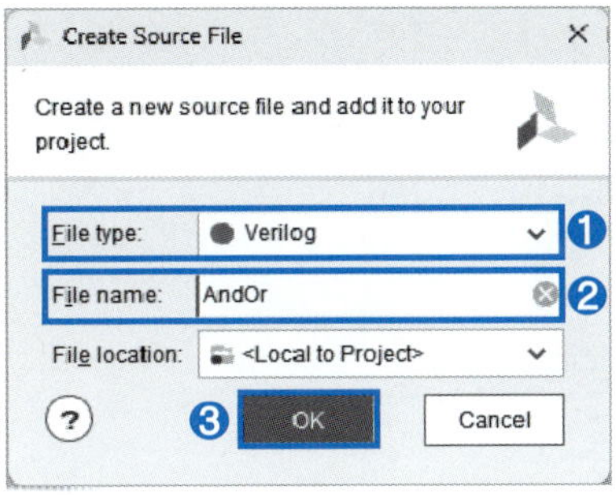

[그림 1-25] 소스 추가

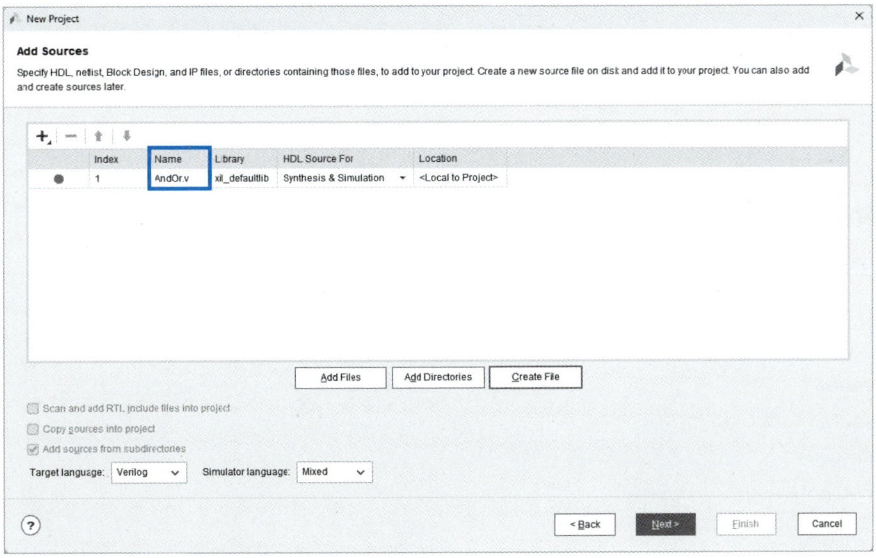

[그림 1-26] 소스 파일 생성

5 디바이스와 프로젝트 특성 지정하기

〈Add Constraints〉 창이 나오면 [Next] 버튼을 클릭한다. 〈Add Constraints〉 창에서는 타이밍 또는 배치 등과 같은 실제의 성능을 향상시킬 수 있는 제약 조건을 지정하는 파일을 추가하거나 핀 할당을 지정할 수 있다. 그러나 핀 할당은 설계를 마친 후에 할 수 있다.

〈Default Part〉 창에서는 사용될 FPGA를 지정한다. 이때 DIGCOM-XA1.x 키트는 XC7A15T-FTG256I FPGA를 사용하므로 이에 해당하는 FPGA를 선택해야 한다. Family를 'Artix-7'로, Package를 'tftg256'으로, 그리고 Speed를 '-1'로 각각 선택하면 여기에 해당하는 FPGA들이 나열된다. 그중에서 'xc7a15tftp256-1'을 선택한 다음 [Next] 버튼을 클릭한다.

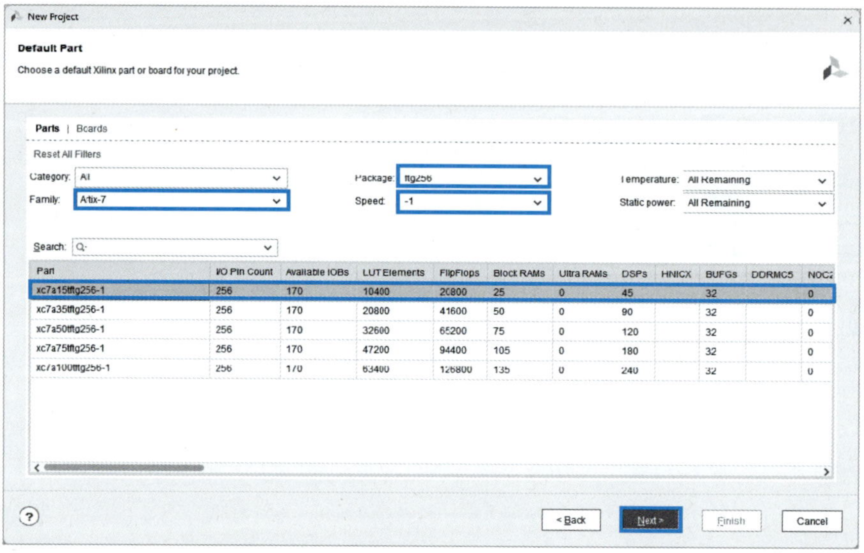

[그림 1-27] FPGA 디바이스와 프로젝트 특성 지정

6 프로젝트 요약 확인하기

마지막으로 생성된 프로젝트의 요약을 확인한 후 [Finish] 버튼을 클릭한다.

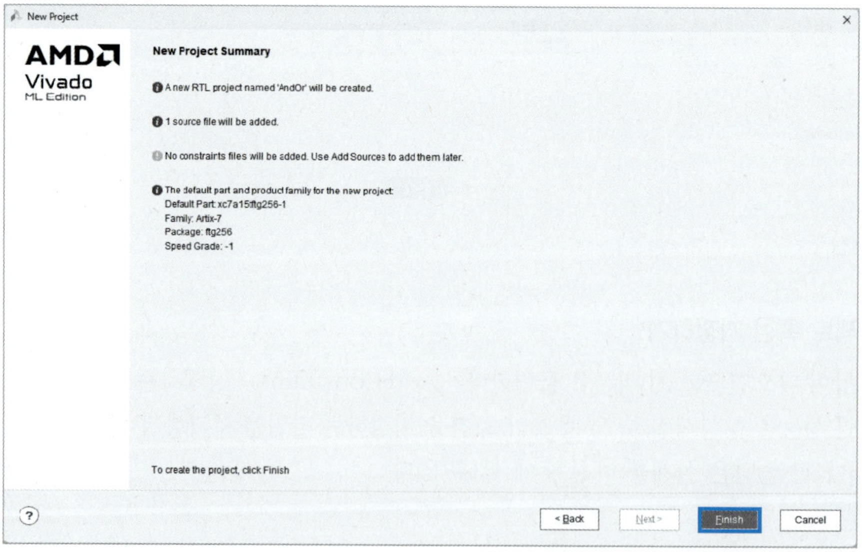

[그림 1-28] 프로젝트 요약

1.2.2 설계 및 합성

1 프로젝트 생성하기

〈Define Module〉 창이 나타난다. 이 창에서는 설계 소스 파일에서 사용된 입출력 포트에 대한 정의를 할 수 있다. 그러나 이 과정은 소스 코드를 입력한 다음에 할 것이므로 [OK]를 클릭한다. 모듈이 바뀌지 않았다는 창이 뜨면 다시 [Yes] 버튼을 클릭한다. 그 다음에는 프로젝트가 생성된 화면이 나온다.

2 소스 코드 입력하기

〈Sources〉 창에서 ❶ [AndOr]를 클릭하면 화면의 오른쪽 창에 소스 코드를 입력하는 템플릿이 나타난다. 여기에 ❷ 소스 코드를 입력하고 저장한다.

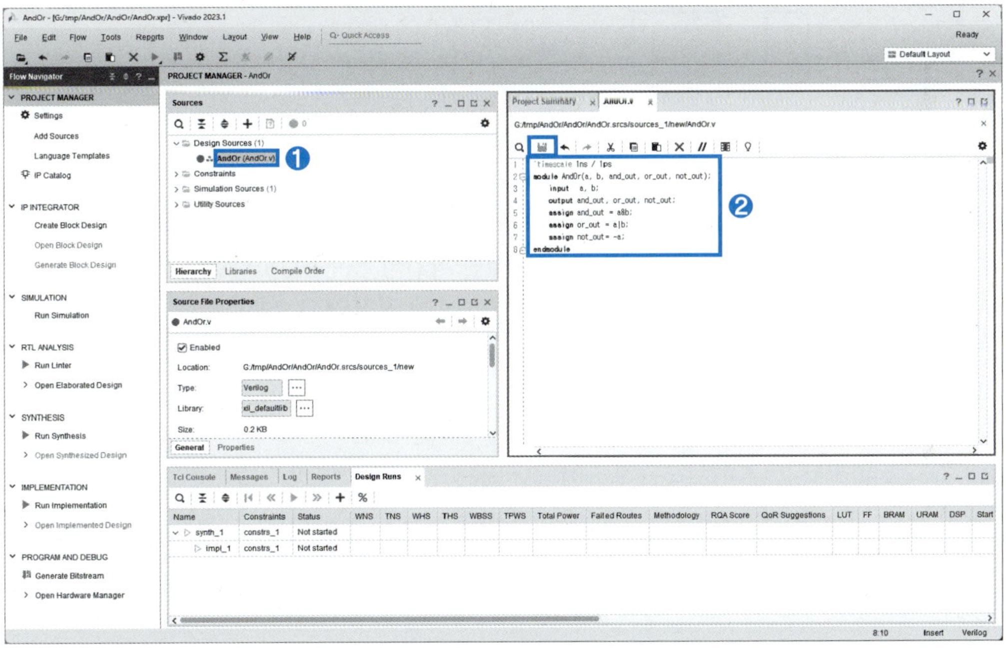

[그림 1-29] 소스 코드 입력

3 핀 번호 할당하기

[RTL ANALYSIS]-[Open Elaborated Design] 탭을 클릭하면 입출력 포트에 대한 핀을 할당할 수 있다. 화면의 오른쪽 상단에서 Layout을 'I/O Planning'으로 선택하고 핀 번호를 할당한다. 그 다음에는 I/O Std를 'LVCMOS33'으로 선택한다.

입출력 포트의 핀 할당은 DIGCOM-XA1.x의 핀 할당표를 참고한다.

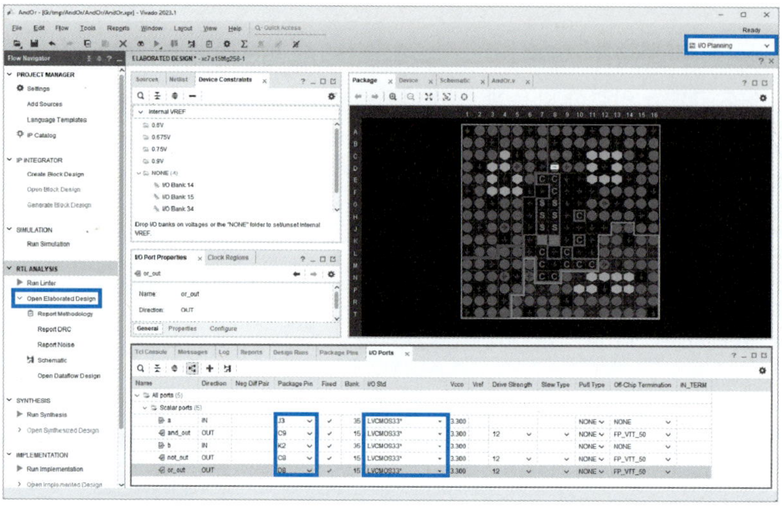

[그림 1-30] 핀 번호 할당

4 .bin 파일 생성하기

DIGCOM-XA1.x에 설계된 파일을 프로그래밍할 수 있는 파일의 종류는 .bit와 .bin으로 2가지가 있다. .bit 파일은 JTAG 프로그래밍 케이블을 사용하여 FPGA에 직접 프로그래밍한다. 그러나 전원이 꺼지면 FPGA 내용은 지워진다. 반면에 .bin 파일은 SPI 플래시 메모리에 프로그래밍되며, 전원이 켜질 때마다 SPI 메모리에서 FPGA로 프로그래밍되므로 매번 다시 프로그래밍할 필요가 없다.

.bit 파일을 생성하면서 .bin 파일도 동시에 생성하기 위해서는 [Project Manager]-[Settings]를 클릭한다. 이후 〈Settings〉 창에서 [Bitstream] 탭을 클릭하고 '-bin_file' 항목을 체크한다.

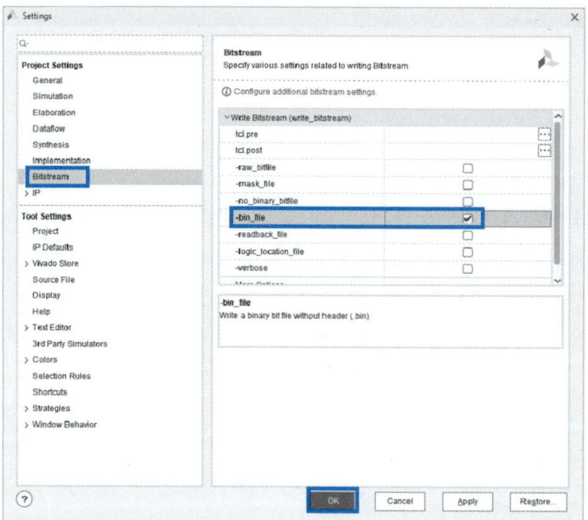

[그림 1-31] .bin 파일 생성

5 SPI 플래시 Configuration 설정하기

.bin 파일을 SPI 플래시 메모리에 프로그래밍하는 속도를 높이기 위해 상단 메뉴에서 [Tools]–[Edit Device Properties]를 선택한다. 〈Edit Device Properties〉 창이 뜨면 [General]을 클릭한 후, Enable Bitstream Compression을 'TRUE'로 선택한다.

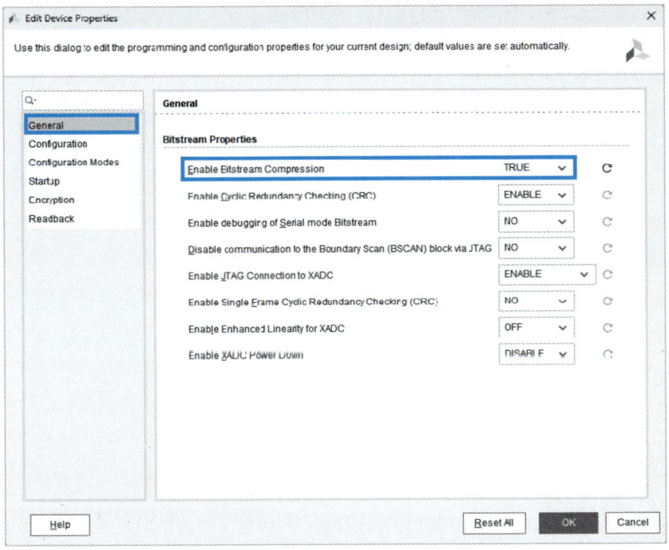

[그림 1–32] SPI 플래시 Configuration 설정 (1)

그리고 [Configuration]에서 Configuration Rate(MHz)를 '33'으로 선택하고, [Configuration Modes] 탭에서 'Master SPIx4'를 선택한다.

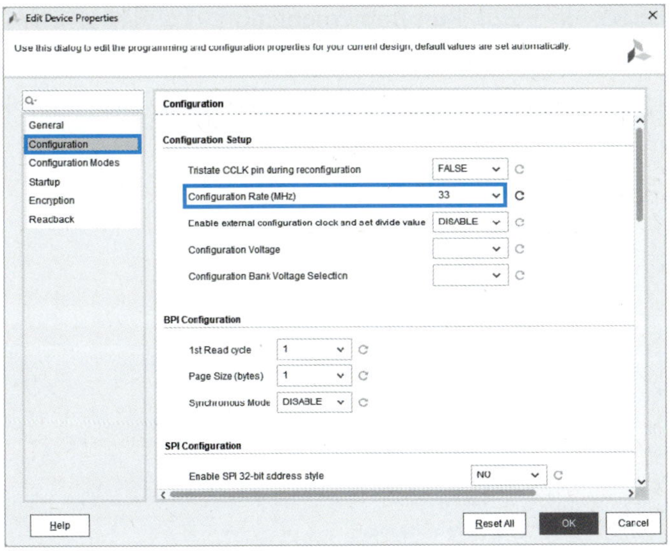

[그림 1–33] SPI 플래시 Configuration 설정 (2)

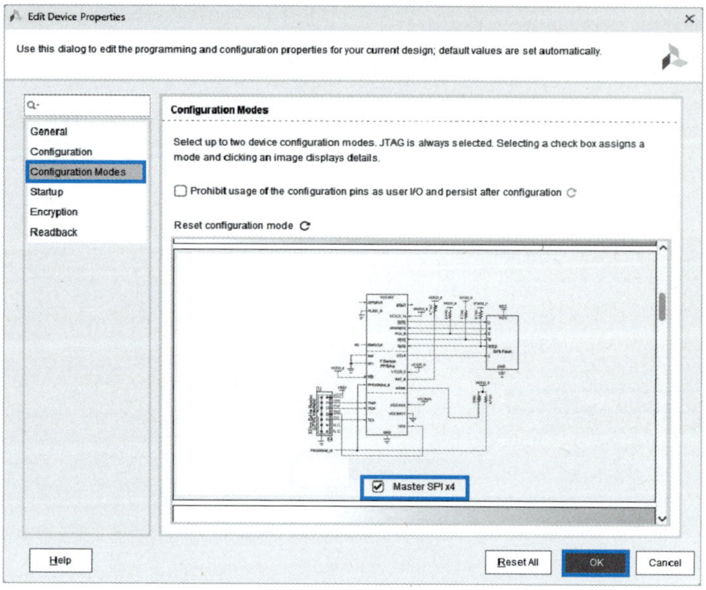

[그림 1-34] SPI 플래시 Configuration 설정하기 (3)

6 Synthesis와 Implementation 진행하기

Synthesis는 Verilog 또는 VHDL 코드를 입력받아 게이트 레벨 Netlist로 변환하는 과정을 의미한다. 합성Synthesis하기 위해 〈Flow Navigator〉 창에서 [Synthesis]-[Run Synthesis]을 클릭하면 〈Save Project〉 창이 뜨면서 Elaborated Design에서 수정된 내용을 저장한다. 〈Save Constraints〉 창이 뜨면 File name을 "AndOr"로 입력하여 새로운 Constraint 파일을 저장한다. 그 다음에는 〈Launch Runs〉 창에서 [OK] 버튼을 클릭하면 Synthesis를 시작한다.

Synthesis가 끝나면 〈Synthesis Completed〉 창이 뜨고 'Run Implementation'이 선택된 상태에서 [OK] 버튼을 클릭하면 〈Launch Runs〉 창이 뜬다. 그 다음에 [OK]를 클릭하면 Implementation을 시작한다. Implementation은 FPGA에 회로를 배치하고 배선하는 과정을 의미한다. Implementation이 끝나면 〈Implementation Completed〉 창이 뜬다.

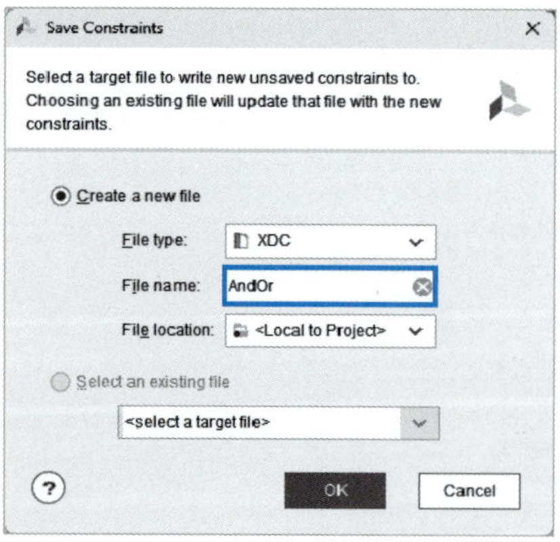

[그림 1-35] Constraints 파일 저장

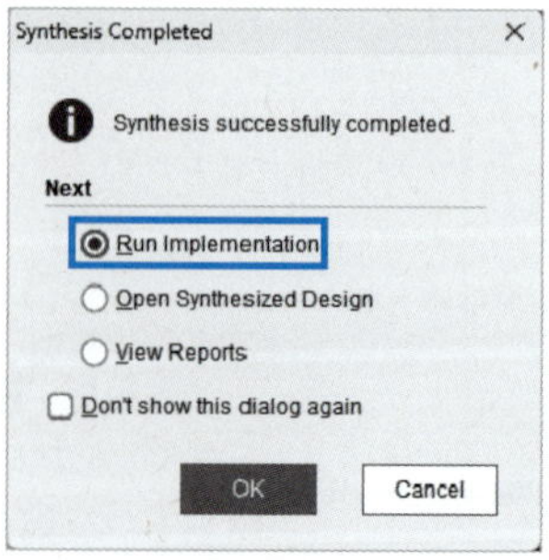

[그림 1-36] Implementation 진행

7 Bitstream 생성하기

〈Implementation Completed〉 창에서 'Generate Bitstream'을 선택하고 [OK] 버튼을 클릭하면 〈Launch Runs〉 창이 뜨고 [OK] 버튼을 클릭하면 Bitstream을 생성한다. Bitstream이란 FPGA에서 실행되는 Configuration 정보를 포함하는 파일이다.

Bitstream 생성이 완료되면 〈Bitstream Generation Completed〉 창이 뜬다. 'Open Hardware Manager'를 선택하고 [OK] 버튼을 클릭한다.

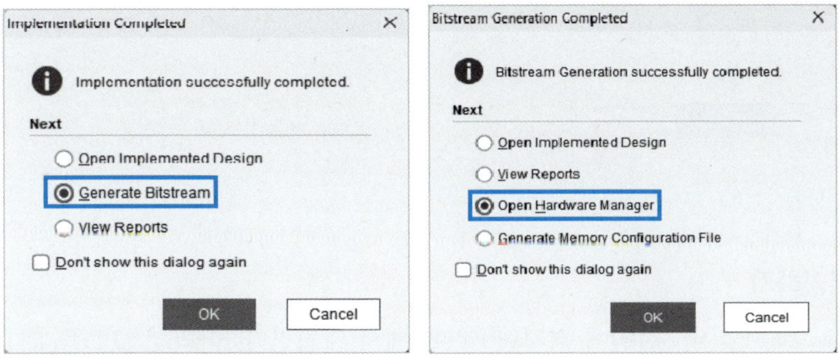

[그림 1-37] Bitstream 생성

1.2.3 디바이스 프로그래밍 및 실행

1 실습 키트 연결하기

DIGCOM-XA1.x 키트를 연결한 후 전원을 켠다. 그리고 화면 왼쪽의 ❶ [Program and Debug] 탭에서 'Open Hardware Manager'를 선택하고 ❷ 'Open Target'을 클릭한다. 마우스 왼쪽 버튼을 클릭한 후 [Auto Connect]를 클릭한다. 그리고 키트의 전원이 켜졌을 때 〈Hardware〉 창에서 ❸ 'xc7a15t_0'을 마우스 오른쪽 버튼으로 클릭한 후 [Program Device]를 클릭한다.

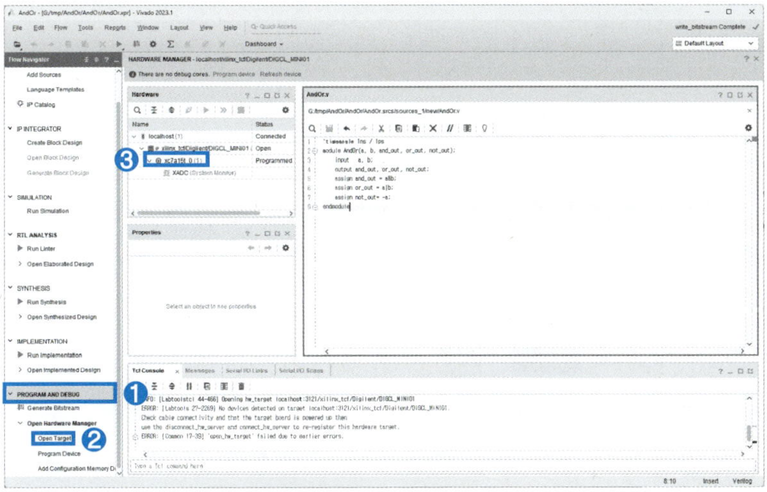

[그림 1-38] 타깃(Target) 키트(DIGCOM-XA1.x) 연결

2 FPGA 디바이스에 프로그래밍하기

〈Program Device〉 창이 뜨면 프로젝트 폴더에서 ❶ AndOr.bit 파일이 선택된 것을 확인한 후에 ❷ [Program] 버튼을 클릭한다. 프로그래밍이 완료되면 키트에서 동작을 확인한다.

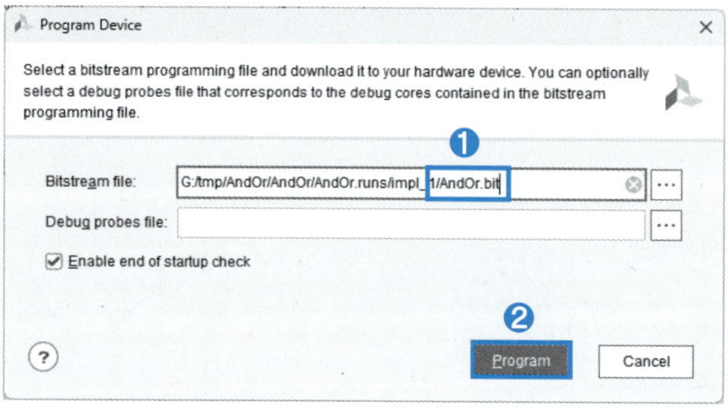

[그림 1-39] .bit 파일 프로그래밍

3 플래시 메모리에 프로그래밍하기

.bit 파일은 FPGA에 직접 프로그래밍되며, 전원이 꺼지면 FPGA에서 지워진다. 따라서 SPI 플래시 메모리에 .bin 파일을 프로그래밍하기 위해서 Configuration Memory를 추가한다.

〈Flow Navigator〉 창에서 [Open Program and Debug] – [Hardware Manager] – [Add Configuration Memory Device]를 클릭하고 'xc7a15t_0'을 클릭하면 [그림 1-40]과 같이〈Add Configuration Memory Device〉 창이 뜬다. 이때 ❶ Filter에서 Manufacturer는 'Micron'으로, Density는 '32'로 설정한다. 그리고 ❷ Select Configuration Memory Part에서 'n25q32-3.3v-spi-x1_x2_x4'를 선택한 후 ❸ [OK] 버튼을 클릭한다.

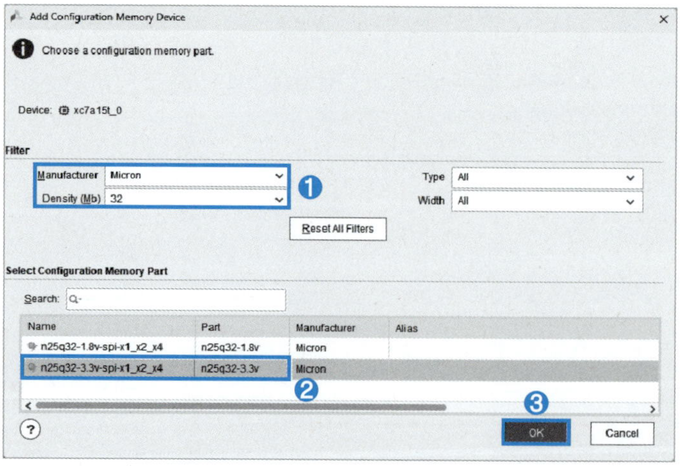

[그림 1-40] Configuration Memory 추가

〈Add Configuration Device Completed〉 창이 뜨고 [OK] 버튼을 클릭하면 [그림 1-41]과 같이 〈Program Configuration Memory Device〉 창이 뜬다. Configuration file에서 [AndOr.runs] - [impl_1] 폴더 안에 있는 'AndOr.bin' 파일을 선택하고 [OK] 버튼을 클릭한다.

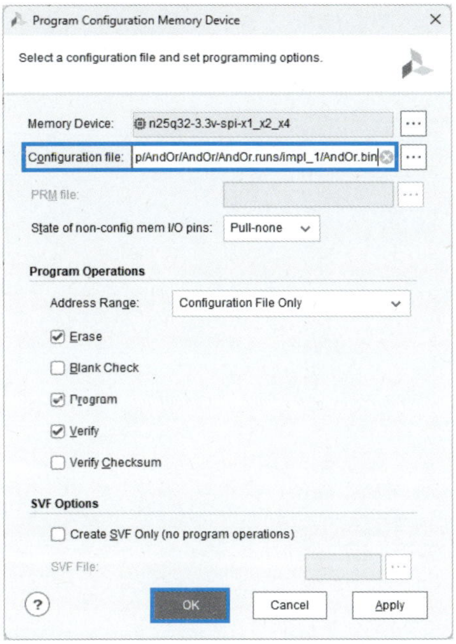

[그림 1-41] .bin 파일 선택

프로그래밍이 완료되면, 키트의 전원을 껐다가 다시 켜서 동작을 확인한다.

1.2.4 시뮬레이션

시뮬레이션Simulation은 Verilog 또는 VHDL로 설계한 회로를 디버깅할 수 있는 가장 좋은 방법이다. 시뮬레이션을 하지 않고 FPGA에 다운로드하여 실행할 수도 있지만, 제대로 동작하지 않을 경우 디버깅이 쉽지 않기 때문에 시간만 더 소모된다. 따라서 시뮬레이션으로 설계를 검증하고 FPGA에서 실행하는 것이 가장 확실한 방법이다.

1 소스 코드 추가하기

Project Manager에서 'Add Sources'를 클릭하면 [그림 1-42]와 같이 〈Add Sources〉 창이 뜬다. 여기서 'Add or create simulation sources'를 체크하고 [Next] 버튼을 클릭한다.

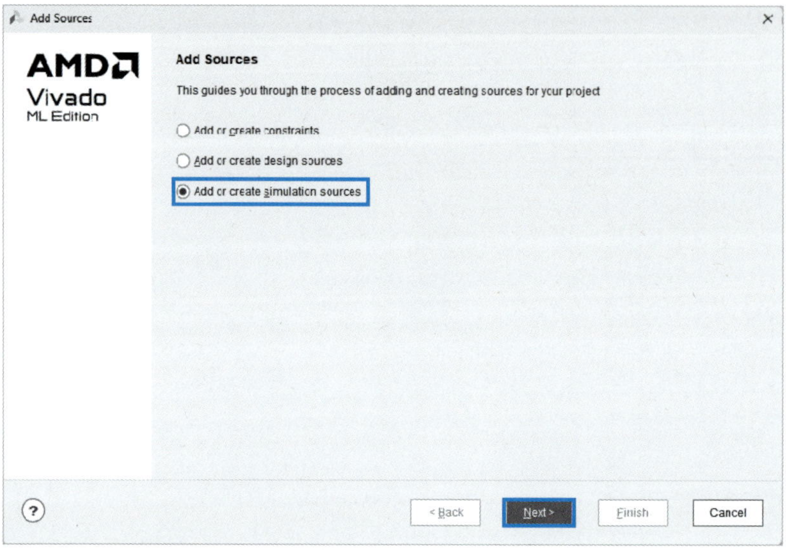

[그림 1-42] 소스 코드 추가

〈Add Sources〉 창에서 [Create file] 버튼을 클릭하고 〈Create Source File〉 창의 File name에 "AndOr_tb"를 입력한다. tb는 test bench를 의미하며, 시뮬레이션하기 위한 입력 파일을 나타낸다.

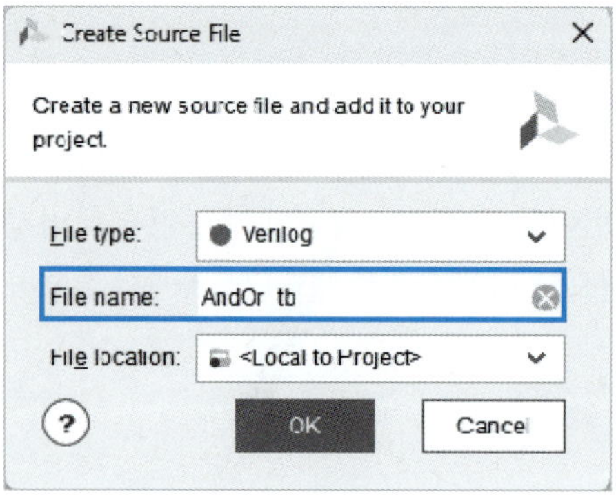

[그림 1-43] 시뮬레이션의 파일 이름 입력

그리고 〈Add Sources〉 창으로 돌아와 [그림 1-44]와 같이 'AndOr_tb'가 추가된 것을 확인한다.

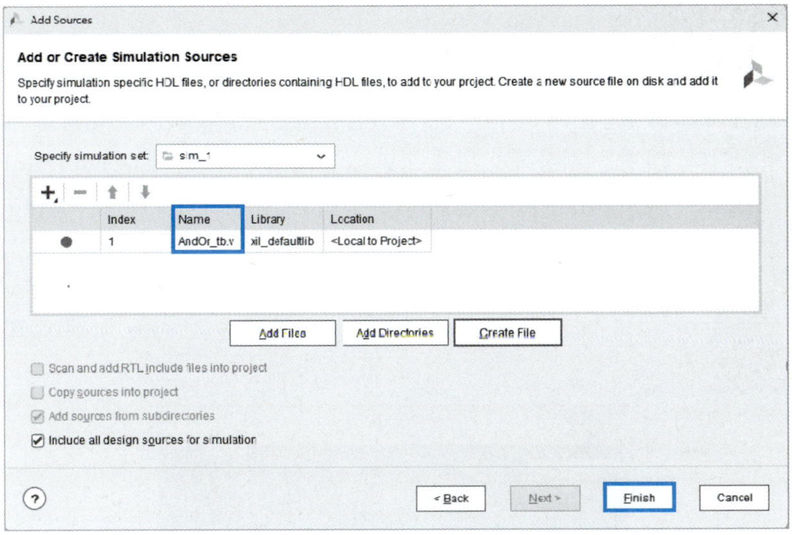

[그림 1-44] 추가한 소스 코드 확인

2 소스 코드 입력하기

〈Define Module〉 창이 뜨면 [OK] 버튼을 클릭하고, Project Manager의 〈Sources〉 창에서 'AndOr_tb'가 프로젝트에 포함된 것을 확인할 수 있다. 'AndOr_tb'를 더블 클릭하여 화면 오른쪽 창에 시뮬레이션 코드를 입력하고 저장한다.

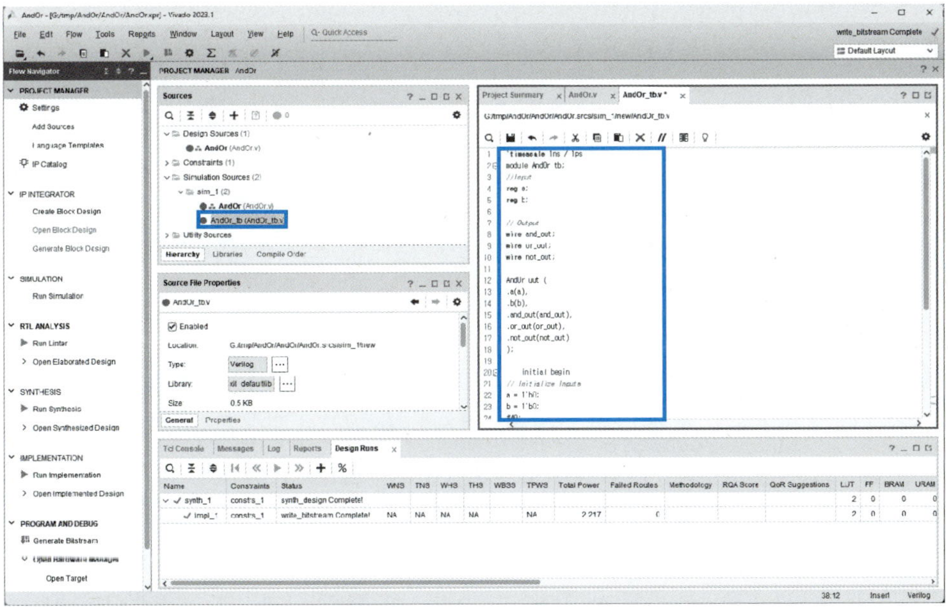

[그림 1-45] 시뮬레이션의 소스 코드 입력

3 시뮬레이션 결과 확인하기

[Simulation] 탭에서 'Run Simulation'을 클릭하면 'Run Behavioral Simulation'이 보이며, 이를 클릭한 다음 〈Save Project〉 창에서 프로젝트를 저장하면 시뮬레이션이 실행되고 [그림 1-46]과 같이 시뮬레이션 실행 결과 파형이 보인다. 파형을 저장하기 위해 화면 상단에 있는 메인 메뉴에서 [File] – [Simulation Waveform] – [Save Configuration]을 클릭한다. 그리고 'AndOr_tb_behav.wcfg' 파일을 저장한다.

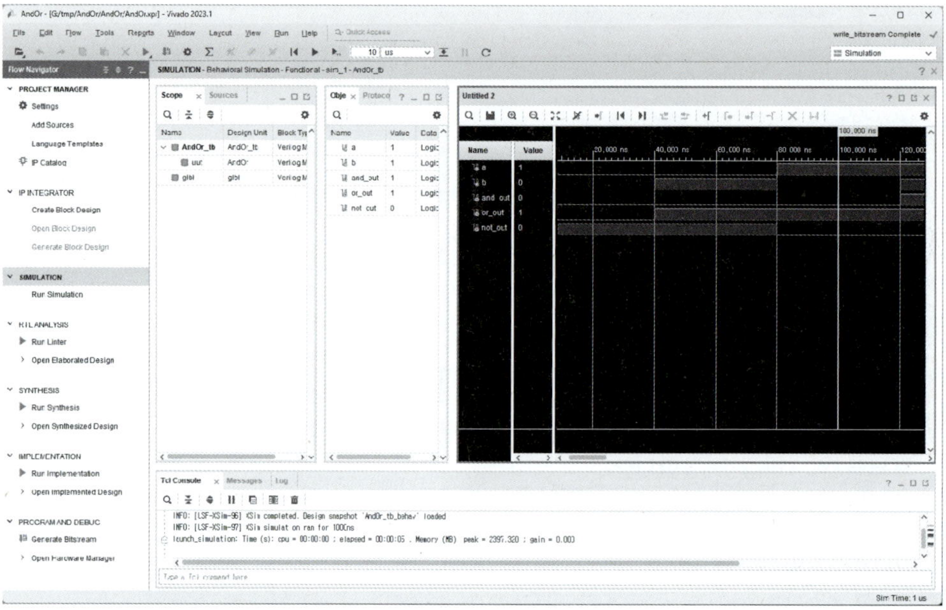

[그림 1-46] 시뮬레이션 결과 확인

1.2.5 블록 설계

설계가 복잡해지면 기능별로 설계한 후에 블록을 생성해서 생성된 블록으로 설계할 수 있다. 여기에서는 블록 설계Block Design를 하는 과정에 대해 설명한다.

기본적으로 Vivado ML에서는 AND, OR 또는 NOT과 같은 게이트 수준에서의 Schematic 설계 방식을 지원하지 않는다. 그러나 블록 설계 방법을 이용하면 Schematic 설계와 유사한 개념인 그래픽 설계Graphic Design를 할 수 있다. 또한 생성된 블록과 라이브러리에서 제공하는 IPIntellectual Property를 이용해서 함께 설계할 수도 있다.

블록 설계에서 사용될 예는 3.1절에서 다룰 AndOr 회로이다. 이 회로는 [그림 1-47]에 나타냈으며 [그림 3-1]과 동일하다. 이 회로는 AND, OR 그리고 NOT 게이트로 구성되어 있으며, 블록 설계에서는 각 게이트를 블록으로 생성하고 이 블록들을 이용해서 [그림 1-47]과 같이 동작하는 회로를 설계하는 과정을 설명한다.

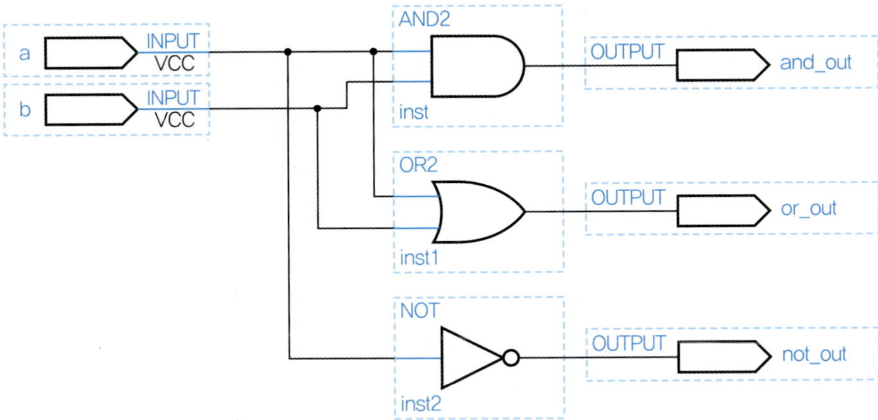

[그림 1-47] AndOr Schematic 회로

블록 설계 프로젝트를 생성하는 과정은 앞에서 설명한 프로젝트를 생성하는 과정과 동일하다. 다만 블록 설계는 〈Add Sources〉 창에서 [Create File]을 클릭하고 블록으로 생성될 3개의 게이트(AND, OR, NOT) 소스 파일 이름을 추가한다. 즉, 각 게이트를 HDL로 설계하고 블록으로 생성한 후에 블록 설계를 진행한다.

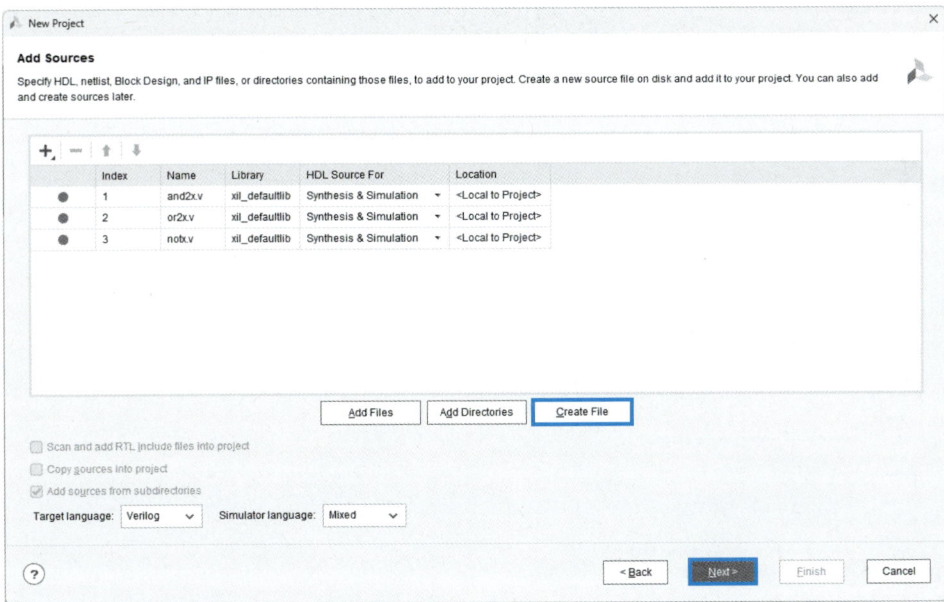

[그림 1-48] 블록 설계를 위해 〈Add Sources〉에서 게이트 추가

프로젝트가 생성되면 [그림 1-49]와 같이 HDL 소스 파일 이름이 프로젝트에 포함된 것을 볼 수 있다. 3개 파일 이름을 각각 클릭한 후에 게이트의 동작을 HDL로 설계하고 나서 저장한다.

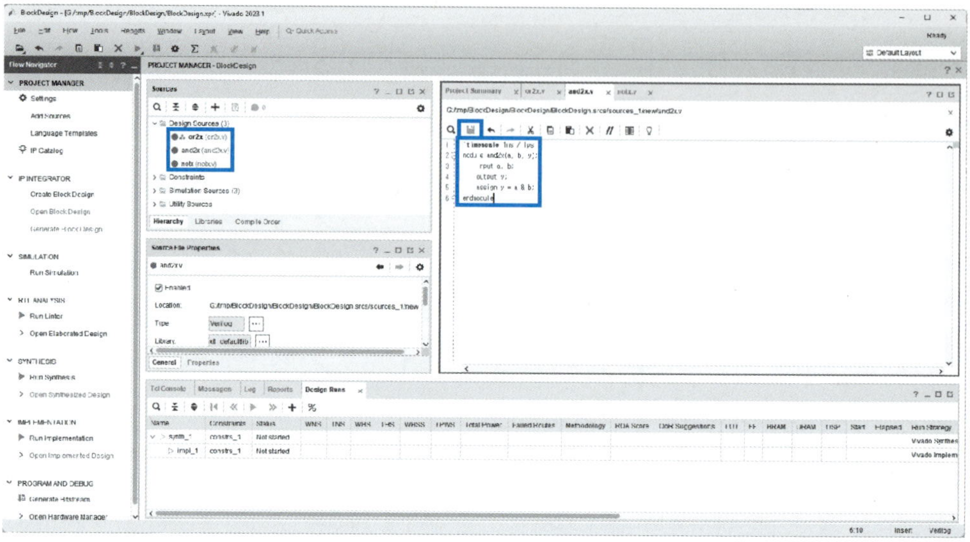

[그림 1-49] HDL 소스 코드 입력

블록을 생성하기 위해 화면 왼쪽에 있는 [IP Integerator] 탭을 누르고 'Create Block Design'을 클릭한다. 〈Create Block Design〉 창이 뜨면 Design name에 블록 이름으로 사용될 and2를 입력한다. 다른 HDL 소스에 대해서도 동일하게 or2, not1 블록을 각각 생성하면 [그림 1-50]과 같이 블록이 생성된 것을 확인할 수 있다.

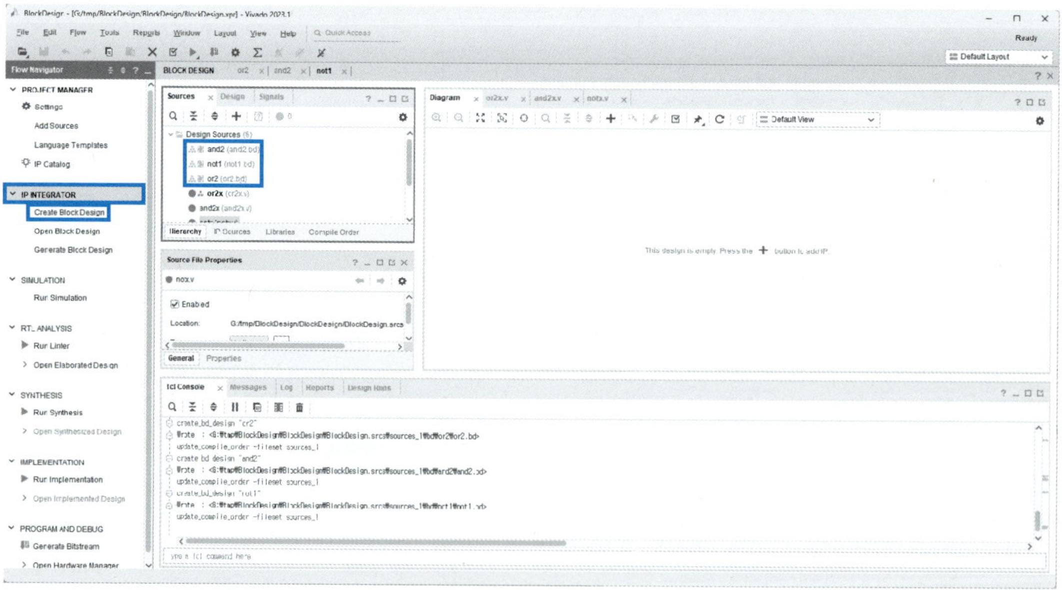

[그림 1-50] 각 게이트의 블록 생성

블록 설계를 하기 위해서 오른쪽 창의 [Diagram] 탭에서 마우스 오른쪽 버튼을 클릭하고 'Add Module'을 클릭하면 설계에 포함할 수 있는 3개의 모듈 and2x, notx 그리고 or2x를 볼 수 있다. 각 모듈을 클릭해서 각 블록을 설계 화면에 포함시킨다.

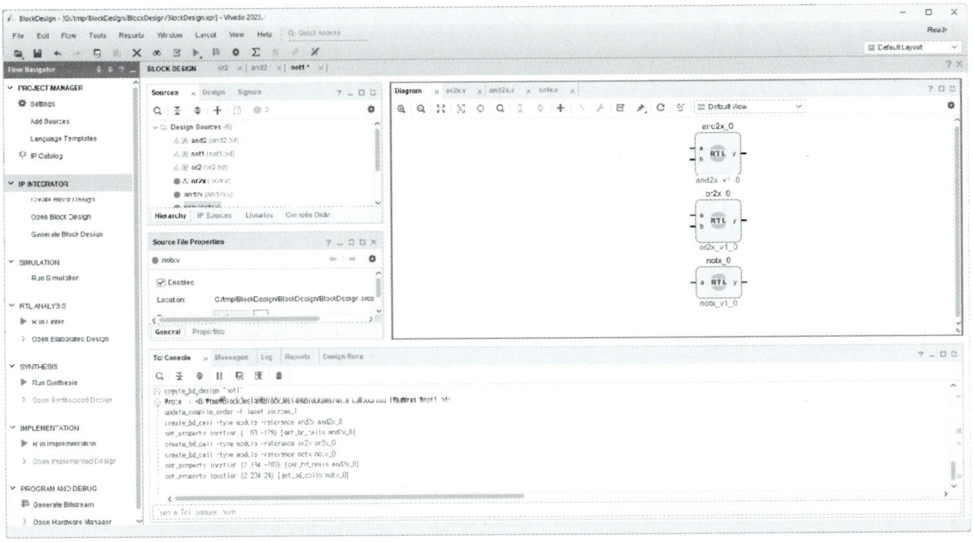

[그림 1-51] 설계에 포함된 각 게이트의 블록

입출력 포트를 넣기 위해 [Sources] 탭에서 마우스 오른쪽 버튼을 클릭하여 [Create Port]를 클릭한 후에 Port name을 입력하고 Direction을 'input' 또는 'output'으로 선택한다. 그 다음에 생성된 포트와 블록의 입출력을 마우스를 클릭해서 연결하고, 상단 메뉴에서 [File] – [Save Block Design As]를 클릭한 후에 블록 설계의 이름을 입력한다.

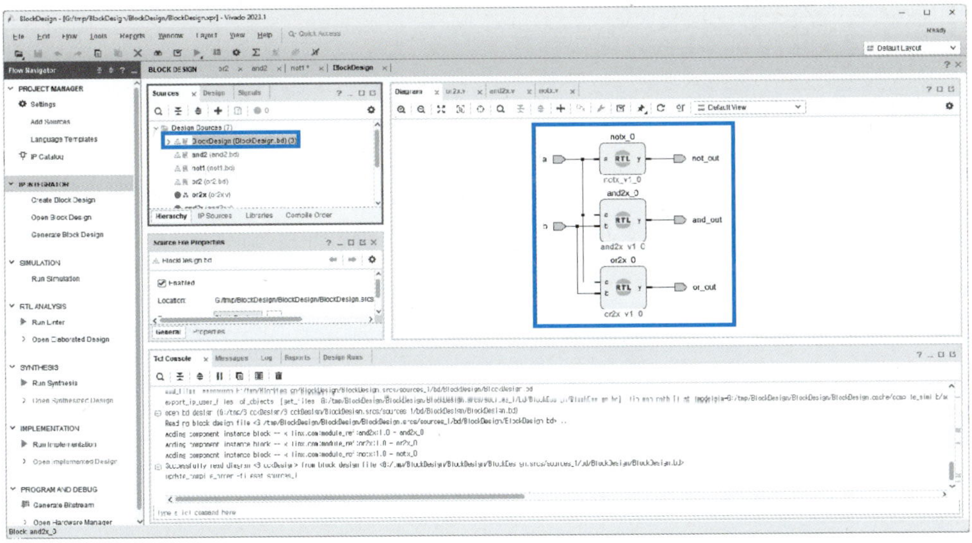

[그림 1-52] 블록 설계 생성 및 저장

블록 설계의 이름을 마우스 오른쪽 버튼으로 클릭해서 'Create HDL Wrapper'를 클릭하면 [그림 1-53]과 같이 〈Create HDL Wrapper〉 창이 뜬다. 기본 옵션 상태에서 [OK]를 클릭하면 [그림 1-54]와 같이 Wrapper가 생성된 것을 볼 수 있다. HDL Wrapper란 설계에서 필요한 최상위 레벨의 entity로, Constraint 파일에서 나오는 입출력 포트들을 물리적으로 연결한 파일을 의미한다.

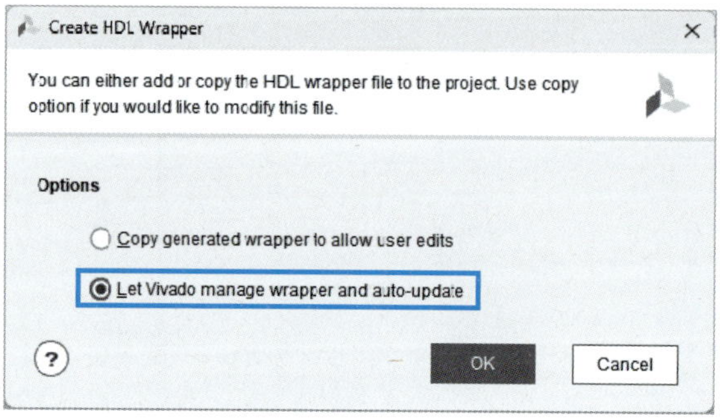

[그림 1-53] HDL Wrapper 옵션

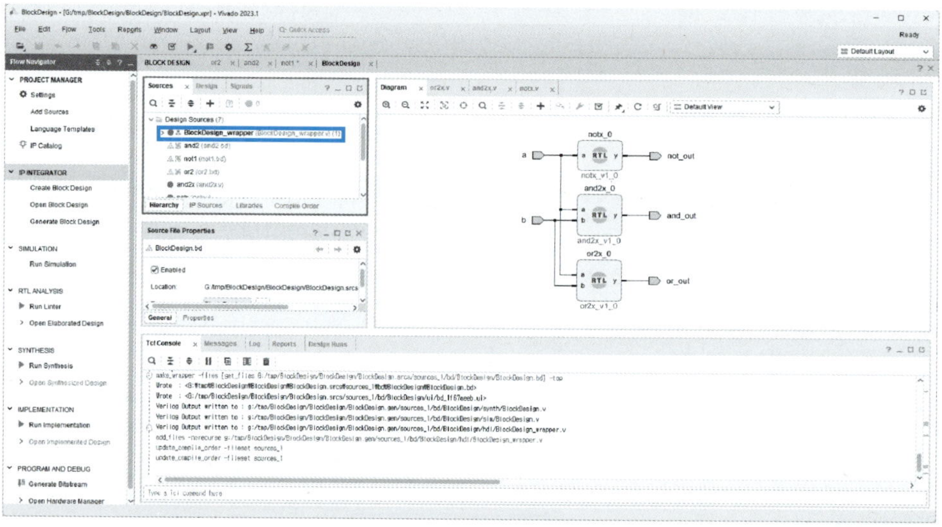

[그림 1-54] HDL Wrapper 생성

이후 핀을 할당하고 합성한 후에 실행하는 과정은 앞에서 설명한 과정과 동일하다.

CHAPTER

02

Quartus Prime의 설치와 사용

1장에서는 AMD 사의 Vivado ML을 설치하는 방법과 몇 가지 사용 방법을 다루었다. 이 장에서는 Intel 사의 Quartus Prime을 이용해 동일한 과정을 살펴볼 것이다. Quartus Prime Design Software는 프로와 라이트 에디션으로 나뉘는데, 라이트 에디션은 무료로 제공되므로 누구나 쉽게 설치해서 사용할 수 있다. Quartus Prime의 설치 및 사용에 대한 동영상 파일은 인트모션 홈페이지(http://www.intmotion.co.kr)에서 볼 수 있다.

CONTENTS

SECTION 2.1 Quartus Prime Lite의 설치

Quartus Prime은 Intel 디바이스에서 실행되는 논리회로를 설계할 수 있는 설계 소프트웨어로, 프로 에디션과 라이트 에디션이 있다. 라이트 에디션은 무료로 사용할 수 있지만, 사용할 수 있는 디바이스가 제한되는 등 제약이 있다. 그러나 실습에 사용하는 정도로는 충분하다.

Quartus Prime Lite는 Intel 홈페이지에서 무료로 다운로드한 후 설치하면 사용할 수 있다. 기본적으로 설치 프로그램은 [〈drive〉:\intelFPGA_lite\version number]에 설치된다. 여기서 version number는 Quartus Prime Lite의 버전을 의미한다.[1]

Quartus Prime Lite는 윈도우와 리눅스에서 모두 설치하여 사용할 수 있지만, 이 책에서는 윈도우에서 설치 및 사용하는 방법을 설명한다. 여기서는 Chrome 브라우저를 사용해서 다운로드하는 과정을 보여주며, 다른 브라우저를 사용하면 브라우저 특성에 따른 차이가 있을 수 있다.

2.1.1 소프트웨어 다운로드

1 홈페이지 접속하기

Intel 홈페이지(https://www.intel.com)에 접속해서 회원가입을 한 후 로그인한다. 그리고 홈페이지 중앙에 있는 [다운로드 센터]를 클릭한다. 그리고 〈드라이버 및 소프트웨어 다운로드〉 화면이 뜨면 [인텔® FPGA]를 누른다.

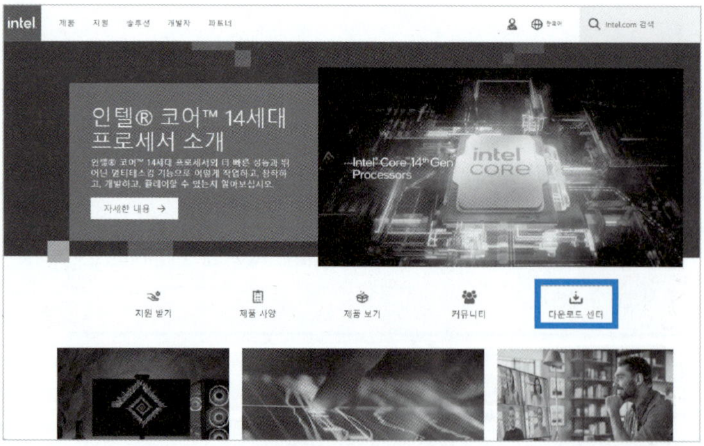

[그림 2-1] Intel 홈페이지의 초기 화면

1 Quartus Prime Lite v22.1은 기본적으로 [〈drive〉:\intelFPGA_lite\22.1std] 폴더에 설치된다.

2 다운로드할 파일 선택하기

왼쪽 탭에서 [인텔® Quartus® Prime 소프트웨어] – [인텔® Quartus® Prime® Lite Edition]을 클릭한 다음, '디자인 소프트웨어 버전 22.1.2'를 선택한다. 그리고 [그림 2-2]와 같은 화면이 뜨면 [Download] 버튼을 클릭한다.

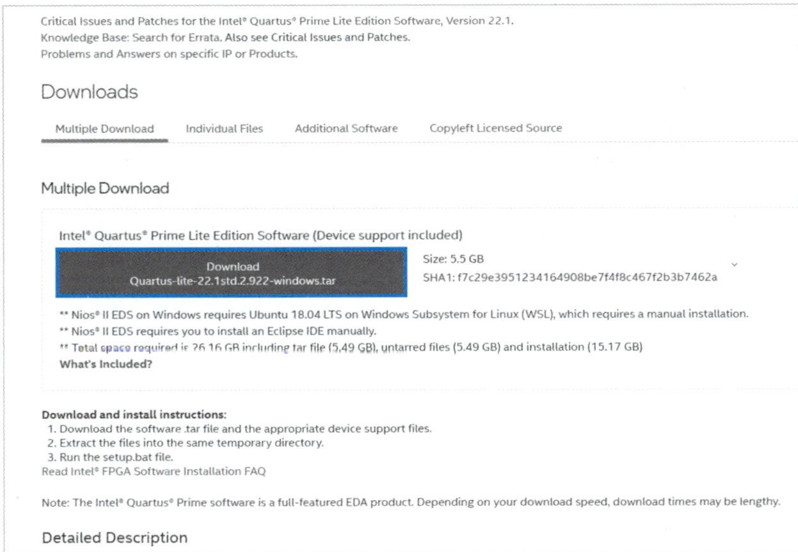

[그림 2-2] Quartus Prime Lite 다운로드

3 라이선스 동의하기

Software License Agreement 화면에서 [Accept] 버튼을 눌러 다운로드를 시작한다.

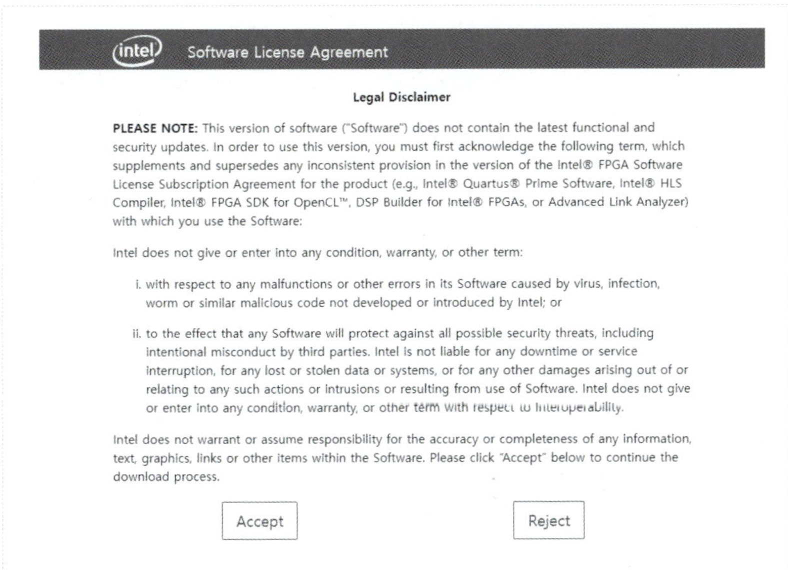

[그림 2-3] 라이선스 동의

2.1.2 Quartus Prime Lite 설치

1 Quartus Prime Lite 파일 실행하기

다운로드한 압축 파일을 해제하고 setup.bat를 실행한다. 설치를 시작하면 [그림 2-4]와 같이 설치 초기창이 뜨며 이때 [Next] 버튼을 클릭한다.

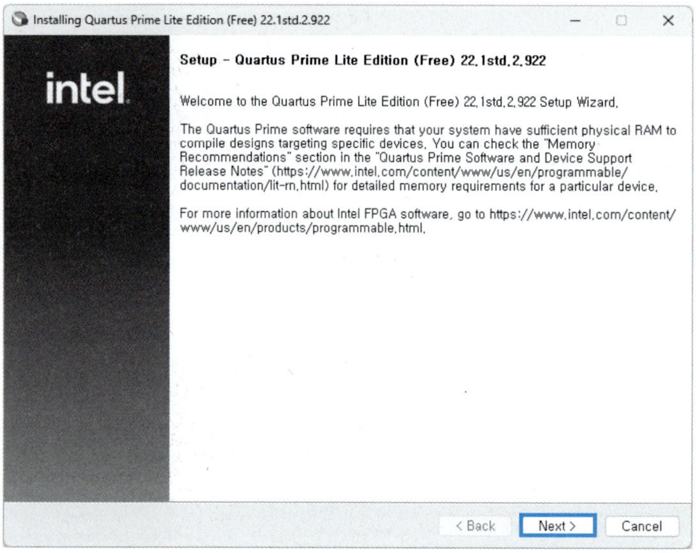

[그림 2-4] Quartus Prime Lite 설치 시작

2 라이선스 동의하기

〈License Agreement〉 창이 뜨면 'I accept the agreement'를 선택한 후 [Next] 버튼을 클릭한다.

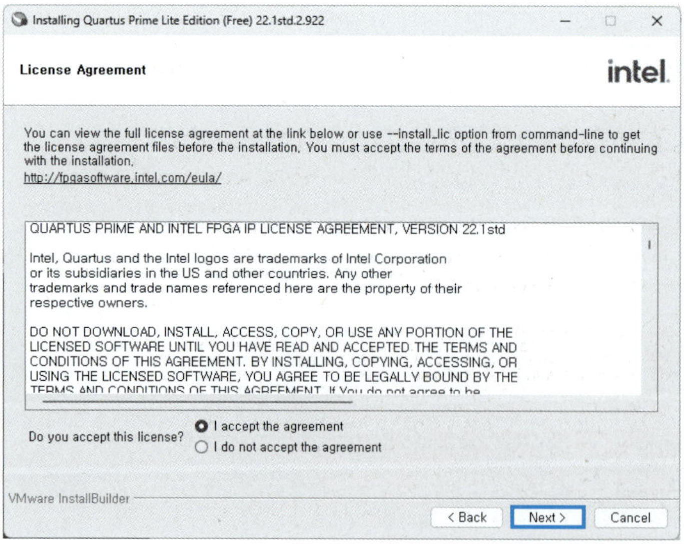

[그림 2-5] 라이선스 동의

3 설치 경로 선택하기

기본적인 설치 경로는 'C:₩intelFPGA_lite₩22.1std'이며, 설치하고자 하는 드라이브를 선택하고 [Next] 버튼을 클릭한다.

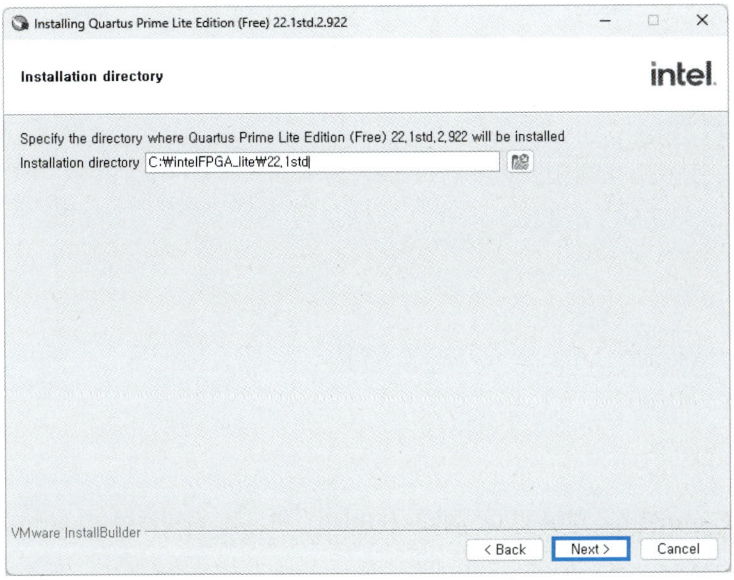

[그림 2-6] 설치 경로 선택

4 설치할 제품 선택하기

〈Select Components〉 창에서 [그림 2-7]과 같이 사용할 디바이스만 남기고 나머지는 선택 해제한다. 이때 시뮬레이션을 하기 위해 'Questa-Intel FPGA Starter Edition'도 선택해야 한다.

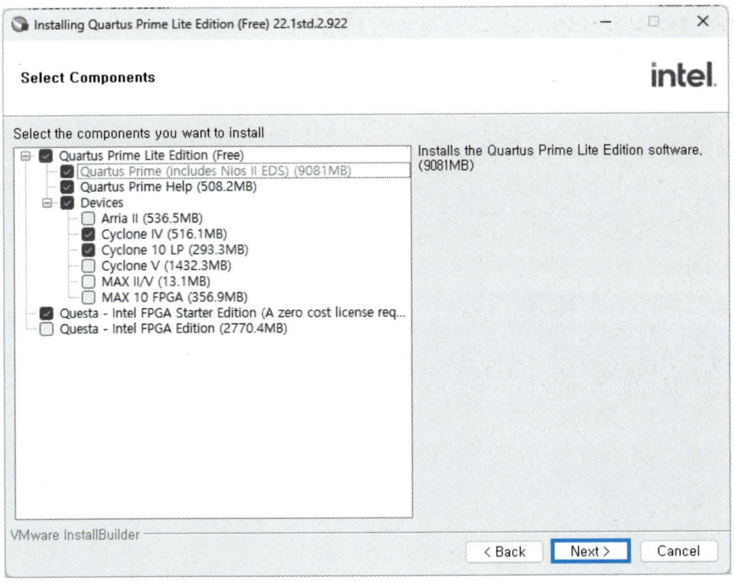

[그림 2-7] 설치할 제품 선택

5 설치 옵션 확인하기

마지막으로 설치에 대한 요약이 나오고 [Next] 버튼을 클릭하면 설치가 시작된다.

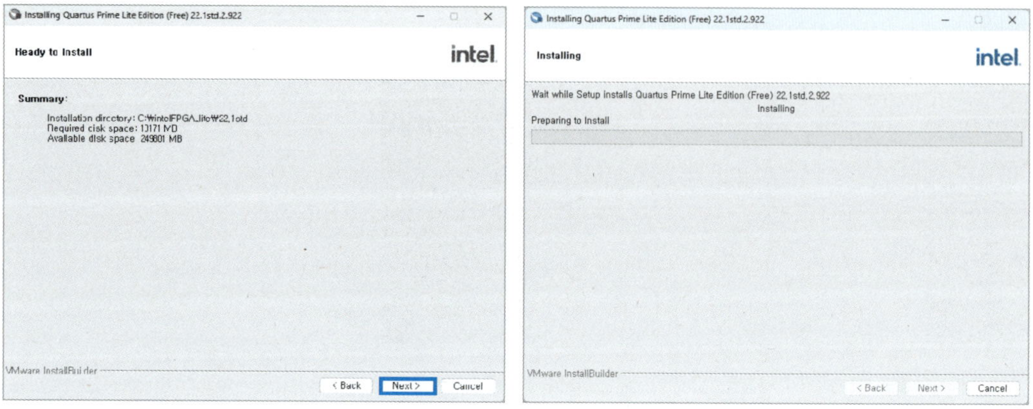

[그림 2-8] 설치 옵션 확인

6 설치 완료하기

설치가 종료되면 〈Installation Complete〉 창이 뜬다. 이후 [Finish] 버튼을 클릭하여 Quartus Prime Lite 설치를 완료한다.

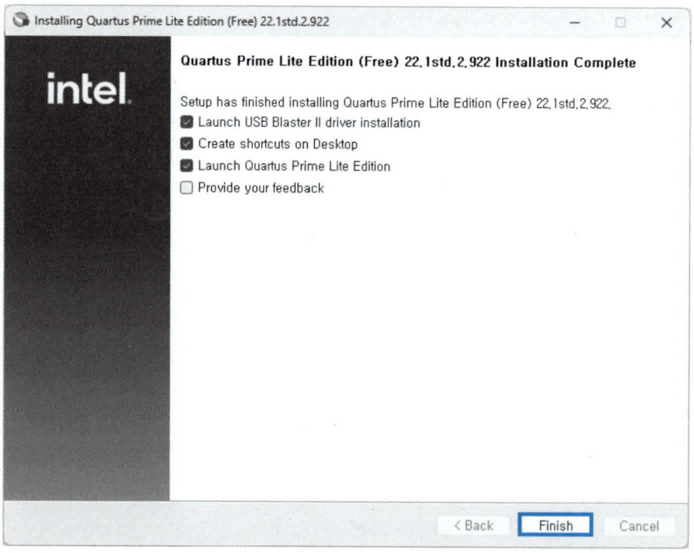

[그림 2-9] Quartus Prime Lite 설치 완료

7 장치 드라이버 설치하기

장치 드라이버 마법사가 자동으로 시작되면 ❶ [다음]을 눌러 설치를 시작한다. 그리고 ❷ [마침]을 클릭해서 설치를 완료한다.

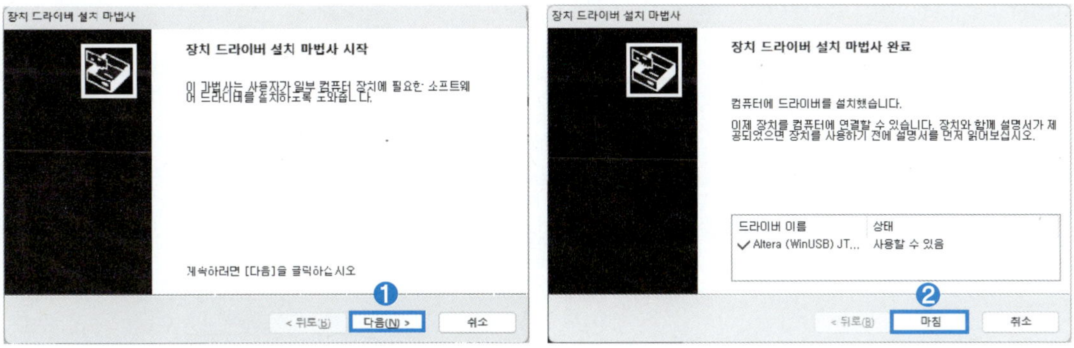

[그림 2-10] 장치 드라이버 설치

2.1.3 Questa Simulation을 사용하기 위한 라이선스 설치

Questa는 Mentor Graphics 사에 출시한 RTL과 게이트 레벨 시뮬레이터이며, 라이선스가 설치된 컴퓨터에서만 실행할 수 있다. 라이선스를 생성할 때 설치할 컴퓨터의 네트워크 카드의 물리적 주소를 이용하기 때문에 먼저 네트워크 카드의 물리적 주소를 알아야 한다.

1 네트워크 카드의 물리적 주소 찾기

네트워크 카드의 물리적 주소를 찾는 방법은 윈도우 버전마다 조금씩 다르지만 간단하게 찾는 방법을 설명하면 다음과 같다. 바탕화면 하단에 있는 윈도우 검색창에서 "네트워크 연결 보기"를 검색하면 [그림 2-11]과 같이 이더넷 아이콘( )이 나오며, 아이콘을 더블 클릭하면 〈이더넷 상태〉 창이 뜬다. 여기서 [자세히] 버튼을 클릭하면 〈네트워크 연결 세부 정보〉 창에서 물리적 주소를 확인할 수 있다.

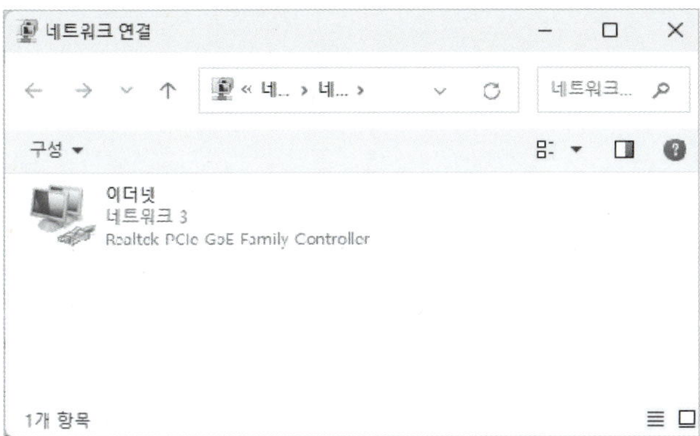

[그림 2-11] 네트워크 연결 창

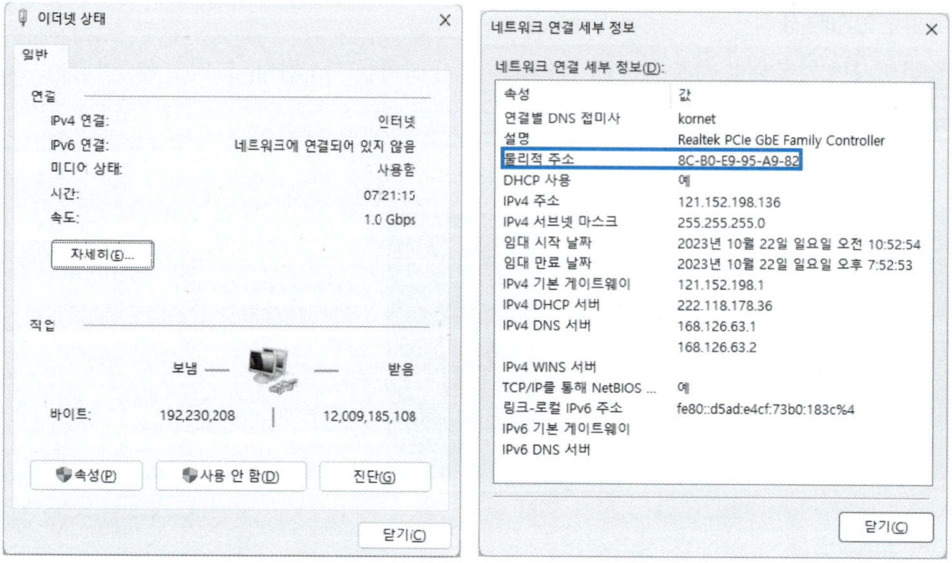

[그림 2-12] 네트워크 카드의 물리적 주소 확인

2 라이선스 선택하기

Questa 라이선스를 받기 위해 다시 Intel 홈페이지에 로그인하고 라이선스 센터(https://licensing.intel.com/psg/s/sales-signup-evaluationlicenses)에 접속한다. 그 다음에는 'Questa*- Intel® FPGA Starter Edition(License:SW-QUESTA)'를 선택한다.

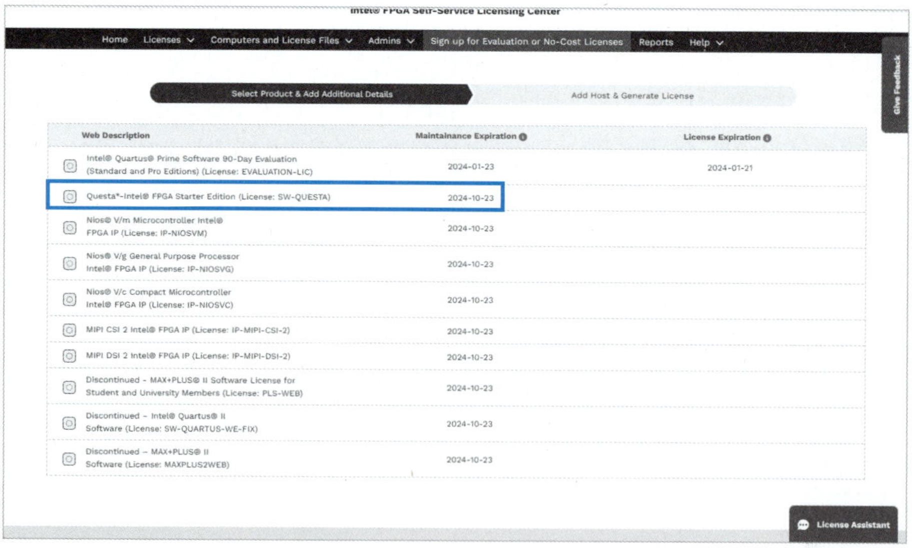

[그림 2-13] Questa 라이선스 선택

처음 라이선스를 받을 때에는 [그림 2-14]의 [+New Computer] 버튼을 클릭하고 [그림 2-15]와 같이 입력을 한다. 그러나 기존에 라이선스를 다운로드한 적이 있으면 [그림 2-14]의 Choose an Existing Computer에서 설치하려는 컴퓨터의 물리적 주소를 선택하고, 화면 하단에 있는 동의 문구에 모두 체크한 후 [Generate] 버튼을 클릭한다.

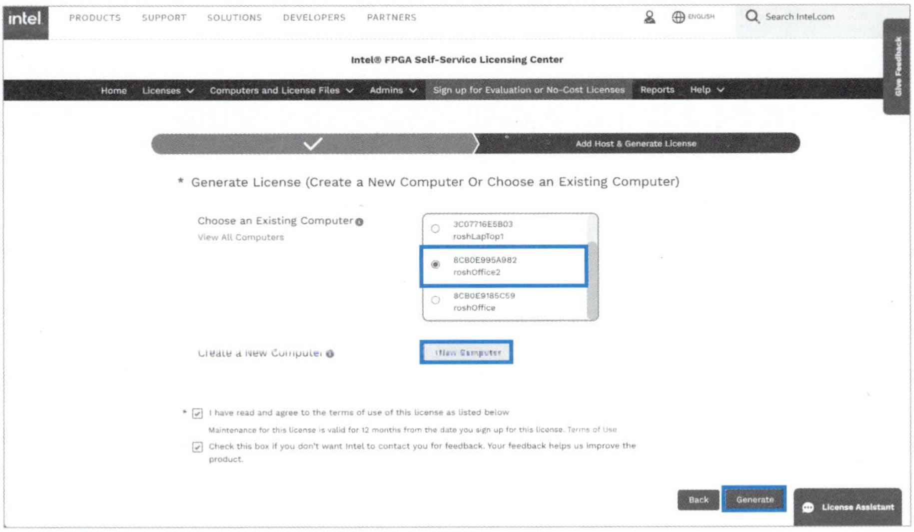

[그림 2-14] Questa 라이선스 선택

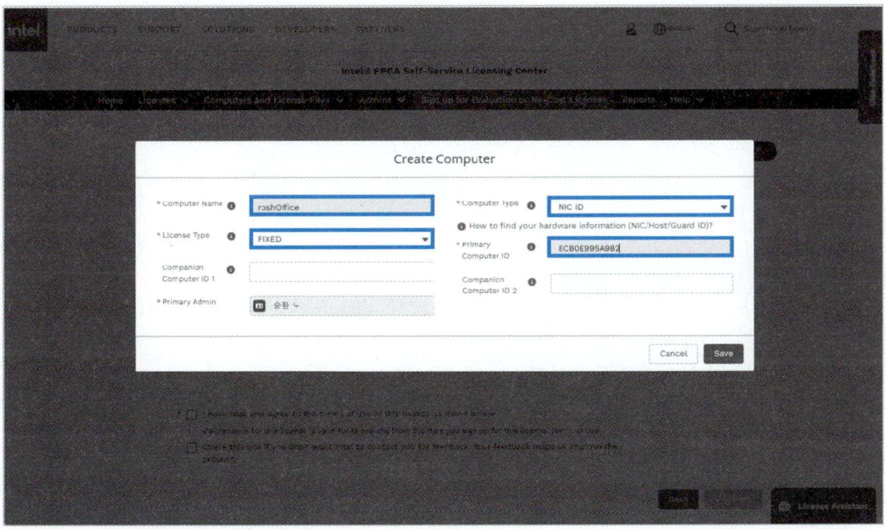

[그림 2-15] 라이선스 파일 생성

3 라이선스 파일 설치하기

이메일을 확인하여 첨부된 라이선스 파일을 Quartus가 설치된 경로(C:\intelFPGA_lite\22.1std\licenses\LR-142338_License.dat)에 저장한다. 라이선스 파일을 받은 후에 설치된 컴퓨터에서 라이선스 환경을 설정해야 한다. 윈도우 검색창에서 "고급 시스템 설정 보기"를 입력하면 [그림 2-16]과 같이 〈시스템 속성〉 창이 뜬다. 이 창에서 [환경 변수] 버튼을 클릭하면 〈환경 변수〉 창이 뜬다.

라이선스를 처음 설치할 경우 [새로 만들기] 버튼을 클릭하면 새 사용자 변수를 입력하는 창이 나온다. [그림 2-17]과 같이 변수명과 변수 값을 입력한 후 [확인] 버튼을 클릭하여 라이선스 설치를 마친다.

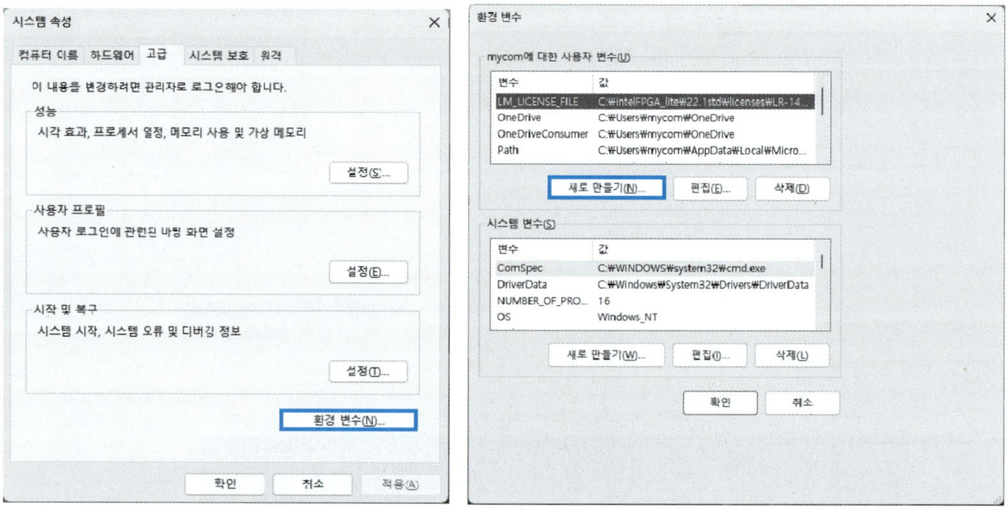

[그림 2-16] 라이선스 환경 설정

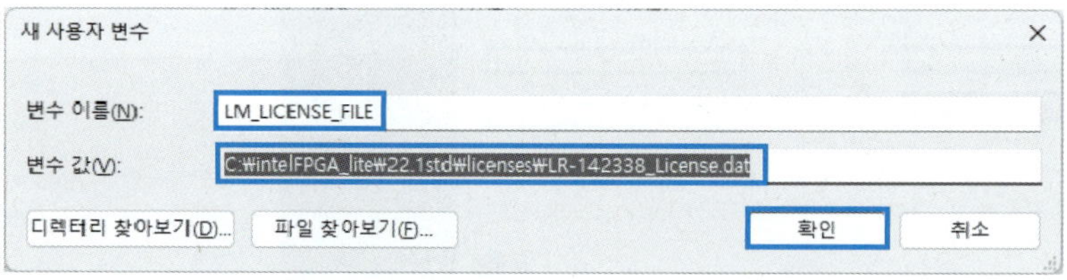

[그림 2-17] 라이선스 파일 설치

SECTION 2.2

Quartus Prime Lite의 사용

Verilog나 VHDL로 새로 설계하려면 Quartus Prime Lite에서 프로젝트를 생성해야 한다. 지금부터 새로운 프로젝트를 생성하고 코드를 작성한 후 컴파일하는 과정에 대해 알아보자. 프로젝트는 설계하기 위한 설계 작업 단위이며, 이 프로젝트 내에서 설계, 컴파일, 시뮬레이션 및 FPGA configuration이 이루어진다.

2.2.1 새로운 프로젝트의 생성

1 New Project Wizard 마법사 실행하기

프로젝트를 생성하기 위해서 Quartus Prime Lite를 실행한다. 실행 초기 화면에서 [New Project Wizard]를 클릭하면 New Project Wizard 마법사가 시작되고 이때 [Next] 버튼을 클릭한다.

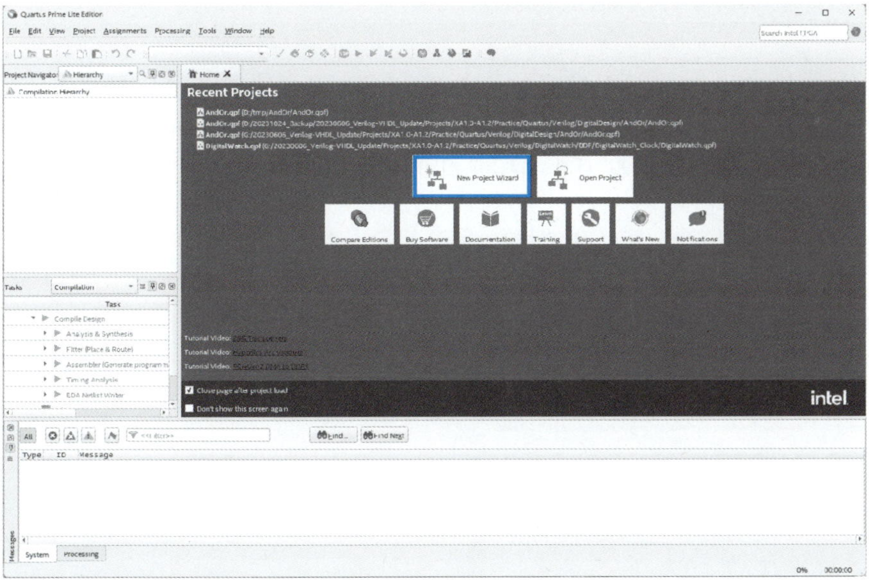

[그림 2-18] Quartus Prime Lite의 실행 초기 화면

2 디렉토리와 프로젝트 이름 설정하기

〈Directory, Name, Top-Level Entity〉 창이 나오면 디렉토리와 프로젝트 이름을 정한 후에 [Next] 버튼을 클릭한다. 이어서 〈Project Type〉과 〈Add files〉 창이 뜨면 [Next] 버튼을 클릭한다.

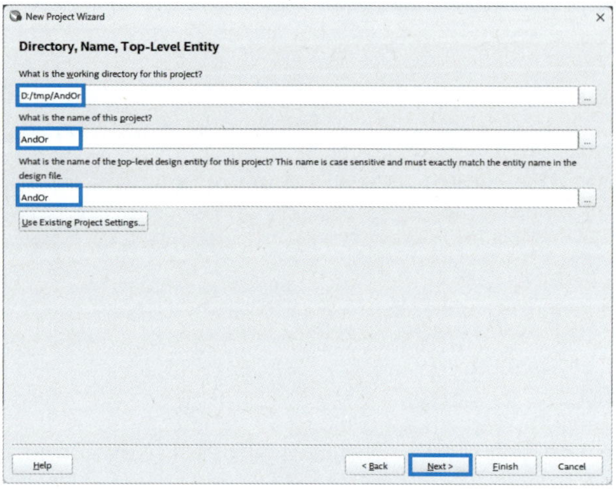

[그림 2-19] 디렉토리와 프로그램 이름 설정

3 사용할 디바이스 선택하기

〈Family, Device & Board Settings〉 창에서 ❶ Family는 'Cyclone IV E'를 선택한다. 그리고 사용 가능한 디바이스 목록을 추리기 위한 조건으로, ❷ Package는 'FBGA', Pin count는 '256', Core Speed grade는 '8'을 선택한다. 하단에 있는 사용 가능한 디바이스 목록 중 ❸ 'EP4CE6F17C8'을 선택하고 ❹ [Next] 버튼을 클릭한다.

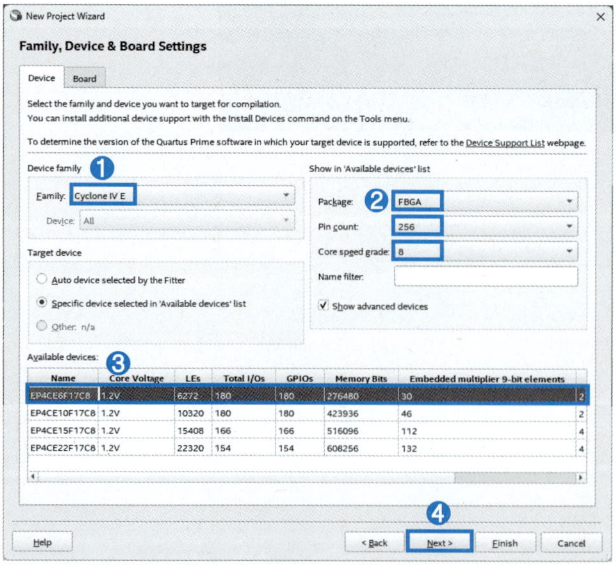

[그림 2-20] 사용할 디바이스 선택

4 새로운 프로젝트 생성하기

〈EDA Tool Settings〉 창에서 ❶ 시뮬레이션 툴 이름과 포맷을 각각 'Questa Intel FPGA'와 'Verilog HDL'로 선택한 후에 ❷ [Finish]를 클릭하여 프로젝트를 생성한다.

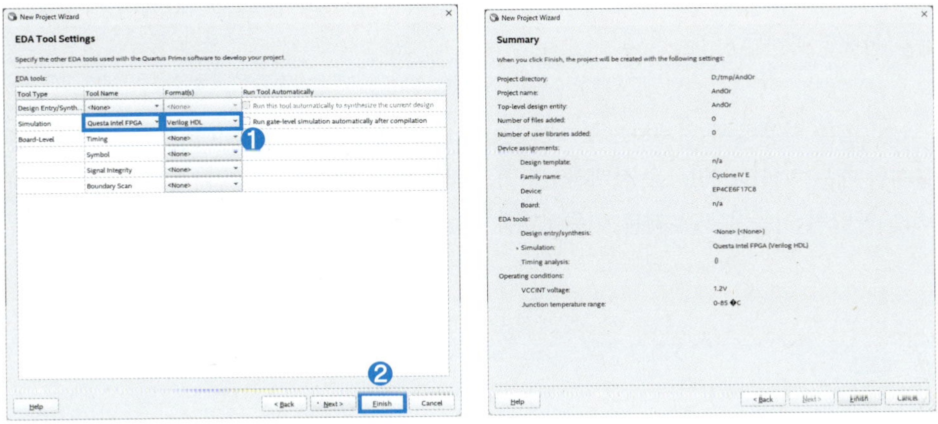

[그림 2-21] 새로운 프로젝트 생성

5 새로운 프로젝트 확인하기

[그림 2-22]와 같이 디렉토리와 새로운 프로젝트가 생성된 것을 확인한다.

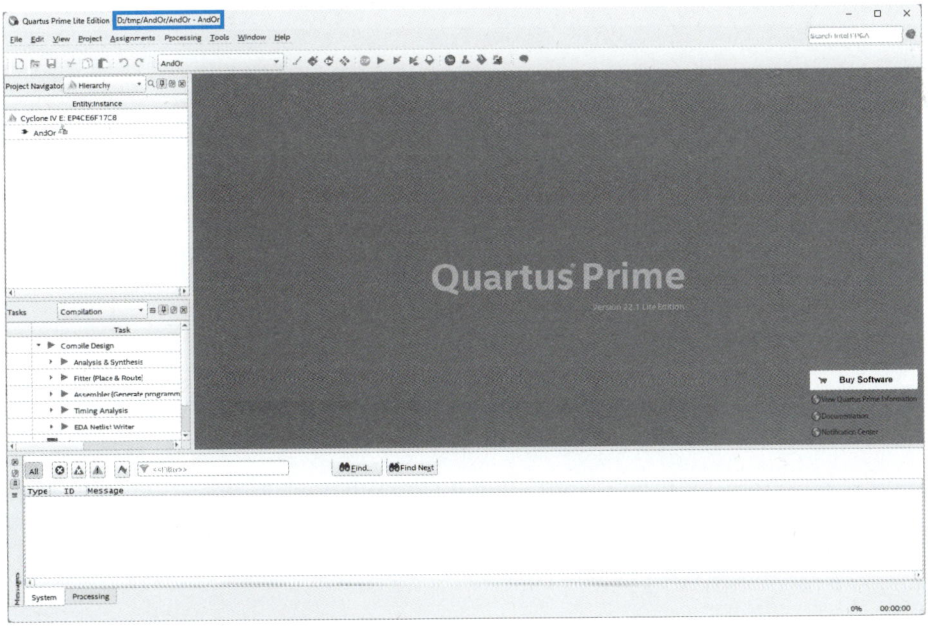

[그림 2-22] 생성된 프로젝트 확인

2.2.2 설계 및 합성

1 소스 코드 작성하기

Verilog 또는 VHDL로 설계하려면 코드 파일을 생성해야 한다. 이때 상단 메뉴에서 [File] – [New] 버튼을 클릭하거나 [그림 2-23]에서 [New] 아이콘( )을 클릭한다. 그러면 프로젝트에서 사용할 설계 파일의 종류를 선택할 수 있다.

이 예제에서는 Verilog를 사용해서 설계하므로 'Verilog HDL File'을 선택하고 [OK] 버튼을 클릭한다. VHDL로 설계할 때는 'VHDL File'을 선택하고 [OK] 버튼을 클릭한 후, 소스 코드를 입력하고 저장한다. 이때 소스 파일의 이름을 프로젝트 이름([그림 2-19] 참고)과 동일하게 설정한다.

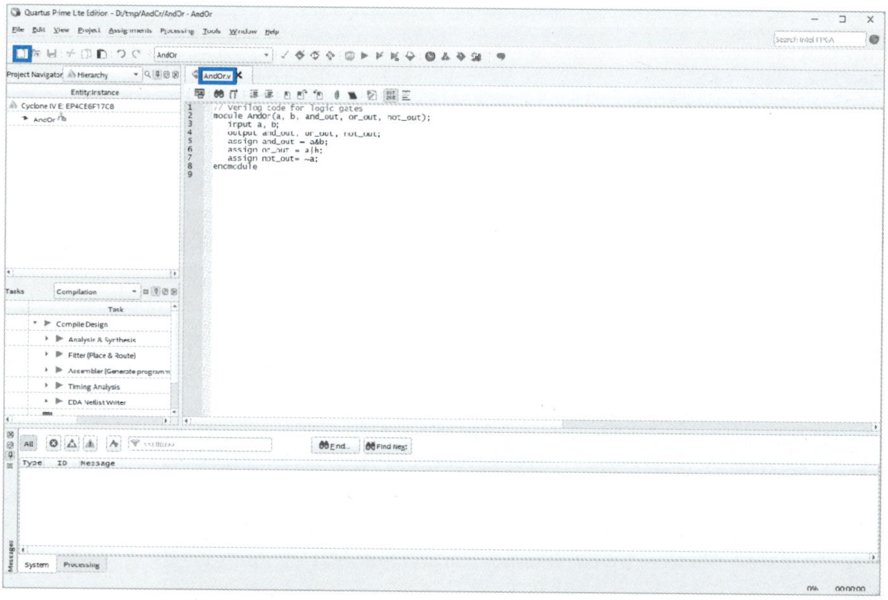

[그림 2-23] 소스 코드 작성

2 소스 코드 컴파일하기

소스 코드 작성을 마치면 컴파일한 후 합성Synthesis 해야 한다. 합성이란, 동작Behavior으로 표현되었거나 레지스터 전송 단계RTLR, Register Transfer Level로 표현된 회로의 추상화 형태Abstract Form를 논리 게이트Logic Gate로 구현하는 과정이다. 컴파일하려면 [Processing] – [Start Compilation] 메뉴를 클릭하거나 [Start Compilation] 아이콘(▶)을 클릭하면 된다.

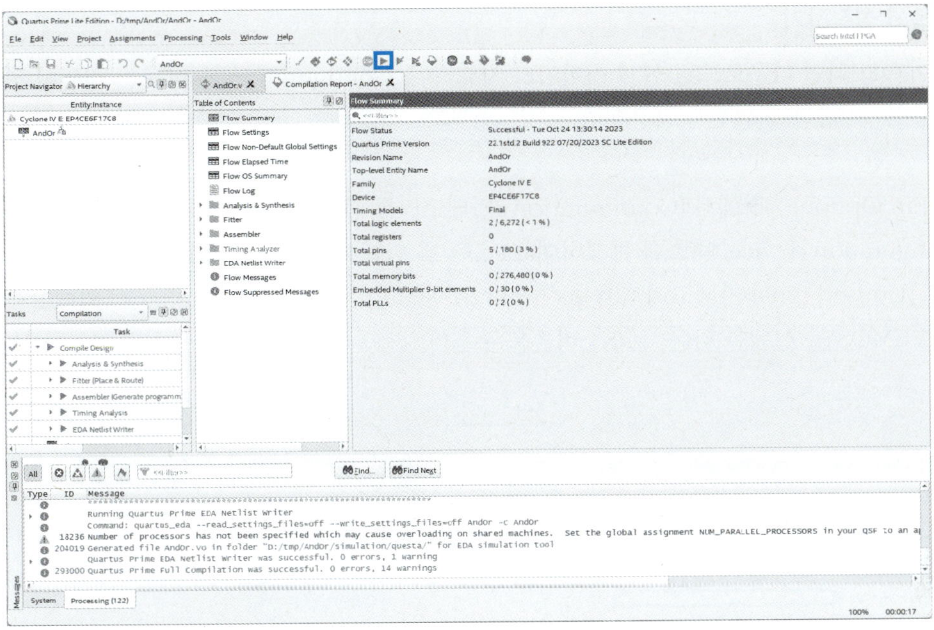

[그림 2-24] 소스 코드 컴파일

2.2.3 디바이스 설정 및 실행

1 디바이스 종류 선택하기

컴파일을 마치면 FPGA에 프로그래밍하기 전에 디바이스를 설정하고 핀 할당을 해야 한다. [Assignments] – [Device] 메뉴에서 Cyclone IV EP4CE6F17C8이 제대로 선택되었는지 확인하고, Configuration device를 지정하기 위해 [Device and Pin Options...] 버튼을 클릭한다.

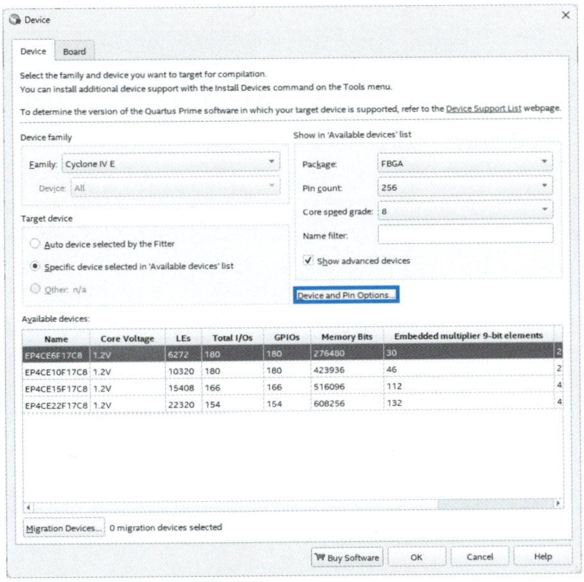

[그림 2-25] 디바이스 종류 선택

2 디바이스 옵션 설정하기

FPGA는 전원이 OFF되면 다운로드된 설계 이미지가 지워지며, Configuration device는 전원이 꺼져도 설계 이미지를 저장하기 위해서 사용된다.

〈Device and Pin Options〉 창에서 [Configuration] 카테고리를 선택한다. Configuration device에서 'Use configuration device' 박스를 체크하여 'EPCS4'를 선택하고, I/O Voltage를 '3.3V'로 선택한다. 그리고 [Unused Pins] 카테고리에서 'As input tri-stated'를 선택하고, [Voltage] 카테고리에서 '3.3-V LVCMOS'를 선택한 다음, [OK] 버튼을 누른다.

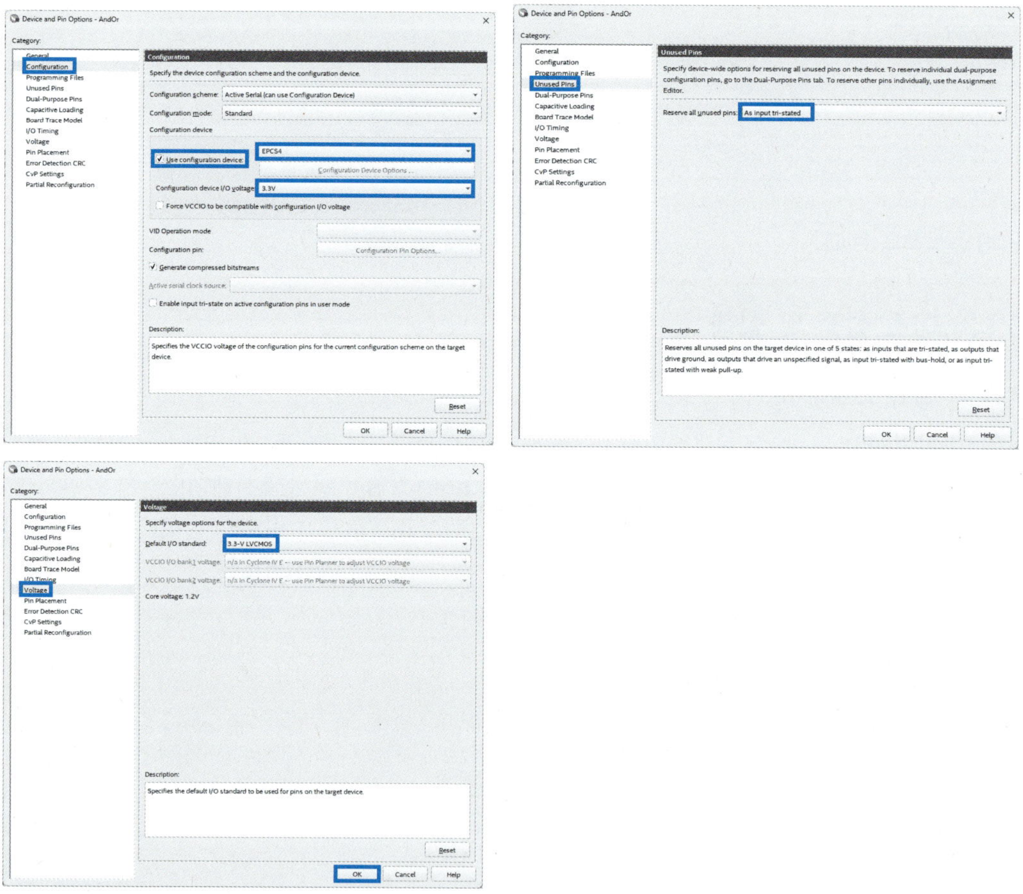

[그림 2-26] 디바이스 옵션 설정

3 디바이스 핀 할당 및 컴파일하기

Cyclone IV 디바이스는 디바이스의 한 면에 핀이 배열되어 있는데, 각 핀에는 핀 번호가 부여되어 있고 슬라이스 스위치나 LED와 같은 입출력 장치가 연결되어 있다. 따라서 입출력 노드를 디바이스 핀에 할당하면 이 노드들이 입출력 장치와 연결된다.

디바이스 핀을 할당하기 위해 Quartus Prime Lite에서 [Assignment] – [Pin Planner] 메뉴를 클릭하면 〈Pin Planner〉 창이 나타난다. 그리고 화면 아래에는 프로젝트 설계에서 사용되는 입출력 노드의 이름이 나타난다. 입출력 노드에 연결할 입출력 장치가 연결된 핀 번호를 할당한다. 핀 번호를 할당할 때는 각 입출력 장치에 할당된 할당 표를 참고한다.

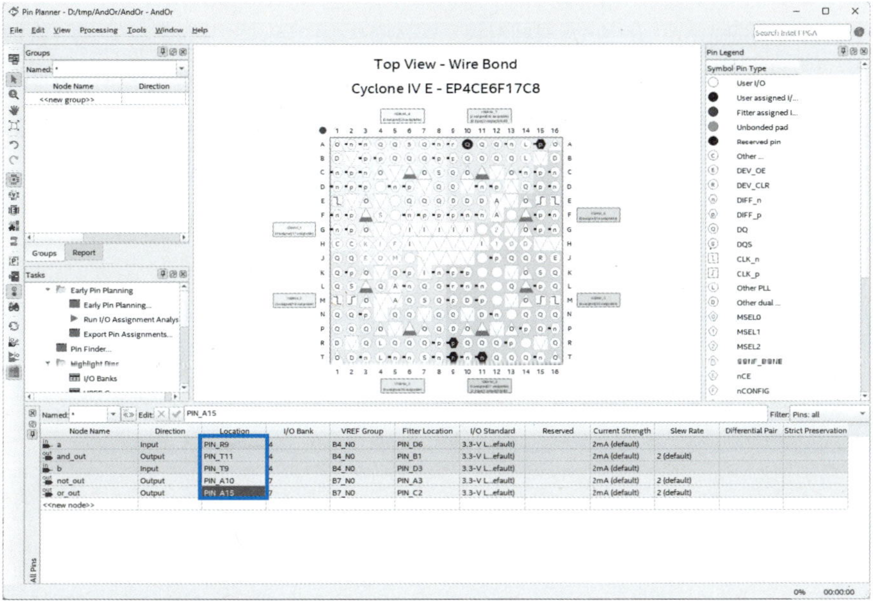

[그림 2-27] 디바이스 핀 할당

핀을 할당한 후에는 다시 컴파일을 설정한 디바이스와 할당한 핀을 반영하기 위해 다시 컴파일한다.

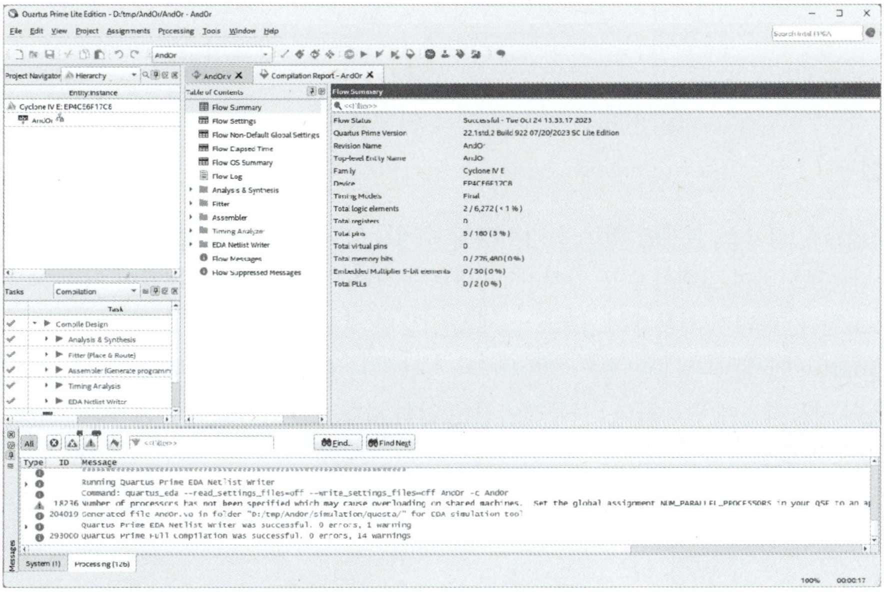

[그림 2-28] 디바이스 설정 후 다시 컴파일

4 디바이스 프로그래밍하기

상단 메뉴에서 [Tools] – [Programmer]를 클릭하거나 [Programmer] 아이콘( )을 클릭하여 Programmer를 실행한다.

〈Programmer〉 창에서 ❶ Hardware Setup이 'USB–Blaster[USB–0]'로 설정되었는지 확인하고, ❷ Mode를 'Active Serial Programming'으로 선택한다. 프로젝트 파일을 추가하기 위해 ❸ [Add File...] 버튼을 클릭하여 '프로젝트 폴더 output_files AndOr.pof' 파일을 선택한 후 [Open] 버튼을 누른다. ❹ 파일이 추가되면 'Program/Configure'를 체크한다. 설정이 완료되면 ❺ [Start] 버튼을 클릭해서 디바이스에 다운로드한다. 프로그래밍을 마치면 실습 키트에서 실행을 할 수 있다.

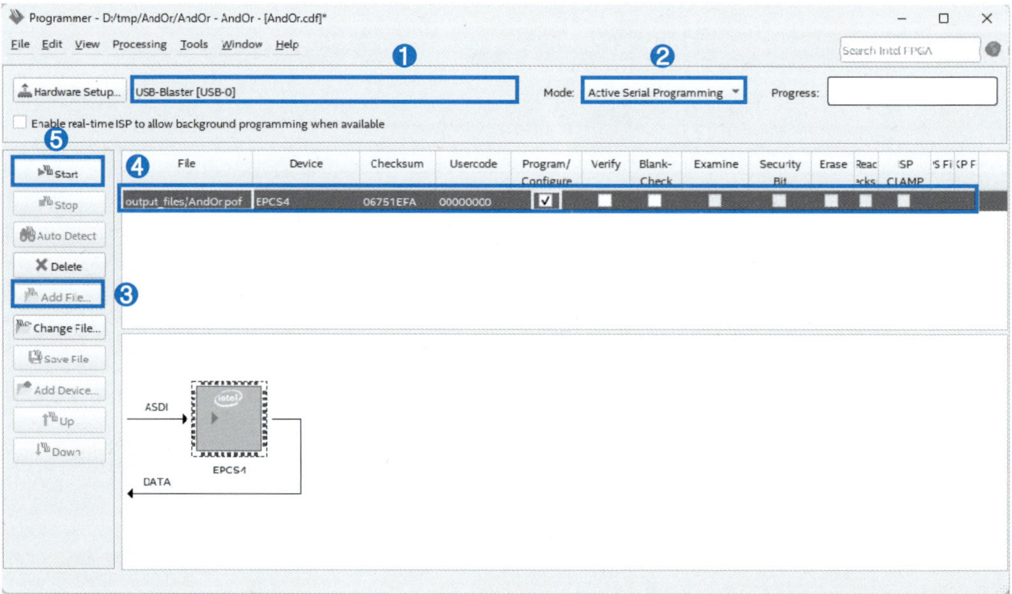

[그림 2-29] 디바이스 프로그래밍

2.2.4 시뮬레이션

시뮬레이션은 Verilog나 VHDL로 설계한 회로를 디버깅할 수 있는 가장 좋은 방법이다. 시뮬레이션 하지 않고 FPGA에 다운로드하여 실행할 수도 있지만, 제대로 동작하지 않을 때는 디버깅이 쉽지 않으므로 많은 시간만 소모된다. 따라서 시뮬레이션으로 설계를 검증한 후 FPGA에서 실행하는 것이 가장 확실한 방법이다. Quartus에서는 VWF Vector Waveform Form를 사용하는 시뮬레이션 도구를 제공하고 있으며, 이는 초보자들이 사용하기에 편리하다. 시뮬레이션은 입력 파형을 지정하고 시뮬레이션을 수행한 후 출력 파형을 분석해야 한다.

1 입력 파형 지정하기

컴파일 후 시뮬레이션의 입력 파형을 지정하기 위해 상단 메뉴에서 [File]-[New]를 클릭하고 'University Program VWF'를 선택한 다음 [OK] 버튼을 클릭한다.

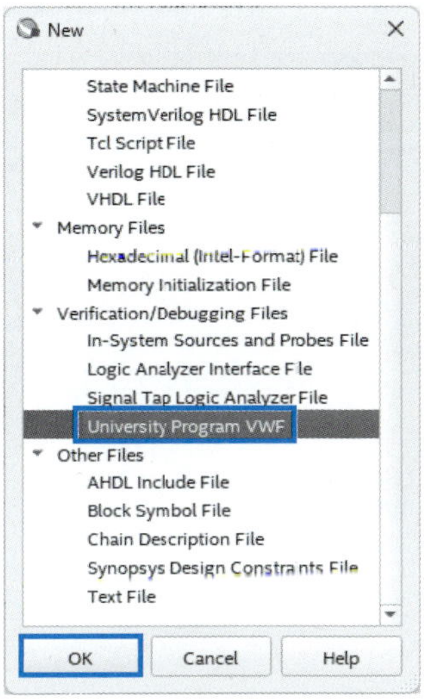

[그림 2-30] 시뮬레이션 입력 파형 지정

2 입출력 포트 추가하기

Simulation Waveform Editor 화면이 나타나면, 입력 파형을 지정하기 위해 VWF 파일의 입출력 신호를 입력해야 한다. 먼저 입출력 포트를 찾기 위해서는 화면 왼쪽의 포트/노드 목록이 나타난 창에서 마우스 오른쪽 버튼을 클릭한 후 [Insert Node or Bus...]를 클릭하면 〈Insert Node or Bus〉 창이 나온다.

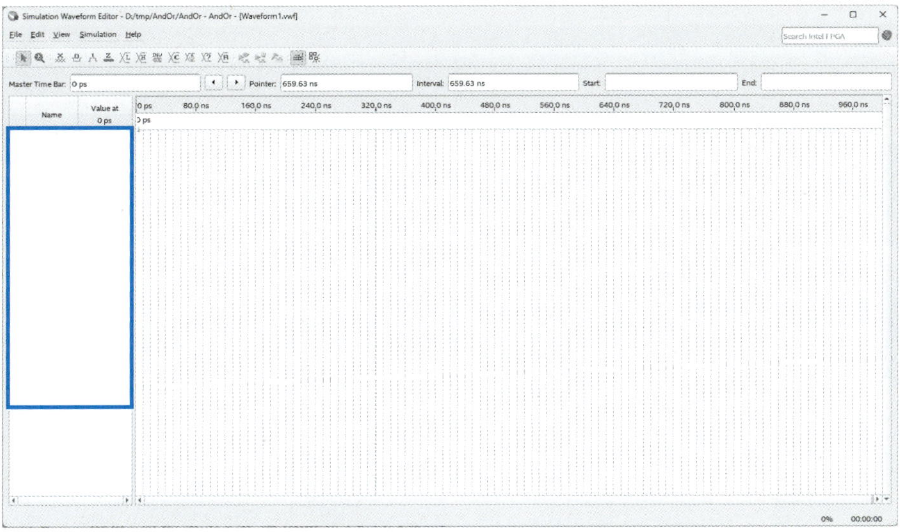

[그림 2-31] Simulation Waveform Editor 화면

3 입출력 노드 입력하기

❶ [Node Finder...]를 클릭하면 〈Node Finder〉 창이 뜨고 ❷ [List] 버튼을 클릭하면 입출력 노드의 이름이 나오면서 화면의 오른쪽에 있는 Selected Nodes로 이동한다.

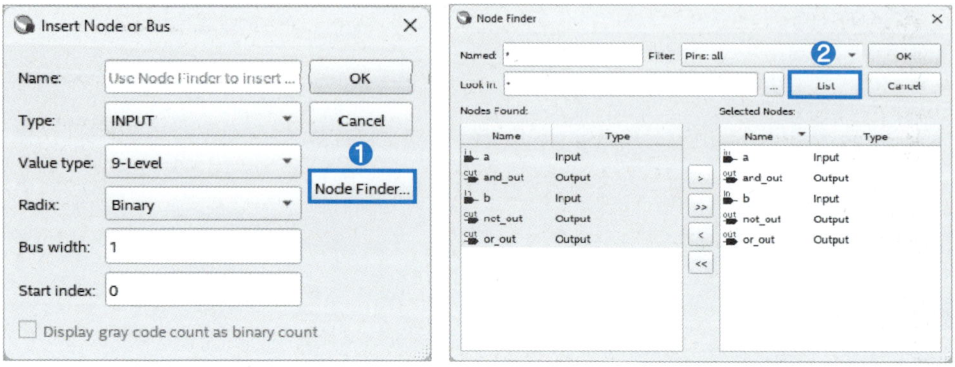

[그림 2-32] 입출력 노드 입력

4 입력 신호 값 지정하기

〈Simulation Waveform Editor〉 창에 입출력 노드가 보이면 마우스를 드래그하여 입력 신호 범위를 선택한 후, 신호 레벨 버튼을 클릭해 입력 신호 값을 정한다.

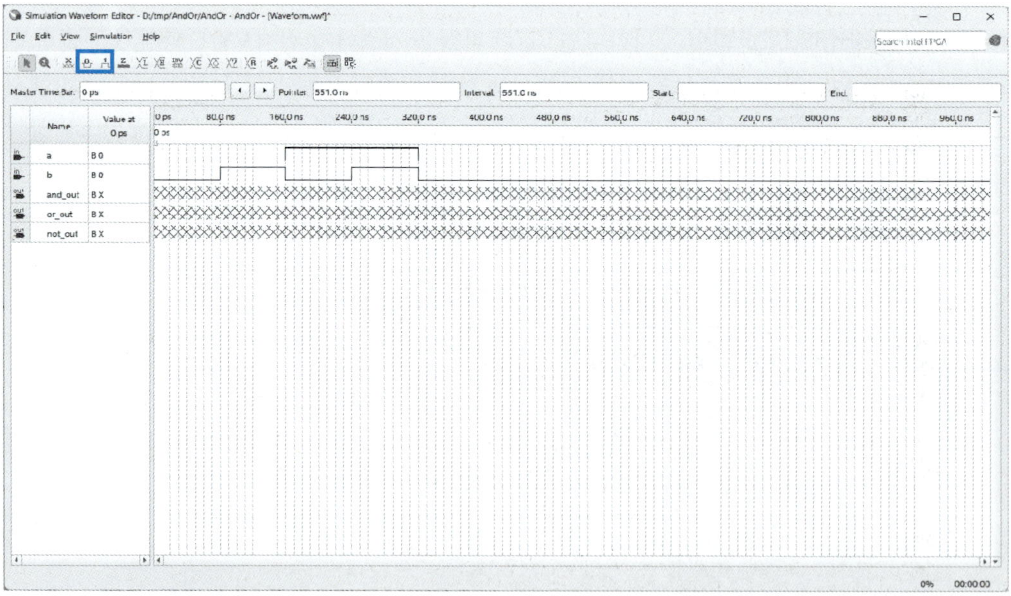

[그림 2-33] 입력 파형 지정

5 시뮬레이션 옵션 설정하기

시뮬레이션에는 Functional Simulation과 Timing Simulation 두 종류가 있다. Functional Simulation 시뮬레이션은 타이밍을 고려하지 않은 논리 값에 대해서만 시뮬레이션하며, Timing Simulation은 타이밍을 고려한 논리 값을 시뮬레이션한다. 따라서 FPGA에서 정상적으로 실행하기 위해서는 Timing Simulation을 해야 하며, 두 시뮬레이션을 하기 위한 설정 방법은 동일하다.

시뮬레이션 옵션을 설정을 하기 위해 상단 메뉴에서 [Simulation] – [Simulation Settings] 버튼을 클릭하면 〈Simulation Options〉 창이 뜬다. 이때 [Functional Simulation Settings]와 [Timing Simulation Settings] 탭이 있는데 각각의 화면에서 [그림 2-34]와 같이 설정해야 한다.

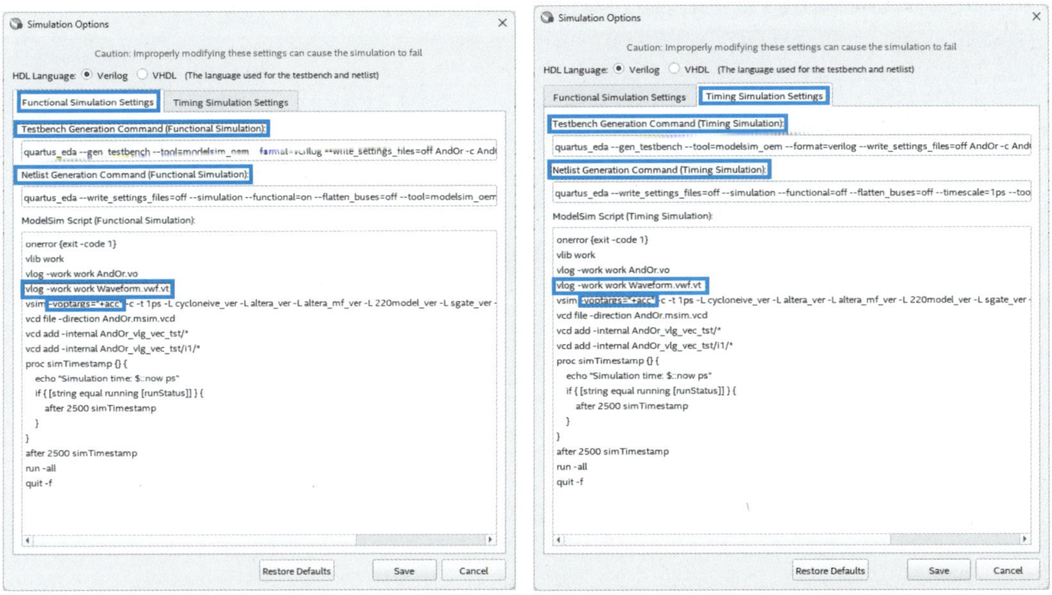

[그림 2-34] 시뮬레이션 옵션 설정

[그림 2-34]에서 설정 또는 확인해야 하는 부분은 다음과 같다. 여기서는 Timing Simulation에 대해서만 설명하지만, Functional Simulation도 동일하게 설정하면 된다.

(a) [Testbench Generation Command(Timing Simulation):]

- --vector_source="D:/tmp/AndOr/Waveform.vwf에서 Waveform.vwf의 경로가 프로젝트 디렉토리 안에 포함되어 있는지를 확인한다.
- --testbench_file="D:/tmp/AndOr/simulation/qsim/Waveform.vwf.vt"에서 Waveform.vwf.vt의 경로가 "~/simulation/qsim" 디렉토리에 포함되어 있는지를 확인한다.

(b) [Netlist Generation Command(Timing Simulation):]

- --output_directory="D:/tmp/AndOr/simulation/qsim/" AndOr –c AndOr에서 디렉토리가 ~/simulation/qsim"으로 되어 있는지를 확인한다.

> **(c) ModelSim Script(Timing Simulation)**
>
> - vlog -work work Waveform.vwf.vt에서 Waveform.vwf.vt의 경로를 확인한다. ~qsim/Waveform.vwf.vt로 되어 있는 경우가 있으므로 이럴 때는 qsim을 삭제해야 한다.
> - vsim 옵션에서 -novopt를 -voptargs="+acc"로 수정한다.

시뮬레이션 옵션을 설정할 때는 매우 정확하게 해야 하며, 옵션에서 설정한 디렉토리와 프로젝트 디렉토리를 비교해서 반드시 일치시켜야 한다. 또한 따옴표의 모양이 달라도 에러가 발생하기 때문에 세밀하게 확인해야 한다.

앞서 설명한 방식으로 설정한 후에 [Save]를 클릭해서 저장한다. 그리고 상단 메뉴에서 [Simulation]-[Run Timing Simulation]을 클릭하거나 단축 아이콘 버튼을 클릭하면 시뮬레이션이 진행되면서 [그림 2-35]와 같이 시뮬레이션 결과가 나온다.

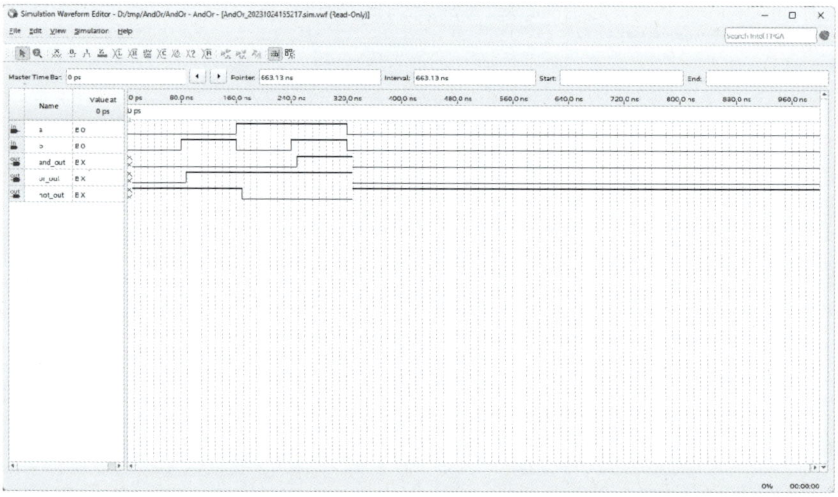

[그림 2-35] 시뮬레이션 실행 결과 파형

기본적인 시뮬레이션 시간은 1usec이지만, 상단 메뉴에서 [Edit]-[Set End Time]을 클릭해서 시뮬레이션 시간을 늘릴 수 있다.

[그림 2-36] 시뮬레이션 시간 변경

2.2.5 블록 설계

설계가 복잡해지면 기능별로 설계한 후에 블록을 생성해서 생성된 블록으로 설계할 수 있다. 여기에서는 블록 설계를 하는 과정에 대해서 설명한다.

Quartus에서는 OR 또는 NOT과 같은 게이트 수준에서의 Schematic 설계 방식과 HDL 코드를 블록으로 생성해서 설계를 하는 그래픽 설계를 지원한다. 또한 생성된 블록과 라이브러리에서 제공하는 IP를 이용해서 함께 설계할 수도 있다.

블록 설계에서 사용될 예는 AndOr 회로이며 3.1절에서 더 자세히 설명할 것이다. 이 회로는 [그림 2-37]([그림 3-1]과 동일)과 같다. AND, OR 그리고 NOT 게이트로 구성되어 있으며, 블록 설계에서는 각 게이트로 블록을 생성하고 이 블록들을 이용해서 [그림 2-37]과 같이 동작하는 회로를 설계하는 과정을 설명한다.

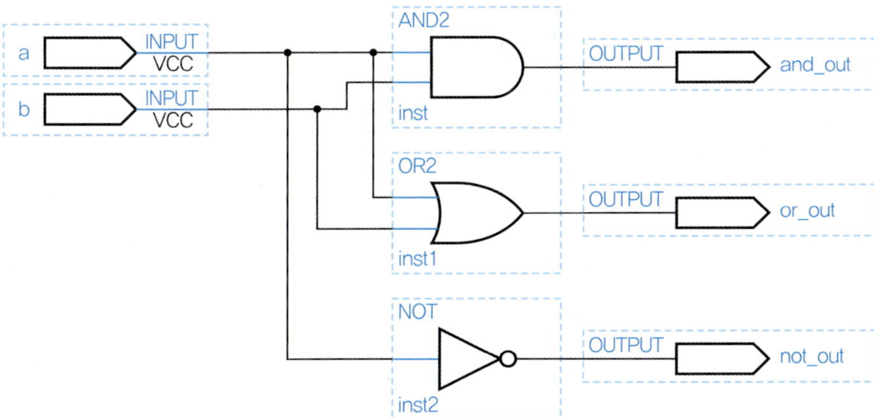

[그림 2-37] AndOr Schematic 회로

1 심볼로 생성될 프로젝트 생성하기

앞에서 설명한 것과 동일하게 블록으로 설계할 새로운 설계 프로젝트를 생성한다. 그리고 블록 심볼을 생성할 HDL 소스 코드를 입력한다. 이 책에서는 AND, OR 그리고 NOT 게이트를 각각의 심볼로 생성한다. AND 게이트에 대한 심볼을 생성하기 위해서는 상단 메뉴에서 [File]-[New]를 클릭한다. 이후 [Verilog HDL File]을 선택하여 AND 동작을 HDL로 설계하고, [Save As] 버튼을 눌러 HDL 파일로 저장(and2x.v)한다.

[그림 2-38]은 AND 동작을 Verilog HDL로 나타낸 것이다.

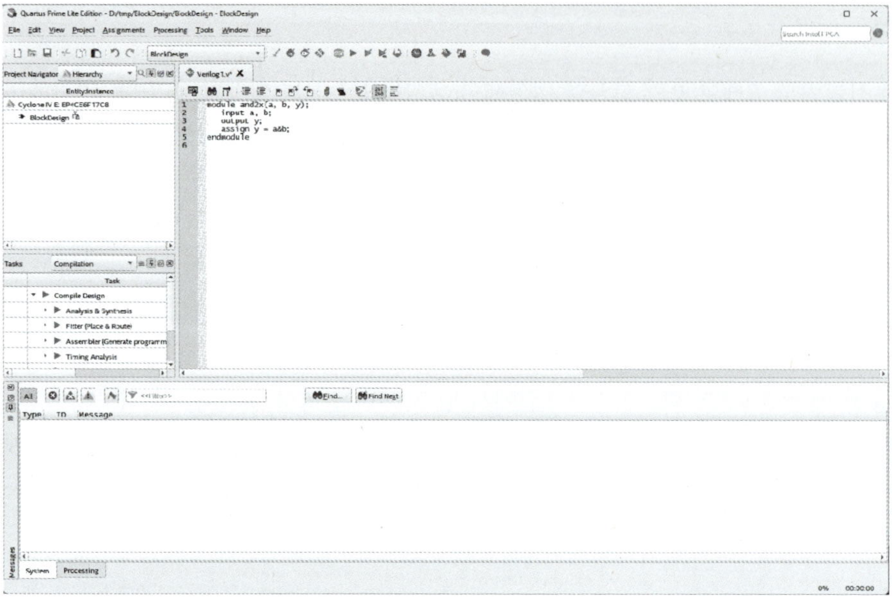

[그림 2-38] 생성할 블록 심볼의 소스 코드 입력

2 블록 심볼 파일 생성하기

블록 심볼 파일을 생성하기 위해 상단 메뉴에서 [File] – [Create/Update] – [Create Symbol Files for Current File]을 클릭한다. 화면 하단을 보면 블록 심볼 파일이 생성되는 것을 확인할 수 있다. OR 게이트와 NOT 게이트에 대해서도 방법은 동일하다. HDL 소스 코드를 입력하고 or2x.v와 not1x.v로 각각 저장한 후에 상단 메뉴에서 [File] – [Create/Update] – [Create Symbol Files for Current File]을 클릭하여 각각의 게이트에 대한 블록 심볼을 생성한다.

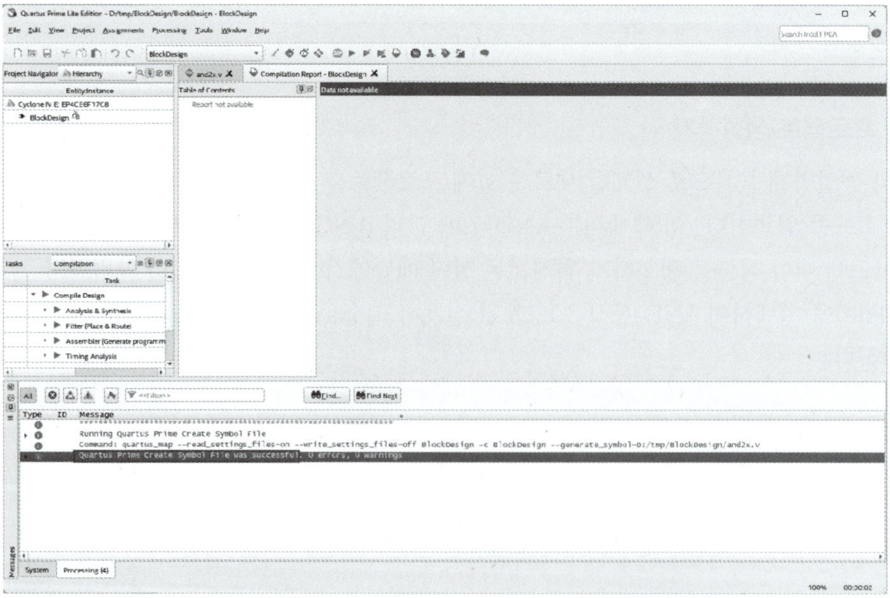

[그림 2-39] 블록 심볼 파일 생성

3 블록 심볼 파일을 이용한 블록 설계

앞서 생성된 블록 심볼을 이용하여 블록 설계를 하기 위해 상단 메뉴에서 [File] – [New] – [Block Diagram/Schematic file] 버튼을 선택한 후, 생성된 블록들을 사용해서 블록 설계를 위한 템플릿을 연다.

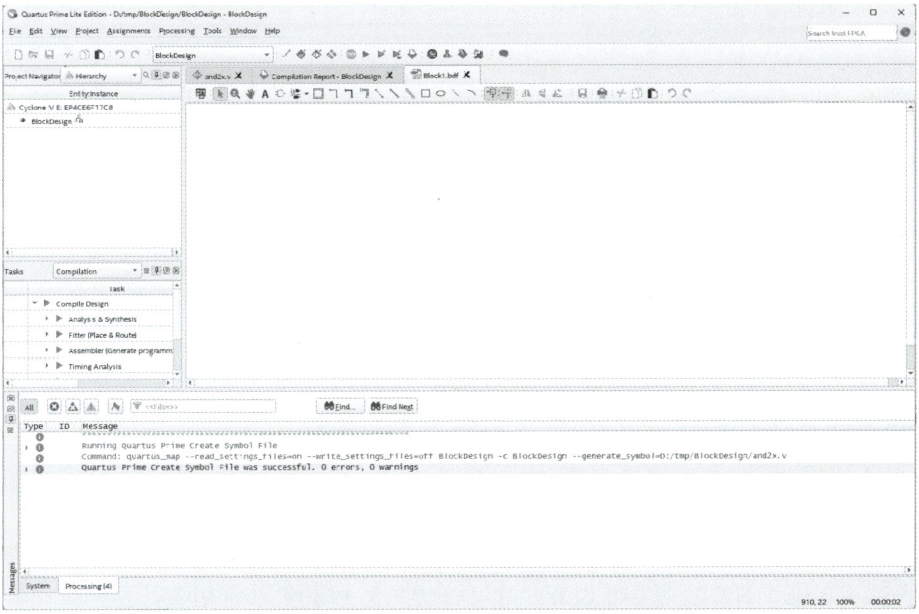

[그림 2-40] 블록 설계를 위한 템플릿

템플릿에서 마우스를 더블 클릭하면 〈Symbol〉 창이 뜬다. [Library] – [Project] 버튼을 클릭하면 AND, OR, NOT에 대한 심볼을 볼 수 있다.

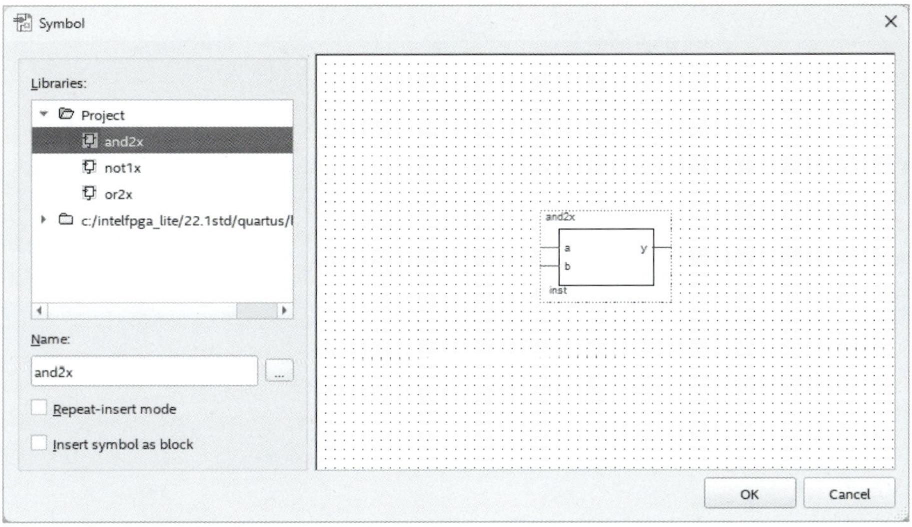

[그림 2-41] 생성된 블록 심볼

블록 설계 템플릿에서 생성된 심볼들을 하나씩 선택한 다음, [그림 2-42]와 같이 템플릿에 배치한다.

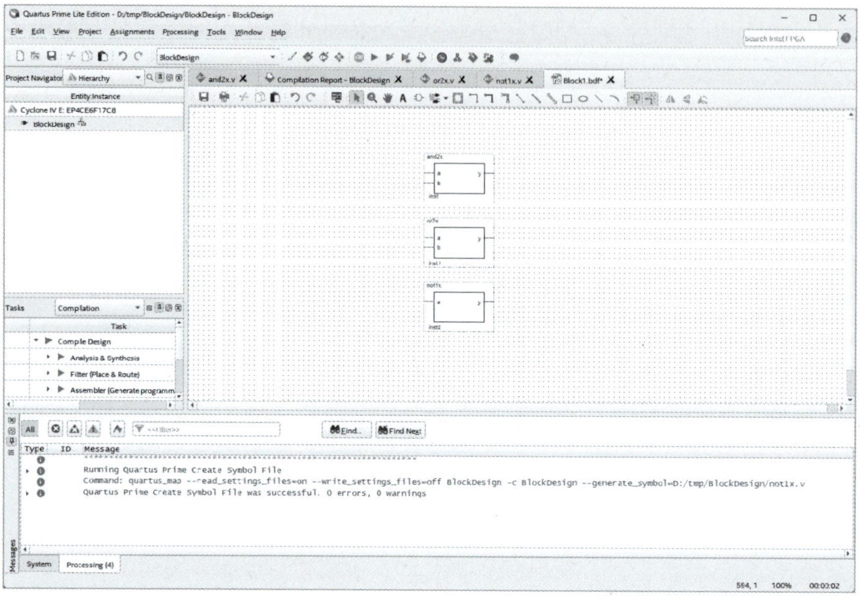

[그림 2-42] 생성된 블록 심볼의 배치

그리고 [Library] – [c:/intelfpga_lite...] – [Primitives] – [pin]을 클릭한 후 input, output 포트를 배치하고, 마우스를 이용해서 심볼의 입출력 단자와 입출력 포트를 연결한 후에 입출력 포트를 더블 클릭해서 입출력 이름을 수정하고 저장한다.

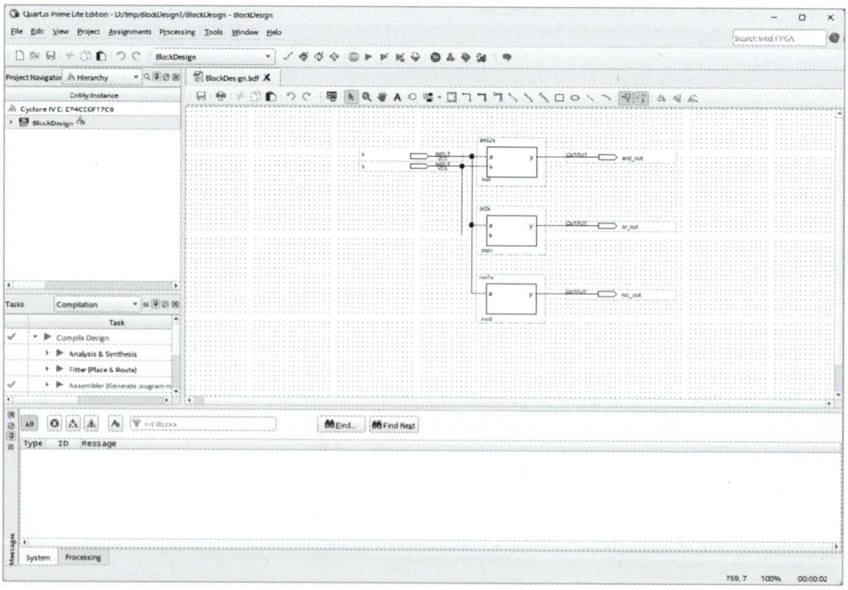

[그림 2-43] 입출력 포트의 연결

이후 과정은 앞에서 설명한 합성, 디바이스 및 핀 할당, 그리고 프로그래밍 과정과 동일하다.

PART
02

디지털 논리회로의 설계 및 실습

CONTENTS

PART 02 들어가기 전에

2부에서는 AMD 사의 Vivado ML과 Intel 사의 Quartus Prime 디자인 소프트웨어, 디지털 실습 키트인 DIGCOM 키트로 Verilog, VHDL을 활용해 설계하는 과정에 대해 공부한다. 2015년에 Intel은 알테라(Altera)를, 2022년에 AMD는 자일링스(Xilinx)를 인수했다. 따라서 이 책에서는 알테라, 자일링스 대신 Intel, AMD로 표기했다.

2부의 일부 예제에서는 동일하게 동작하는 회로를 다양한 방법으로 설계해 보기 위해 Schematic으로 설계하는 과정과 Verilog, VHDL로 설계하는 과정을 나누어 설명하고 서로의 장단점을 비교했다. 또한 실습 키트가 없어도 설계한 결과를 확인할 수 있도록 시뮬레이션 결과를 보여준다. 일반적으로 Verilog와 VHDL을 포함해 프로그래밍 언어를 다루는 교재는 문법 위주로 설명되어 있지만, 이 교재는 예제를 중심으로 Verilog와 VHDL 문법을 설명한 후 배운 내용을 실습할 수 있도록 구성했다.

2부에서 다루는 Verilog 및 VHDL 예제를 정리하여 나타내면 다음과 같다.

▶ 2부에서 다루는 Verilog 및 VHDL 예제 (1)

절	제목	Verilog	VHDL
3.1	기본 논리 게이트	AndOr(sch) AndOr	AndOr(sch) AndOr
3.2	전가산기	FullAdder(sch) FullAdder1 FullAdder2 FullAdder3	FullAdder(sch) FullAdder1 FullAdder2 FullAdder3
3.3	디코더	Decoder-Assign Deocder-Case	Decoder
3.4	입출력 장치 실습 (스위치 인코딩)	SwitchEncoder	SwitchEncoder
3.5	멀티플렉서	Multiplexer-Case Multiplexer-if	Multiplexer
3.6	크기 비교기	Comparator	Comparator
4.1	n비트 가산/감산기	nBitAddSub(sch) nBitAddSub1 nBitAddSub2	nBitAddSub(sch) nBitAddSub1 nBitAddSub2
4.2	'1' 개수 카운터	OneCounter	OneCounter
4.3	패리티 발생기	ParityGenerator-BitWise ParityGenerator-Function	ParityGenerator
4.4	리플 가산기	RippleAdder	RippleAdder

절	제목	Verilog	VHDL
5.1	간단한 상태도 구현	SimpleStateMachine (Moore Model) SimpleStateMachine (Mealy Model)	SimpleStateMachine (Moore Model) SimpleStateMachine (Mealy Model)
5.2	레지스터의 표현	RegisterInference	RegisterInference
5.3	Up-Down 카운터	UpDownCounter	UpDownCounter
5.4	순차검출기	SequenceDetector	SequenceDetector
6.1	클럭을 사용하는 회로와 사용하지 않는 회로	ClockSync	ClockSync
6.2	스텝 클럭(펄스) 발생 회로	StepClock	StepClock
6.3	양방향 버스	BidirBus	BidirBus

설계 실습인 [실습과제]는 Lab으로 간략히 표기했다.

▶ 2부에서 다루는 Verilog 및 VHDL 예제 (2)

절	제목	Verilog	VHDL
Lab 3.1	설계 소프트웨어를 이용한 디지털 논리회로 설계	SimpleGates(sch) SimpleGates	SimpleGates(sch) SimpleGates
Lab 3.2	전감산기 설계	FullSubtractor_sch FullSubtractor	FullSubtractor_sch FullSubtractor
Lab 3.3	인코더 설계	Encoder	Encoder
Lab 3.4	7-세그먼트 FND 디코더 설계	FNDDecoderI FNDDecoderII	FNDDecoderI FNDDecoderII
Lab 3.5	디멀티플렉서 설계	DeMultiplexer-Case DeMultiplexer-if	DeMultiplexer
Lab 3.6	수 정렬회로 설계	Sorting	Sorting
Lab 4.1	BCD 가산기 설계	BCDAdder	BCDAdder
Lab 4.2	Leading One 카운터 설계	LeadingOneCounter	LeadingOneCounter
Lab 4.3	패리티 검사기 설계	ParityChecker	ParityChecker
Lab 4.4	Carry Look Ahead 가산기 설계	CarryLookAheadAdder	CarryLookAheadAdder
Lab 5.1	클럭 분주회로 설계	ClockDivider	ClockDivider
Lab 5.2	병렬-직렬 변환회로 설계	ParallelSerialConverter	ParallelSerialConverter
Lab 5.3	동기식 BCD 카운터 설계	BCDCounter	BCDCounter
Lab 5.4	교통신호등 제어기 설계	TrafficLightController	TrafficLightController

아래 표에 2부의 각 예제에서 설명하는 Verilog 및 VHDL의 문법을 정리했다.

▶ 2부에서 다루는 Verilog 및 VHDL 문법

절과 제목	Verilog	VHDL
3.1 기본 논리 게이트 (AND, OR, NOT) Lab 3.1 설계 소프트웨어를 이용한 디지털 논리회로 설계	Verilog 템플릿, 연속할당문(continuous assignment)	VHDL 템플릿, 라이브러리, 패키지, 병행 기술문(concurrent statement)
3.2 전가산기 Lab 3.2 전감산기 설계	wire, reg, 연산자(concatenation), 데이터와 수의 표현, procedural, non-blocking 할당문 always, case~endcase, if~else if~else	signal, case~when, process, 변환함수(conversion function) if~then~end if
3.3 디코더 Lab 3.3 인코더 설계	bit vector, assign 문, shift,conditional 연산자	std_logic_vector, 동작 모델링(behavioural modeling)
3.4 입출력 장치 실습(스위치 인코딩) Lab 3.4 7-세그먼트 FND 디코더 설계	default case, event control (poseege, negedge clk)	when~others, null, rising_edge(clk), clk'event(attributes)
3.5 멀티플렉서 Lab 3.5 디멀티플렉서 설계	named block	데이터 흐름 모델링 (dataflow modeling), when~else, with~select~when
3.6 크기 비교기 Lab 3.6 수 정렬회로 설계	parameter, 관계 연산자	패키지(package) 선언, 관계 연산자, constant, subtype
4.1 n비트 가산/감산기 Lab 4.1 BCD 가산기 설계	산술 연산자	signal과 variable, 산술 연산자
4.2 '1' 개수 카운터 Lab 4.2 Leading One 카운터 설계	for~, while, disable	for~loop, attributes, while~loop, exit
4.3 패리티 발생기 Lab 4.3 패리티 검사기 설계	function, xor 연산자(^), task	generic, function, procedure
4.4 리플 가산기 Lab 4.4 Carry Look Ahead 가산기 설계	구조적 모델링(module instantiation)	구조적 모델링(structural modeling), component, port map
5.1 간단한 상태도 구현 Lab 5.1 클럭 분주회로 설계	FSM(Finite State Machine), 무어 모델, 밀리 모델	FSM(Finite State Machine), 무어 모델, 밀리 모델, 타입 정의(type definition)
5.2 레지스터의 표현 Lab 5.2 병렬-직렬 변환회로 설계	동기(synchronous), 비동기(asynchronous) 신호 표현	동기(synchronous), 비동기(asynchronous) 신호 표현
5.3 Up-Down 카운터 Lab 5.3 동기식 BCD 카운터 설계	-	-
5.4 순차검출기 Lab 5.4 교통신호등 제어기 설계	-	-
6.1 클럭을 사용하는 회로와 사용하지 않는 회로	-	-
6.2 스텝 클럭(펄스) 발생회로	-	-
6.3 양방향 버스	inout 양방향 신호	inout 양방향 신호

아래 표에 Verilog와 VHDL의 문법을 비교하여 정리했다. 특히 Verilog에서 쓰는 문법이 VHDL에서는 어떻게 바뀌는지, 반대로 VHDL에서 쓰는 문법이 Verilog에서는 어떻게 바뀌는지를 키워드[Keyword]로 구분해서 나타냈다. 키워드의 확장자가 'v'이면 Verilog 키워드를, 확장자가 'vhd'이면 VHDL 키워드를 나타낸다.

▶ Verilog와 VHDL의 문법 비교

키워드	대응 키워드	Verilog	VHDL
after.vhd	#	#10 out1 = in1;	out1 <= in1 after 10 ns;
alias.vhd	`define	`define status word[13]	alias status : std_logic is word(13);
always.v	process	always begin ... end	process begin ... end process;
and.vhd	&, &&	out1 = in1 & in2;	out1 <= in1 and in2;
architecture.vhd	module	module name; endmodule	architecture name of entityname is ... end name;
array.vhd	reg[range] memory[range]	reg[0:3] memory [0:7]	type memory is array(0 to 3) of std_logic_vector(0 to 7);
assign.v	when ... else	if ... assign out1 = 0; else deassign out1;	when ... out1 <= '0'; else out1 <= 'Z';
begin.v	begin	begin multiple statements end	name begin ... end name;
begin.vhd	begin	begin multiple statements end	name begin ... end name;
block.vhd	begin ... end	begin statements end	alu : block ... end block alu;
bus.vhd	tri	tri name;	signal name : std_logic bus;
case.v	case	case (exp.) choices endcase	case expression is when choice => out1 <= in1; end case;
case.vhd	case	case (exp.) choices endcase	case expression is when choice => out1 <= in1; end case;
casex.v	no counterpart	casex (exp.) choices endcase	no counterpart
casez.v	no counterpart	casez (exp.) choices endcase	no counterpart
component.vhd	// structural instantiation	inverter u1 (out1, in1);	componentinverter port(out1 : out std_logic; in1 : in std_logic);
constant.vhd	parameter	parameter maxsize = 64;	constant maxsize : positive := 64;
default.v	others	case (expression) ... default : out1 = in2;	case expression is ... when others => out1 <= in2; end case;
disable.v	exit, next, return	for ... disable name ...	loop ... next when ... end loop;
downto.vhd	[higher:lower]	[15:0]	(15 downto 0)

키워드	대응 키워드	Verilog	VHDL
entity.vhd	module	module name; ... endmodule	entity name is ... end name;
event.v	signal	event name;	signal name : sync_type;
exit.vhd	disable	for ... disable name ...	loop ... exit when ... end loop;
for.v	for	for (i=1; i<=10; i=i+1)	for i in 1 to 10 loop
for.vhd	for, repeat	for (i=1; i<=10; i=i+1)	for i in 1 to 10 loop
function.v	function	function name; ... endfunction	function name(...) return std_logic is ... end name;
function.vhd	function	function name; ... endfunction	function name(...) return std_logic is ... end name;
generate.vhd	no counterpart	no counterpart	generate_label : if expression generate ... end generate;
generic.vhd	defparam, specparem	defparam maxsize = 32;	entity name is generic(maxsize : natural := 32); ...
if.v	if	if ... else if... else	if ... then ... elsif ... then ... else ... end if;
if.vhd	if	if ... else if... else	if ... then ... elsif ... then ... else ... end if;
in.vhd	input	output out1; input in1;	port(out1 : out std_logic; in1 : in std_logic);
initial.v	process	initial begin ... end	process begin ... wait; end process;
inout.v	inout	inout inout1;	port(inout1 : inout std_logic);
inout.vhd	inout	inout inout1;	port(inout1 : inout std_logic);
input.v	in	output out1; input in1;	port(out1 : out std_logic; in1 : in std_logic);
integer.v	predefined type	integer name;	signal name : integer;
loop.vhd	while, for, etc.	while (condition)	while (condition) loop
map.vhd	// structural instantiation	inverter u1 (out1, in1);	u1 : inverter port map(out1 => out1, in1 => in1);
mod.vhd	%	out1 = in1 % in2;	out1 <= in1 mod in2;
module.v	entity/architectu re	module name; ... endmodule	entity name is ... end name; architecture ...
nand.vhd	~, &	out1 = ~(in1 & in2);	out1 <= in1 nand in2;
negedge.v	falling_edge - std_logic_1164	always @ (negedge clk) begin ... end	wait until falling_edge(clk);
next.vhd	disable	for ... disable name ...	loop ... next when ... end loop;
nor.vhd	~, |	out1 = ~(in1 | in2);	out1 <= in1 nor in2;
not.vhd	~	out1 = ~in1;	out1 <= not(in1);

키워드	대응 키워드	Verilog	VHDL
null.vhd	// not counterpart	// no counterpart	case expression is when choice => out1 <= null; end case;
or.vhd	|, ||	out1 = in1 | in2;	out1 <= in2 or in2;
others.vhd	default	case (expression) ... default : out1 = in2;	case expression is ... when others => out1 <= in2; end case;
out.vhd	output	output out1; input in1;	port(out1 : out std_logic; in1 : in std_logic);
output.v	out	output out1; input in1;	port(out1 : out std_logic; in1 : in std_logic);
package.vhd	// hierarchical path names	pkgname.definitions	package pkgname is ... end pkgname;
parameter.v	constant	parameter maxsize = 64;	constant maxsize : positive := 64;
port.vhd	module name (port signals);	module name (out1, in1); ... endmodule	port(out1 : out std_logic; in1 : in std_logic);
posedge.v	rising_edge - std_logic_1164	always @ (posedge clk) begin ... end	wait until rising_edge(clk);
procedure.vhd	task	task name; ... endtask	procedure name(...) is ... end name;
process.vhd	always	always begin ... end	process begin ... end process;
range.vhd	// no counterpart	// no counterpart	for i in inputs'range loop ... end loop;
reg.v	variable, signal	reg name;	variable name : std_logic;
register.vhd	trireg	trireg name;	signal name : std_logic register;
rem.vhd	%	out1 = in1 % in2;	out1 <= in1 rem in2;
repeat.v	for	repeat (10)	for i in 1 to 10 loop ...
return.vhd	disable	task name; ... disable name;	function name(...) return std_logic is ... end name;
rol.vhd	{} // expression needed	alu_data = {alu_data[5:0], alu_data[7:6]};	alu_data <= alu_data rol 2;
ror.vhd	{} // expression needed	alu_data = {alu_data[1:0], alu_data[7:2]};	alu_data <= alu_data ror 2;
signal.vhd	wire	wire in1;	signal in1 : std_logic;
specify.v	generic	specify specparem setup=10; endspecify	entity name is generic(setup : time := 10 ns); ...
specparam.v	generic	specify specparem setup=10; endspecify	entity name is generic(setup : time := 10 ns); ...
subtype.vhd	// predefined types	// predefined types	subtype subtypename is typename range ... ;
supply0.v // strength	'0' in std_logic_1164	buf(supply0) out1;	out1 <= '0';
supply1.v // strength	'1' in std_logic_1164	buf(supply1) out1;	out1 <= '1';

키워드	대응 키워드	Verilog	VHDL
table.v // gate	VitalTruthTable	table ... endtable	procedure VitalTruthTable(...);
task.v	procedure	task name; ... endtask	procedure name is ... end name;
then.vhd	// unnecessary	if ... else if ... else	if ... then ... elsif ... then ... else ... end if;
to.vhd	// [lower:higher]	[0:15]	(0 to 15)
type.vhd	// predefined types	// predefined types	type typename ... enumerate;
until.vhd	wait	wait (condition);	wait until condition;
use.vhd	+lib ...	// command line option	use libname.pkgname.all;
variable.vhd	reg	reg name;	variable name : std_logic;
wait.v	wait	wait (condition);	wait [on] [until] [for] ... ;
wait.vhd	wait	wait (condition);	wait [on] [until] [for] ... ;
wand.v // net	-resolved signal	wand out1;	signal out1 : resolved_wand;
when.vhd	case	case (expression) choices	case expression is when choice => out1 <= in1; end case;
while.v	while	while (condition)	while (condition) loop
while.vhd	while	while (condition)	while (condition) loop
xnor.vhd	^~	out1 = in1 ^~ in2;	out1 <= in1 xnor in2;
xor.vhd	^	out1 = in1 ^ in2;	out1 <= in1 xor in2;

CHAPTER

03

조합논리회로 설계 (1)

디지털 논리회로는 크게 조합논리회로와 순차논리회로로 구분된다. 이 장에서는 Vivado와 Quartus 설계 환경에서 Verilog와 VHDL 언어를 사용해 논리회로를 설계하고 DIGCOM 실습 키트에서 실행하는 과정을 다룬다. 또한 동일하게 동작하는 회로를 다양한 방법으로 설계하는 과정을 설명하기 위해 Schematic으로 설계하는 과정과 Verilog, VHDL로 설계하는 과정을 설명하고 장단점을 비교한다. 또한 시뮬레이션을 통해 실습 키트 없이도 설계한 결과를 확인할 수 있도록 시뮬레이션 결과를 보여준다.

CONTENTS

SECTION
3.1 기본 논리 게이트

디지털 논리회로에서 가장 기본적인 회로는 AND, OR, NOT 게이트로 구성할 수 있다. a와 b, 2비트가 입력되며 게이트의 출력 and_out, or_out은 입력 A와 B에 대한 AND와 OR 논리 연산 결과를 각각 출력하고, not_out은 a 입력에 대한 NOT 결과를 출력한다.

기본 논리 게이트 설계는 Schematic을 이용해 설계했을 때와 Verilog 및 VHDL을 사용해 설계했을 때를 각각 살펴본다.

3.1.1 Schematic을 이용한 기본 논리 게이트 설계

[그림 3-1]은 Intel의 Quartus Prime Design 소프트웨어에서 설계한 회로이다. [그림 3-1]은 논리 게이트의 가장 기본이 되는 AND, OR, NOT 동작을 확인하기 위한 회로를 보여준다.[1]

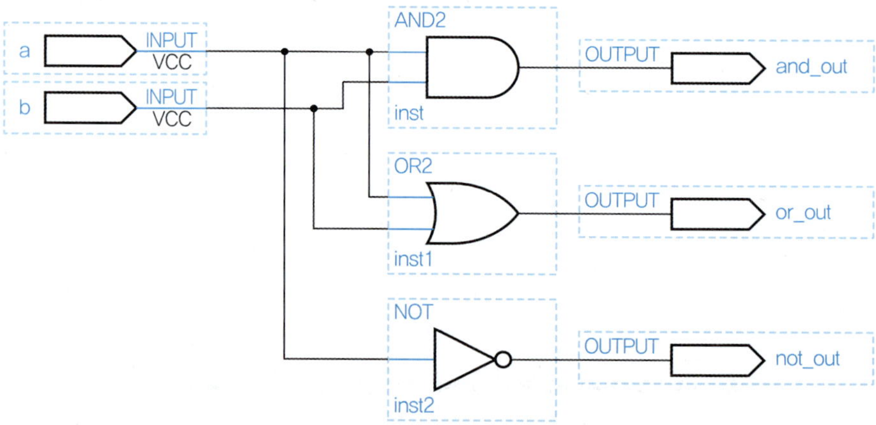

[그림 3-1] 기본 논리 게이트의 Schematic 설계(AndOr_sch)

Schematic 또는 Block Diagram 설계는 [그림 3-1]과 같이 논리 게이트를 서로 연결하며, 회로를 한눈에 살펴볼 수 있다는 장점이 있다. 간단한 회로는 쉽게 설계할 수 있지만, 회로가 복잡해지면 그만큼 설계 공간을 많이 차지하기 때문에 한계가 있다.

1 Vivado에서는 Schematic 설계를 지원하지 않는다.

추상화와 표현의 레벨

Verilog HDL은 VHDL과 함께 가장 많이 사용되는 텍스트 기반의 논리회로 설계 언어이며, 현재 디지털 시스템을 표현하기 위한 산업계 표준으로 사용되고 있다. HDL을 이용해서 모델링할 때 사용되는 추상화 레벨Abstraction Level에 대해 살펴보자.

❶ **알고리즘 레벨**Algorithm Level : 동작 레벨Behavioral Level이라고도 하며 순차적인 방법으로 표현된다. 즉, 알고리즘이 순차적으로 실행되는 명령어로 구성된다. Verilog의 function, task, always block과 VHDL의 process가 중요한 구성 요소이다.

❷ **레지스터 전달 레벨**Register Transfer Level : 데이터 흐름 레벨Data Flow Level이라고도 하며, 회로의 특징을 동작과 레지스터 사이의 데이터 이동으로 표현한 것이다. 이 설계에서는 외부 클럭이 사용되고, 동기화된 시간에 동작이 발생하도록 스케줄된다.

❸ **게이트 레벨**Gate Level : 시스템 동작이 논리 게이트의 연결에 의해 표현된다. 모든 신호들은 오직 '0', '1', 'x', 'z'와 같은 논리 값만 갖는다. 이러한 방식은 논리회로에서 논리소자들을 선으로 연결해 설계하는 것과 유사하다.

❹ **스위치 레벨**Switch Level : 가장 낮은 수준의 추상화이다. 게이트 내부의 MOS 트랜지스터를 나타내며 이 책에서는 다루지 않는다.

디지털 시스템은 동작이나 구조를 표현하고 나타낼 수 있다. [그림 3-2]는 디지털 시스템을 표현하는 방법을 보여준다. 높은 수준에서 동작을 표현하는 알고리즘 및 데이터 흐름을 표현하는 방법이나 낮은 수준에서 게이트를 서로 연결하는 구조적 기술 방법으로 설계할 수 있다. 최종적으로 FPGA에서는 물리적인 구현 단계인 스위치 레벨로 구현이 된다. 이와 같이 다양한 수준에서 설계된 것을 물리적으로 구현하기 위해서는 합성Synthesis 과정이 필요하며, 설계 소프트웨어에서 합성 또는 컴파일Compile이라고 한다.

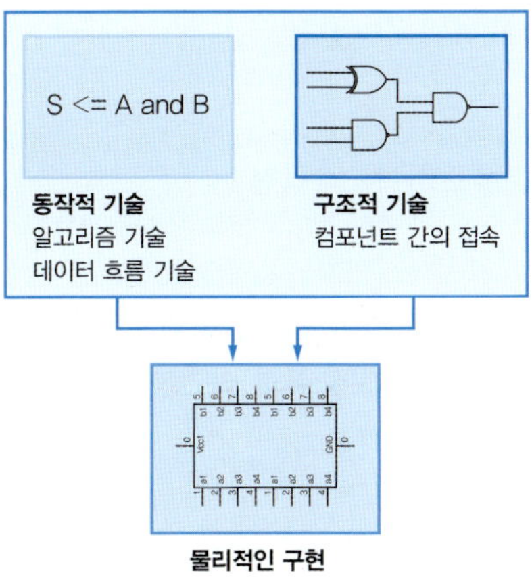

[그림 3-2] 디지털 시스템의 표현 방법

추상화 단계에서 가장 높은 단계는 동작 레벨로 회로가 어떤 동작을 하는지 표현하며, 구조 레벨 Structural Level에서는 컴포넌트와 그들 사이의 연결 관계를 표현한다. 동작적 기술 Behavioural Statement이란 입력과 출력 사이의 관계를 규정하는 것을 말한다. 이 관계는 가장 낮은 수준으로는 부울 표현식 Boolean Expression으로 나타낼 수 있으며, 레지스터 전달 또는 알고리즘과 같이 좀 더 높은 수준에서 추상화된 표현으로 나타낼 수도 있다.

[그림 3-3]은 다양한 수준의 추상화 레벨을 보여준다.

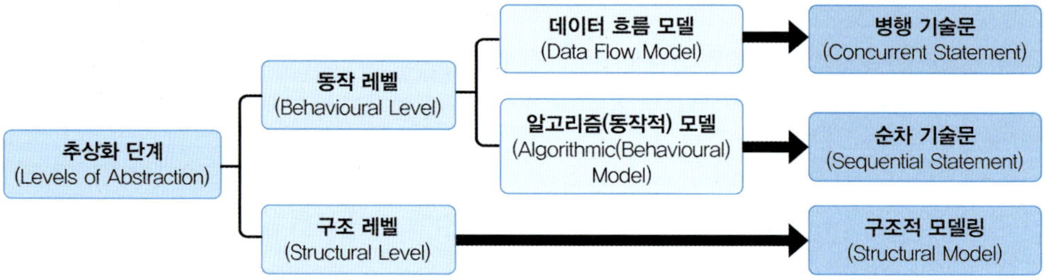

[그림 3-3] 다양한 수준의 추상화 레벨

하드웨어 기술 언어 HDL, Hardware Description language는 디지털 시스템을 동작 레벨 또는 구조 레벨에서 표현할 수 있도록 한다. 동작 레벨은 다시 데이터 흐름 모델과 알고리즘 모델로 구분된다. 데이터 흐름 모델은 시스템 내에서 데이터가 어떻게 이동하는지 나타내는데, 일반적으로 레지스터 사이의 데이터 이동을 나타낸다. 데이터 흐름 모델은 병행 기술문 Concurrent Statement을 사용하며 입력이 도달하면 모든 기술문이 동시에 실행된다. 반면에 알고리즘 모델은 명시된 절차에 의해 순차적으로 실행되는 순차 기술문 Sequential Statement에 의해 표현된다. 알고리즘 형태의 표현을 동작 표현이라고도 하는데, 포괄적인 의미에서의 동작 레벨은 데이터 흐름 모델과 알고리즘 모델을 모두 포함한다. 따라서 HDL을 이용해 병행 기술문과 순차 기술문을 모두 사용할 수 있다.

예를 들어 자동차에 시동이 걸린 상태에서 문이 열렸거나 안전벨트가 채워지지 않았을 때 경고음을 울리는 간단한 회로를 생각해보자. 동작 레벨에서는 다음과 같이 표현될 수 있다.

경고음 = 시동 상태 AND (문이 열림 OR 안전벨트가 안 채워짐)

반면에 구조 레벨에서는 시스템이 원하는 대로 동작하도록, 서로 연결된 게이트와 컴포넌트의 집합으로 표현된다. 구조적인 표현은 서로 연결된 논리 게이트의 Schematic 설계 방법과 비교될 수 있으며, 일반적으로 이러한 표현 방법이 물리적으로 구현된 실제 시스템에 가장 가깝다.

앞에 나온 예에 대한 구조적 표현은 [그림 3-4]와 같다.

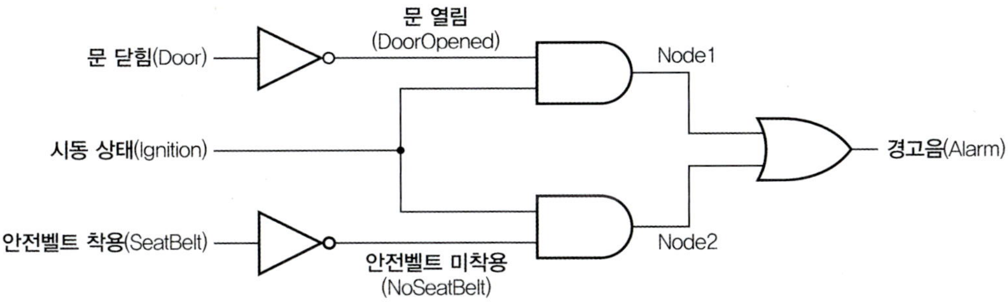

[그림 3-4] 경고회로의 구조적 표현

3.1.2 Verilog를 이용한 기본 논리 게이트 설계

이번에는 앞에서 Schematic으로 설계한 AND, OR, NOT 게이트를 단순하게 Verilog의 표현 방식으로 바꿔 설계해보자. 이 간단한 예를 통해 Verilog HDL로 디지털 논리회로를 설계하는 방법을 이해할 수 있을 것이다. Verilog 프로그램이 완료되면 Vivado 또는 Quartus를 이용해서 소스 코드를 컴파일하고 시뮬레이션하여 동작을 검증할 수 있으며, Schematic 회로도와 동일하게 동작하는 것을 확인할 수 있다.

코드 3-1 [Verilog\DigitalDesign\AndOr]

```
// Verilog code for logic gates
module AndOr(a, b, and_out, or_out, not_out);
  input       a, b;
  output      and_out, or_out, not_out;

  assign      and_out = a&b;
  assign      or_out = a|b;
  assign      not_out = ~a;
endmodule
```

주석 (1행) / 연속 할당문 (6~8행)

기본적으로 Verilog는 module로 구성되어 있다. 이 module은 C 언어에서 함수를 정의하는 것과 유사하다. module에서는 외부 입출력 인터페이스를 정의하며, 내부에서는 입출력 사이의 동작을 표현한다. 다음은 [코드 3-1]에서 주어진 예제를 통해 Verilog 코드를 간단히 설명한 것이다. 이 설명을 통해 Verilog의 기본적인 구조와 설계 방법을 이해할 수 있을 것이다.

주석

일반적인 프로그래밍 언어와 동일하게 Verilog에서도 주석 처리를 할 수 있다. Verilog에서 주석 처리하는 방법은 C 언어와 동일하며, //로 시작하는 문장은 주석이다.

주석은 Verilog의 설계에 직접적인 영향을 끼치지는 않지만 Verilog 코드를 쉽게 이해할 수 있도록 도와준다. Verilog 컴파일러는 주석을 무시한다.

```
// Verilog code for logic gates
```

module

Verilog에서는 module 개념을 사용한다. module은 Verilog를 구성하는 가장 기본적인 설계 개체 Design Entity이다. module은 일반적인 기능을 구현하는 요소들의 집합으로, 상위 레벨 설계에서 호출하여 사용할 수 있게 한다. 하나의 module은 입출력 포트 인터페이스를 통해 상위 레벨에서 필요한 기능을 제공한다.

```
module AndOr(a, b, and_out, or_out, not_out);
       module 이름                    인자
       input    a, b;
       output   and_out, or_out, not_out;
       포트의 입출력 타입
                ..........
                ..........
endmodule  module 선언 끝
```

module 선언의 첫 번째 줄에는 module 이름과 인자 Argument들이 나열된다. 그리고 그 다음 줄에는 포트의 입출력 타입(input, output, inout)과 각 포트의 비트 수가 나타난다. 기본적으로 포트는 1비트이다. module 선언은 endmodule로 끝낸다.

연속 할당문

소프트웨어 프로그램에서는 문장이 나오는 순서대로 실행되지만, Verilog에서 연속 할당문Continuous Assignment은 동시에 그리고 연속적으로 실행된다. 이때 할당문의 순서는 중요하지 않으며 3개의 논리식 순서가 바뀌어도 결과에는 영향을 미치지 않는다.

일반적으로 이런 할당문은 always block에서 사용되거나, wire가 선언될 때 값을 할당하는 데 사용된다.[2] 즉, 할당문의 오른쪽에 있는 입력 값이 변하면 왼쪽에 있는 출력 값에 즉시 반영된다. 다음은 assign 문을 사용하는 일반적인 형식이다.

```
wire wire_variable = value;
         출력 값          입력 값
assign wire_variable = expression;
```

2 always block에 대해서는 3.2.2절을 참고하기 바란다.

[코드 3-1]의 6~8행에서는 assign 문을 이용해서 입력 신호인 a와 b 값이 변하면 출력 and_out, or_out과 not_out에 새로운 값을 할당한다.

```
assign and_out = a&b;
assign or_out = a|b;
assign not_out= ~a;
```

3.1.3 VHDL을 이용한 기본 논리 게이트 설계

VHDL 코드를 이용하여 간단한 논리 게이트를 설계해보도록 하자. VHDL 프로그램이 완료되면, 컴파일 후 시뮬레이션을 통해 동작을 검증할 수 있다. 시뮬레이션 결과는 앞서 3.1.1절에서 설명한 Schematic 설계의 결과와 동일하다.

코드 3-2 [VHDL\DigitalDesign\AndOr]

```
-- VHDL code for logic gates
library ieee;
use ieee.std_logic_1164.all;

entity AndOr is
    port(a, b                      : in   std_logic;
         and_out, or_out, not_out  : out  std_logic);
end AndOr;

architecture Behavioral of AndOr is
begin
  and_out <= a and b;
  or_out  <= a or b;
  not_out <= not a;
end Behavioral;
```

주석 (1행) / 라이브러리 (2~3행) / entity 선언 (5~8행) / architecture 본체 (10~15행)

VHDL 설계는 크게 entity 선언과 architecture 본체 두 부분으로 나뉜다. entity 선언은 VHDL 설계의 외부 인터페이스를 나타내며, architecture는 내부 동작을 나타낸다. 다음은 VHDL 코드에 대해 간단히 설명한 것이다. 이 설명을 통해 VHDL 프로그래밍의 기본적인 프레임워크Frame Work를 이해할 수 있을 것이다.

주석

일반적인 프로그래밍 언어와 마찬가지로 VHDL에서도 주석 처리를 할 수 있다. VHDL에서 주석은 '--'로 시작하는 문장으로 나타낼 수 있다. 주석은 VHDL 설계에 직접적인 영향을 끼치지는 않지만, VHDL 코드를 쉽게 이해할 수 있도록 도와준다. VHDL 컴파일러는 주석을 무시한다.

```
-- VHDL code for logic gates
```

라이브러리

'library IEEE'는 IEEE에서 VHDL의 표준대로 미리 만들어둔 라이브러리를 사용한다는 의미이다. 패키지는 이 라이브러리를 여러 개의 소스로 나눠놓은 걸 의미하는데, 설계에서 사용할 패키지는 use라는 예약어를 이용해 불러온다. 즉, 라이브러리는 패키지를 묶어놓은 단위라고 할 수 있다. use ieee.std_ logic_1164.all은 VHDL 설계가 라이브러리 IEEE 내에 있는 패키지 std_logic_1164에서 선언된 모든 이름과 표준 논리 데이터 타입을 사용할 수 있게 한다.

```
library ieee;
use ieee.std_logic_1164.all;
```

[표 3-1]은 VHDL에서 사용할 수 있는 표준 패키지와 패키지에 포함된 내용이다. 이 외에도 더 많은 표준 패키지가 있으나 [표 3-1]에서는 이 책에서 사용되고 있는 패키지만 보여준다.

[표 3-1] VHDL에서 사용 가능한 라이브러리와 표준 패키지

패키지	라이브러리	내용
std_logic_1164	ieee	VHDL 모델링을 위해 향상된 데이터 타입을 제공하며, std_logic 및 std_logic_vector 데이터 타입 포함
std_logic_arith	ieee	수치 연산을 위한 패키지이며 signed, unsigned 데이터 타입을 정의하고 signed, unsigned 데이터 타입에 적용되는 산술함수 포함
std_logic_signed	ieee	signed_logic_vector 데이터 타입에 적용되는 signed 수치 연산 제공
std_logic_unsigned	ieee	unsigned_logic_vector 데이터 타입에 적용되는 unsigned 수치 연산 제공

entity 선언

entity 선언은 새로운 VHDL 설계가 시작된다는 것을 나타낸다. entity 선언부의 이름은 사용자가 임의로 정할 수 있다. entity 선언은 VHDL 키워드 end로 끝낸다. entity 선언부에는 외부 인터페이스를 나타내는 port 리스트가 포함되어 있다.

port 선언부는 IC 또는 디바이스의 경우 핀에 해당하고, 하드웨어 블록의 경우 논리적인 인터페이스에 해당한다. 각 port 선언은 1개 이상의 port 이름(a, b), 그리고 port를 통해 정보가 이동하는 방향(in, out, inout), 데이터 타입(std_logic) 등을 포함한다. port에서의 데이터 타입은 port를 통해 전달되는 데이터 형태를 정의한다. [코드 3-2]에서 port의 데이터 타입은 std_logic이며, 라이브러리 IEEE의 패키지 std_logic_1164에서 제공한다. std_logic 데이터 타입은 논리 값 '0' 또는 '1' 값만 갖는다.

```
entity AndOr is
     entity 이름
   port( a, b                          : in    std_logic;
         and_out, or_out, not_out      : out   std_logic);
         port 이름                      이동 방향  데이터 타입
end AndOr;
```

architecture 선언

architecture 선언부의 이름은 사용자가 임의로 정할 수 있다. 하나의 설계에 여러 개의 architecture 선언을 할 수도 있으며, 이름으로 각 architecture를 구분한다. 새로운 architecture를 정의할 때 Behavioral architecture가 entity AndOr에 해당한다는 것을 VHDL 분석기Analyzer에 알려야 한다. VHDL 키워드 begin은 architecture의 서술부가 시작된다는 것을 알린다. 또한 VHDL 키워드 end로 architecture의 선언을 끝낸다. end 뒤에 있는 architecture 이름은 여러 개의 architecture가 선언됐을 때 각 architecture를 구분하기 위해 사용된다. architecture를 선언하는 예는 다음과 같다.

```
architecture Behavioral of AndOr is
             architecture 이름  해당하는 entity 이름
begin
    …
    …
end Behavioral;
```

병행 기술문

VHDL은 소프트웨어 프로그래밍 언어와 유사해 보이지만 큰 차이가 있는데, 소프트웨어 프로그래밍 언어는 문장이 나오는 순서대로 실행되지만, VHDL은 병행으로 실행된다. 즉 입력이 변하면 그 입력에 영향을 받는 모든 논리 게이트는 동시에 입력 변화에 대한 출력을 내보낸다.

[코드 3-2]에서 입력 a값이 변하면 a에 영향을 받는 출력 신호 and_out, or_out, not_out이 동시에 바뀐다. 결과적으로 앞에서 표현된 3개의 논리식 순서가 바뀌어도 결과에는 영향을 미치지 않는다.

```
and_out <= a and b;
or_out <= a or b;
not_out <= not a;
```

위의 예에서 입력되는 신호 값이 바뀌면 모든 출력 신호에 동시에 값이 할당되어 entity에서 정의된 출력 포트로 출력된다.

3.1.4 시뮬레이션 및 핀 할당

Vivado와 Quartus에서 시뮬레이션하는 방법을 간단히 설명하면, 시뮬레이션 입력을 할 때 Vivado에서는 테스트 벤치Test Bench라는 텍스트 기반의 파일을 이용하며, Quartus에서는 파형Waveform을 이용한다. 여기에서는 Vivado로 시뮬레이션을 하기 위한 테스트 벤치에 대해 설명한다. Quartus를 사용할 때에는 2.2.4절의 시뮬레이션을 참고하기 바란다.

[코드 3-3]은 Vivado로 시뮬레이션하기 위한 테스트 벤치 코드를 보여준다. 여기서는 가장 간단한 테스트 벤치만 설명하며, 더 자세한 내용을 배우고 싶다면 ModelSim에 대해 추가로 학습하기 바란다.

코드 3-3 [Verilog\DigitalDesign\AndOr]

```
`timescale 1ns / 1ps
module AndOr_tb;

// Input
reg a;
reg b;

// Output
wire and_out;
wire or_out;
wire not_out;

AndOr uut (
.a(a),
.b(b),
.and_out(and_out),
.or_out(or_out),
.not_out(not_out)
);

initial begin
// Initialize Inputs
a = 1'b0;
b = 1'b0;
#40;

a = 1'b0;
b = 1'b1;
#40;

a = 1'b1;
b = 1'b0;
#40;

```

timescale (line 1)

시뮬레이션 입출력 선언 (lines 2–11)

module 포트 매핑 (lines 13–19)

시뮬레이션 입력 (lines 21–34)

```
a = 1'b1;
b = 1'b1;
#40;
end;
endmodule;
```

시뮬레이션 입력

코드의 형식은 Verilog와 동일하다. 차이점은 입출력 대신에 reg와 wire로 선언되고, 시뮬레이션 입력과 출력에 연결되어 결과를 볼 수 있다는 것이다.

timescale

```
`timescale 1ns / 1ps
```

'timescale'은 시뮬레이션을 할 때 사용하는 시간 단위를 설정한다. '1ns/1ps'에서 '1ns'는 시간의 단위를 나타내며, '1ps'는 시간의 해상도를 나타낸다. 즉, 테스트 벤치에서 입력하는 시간 단위는 1ns이지만 시뮬레이션을 실행은 1ps 단위로 한다는 것을 의미한다.

시뮬레이션 입출력 선언

```
module AndOr_tb;

// Input
reg a;
reg b;

// Output
wire and_out;
wire or_out;
wire not_out;
```

Verilog 코드와 동일하게 module로 시작을 하지만 입출력 포트가 지정되지 않는다. 대신 입력 'a'와 'b'가 reg로 선언되고, 출력은 wire로 선언되었다. 시뮬레이션 입력을 지정할 때 입력 데이터는 값을 유지하고 있어야 하므로 reg로 선언하고, 출력은 입력이 바뀔 때마다 즉시 반영되므로 wire로 선언되었다.

module 포트 매핑

```
AndOr uut (
.a(a),
.b(b),
.and_out(and_out),
.or_out(or_out),
.not_out(not_out)
);
```

'AndOr uut'는 설계한 'AndOr' module이 테스트 대상(uut : unit under test)이라는 것을 의미한다. 시뮬레이션 입력이 설계 코드에 반영되고, 설계 출력이 시뮬레이션 출력으로 전달되기 위해서는 설계한 코드의 입출력이 테스트 벤치의 시뮬레이션 입출력에 매핑Mapping되어야 한다. 즉 .a(a)에서 시뮬레이션에서 reg로 선언된 'a'가 설계한 코드의 입력 'a'에 매핑되는 것이다. 나머지 입출력 신호도 이와 같은 방법으로 매핑된다.

시뮬레이션 입력

```
initial begin
// Initialize Inputs
a = 1'b0;
b = 1'b0;
#40;

a = 1'b0;
b = 1'b1;
#40;

a = 1'b1;
b = 1'b0;
#40;

a = 1'b1;
b = 1'b1;
#40;
end;
endmodule;
```

시뮬레이션 입력으로 사용할 stimulus와 시간에 따른 신호의 값을 입력한다. 초깃값을 40ns 동안 유지한 후 a=1'b0, b=1'b1을 입력하고, 다시 40ns 후 a=1'b1, b=1'b0를 입력한다. 또 40ns가 지난 후 a=1'b1, b=1'b1을 입력하는 소스를 구성한다.

시뮬레이션 결과

Verilog와 VHDL을 이용하여 설계한 회로는 시뮬레이션을 통해 동작을 검증할 수 있다. 설계 방법은 다르지만, 시뮬레이션 결과는 [그림 3-5]와 같이 나온다는 것을 확인할 수 있다.

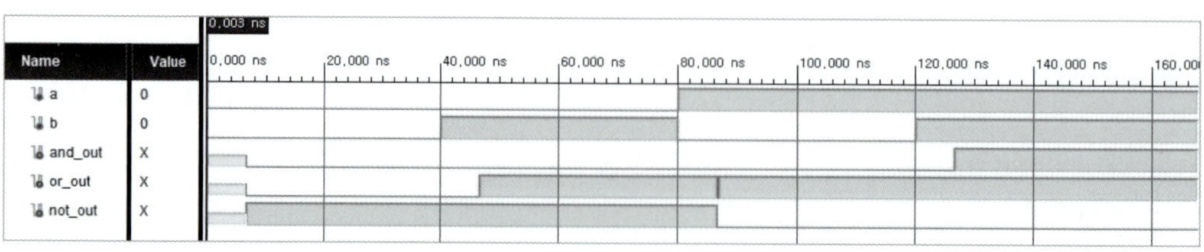

(a) Vivado

[그림 3-5] 기본 논리 게이트의 시뮬레이션 결과 (계속)

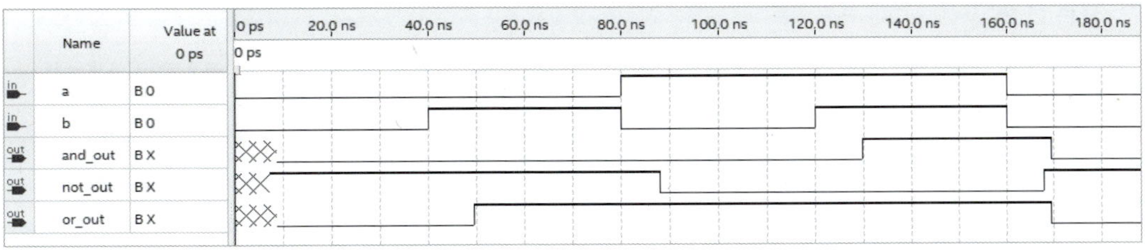

(b) Quartus

[그림 3-5] 기본 논리 게이트의 시뮬레이션 결과

이 시뮬레이션 결과에서 a, b 입력이 40ns마다 '00', '01', '10', '11'로 바뀌면, 각 출력 and_out, or_out, not_out이 바뀐다. 각각의 출력은 입력 값이 바뀔 때 즉시 반영이 되는 것이 아니라 약 10ns의 지연 후 출력된다. 이러한 지연을 게이트 지연Gate Delay라고 하며 합성된 결과 신호가 게이트를 통과할 때 발생하는 지연시간을 의미한다. [표 3-2]의 진리표와 같이 동작한다.

[표 3-2] 기본 논리 게이트의 진리표

a	b	and_out	or_out	not_out
0	0	0	0	1
0	1	0	1	1
1	0	0	1	0
1	1	1	1	0

디바이스 핀 할당과 실행

시뮬레이션으로 회로 동작을 검증한 후 실습 키트(DIGCOM 키트)에 다운로드하여 실행한다. 설계된 회로를 실행하려면 입출력 종류에 따라 적당한 입출력 장치를 할당해야 한다. 간단한 논리 게이트를 실행하려면 입력으로 슬라이드 스위치를 할당하고 출력은 LED에 할당하여 결과를 확인할 수 있다. [표 3-3]은 입출력 신호 이름과 할당된 입출력 장치의 종류를 나타낸 것이다.

[표 3-3] 신호 이름과 할당된 입출력 장치

신호 이름	입출력	장치 종류
a	입력	슬라이드 스위치
b	입력	슬라이드 스위치
and_out	출력	LED
or_out	출력	LED
not_out	출력	LED

슬라이드 스위치에 할당된 입력 a와 b를 [표 3-2]의 진리표와 같이 입력했을 때 LED 출력 값을 비교해서 확인한다.

실습과제

3.1 설계 소프트웨어를 이용한 디지털 논리회로 설계

목적 및 배경

현재 가장 일반적으로 사용되고 있는 디지털 회로 설계 소프트웨어는 Vivado와 Quartus이다. 두 소프트웨어에서 사용하는 기본적인 설계 방식은 Verilog나 VHDL과 같이 텍스트에 의한 프로그래밍 방식이다. Quartus에서는 Schematic 설계 방식을 지원하지만, Vivado에서는 Schematic 방식을 지원하지 않는다.

이번 실습에서는 Vivado와 Quartus의 설계 환경에 대해 이해하고 Graphic Editor(Quartus), Verilog, VHDL을 이용해 간단한 논리회로를 설계해본다. 또한 Verilog와 VHDL의 기본 구성을 이해하고, 설계된 회로를 컴파일한 후 시뮬레이션을 통해 검증하는 방법과 FPGA에 다운로드하여 실행하는 과정을 실습할 것이다.

실습 키트로는 AMD 디바이스를 사용하는 DIGCOM-XA1.1과 DIGCOM-XA1.0 또는 Intel 디바이스를 사용하는 DIGCOM-AC1.3과 DIGCOM-A1.2를 사용한다. [부록 C]에 실습 키트의 구조, 설치 및 사용 방법이 상세히 나와 있으므로 참고하기 바란다. 키트의 구성은 입력 장치로 16개의 텍트 스위치와 8개의 슬라이드 스위치가 있고, 출력 장치로는 15개의 LED와 3개의 2자리 7-세그먼트 FND가 있으며, 총 6자리를 표시할 수 있다. 또한 확장 포트를 포함하고 있으므로 확장 케이블을 통해 외부 하드웨어를 구성할 수도 있다.

실습 내용

[그림 3-6]과 같이 기본적인 논리 게이트(XOR, NAND, AND)로 구성된 함수의 설계 방법을 살펴본다. 이때 설계 소프트웨어에 따른 그래픽 설계(Schematic 설계) 또는 텍스트 기반 설계(Verilog, VHDL) 그리고 키트를 이용해 실행하는 방법 등을 설명한다.

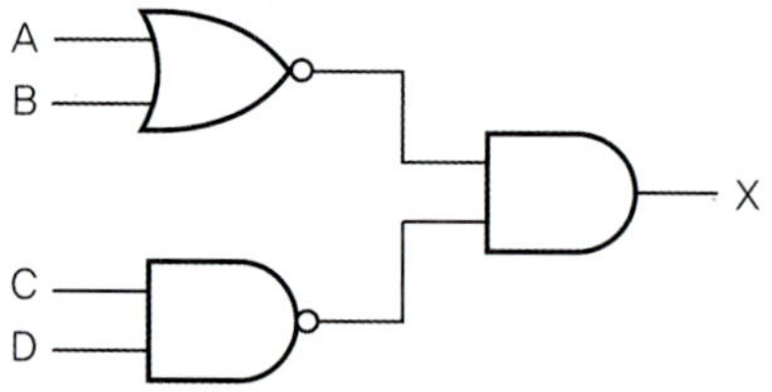

[그림 3-6] NAND, NOR, AND 게이트로 구성된 간단한 회로

1. Vivado를 이용한 논리회로 설계

Vivado에서는 Schematic 설계를 지원하지 않으므로 Verilog와 VHDL로 설계하는 과정만 설명한다. Vivado에서 프로젝트를 생성, 설계 및 실행하는 상세한 과정은 1.2절을 참고하기 바란다.

Verilog와 VHDL을 이용한 설계 과정

Verilog 또는 VHDL과 같이 텍스트 기반으로 하드웨어 동작을 표현하여 설계하는 방법은 설계 효율을 향상시키고 재설계 시간을 감소시킨다. 그리고 컴파일 및 합성 과정에서 자동적으로 회로를 간소화하고 합성한다. Verilog와 VHDL의 설계는 코드를 작성할 때 사용하는 언어가 다를 뿐이며 절차는 동일하다.

새로운 프로젝트 생성

❶ Vivado를 실행하고 새로운 프로젝트 'SimpleGates'를 생성한다.

❷ Verilog 또는 VHDL로 소스 파일을 생성하고 'SimpleGates'로 저장한다.

❸ DIGCOM-XA1.x 키트에서 사용하는 FPGA 디바이스에서 'xc7a15tftg256-1'을 선택한다.

코드 작성

❶ [코드 3-4]와 같이 Verilog 또는 VHDL의 코드를 작성한다.

❷ 'SimpleGates.v(SimpleGates.vhd)'로 저장한다.

코드 3-4 (a) SimpleGates의 코드(Verilog)

```
module SimpleGates(a, b, c, d, y);
  input  a, b, c, d;
  output y;
  assign y=(~(a|b) & ~(c&d));
endmodule
```

코드 3-4 (b) SimpleGates의 코드(VHDL)

```
library IEEE;
use IEEE.STD_LOGIC_1164.ALL;

entity SimpleGates is
  port (A, B, C, D: in std_logic;
       Y       : out std_logic);
end SimpleGates;

architecture Behavioral of SimpleGates is
begin
  Y <= (A nor B) and (C nand D);
end Behavioral;
```

핀 번호 할당

❶ 핀 할당표를 참고해서 입출력 포트에 핀 번호를 할당한다.

[표 3-4] 핀 할당표

포트 이름	입출력 장치
a	슬라이드 스위치
b	슬라이드 스위치
c	슬라이드 스위치
d	슬라이드 스위치
y	LED

❷ 'Project Setting'에서 flash memory에 저장할 수 있는 '–bin_file' Bitstream을 선택한다.

컴파일

❶ 'Synthesis'와 'Implementation'을 차례로 실행하여 컴파일한다.

시뮬레이션

❶ 시뮬레이션 소스 파일인 'SimpleGates_tb.v'를 소스에 추가해서 SimpleGates_tb.v가 프로젝트에 포함된 것을 확인한다. 여기에서 tb는 테스트 벤치를 의미한다.

❷ [코드 3–5]와 같이 테스트 벤치 코드를 입력하고 저장한다.

❸ Behavioral 시뮬레이션을 실행해서 시뮬레이션 결과를 확인할 수 있으며, 키트에서 실행한 결과와 비교한다.

코드 3–5 SimpleGates_tb.v

```
module SimpleGates_tb;
    // Input
    reg a;
    reg b;
    reg c;
    reg d;

    // Output
    wire y;

```

```
    SimpleGates uut (
        .a(a),
        .b(b),
        .c(c),
        .d(d),
        .y(y)
    );

    initial begin
        // Initialize Inputs
        a = 1'b0;
        b = 1'b0;
        c = 1'b0;
        d = 1'b0;
        #40;

        a = 1'b0;
        b = 1'b1;
        c = 1'b0;
        d = 1'b1;
        #40;

        a = 1'b1;
        b = 1'b0;
        c = 1'b1;
        d = 1'b0;
        #40;

        a = 1'b1;
        b = 1'b1;
        c = 1'b1;
        d = 1'b1;
        #40;
    end;
endmodule;
```

프로그래밍 및 실행

❶ 프로그래밍의 속도를 높이기 위해서 디바이스 설정을 하고 'BitStream'을 생성한다.

❷ 키트를 컴퓨터에 연결한다.

❸ FPGA에 직접 프로그래밍하기 위해서 'SimpleGates.bit' 파일을 선택해서 프로그래밍을 하고 키트에서 동작을 확인한다.

❹ FPGA 휘발성으로 전원이 없으면 내용을 저장하지 못하므로, SPI flash memory를 추가하고 'SimpleGates.bin' 파일을 프로그래밍해서 다시 동작을 확인한다.

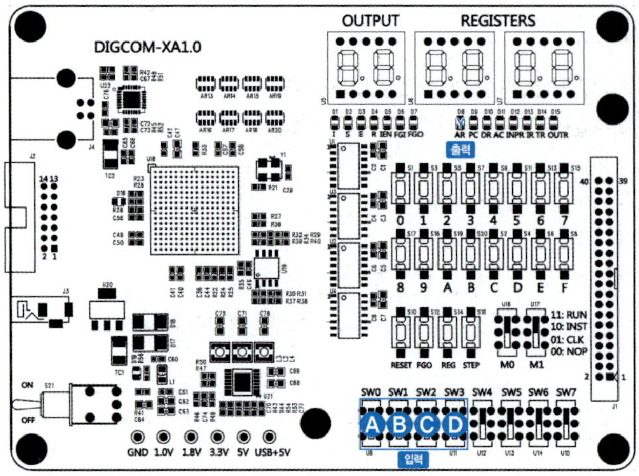

[그림 3-7] SimpleGates 프로젝트 입출력

[그림 3-7]에서는 DIGCOM-XA1.0의 입출력 장치 할당을 보여주지만, DIGCOM-XA1.1에 대해서도 동일하게 할당하면 된다.

2. Quartus를 이용한 설계

Schematic을 이용한 설계 과정

Quartus Prime Design 소프트웨어에서 Schematic으로 논리회로를 설계하는 순서는 다음과 같다. 이 내용은 실습을 위해 간략하게 설명한 것이며, 2.2절에 상세히 설명되어 있다.

프로젝트 생성

❶ 새로운 프로젝트를 만들기 위해 Quartus를 실행하고, 'SimpleGates' 프로젝트를 생성한다. 이때 프로젝트에서 사용할 디바이스를 'EP4CE6F17C8'로 선택한다.

❷ 프로젝트가 생성된 것을 확인하고 Schematic 설계 화면을 열고 게이트 심볼을 배치하고 연결한 후 입출력 포트를 연결하여 [그림 3-8]과 같이 설계를 완료한다.

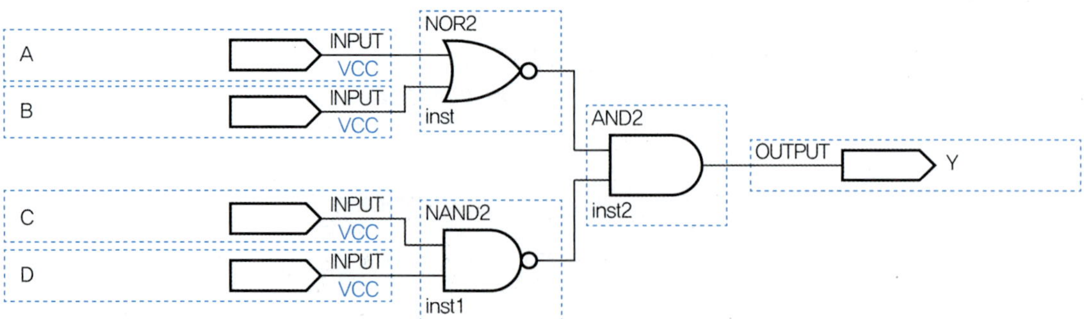

[그림 3-8] Schematic 입출력 단자 이름

❸ 컴파일을 한다. 컴파일이 성공적으로 끝나면 화면에 "Full Compilation was successful"이라는 메시지가 나타난다.
❹ 'EPCS4'로 configuration device를 설정한다.
❺ 핀 할당표를 참고해서 Pin Planner에서 입출력 포트를 할당하고 다시 컴파일한다.

[표 3-5] 핀 할당표

포트 이름	입출력 장치
a	슬라이드 스위치
b	슬라이드 스위치
c	슬라이드 스위치
d	슬라이드 스위치
y	LED

시뮬레이션

❶ 시뮬레이션의 입력 파형을 지정하기 위해 'Simulation Waveform Editor'를 오픈한다.
❷ 설계에 사용된 입출력 포트를 waveform editor에 포함시킨다.
❸ 입력 포트인 A, B, C, D의 입력 파형을 편집한다.
❹ 'Simulation Option'에서 시뮬레이션하기 위한 환경을 설정한다.
❺ 시뮬레이션을 실행하고 출력 파형이 정확하게 출력이 되는지 확인한다.

프로그래밍 및 실행

❶ 'Programmer'를 실행하고 'USB-Blaster'와 'Active Serial Programming' mode를 선택한다.
❷ FPGA에 다운로드하여 동작을 확인하고 시뮬레이션 결과와 비교한다.

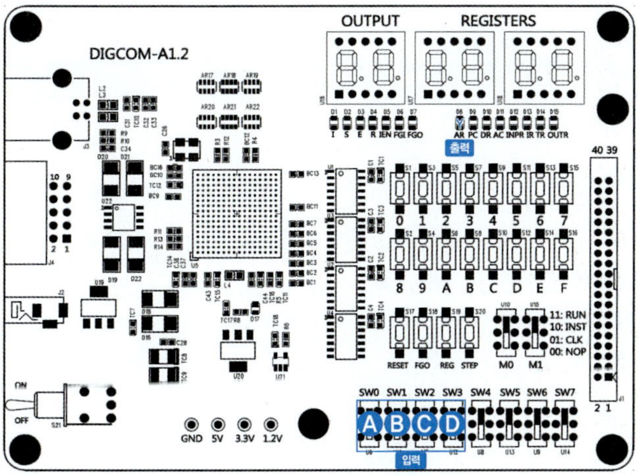

[그림 3-9] SimpleGates 프로젝트 입출력

[그림 3-9]에서는 DIGCOM-A1.2의 입출력 장치 할당을 보여주지만, DIGCOM-AC1.3에 대해서도 동일하게 할당하면 된다.

Verilog와 VHDL을 이용한 설계 과정

Schematic 외에 Verilog 또는 VHDL로 하드웨어의 동작을 표현해 설계하는 방법이 있다. 이 방법은 설계 효율을 향상시키고 재설계 시간을 단축시키며, 컴파일과 합성 과정에서 자동적으로 회로를 간소화 및 합성할 수 있게 한다. 이 실습에서는 앞에서 설계한 것과 같은 회로를 Verilog 또는 VHDL로 설계하여 동작을 확인한다. Verilog 또는 VHDL로 설계하는 과정은 2.2절에서 상세히 설명했으므로 이 부분을 참고하기 바라며, 여기에서는 주요한 절차만 설명한다. Verilog와 VHDL의 설계는 코드를 작성할 때 사용하는 언어만 다르다. 따라서 다음 설명에서는 Verilog(VHDL)와 같이 VHDL에 해당하는 내용을 괄호 안에 표시한다.

프로젝트 생성

❶ Schematic 설계의 가장 처음 단계와 같은 과정으로 새로운 SimpleGates 프로젝트를 생성한다.

Verilog(VHDL) 코드 작성

❶ [코드 3-6]과 같이 Verilog 또는 VHDL의 코드를 작성한다. 이 코드는 [코드 3-4]와 동일하다.

코드 3-6 (a) SimpleGates의 코드(Verilog)

```
module SimpleGates(a, b, c, d, y);
  input  a, b, c, d;
  output y;
  assign y=(~(a|b) & ~(c&d));
endmodule
```

코드 3-6 (b) SimpleGates의 코드(VHDL)

```
library IEEE;
use IEEE.STD_LOGIC_1164.ALL;

entity SimpleGates is
  port(A, B, C, D : in std_logic;
       Y          : out std_logic);
end SimpleGates;

architecture Behavioral of SimpleGates is
begin
  Y <= (A nor B) and (C nand D);
end Behavioral;
```

❷ 파일 이름을 'SimpleGates.v(SimpleGates.vhd)'로 저장한다.

❸ 입출력 핀 번호를 할당하고, 컴파일하기 위해 Schematic 설계에서 핀 번호를 할당하는 과정과 컴파일하는 과정을 반복한다. 핀 번호가 할당되면 FPGA에 다운로드하기 위해 다시 컴파일해야 한다.

❹ 설계된 Verilog 또는 VHDL 코드를 컴파일한 후 시뮬레이션하기 위해 Schematic 설계에서 한 시뮬레이션 과정을 반복한다. 성공했다면 DIGCOM 키트에 다운로드하여 실행한 결과를 시뮬레이션 결과와 비교하고, Schematic으로 설계한 결과와도 비교한다.

실습과제

3.1 설계 실습 결과 보고서

일시		전공		실습 시간	
학번			이름		
제목	설계 소프트웨어를 이용한 디지털 논리회로 설계				
실습 목적	이 실습에서는 기본 논리 게이트로 구성된 회로를 Schematic과 HDL로 각각 설계해서 시뮬레이션하고, 실습 키트에 다운로드하는 과정을 실습함으로써 논리회로 설계 과정과 설계 방식의 차이점 및 장단점을 비교한다. Vivado에서는 Schematic 설계를 지원하지 않으므로 Verilog 또는 VHDL 설계만 한다.				

실습 내용	실습 결과
Schematic 설계	1. [그림 3-10]과 같은 회로의 진리표를 [표 3-6]에 작성하라.

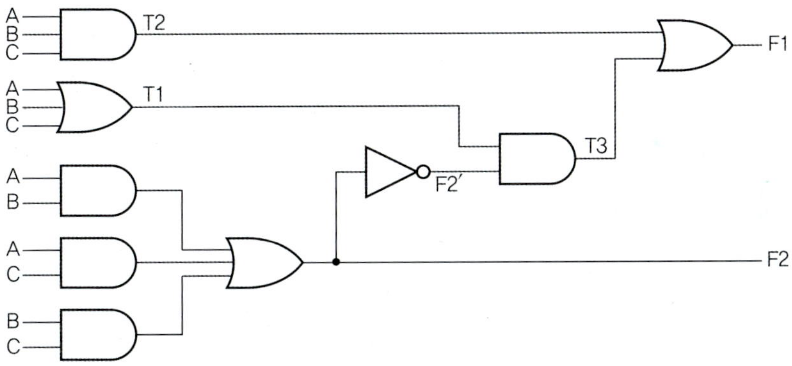

[그림 3-10] 기본 실습 논리회로

[표 3-6] 기본 실습 논리회로의 진리표

A	B	C	F1	F2
0	0	0		
0	0	1		
0	1	0		
0	1	1		
1	0	0		
1	0	1		
1	1	0		
1	1	1		

Schematic 설계	2. Quartus에서 새로운 프로젝트를 생성하고 Block Diagram/Schematic을 이용해 [그림 3-10]의 회로를 설계하라. 설계된 회로를 캡처하여 넣어라. **Schematic 회로** 3. Quartus 시뮬레이터의 VWFVector Wave Form에서 시뮬레이션 입력 신호 A, B, C에 대한 파형을 입력한 후 시뮬레이션을 실행하라. 그 다음에 각 입력에 대한 시뮬레이션 결과를 [표 3-7]에 작성하고 시뮬레이션 결과를 캡처하여 넣어라. 4. 시뮬레이션을 마친 후 'SimpleGates'의 다운로드 파일을 실습 키트에 다운로드하여 실행하라. 이때 입력 A, B, C는 슬라이드 스위치에 할당하고 출력은 LED에 할당하라. 실행 결과 출력을 위의 시뮬레이션 결과와 비교하라.

[표 3-7] 시뮬레이션 결과

A	B	C	F1	F2	시뮬레이션 결과 캡처
0	0	0			
0	0	1			
0	1	0			
0	1	1			
1	0	0			
1	0	1			
1	1	0			
1	1	1			

HDL 설계

1. 카르노 맵을 이용해 [그림 3-10]의 회로를 간소화하라.

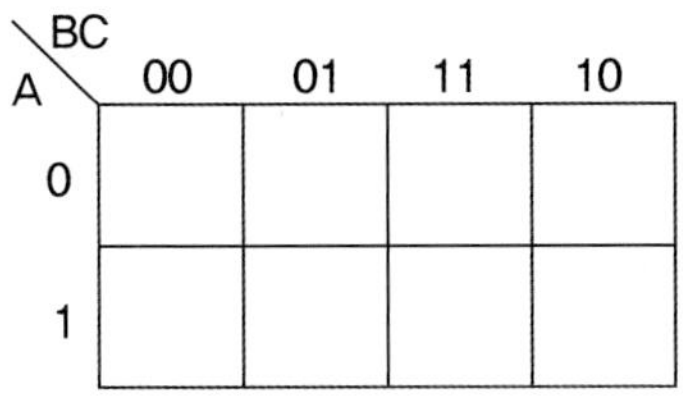

F1 =

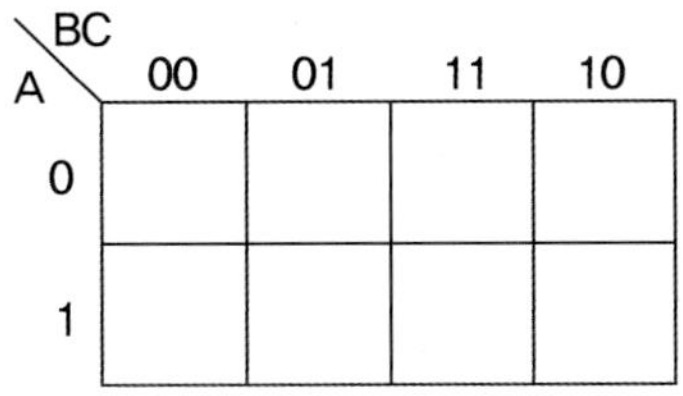

F2 =

[그림 3-11] 카르노 맵을 이용한 간소화

2. 새로운 프로젝트를 생성하고, 위에서 간소화된 논리식을 HDL로 코딩하라. 이때 다음과 같이 Verilog 또는 VHDL 템플릿에 따라 설계하라.

```
-- Template for Verilog
module <module_name> (port_list);
  input [msb:lsb] <nput_port_list>;
  output [msb:lsb] <output_port_list>;
  inout [msb:lsb] <inout_port_list>;
    <Statement1>;
    <Statement2>;
    <Statement3>;
endmodule
```

```
// Template for VHDL
library ieee;
use ieee.std_logic_1164.all;

entity <entity_name> is
  port( <input_name>  : in <type>;
        <output_nam>   : out <type>);
end  <entity_name>;

architecture <arch_name> of <entity_name> is
begin
  <Statement1>;
  <Statement2>;
  <Statement3>;
end <arch_name>;
```

3. 설계한 HDL 코드를 컴파일하고 시뮬레이션한 결과를 Schematic으로 설계했을 때와 비교하라. 시뮬레이션 결과가 [표 3-6]의 진리표와 동일하면 키트에 다운로드하여 실행하고 결과를 진리표와 비교하라.

실습 결과 및 토의	

SECTION 3.2 전가산기

전가산기Full Adder는 조합논리회로를 공부할 때 가장 먼저 나오는 예제 중 하나이다. 그 이유는 전가산기가 디지털 회로를 설계할 때 예제로 많이 사용될 뿐만 아니라 조합논리회로를 이해하는 데 좋은 예제이기 때문이다. 여기서는 전가산기를 Schematic과 Verilog (또는 VHDL)로 다양하게 설계하는 방법에 대해 설명하고 각각의 차이점과 장단점을 비교한다.[3]

3.2.1 Schematic을 이용한 전가산기 설계

전가산기는 3비트에 대해 산술 덧셈을 실행하는 조합논리회로이다. 이 회로는 3비트 입력과 2비트 출력으로 구성된다. 입력 중 가장 마지막 비트는 아랫자리에서 발생한 자리올림 캐리를 나타낸다. 3비트 덧셈 결과는 0~3의 범위를 가지므로 출력은 최소한 2비트가 필요하다. 출력 2비트는 각각 2진 덧셈 결과 S와 캐리 C를 나타내며, 캐리는 윗자리로의 자리올림을 나타낸다. 전가산기의 진리표는 [표 3-8]과 같다.

[표 3-8] 전가산기의 진리표

x	y	z	C	S
0	0	0	0	0
0	0	1	0	1
0	1	0	0	1
0	1	1	1	0
1	0	0	0	1
1	0	1	1	0
1	1	0	1	0
1	1	1	1	1

전가산기를 Schematic으로 설계하려면 S와 C의 논리식을 구해야 한다. 이때 전가산기에 대한 논리식을 구하기 위해서는 카르노 맵으로 간소화해야 한다. [그림 3-12]는 전가산기의 카르노 맵을 나타낸 것이다.

3 Vivado에서는 Schematic을 지원하지 않기 때문에 이 부분은 Quartus로 설계하는 부분을 참고하기 바란다.

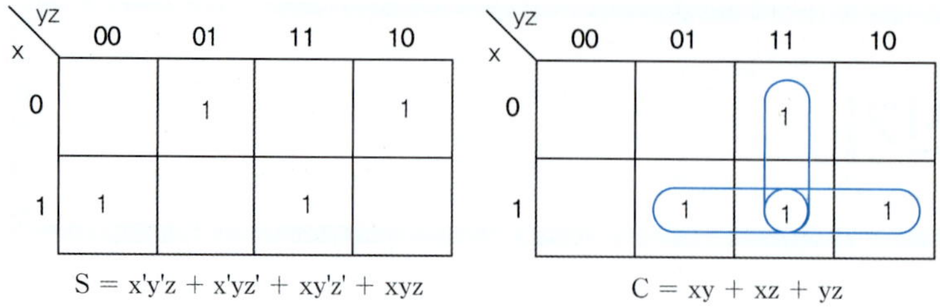

[그림 3-12] 전가산기의 카르노 맵

카르노 맵에 의해 간소화된 S와 C의 논리식은 각각 다음과 같다.

S = x'y'z + x'yz' + xy'z' + xyz
C = xy + xz + yz

[그림 3-13]은 Quartus로 설계한 Schematic이다.

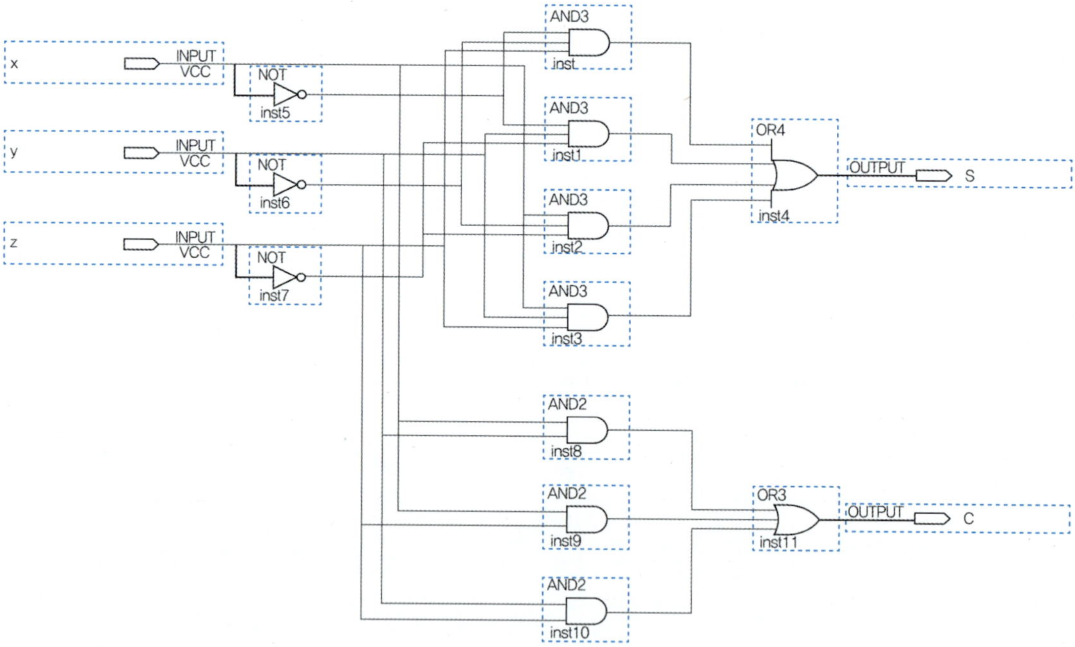

[그림 3-13] Schematic 설계로 구현한 전가산기 [Verilog/VHDL]\DigitalDesign\FullAdder_sch]

3.2.2 Verilog를 이용한 전가산기 설계

앞에서는 Schematic으로 설계했지만 여기서는 Verilog를 이용해서 설계한다. 이때도 다양한 방법으로 설계할 수 있으며, 각각의 방법과 장단점에 대해 설명한다.

진리표를 이용한 설계

진리표를 이용해 설계하기 위해서는 진리표를 Verilog의 case 문으로 옮기면 된다. 이 방법은 진리표를 그대로 옮기기 때문에 설계 과정에서 간소화할 필요가 없고, 컴파일러가 간소화하므로 설계 시간을 줄일 수 있다는 장점이 있다. 또한 설계 과정에서 발생할 수 있는 오류도 감소한다. 그러나 단순히 진리표를 Verilog 코드로 표현한다고 해도, Schematic을 이용한 설계 방법과 마찬가지로 진리표는 반드시 작성해야 한다. 또한 진리표에서 입력이 많아지면 그만큼 경우의 수도 많아지고 코드 길이도 길어지므로 설계 시간이 늘어난다는 단점이 있다.

[코드 3-7]은 진리표에 의해 구현된 Verilog 코드이다.

코드 3-7 [Verilog\DigitalDesign\FullAdder1]

```
module FullAdder1(x, y, z, S, C);
  input        x, y, z;
  output       S, C;

  reg          S, C;
  wire [2:0]   k;

  assign k = {x, y, z};

  always @ (k)
  begin
    case(k)
        3'b000 : begin
              S <= 1'b0;
              C <= 1'b0;
        end
        3'b001 : begin
              S <= 1'b1;
              C <= 1'b0;
        end
        3'b010 : begin
              S <= 1'b1;
              C <= 1'b0;
        end
        3'b011 : begin
              S <= 1'b0;
              C <= 1'b1;
        end
        3'b100 : begin
              S <= 1'b1;
              C <= 1'b0;
        end
```

포트 지정

wire, reg 선언

always 블록

case 문

```
33              3'b101 : begin
34                  S <= 1'b0;
35                  C <= 1'b1;
36              end
37              3'b110 : begin
38                  S <= 1'b0;
39                  C <= 1'b1;
40              end
41              3'b111 : begin
42                  S <= 1'b1;
43                  C <= 1'b1;
44              end
45          endcase
46      end
47  endmodule
```

case 문

wire, reg 선언

wire는 회로에서 물리적인 연결선을 나타내며 게이트 또는 module들을 연결하는 데 사용된다. wire는 function 또는 block에서 읽을 수 있지만 값을 할당받지는 못한다. 또한 값을 저장하지도 못하며, 연속 할당문 또는 게이트나 module의 출력에 연결되어 동작한다. reg^Register^는 프로시저 할당문^Procedural Assignment^에서 할당받은 값을 저장하는 데이터 타입이다. reg는 function, always 같은 프로시저 블록^Procedural Block^에서만 사용할 수 있다(procedural(blocking) assignment 부분 참고). [코드 3-7]의 5~6행에서 reg와 wire를 선언한 부분은 다음과 같다.

```
reg        S, C;
wire [2:0] k;
```

[표 3-9]는 wire 타입을 정리하여 나타낸 것이다.

[표 3-9] wire 타입

wire 타입	설명
wand	wand의 출력은 입력으로 연결된 모든 논리 값의 AND
wor	wor의 출력은 입력으로 연결된 모든 논리 값의 OR
tri	3-상태(Tri-state)를 나타내며, tri를 구동하는 모든 논리 값은 하나를 제외하고 모두 'z'여야 한다. tri 타입에는 논리 '0', '1' 외에 높은 임피던스(High Impedance)를 나타내는 'z'를 할당할 수 있다.

wand를 사용한 예에서 d는 wand로 선언되고 d에 a와 b가 각각 할당되면, 결과적으로 d의 값은 a와 b의 논리 and를 출력한다.

```
input a, b;

wand d;
assign d = a;
assign d = b;   // d = a AND b
```

wand와 마찬가지로 wor는 연결된 모든 입력의 논리적인 OR 결과를 출력한다.

[코드 3-8]은 tri wire 데이터 타입을 설명하기 위한 예제이다.

코드 3-8 tri wire 데이터 타입 예제

```
module tri_ex(outp, cond);
  input [1:0]     cond;
  output          outp;

  reg    a, b, c;
  tri    outp;

  always @ (cond) begin
    a = 1'bz;
    b = 1'bz;
    c = 1'bz;
    case (cond)
        2'b00 : a = 1'b1;
        2'b01 : b = 1'b0;
        2'b10 : c = 1'b1;
    endcase
  end

  assign outp = a;
  assign outp = b;
  assign outp = c;
endmodule
```

모든 변수를 High Impedance 상태로 설정

a, b, c 변수 중 하나의 값만 z가 아닌 값을 할당

[코드 3-8]에서 출력 outp는 tri로 선언됐고, 코드의 제일 마지막 부분에 reg 값 a, b, c를 assign 문으로 할당했다. 그러나 a, b, c는 입력 cond의 값에 따라 오직 하나만 'z'가 아닌 '0' 또는 '1'의 논리 값을 갖는다. 즉, cond가 "00"이면 a에 논리 값 '1'이 할당되고, "01"이면 b에 '0', "10"이면 c에 '1'이 각각 할당된다. 따라서 outp에 a, b, c를 동시에 출력해도 논리 값이 충돌하지 않으며 'z'가 아닌 하나의 논리 값만 출력된다. [코드 3-8]에서 always~end와 case~endcase 형식이 사용됐으나, 이 부분은 다음에 설명한다.

concatenation 연산자

```
wire [2:0] k;
assign k = {x, y, z};
```

concatenation 연산자는 둘 또는 그 이상의 피연산자를 조합하는 연산자다. 위의 예에서 k는 3비트 벡터로 선언됐으며, x, y, z는 각각 하나의 비트로 선언된 입력이다([코드 3-7]의 8행). 따라서 concatenation 연산자를 사용해서 3비트 k에 x, y, z를 할당하면 k는 입력 값을 그대로 반영한다.

always 블록

always 블록은 RTL 모델링의 기본적인 구조체이다. 하나의 module에는 여러 개의 always 블록이 포함될 수 있으며, 각 always 블록들은 연속 할당문과 마찬가지로 동시에 실행된다. 즉, 하나의 module에 포함된 always 블록들이 동시에 실행되는 것이다. 하나의 always 블록은 신호 레벨, 상승 하강 에지Edge의 변화에 응답하는 논리를 포함하며 래치, 플립플롭, 조합논리회로의 동작을 표현할 수 있다. always 블록의 문장들은 begin~end 안에 들어가며, 순차적으로 실행된다.

always 블록의 일반적인 형식은 다음과 같다.

```
always @ (event1 [or event2] [or event3] …· ) begin
          (이벤트가 발생될 신호)
          … statement …
          … statement …
end
```

case 문

case 문은 if~else 문과 비슷하며, 다양한 경우의 수에서 조건에 해당하는 문장을 실행한다. 그러나 해당하는 조건이 없을 때는 default 블록을 실행한다. Verilog에서 if~else 사용에 대한 설명은 뒤이어 나오는 [실습과제 3.2]를 참고하기 바란다. case 문의 일반적인 형식은 왼쪽과 같다. 오른쪽은 [코드 3-7]에서 case 문을 사용한 부분(12~45행)이다.

```
case ( expression )
       (조건 값)
  case1: begin
  (조건)
    … statements …
            (실행문)
  end
  case2: begin
```

```
case(k)
  3'b000 : begin
    S <= 1'b0;
    C <= 1'b0;
  end
  3'b001 : begin
    S <= 1'b1;
```

```
    … statements …
  end
  < other cases >
  default: begin
  모든 조건을 만족하지 않을 때
    … statements …
  end
endcase
```

```
      C <= 1'b0;
    end
         (중략)
      3'b111 : begin
      S <= 1'b1;
      C <= 1'b1;
    end
  endcase
```

case 괄호 안의 expression(조건 값)은 각 조건 값과 하나씩 비교되며, 조건이 맞으면 그 조건에 해당하는 begin으로 시작되는 문장들을 실행한다.

wire로 선언된 k는 더해지는 수 x와 y, 그리고 캐리 z를 concatenation 연산자로 연산한 3비트 값으로, 모두 8가지 경우가 발생한다. 따라서 [표 3-8]의 진리표와 같이 덧셈 결과인 S와 캐리 C에 해당하는 출력 값을 할당한다.

데이터 값과 수의 표현

case 문을 이용해 3비트 wire k가 가질 수 있는 값을 3'b000~3'b111과 같이 표현했다. 이 표현에서 첫 번째 수 3은 3비트를, 다음의 b는 2진수Binary를 의미한다. 그리고 그 다음 세 자리의 '0' 또는 '1'은 2진수 값을 나타낸다. [표 3-10]은 Verilog에서 기본적으로 구성되는 4가지 값을 보여준다.

[표 3-10] Verilog 데이터 값

Verilog 값	내용
'0'	논리 0 또는 false 조건
'1'	논리 1 또는 true 조건
'x'	논리 값을 알 수 없음
'z'	High Impedance 상태

Verilog에서 사용되는 피연산자를 상수로 표현하는 형식과 예는 다음과 같다.

n'Fddd

- n : 비트의 수를 나타내는 정수
- F : 수의 기본 형식 표시, b(binary), o(octal), d(decimal), h(hexadecimal)
  지정되지 않은 경우 10진수를 나타낸다.
- ddd : 기본 형식으로 표시되는 수

예
267	: 32비트 10진수
2'b01	: 2비트 2진수
20'hB36F	: 20비트 16진수
32'o62	: 32비트 8진수

프로시저(blocking) 할당문(=)과 RTL nonblocking assignment(<=)

Verilog에는 앞에서 설명한 연속 할당문[4] 외에 프로시저 블록Procedural Block 내에서 할당하는 프로시저 할당문과 RTL nonblocking 할당문이 있다.[5] 프로시저 할당문은 연속 할당문과 유사하지만 always 블록과 같은 프로시저에서는 reg 변수와 integer에만 할당할 수 있으며 assign 문에 의한 연속 할당문과는 다르게 합성된다.

프로시저 할당문에서는 변수 A에서 변수 B를 통해 변수 C로 전달될 때, 세 변수의 값이 동시에 같은 값을 갖게 된다. 즉, 하나의 클럭에서 세 변수가 모두 전달되는 것이다. 따라서 프로시저 할당문일 때는 문장이 나열되는 순서와 상관없이 모든 문장이 동시에 실행된다. 그러나 RTL nonblocking assignment에서는 앞에서 변수 A가 변수 B를 통해 변수 C로 전달될 때 변수 A에서 B로 전달된 다음, 클럭에서 변수 B로부터 C로 전달된다. [그림 3-14]는 두 종류의 assignment 예와 이 Verilog 코드가 합성됐을 때의 Schematic을 보여준다.

```
module proc_assign (clk, data, rega, regb);
  input  data, clk;
  output rega, regb;

  reg rega, regb;

  always @(posedge clk) begin
    rega = data;
    regb = rega;
  end
endmodule
```

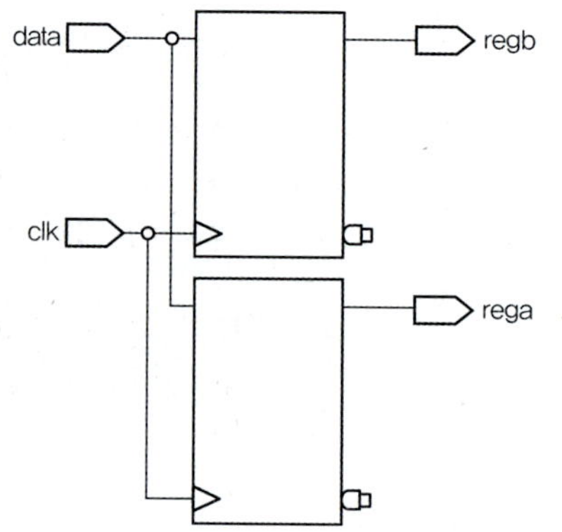

(a) 프로시저 할당문

```
module rtl_assign (clk, data, regc, regd);
  input  data, clk;
  output regc, regd;

  reg regc, regd;

  always @(posedge clk) begin
    regc <= data;
    regd <= regc;
  end
endmodule
```

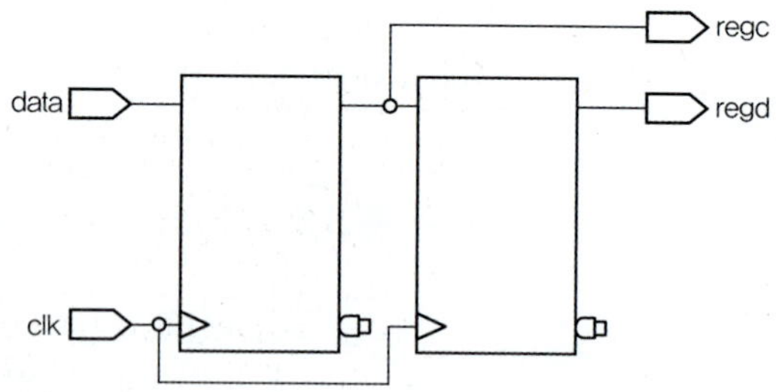

(b) RTL nonblocking assignment

[그림 3-14] 프로시저 할당문과 RTL assignment의 예와 합성 결과

4 연속 할당문 연속적으로 입력 값이 바뀌어도 즉시 출력 값에 반영된다는 것을 의미한다.

5 프로시저 할당문에서 blocking은 always 블록과 같은 프로시저에서 앞의 할당문에 의해 다음에 나오는 할당문이 영향을 받을 수 있다(blocking)는 것을 의미한다. nonblocking은 이벤트 발생 시 블록 내의 모든 할당문이 동시에 실행되기 때문에 앞에 나오는 할당문에 의해 영향을 받지 않는다(nonblocking)는 것을 의미한다.

[그림 3-14(a)]는 프로시저 할당문의 코드와 이 코드를 Schematic으로 표현한 것이다. 코드를 보면 data가 rega를 통해서 regb로 들어가므로 결과적으로 rega와 regb에 모두 data 값이 저장된다. Schematic에서도 클럭과 data가 2개의 레지스터 a, b에 동시에 들어가므로, 하나의 클럭에서 data 값이 두 개의 레지스터에 동시에 전달된다는 것을 알 수 있다. 그러나 [그림 3-14(b)]에서는 data가 첫 번째 레지스터인 c에 전달되고, 그 다음 클럭에서 d로 전달된다는 것을 알 수 있다. 즉, 사용하는 할당문에 따라 합성이 달라지므로 결과가 크게 바뀔 수 있다.

앞서 설명한 것처럼 두 종류의 할당문을 적절하게 사용하는 것은 쉽지 않다. 따라서 두 종류의 할당문 “=”와 “<=”를 다음과 같이 구분해서 사용하면 더 편하게 활용할 수 있을 것이다.

❶ “=”와 “<=”를 하나의 프로시저에서 동시에 사용하지 않는다.
❷ “<=”는 실제 플립플롭 동작과 매우 유사하다. 따라서 always@(posedge clk …) 형태의 프로시저에 사용한다.
❸ “=”는 C 프로그래밍 코드에서 할당문에 해당한다고 볼 수 있다. 따라서 조합논리회로에서 assign을 이용한 연속 할당문에서 사용한다.

논리식 유도를 이용한 설계

앞서 살펴본 진리표를 이용한 설계 방법은 입력 변수가 많아지면 진리표에서 경우의 수가 증가하고 그만큼 Verilog 코드의 길이도 늘어난다는 단점이 있다. 이번 예에서는 진리표를 그대로 Verilog로 옮기는 것이 아니라, 진리표를 이용해 논리식을 세우고 이 논리식을 Verilog로 표현해서 설계한다.

앞에서 구한 전가산기의 논리식은 다음과 같다.

$$S = x'y'z + x'yz' + xy'z' + xyz$$
$$C = xy + xz + yz$$

위 논리식을 Verilog로 표현하면 다음과 같다. 이 방법에서는 전가산기의 sum과 carry의 논리식을 연속 할당문으로 각각 S와 C에 할당한 후 출력한다. [코드 3-9]에서 ‘~’는 비트 단위 NOT, ‘&’는 비트 단위 AND 그리고 ‘|’는 비트 단위 OR를 나타낸다.

코드 3-9 [Verilog\DigitalDesign\FullAdder2]

```
module FullAdder2(x, y, z, S, C);
  input      x, y, z;
  output     S, C;

  assign     S = (~x&~y&z)|(~x&y&~z)|(x&~y&~z)|(x&y&z);
  assign     C = (x&y)|(x&z)|(y&z);
endmodule
```

포트 지정
논리식

이 방법은 앞서 설명한 진리표를 이용한 설계 방법보다 코드 길이가 짧다. 그러나 Verilog 설계 전에 진리표를 이용해서 논리식을 유도하는 과정이 필요하므로, 설계에 필요한 시간은 오히려 늘어날 수 있어 이 방법도 반드시 좋다고는 할 수 없다.

동작 표현에 의한 설계

앞에서 전가산기를 설계하는 2가지 방법을 설명했다. 이 방법들은 진리표를 유도하거나 논리식을 세운 후 설계한다는 점에서 Schematic 방법과 큰 차이가 없기 때문에 Verilog를 사용해서 설계했을 때의 장점을 살릴 수가 없다. Verilog를 이용하여 설계하면 회로 동작을 표현할 수 있다는 장점이 있는데, 이 장점을 살려 설계하는 방법을 알아보도록 하자.

첫 번째 방법에서는 전가산기의 동작을 진리표로 표현한 후 Verilog로 다시 나타냈고, 두 번째 방법에서는 논리식을 세운 후 다시 Verilog로 나타냈지만, 이러한 과정 없이 더하는 동작을 직접 표현하여 설계할 수 있다. [코드 3-10]을 보면 그 차이를 쉽게 이해할 수 있을 것이다.

코드 3-10 [Verilog\DigitalDesign\FullAdder3]

```
module FullAdder3(x, y, z, S, C);
  input     x, y, z;                    ┐ 포트 지정
  output    S, C;                       ┘

  reg       S, C;

  always @(x or y or z)                 ── 동작 표현
    {C, S} = x+y+z;
endmodule
```

[코드 3-10]에서는 입력 x, y, z를 덧셈으로 산술 연산한 후 발생한 캐리를 C에 할당하고 더한 결과를 S에 출력함으로써 전가산기의 동작을 그대로 표현했다. 진리표를 작성하거나 논리식을 세우는 과정이 없으므로 설계 시간을 줄일 수 있고, 오류가 발생할 확률도 낮다. 이와 같이 Verilog를 이용해서 동작을 모델링하여 설계할 수 있으며, 이러한 모델의 경우 디지털 회로 구현에 논리 연산보다는 수학 연산자들이 그대로 사용된다.

특히 이 기능적 모델로 설계했을 때의 장점은 디지털 신호의 비트 수가 증가해도 동작이 같으면 비트 수에 관계없이 Verilog 코드의 양이 늘어나지 않는다는 것이다. 앞에서 든 예는 입력과 출력이 1비트인 가산기지만, 일반적인 n비트 입력과 출력에 대한 가산기를 구현할 때도 전체 코드의 길이가 크게 늘어나지 않는다.

3.2.3 VHDL을 이용한 전가산기 설계

앞에서는 Schematic으로 설계했지만 여기서는 VHDL을 이용해서 설계한다. VHDL로 다양하게 설계할 수 있으며, 각각의 방법과 장단점을 알아보자.

진리표를 이용한 설계

진리표를 이용해 설계한다는 것은 진리표를 그대로 VHDL의 case 문으로 옮긴다는 것이다. 이 방법의 장점은 진리표를 그대로 옮기기 때문에 설계 과정에서 간소화할 필요가 없다. 대신 컴파일러가 간소화하므로 설계 시간을 줄일 수 있으며 설계 과정에서 발생할 수 있는 오류도 감소한다.

그러나 단순히 진리표를 VHDL 코드로 표현한다고 해도 Schematic 방법과 동일하게 진리표를 만드는 과정이 필요하다. 진리표에서 입력이 많아지면 그만큼 경우의 수도 많아지고 코드의 길이도 길어지므로 설계 시간이 늘어난다는 단점이 있다. [코드 3-11]은 이 과정을 통해 구현된 VHDL 코드이다.

코드 3-11 [VHDL\DigitalDesign\FullAdder1]

```
library IEEE;
use IEEE.STD_LOGIC_1164.ALL;

entity FullAdder1 is
  port( x, y, z  : in  std_logic;
        S, C     : out std_logic);
end FullAdder1;

architecture Behavioral of FullAdder1 is
  signal k   : std_logic_vector(2 downto 0);
begin
  k <= x&y&z;

  process(k)
  begin
    case k is
        when "000" =>
            S <= '0';
            C <= '0';
        when "001" =>
            S <= '1';
            C <= '0';
        when "010" =>
            S <= '1';
            C <= '0';
        when "011" =>
            S <= '0';
            C <= '1';
```

라이브러리 (lines 1–2)
entity 선언 (lines 4–7)
signal 선언 (line 10)
process 문 (line 14)
case~when 문 (lines 16–)

```
29            when "100" =>
30                S <= '1';
31                C <= '0';
32            when "101" =>
33                S <= '0';
34                C <= '1';
35            when "110" =>
36                S <= '0';
37                C <= '1';
38            when "111" =>
39                S <= '1';
40                C <= '1';
41            when others => null;
42        end case;
43    end process;
44 end Behavioral;
```

case~when 문

signal 선언

signal은 VHDL 모델링을 위해 entity 사이를 연결하는 데 사용되며, entity 간 동적 데이터를 주고받기 위한 수단으로 활용된다. signal에는 두 종류가 있는데, 입출력 port로 선언하는 방법과 내부 신호 signal로 선언하는 방법이다. 입출력 port signal인 경우 entity 내에 port로 선언해 입출력 신호를 정의하며, 그 외의 signal 선언은 architecture와 begin 사이에 선언한다.

다음은 [코드 3-11]의 10~12행으로 여기서 k는 표준 논리 데이터 타입 3비트(std_logic_vector(2 downto 0)를 갖는 signal로 선언된 것이다. 그 후 3비트로 선언된 signal k에 입력으로 들어오는 3비트 x, y, z를 대입한다. 즉 k의 각 비트는 각각 x, y, z의 값을 할당받는다.

```
   signal k    : std_logic_vector(2 downto 0);
begin
   k <= x&y&z;
```

process 문

process는 동작 모델링에서 순차 기술문을 제공하기 위한 기본 구조체[Construct]이다. VHDL 코드에서 process의 sensitivity list에는 k가 포함되어 있으며, k 값이 변할 때마다 process에 포함된 문장들이 순차적으로 실행된다. 동작 모델링[Behavioural Modeling]과 process문은 3.3.2절에서 상세히 설명한다.

case~when 문

VHDL로 구현한 전가산기와 같이 진리표를 그대로 구현하는 경우, case~when 문을 이용하는 것이 편리하다. case~when 문은 주어진 조건에 맞는 경우를 찾아서 해당 동작을 실행하며, 다음과 같은 형태([코드 3-11]의 16~42행)를 갖는다.

```
case <identifier> is
      인자 값
 when <value> =>
        조건
        <assignment statement>;
                 실행문
        <assignment statement>;
     ...
 when <value> => <assignment; statement>
     ...
 when <value> =>
     ...
end case;
```

```
case k is
  when "000" =>
    S <= '0';
    C <= '0';
  when "001" =>
    S <= '1';
    C <= '0';
      ...
      ...
  when "111" =>
    S <= '1';
    C <= '1';
end case;
```

identifier는 when 문 중 하나의 경우와 일치하는 값을 리턴하며, 만일 identifier가 when 문에 있는 여러 가지 경우 중 하나와 일치하는 값을 리턴하면 "when "　" =>" 다음에 오는 문장들을 실행한다. 모든 문장이 실행된 후에는 end case로 제어가 넘어간다.

signal k는 더해지는 수 x와 y, 그리고 캐리를 AND 연산한 것이므로 모두 8가지 경우가 발생한다. 따라서 [표 3-8]의 진리표와 같이 입력 x, y, z에 대한 모든 경우에 대해서 결과인 S와 캐리 C에 해당하는 출력 값을 할당한다.

논리식 유도에 의한 설계

앞에서는 진리표에 의한 VHDL 설계 예를 나타냈다. 이 방법의 단점은 입력 변수가 많아지면 진리표에서 경우의 수가 증가하고 그만큼 VHDL 코드가 길어진다는 것이다. 이번 예에서는 진리표를 그대로 VHDL로 옮기는 것이 아니라, 진리표를 이용해 논리식을 세우고 이 논리식을 VHDL로 표현하는 과정에 대해 살펴본다.

다음은 앞에서 논리식을 구한 결과이다.

$$S = x'y'z + x'yz' + xy'z' + xyz$$
$$C = xy + xz + yz$$

이 논리식을 VHDL로 표현하면 다음과 같다.

코드 3-12 [VHDL\DigitalDesign\FullAdder2]

```
library IEEE;
use IEEE.STD_LOGIC_1164.ALL;

entity FullAdder2 is
  port(x, y, z : in   std_logic;
       S, C    : out  std_logic);
end FullAdder2;

architecture Behavioral of FullAdder2 is
begin
  S <= (not x and not y and z) or (not x and y and not z) or
       (x and not y and not z) or (x and y and z);
  C <= (x and y) or (x and z) or (y and z);
end Behavioral;
```

라이브러리 / entity 선언 / 논리식

이 방법은 앞서 설명한 진리표를 이용한 설계 방법보다 코드 길이가 짧다. 그러나 VHDL 설계 전에 진리표를 이용해서 논리식을 유도하는 과정이 필요하므로, 이것도 반드시 좋은 방법이라고는 할 수 없다.

동작 표현에 의한 설계

앞에서 전가산기를 설계하는 2가지 방법을 설명했다. 이 방법들은 진리표를 유도한 후 설계한다는 점에서 Schematic을 이용한 방법과 큰 차이가 없었기 때문에 굳이 VHDL을 사용해서 설계해야 할 필요성을 느끼기 어렵다. 그러나 VHDL을 이용해 하드웨어를 설계할 때의 가장 큰 장점은 회로 동작을 표현해서 설계할 수 있다는 것이다. 앞의 예에서는 전가산기의 동작을 진리표로 표현한 후 VHDL로 설계했지만, 진리표를 작성하지 않고 더하는 동작을 직접 표현해 설계할 수도 있다. 다음 VHDL 코드를 보면 그 차이를 쉽게 이해할 수 있다.

코드 3-13 [VHDL\DigitalDesign\FullAdder3]

```
library IEEE;
use IEEE.STD_LOGIC_1164.ALL;
use ieee.std_logic_arith.all;

entity FullAdder3 is
  port (x, y, z  : in   integer range 0 to 1;
        S, C     : out  std_logic);
end FullAdder3;

architecture Behavioral of FullAdder3 is
  signal sum      : std_logic_vector(1 downto 0);
begin
```

라이브러리 / entity 선언

```
13    process(x, y, z)
14    begin
15      sum <= conv_std_logic_vector(x + y + z, 2);
16    end process;
17    S <= sum(0);
18    C <= sum(1);
19  end Behavioral;
```

변환함수

변환함수

VHDL에는 integer, unsigned, logic 등 다양한 데이터 타입이 있으며, 변환함수 Conversion Functions는 이러한 데이터 타입을 다른 데이터 타입으로 변환해준다. 다음과 같이 변환함수를 사용하는 문장([코드 3-13]의 15행)을 이용해 살펴보자.

```
sum <= conv_std_logic_vector(x + y + z, 2);
```

conv_std_logic_vector 함수는 파라미터로 사용된 integer 타입을 std_logic_vector 타입으로 변환해 준다. 이 함수의 파라미터는 x+y+z이고 각각의 값은 '0' 또는 '1'이므로 최댓값은 3이 된다. 따라서 2비트 논리 값으로 표현할 수 있다. 두 번째 파라미터는 변환될 벡터의 비트 수를 나타낸다. 변환함수는 std_logic_arith 패키지에 포함되어 있으며, 이 함수를 포함해 다음과 같은 변환함수를 사용할 수 있다.

[표 3-11] 변환함수

변환함수	내용
conv_integer	Unsigned, signed 또는 std_ulogic 값을 integer 값으로 변환한다. 이 함수의 범위는 -2147483647~2147483647로서 31비트 unsigned 값 또는 32비트 signed 값에 해당한다.
conv_unsigned	크기비트(Size Bit)와 함께 integer, unsigned, signed 또는 std_ulogic을 unsigned 값으로 변환한다.
conv_signed	크기비트와 함께 integer, unsigned, signed 또는 std_ulogic 값을 unsigned 값으로 변환한다.
conv_std_logic_vector	크기비트와 함께 integer, unsigned, signed 또는 std_logic 값을 std_logic_vector 값으로 변환한다.

동작 표현에 의한 설계에서는 진리표를 작성할 필요가 없다. 산술 연산을 통해 입출력 관계를 표현함으로써 필요한 회로를 구현할 수 있다. 이러한 모델의 경우 디지털 회로 구현에 필요한 논리 연산보다는 수학적인 연산자들이 그대로 사용된다. 특히 이 기능 모델로 설계했을 때의 장점은 디지털 신호의 비트 수가 증가해도 동일하게 동작할 경우 VHDL 코드의 양이 늘어나지 않는다는 것이다. [코드 3-13]은 입력과 출력이 1비트인 가산이지만, 일반적인 n비트 입력과 출력에 대한 가산기를 구현할 때도 전체 코드의 길이가 늘어나지 않는다.

3.2.4 시뮬레이션 및 실행

시뮬레이션

앞서 Verilog, VHDL로 설계한 전가산기의 시뮬레이션 결과는 [그림 3-15]와 같다.

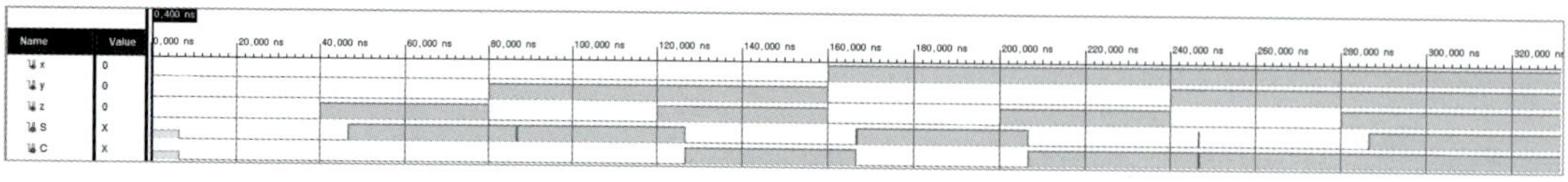

(a) Vivado

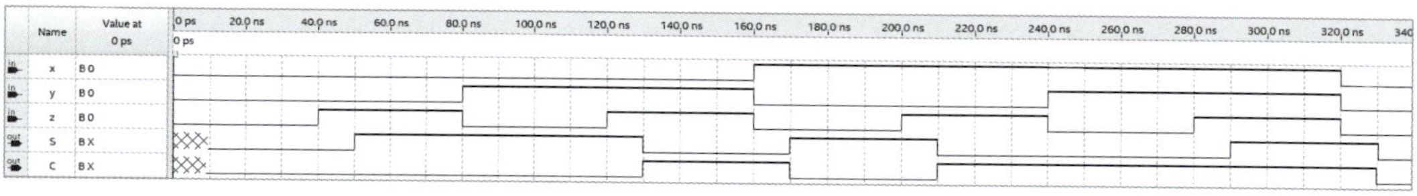

(b) Quartus

[그림 3-15] 전가산기의 시뮬레이션 결과

회로가 진리표와 동일하게 동작하는지 확인하기 위해 40ns마다 입력 x, y, z가 가질 수 있는 8가지 경우를 시뮬레이션 입력으로 설정하고, 약간의 지연이 발생한 후에 S와 C 값이 출력되는 것을 알 수 있다.

그리고 Vivado의 시뮬레이션 결과에서는 글리치Glitch [6]가 나타난 것을 볼 수 있다. 이러한 글리치로 인해서 회로가 정상적으로 동작하지 않을 수 있으므로 없애야 하며, 이 내용은 추후에 다시 설명한다.

디바이스 핀 할당과 실행

이 회로는 3비트 입력과 2비트 출력을 갖고 있다. 전가산기 입력에도 슬라이드 스위치를 할당해서 입력을 [표 3-8]의 진리표와 같이 변화시켰을 때의 LED 출력을 확인한다. [표 3-12]는 입출력 포트에 할당된 장치의 종류이다.

[표 3-12] 신호 이름과 할당된 입출력 장치

신호 이름	입출력	장치 종류
x	입력	슬라이드 스위치
y	입력	슬라이드 스위치
z	입력	슬라이드 스위치
S	출력	LED
C	출력	LED

6 글리치란 입력 신호의 값이 바뀌는 과정에서 게이트 전달 지연으로 인해 발생하는 불필요한 펄스를 의미한다.

실습과제

3.2 전감산기 설계

목적 및 배경

앞에서 전가산기를 Schematic과 HDL로 설계하며, 몇 가지의 HDL 설계의 특성에 대해 살펴봤다. 이번 실습에서는 전가산기와 동일한 과정으로 전감산기Full Subtracter를 Schematic과 HDL로 설계하고 감산 동작을 Verilog와 VHDL로 설계하는 방법을 알아본다.

실습 내용

전가산기에서는 3비트를 더하는 회로를 설계했으며, 그중 한 비트는 아랫자리에서 더한 결과 캐리가 발생했다고 가정했다. 전감산기에서는 이와 반대로, 아랫자리에서 뺄셈했을 때 피감산 수가 감산 수보다 작아서 아랫자리로 수를 빌려주는 것을 고려하여 계산한다. 따라서 두 개의 2진수를 감산할 때는 아랫자리에서 빌림 수가 발생할 때를 고려하여 계산하며, 출력은 뺄셈한 결과와 윗자리에서 빌림 수가 발생하는 경우가 된다.

다음과 같이 두 수 Xi에서 Yi를 빼는 경우 산술 연산을 하게 되며, Bi는 아랫자리에 빌려준 값이다. 그리고 연산 결과 Di는 감산 결과이며 위에서 빌린 수는 B가 된다.

```
Di = (Xi - Bi) - Yi
```

1. Schematic을 이용한 설계

전감산기의 논리식 유도

❶ 전감산기의 논리식에 의해 전감산기의 진리표를 작성한다.
❷ 전감산기의 논리식을 구하기 위해 카르노 맵으로 간소화한 후, 출력 Di와 B에 대한 논리식을 세운다.
❸ 앞에서 구한 논리식으로 기본 게이트를 사용해 전감산기의 블록도를 그린다.

Schematic을 이용한 설계 과정

❶ 전가산기에서 새로운 프로젝트를 생성한 과정과 같이 FullSubtractor_sch 폴더에 새로운 프로젝트 FullSubtractor를 생성한다.

❷ 기본 게이트로 구성된 전감산기의 기본 회로를 바탕으로 [실습과제 3.1]에서와 같이 Schematic을 이용해 설계한다. 이때 입출력 단자와 심볼을 연결하고 진리표의 입출력과 같은 이름으로 핀 이름을 편집한다.

❸ 입출력에 대해 핀 번호를 할당한다. 이때 입력은 슬라이드 스위치를 할당하고 출력은 LED를 할당하며, 설계된 회로를 'FullSubtractor.bdf'로 저장한다.

❹ 설계된 Schematic 회로를 컴파일한다.

❺ 시뮬레이션하고, 시뮬레이션 결과와 진리표 결과를 비교한다.

❻ 컴파일된 전가산기의 다운로드 파일을 실습 키트에 다운로드하여 각 입력 결과를 진리표와 비교한다.

2. Verilog를 이용한 설계

[실습과제 3.1]에서는 전가산기를 설계하기 위해 진리표에서 구한 논리식을 이용하거나 덧셈 동작을 Verilog로 표현해 설계하는 방법을 활용했다. 이번 실습에서는 전감산기를 설계하기 위해 뺄셈 동작을 표현하여 설계하는 방법을 활용하도록 하겠다. 논리식을 이용해 설계하면 논리식을 세우는 단계를 거쳐야 해서 번거로우므로 직접 Verilog로 표현하는 것이 바람직하다.

❶ FullSubtractor 폴더에 새로운 프로젝트 FullSubtractor를 생성한다.

❷ Verilog 코드를 작성한다. 설계 방법은 다양하지만, 여기서는 정수 연산 결과를 경우의 수로 구분해 출력하는 방법으로 한다. 즉, 정수 뺄셈 연산을 실행한 결과는 최소 −2에서 최대 1까지이다. 이 연산 결과에 따라 다음과 같은 방법으로 출력을 결정한다. 다음 연산 결과 diff가 −2인 경우는 Xi가 '0'이고 Yi와 Bi가 모두 '1'인 경우이므로, 윗자리에서 수 하나를 빌려야 한다. 따라서 B는 '1'이 되고 결과 Di는 '0'이 된다. 나머지 경우도 이와 같은 방법으로 Di와 B의 값을 결정할 수 있다.

```
if (diff == -2) begin
  Di <= 1'b0;
  B <= 1'b1;
end else if (diff == -1) begin
  …
end else if (diff == 0) begin
  …
end else begin
  …
end
```

❸ 시뮬레이션을 실행하고 결과가 진리표와 같으면 핀 번호를 할당한 후, 생성된 파일을 키트에 다운로드하여 실행 결과를 다시 진리표와 비교한다.

3. VHDL을 이용한 설계

전가산기를 VHDL로 설계할 때, 진리표에서 구한 논리식을 이용하는 방법과 덧셈 동작을 표현해 설계하는 방법을 활용했다. 이번 실습에서 전감산기를 설계할 때는 뺄셈 동작을 VHDL로 표현하는 방법을 사용한다. 논리식을 이용해 설계하면 논리식을 세우는 단계를 거쳐야 해서 번거로우므로 직접 VHDL로 표현하는 것이 바람직하다.

❶ FullSubtractor 폴더에 새로운 프로젝트 FullSubtractor를 생성한다.

❷ VHDL 코드를 작성한다. 설계 방법은 다양하지만 여기서는 정수 연산 결과를 경우의 수로 구분해 출력하는 방법을 활용한다. 즉, 정수 뺄셈 연산을 실행한 결과는 최소 −2에서 최대 1까지이다. 이 연산 결과에 따라 다음과 같은 방법으로 출력을 결정한다. 다음 연산 결과 diff가 −2인 경우는 Xi가 '0'이고 Yi와 Bi가 모두 '1'인 경우이므로, 윗자리에서 수 하나를 빌려야 한다. 따라서 B는 '1'이 되고 결과 Di는 '0'이 된다. 나머지 경우도 이와 같은 방법으로 Di와 B의 값을 결정할 수 있다.

```
if diff = -2 then
  Di <= '0';
  B <= '1';
elsif diff = -1 then
  …
elsif diff = 0 then
  …
else
  …
end if;
```

❸ [실습과제 3.1]과 같이 시뮬레이션을 실행하고 결과가 진리표와 같으면 핀 번호를 할당한 후, 생성된 파일을 키트에 다운로드하여 실행 결과를 다시 진리표와 비교한다.

실습과제

3.2 설계 실습 결과 보고서

일시		전공		실습 시간	
학번			이름		
제목	전감산기 설계				
실습 목적	전감산기는 한 자리 2진수 뺄셈 시 전가산기에서 더한 결과 캐리가 발생하는 것과 반대로, 아랫자리에서 발생하는 빌림 수를 고려해야 한다. 그리고 감산한 결과와 위에서 빌린 수를 나타내야 한다. 전감산기 설계 과정을 통해 조합논리회로를 Verilog 또는 VHDL로 설계하는 방법에 대해 공부한다. 또한 이 실습을 통해 if~else(Verilog) 또는 if~then~elsif~end if(VHDL) 형식을 배울 수 있다.				

실습 내용	실습 결과
논리식	(아래 참조)

1. 전감산기 연산은 다음 식과 같다. 이 식은 Xi에서 Yi를 빼는 것이며, Bi는 아랫자리에서 빌림 수가 발생한 것이다. 연산 결과는 Di이고, 출력에는 윗자리에서 빌림 수가 발생한다는 것을 나타내는 B가 있어야 한다.

$$Di=(Xi-Bi)-Yi$$

이때 전감산기의 진리표를 [표 3-13]에 작성하라.

[표 3-13] 전감산기의 진리표

Xi	Yi	Bi	Di	B
0	0	0		
0	0	1		
0	1	0		
0	1	1		
1	0	0		
1	0	1		
1	1	0		
1	1	1		

2. 카르노 맵을 이용해 전감산기의 간소화된 논리식을 구하라.

논리식

Xi \ YiBi	00	01	11	10
0				
1				

Di =

Xi \ YiBi	00	01	11	10
0				
1				

B =

[그림 3-16] 카르노 맵을 이용한 논리식 간소화

3. 위의 논리식에서 기본 게이트를 이용해 전감산기의 블록도를 그려라.

기본 게이트를 이용한 전감산기의 블록도

Schematic 설계

1. Quartus를 이용해 위의 블록도를 Schematic으로 설계하고, 설계한 Schematic Diagram을 캡처해서 넣어라.

전감산기의 Schematic Diagram

Schematic 설계	2. Schematic으로 설계한 전감산기의 입력의 모든 경우에 대해 시뮬레이션하고 시뮬레이션 결과를 캡처해서 넣어라. **Schematic 설계의 시뮬레이션 결과** 3. 시뮬레이션 결과를 분석하여 진리표와 비교하고 분석 결과에 대해 토의하라.
HDL 설계	1. 전감산기를 Verilog 또는 VHDL로 설계하고 아래에 코드를 나타내라. **전감산기의 Verilog 또는 VHDL 코드** 2. Verilog 또는 VHDL로 설계한 전감산기를 컴파일 및 시뮬레이션하고, 시뮬레이션 결과를 진리표와 비교한 후 아래에 나타내라. **Verilog 또는 VHDL 설계의 시뮬레이션 결과**

실습 결과 및 토의	

SECTION

3.3 디코더

디지털 시스템에서는 정보가 2진수로 표현된다. n비트의 2진 코드는 모두 2^n 개의 코드화된 정보를 나타낼 수 있다. 디코더Decoder란 조합논리회로이며, n개의 입력을 받아 최대 2^n 개의 최소항을 발생시키는 회로이다. 또한 디코더는 다른 종류의 코드를 변환할 때도 사용되는데, BCD 값을 7-세그먼트 FND에 출력하는 BCD-to-7-세그먼트 디코더 등이 있다. [그림 3-17]은 3개의 입력을 받아서 2^3개(8개)의 출력을 발생시키는 3x8 디코더의 블록도이며, [표 3-14]는 3x8 디코더의 진리표이다.

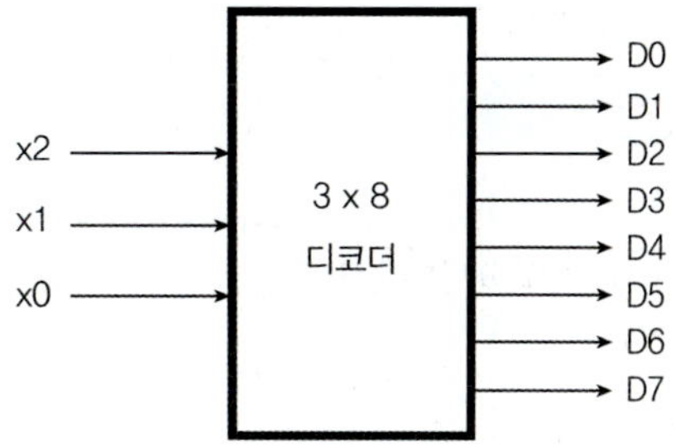

[그림 3-17] 3x8 디코더의 블록도

[표 3-14] 3x8 디코더의 진리표

입력			출력							
x2	x1	x0	D0	D1	D2	D3	D4	D5	D6	D7
0	0	0	1	0	0	0	0	0	0	0
0	0	1	0	1	0	0	0	0	0	0
0	1	0	0	0	1	0	0	0	0	0
0	1	1	0	0	0	1	0	0	0	0
1	0	0	0	0	0	0	1	0	0	0
1	0	1	0	0	0	0	0	1	0	0
1	1	0	0	0	0	0	0	0	1	0
1	1	1	0	0	0	0	0	0	0	1

입력이 3개이므로 모두 8가지 경우가 발생하며, 이때마다 각 입력에 대한 최소항에 해당하는 출력이 발생한다. 그러므로 각 출력에 대한 논리식은 다음과 같다.

D0 = x'y'z', D1, = x'y'z, D2 = x'yz', D3 = x'yz
D4 = xy'z', D5, = xy'z, D6 = xyz', D7 = xyz

3.3.1 Verilog를 이용한 디코더 설계

디코더를 Verilog로 설계하는 방법에는 case 문을 이용하는 방법과 assign 문을 이용하는 2가지 방법이 있다.

case 문을 이용한 설계

[코드 3-14]는 case 문을 이용하여 디코더를 설계한 Verilog 코드이다.

코드 3-14 [Verilog\DigitalDesign\Decoder\UsingCase]

```
1   module Decoder(x, D, en);
2     input [2:0]     x;
3     input           en;
4     output [7:0]    D;
5
6     reg [7:0]       D;
7
8     always @(en or x)
9     begin
10      D = 8'h00;
11      if(en) begin
12          case(x)
13              3'h0 : D = 8'h01;
14              3'h1 : D = 8'h02;
15              3'h2 : D = 8'h04;
16              3'h3 : D = 8'h08;
17              3'h4 : D = 8'h10;
18              3'h5 : D = 8'h20;
19              3'h6 : D = 8'h40;
20              3'h7 : D = 8'h80;
21          endcase
22      end
23    end
24  endmodule
```

포트 입출력(벡터) 선언 (2~4행)

case 문 (12~21행)

벡터와 비트 선택, 부분 선택

앞의 예제에서 입출력은 모두 비트 단위로 선언되었다. 그러나 디코더의 경우에는 입력과 출력 모두 여러 비트로 구성되므로 벡터로 정의되어야 한다. 디코더의 예에서 입출력에 사용되는 벡터는 다음과 같다([코드 3-14]의 2, 4행).

```
input [2:0]    x;
output [7:0]   D;
```

3x8 디코더의 입출력이므로 입력 x는 3비트 input [2:0]으로 선언되고, 출력 D는 8비트이므로 output [7:0]으로 선언된다. 벡터 선언의 일반적인 형식은 다음과 같다.

```
input [msb:lsb] input_port_list;
최상위 비트의 인덱스 : 최하위 비트의 인덱스
output [msb:lsb] output_port_list;
inout  [msb:lsb] inout_port_list;
wire   [msb:lsb] wire_variable_list;
reg    [msb:lsb] reg_variable_list;
```

벡터 선언의 일반적인 형식에서, msb[most significent bit]는 벡터에서 최상위 비트의 인덱스[Index]를, lsb[least significent bit]는 최하위 비트의 인덱스를 각각 나타낸다. 그리고 벡터에서 대괄호 [ ]를 이용해 1개의 비트 또는 몇 개의 비트를 선택할 수 있다. 선택된 하나의 비트 또는 여러 비트는 Verilog 문장에서 비트 또는 벡터로 사용될 수 있나. 다음은 벡터의 일부를 사용하는 예이다.

```
reg [7:0] a, b;
reg [3:0] ls;
reg c

c = a[7] & b[7]              // 비트 선택
ls = a[7:4] + b[3:0];        // 벡터의 일부 선택
```

다음은 [코드 3-14]의 12~21행으로, 입력 x를 디코드하여 D에 출력하는 부분이다.

```
case(x)
  3'h0 : D = 8'h01;
  3'h1 : D = 8'h02;
       ...
       ...
  3'h7 : D = 8'h80;
endcase
```

이 문장에서 입력 x와 출력 D는 모두 16진수로 표현된다. 입력은 3'h0~3'h7까지 총 8가지 경우에 대해 출력하며, x가 "000"이면 출력 D는 "00000001"을 할당받으므로 D[0]을 출력하고, "001"이면 D는 "00000010"을 할당받으므로 D[1]을 출력한다. 같은 방법으로 입력이 가질 수 있는 8가지 경우에 대해 D[0]~D[7]까지 출력한다.

assign 문을 이용한 설계

[코드 3-15]는 시프트 연산자 Shift Operator와 조건 연산자 Conditional Operator를 이용해 디코더를 설계한 예이다. Verilog 연산자의 종류는 [부록 A]를 참고하기 바란다.

코드 3-15 [Verilog\DigitalDesign\Decoder\UsingAssign]

```
1  module Decoder(x, D, en);
2    input[2:0]   x;
3    input        en;
4    output[7:0]  D;
5
6    assign D = (en) ? 1'b1 << x : 8'h00;             // assign 문
7  endmodule
```

[코드 3-15] 6행의 assign 문에서는 조건 연산자 ?에 의해 en 신호가 'true'면 (1<<x)를 D에 할당하고, en 신호가 'false'면 8'h00을 D에 할당한다. 8'h00은 16진수로 표현된 8비트가 모두 '0'이므로 어떤 값도 출력되지 않는다. en 신호가 'true'일 때, (1<<x)의 연산 결과 '1'이 x비트만큼 왼쪽으로 시프트한다. 따라서 x가 "010"이면 '1'이 왼쪽으로 2비트 시프트하기 때문에 D에는 "00000100"이 할당되고 이 값이 출력된다. 또한, x가 "110"이면 '1'이 왼쪽으로 6비트 시프트하므로 "01000000" 값이 출력된다.

```
assign D = (en) ? 1'b1 << x : 8'h00;
```

(en): 조건 대상 / 1'b1 << x: 참일 때 실행 / 8'h00: 거짓일 때 실행

3.3.2 VHDL을 이용한 디코더 설계

[코드 3-16]은 디코더를 설계한 VHDL 코드이다.

코드 3-16 [VHDL\DigitalDesign\Decoder]

```
library ieee;                                        -- 라이브러리
use ieee.std_logic_1164.all;

entity Decoder is                                    -- entity 선언
  port( en : in  std_logic;                          -- (논리형 벡터 선언)
        x  : in  std_logic_vector(2 downto 0);
        D  : out std_logic_vector(7 downto 0));
end Decoder;

architecture Behavioral of Decoder is
begin
```

```
12    process(en, x)
13    begin
14      D <= "00000000";
15      if en = '1' then
16          case x is
17              when "000" => D <= "00000001";
18              when "001" => D <= "00000010";
19              when "010" => D <= "00000100";
20              when "011" => D <= "00001000";
21              when "100" => D <= "00010000";
22              when "101" => D <= "00100000";
23              when "110" => D <= "01000000";
24              when "111" => D <= "10000000";
25              when others => null;
26          end case;
27      end if;
28    end process;
29  end Behavioral;
```

process 문

case ~ when 문

논리형 벡터 선언

기본 논리 게이트를 VHDL로 설계하는 방법에서는 입력과 출력을 모두 비트 단위로 선언했다. 그러나 디코더의 경우 입출력이 모두 여러 비트이므로 벡터로 선언해야 한다. [코드 3-16]에서 디코더의 입출력 선언 부분은 다음과 같다([코드 3-16]의 5~7행).

```
port (en : in std_logic;
      x : in std_logic_vector(2 downto 0);
      D : out std_logic_vector (7 downto 0));
```

이것은 입력 x가 3비트 크기의 논리형 데이터이며, 출력 D가 8비트의 논리형 데이터임을 선언한 것이다. 이와 같이 여러 개의 비트로 구성된 신호들은 벡터로 선언될 수 있다.

process 문을 이용한 동작 모델링

기본 논리 게이트 설계에서 설명했듯이, VHDL은 동작 레벨 또는 구조 레벨과 같이 다양한 수준에서 설계할 수 있으며 process 문은 동작 모델링에서 순차 기술문을 제공하기 위한 기본 구조체이다. process 문을 이용해서 복잡한 디지털 시스템을 설계할 수 있고, 특히 순차논리회로를 설계할 때 유용하다. process 문은 시간이 경과함에 따라 시스템의 동작을 순차적으로 표현할 수 있게 하며, 다음과 같은 형식을 갖는다.

```
[label : ] process (<sensitivity list>)
  [VARIABLE name type [range] [:= initial_value;]]
begin
  <sequential code>
      순차적 코드
end process [label];
```

이 형식에서 [ ] 안에 있는 부분은 선택 사양이다. process 문 내의 순차적 코드Sequential Code는 sensitivity list의 값이 바뀔 때마다 실행된다. 이 예에서 sensitivity list에는 입력 x가 있으며 입력 값이 변할 때마다 디코딩된 결과가 D로 출력된다.

디코더와 같은 조합논리회로는 case~when 문을 이용해 간단히 설계할 수 있다. 전가산기를 진리표대로 설계할 때와 같이, 모든 입력의 경우에 대해 출력이 발생한다.

```
case x is
  when "000" => D <= "00000001";
  when "001" => D <= "00000010";
      …
      …
  when "111" => D <= "10000000";
end case;
```

디코더에서는 입력이 3비트이므로 8가지 경우에 대해 출력한다. x가 "000"이면 출력 D는 "00000001"을 할당받으므로 D0을 출력하고, "001"이면 D는 "00000010"을 할당받으므로 D1을 출력한다. 이와 같은 방법으로 입력이 가질 수 있는 8가지 경우에 대해 D0에서 D7까지 출력한다.

3.3.3 시뮬레이션 및 실행

시뮬레이션

[그림 3-18]은 설계된 디코더의 시뮬레이션 결과이다. 시뮬레이션은 x가 가질 수 있는 모든 입력에 대해 실행한다.

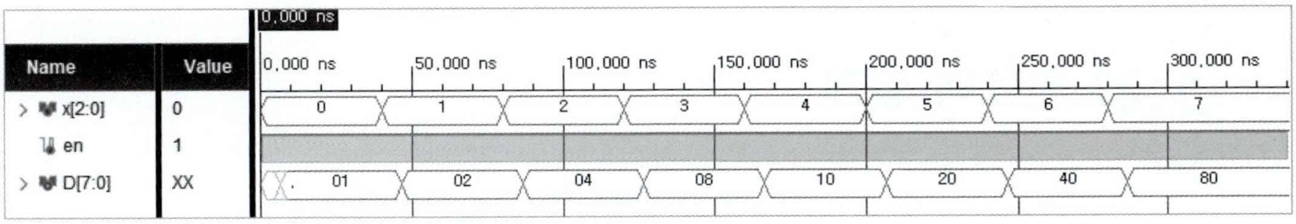

(a) Vivado

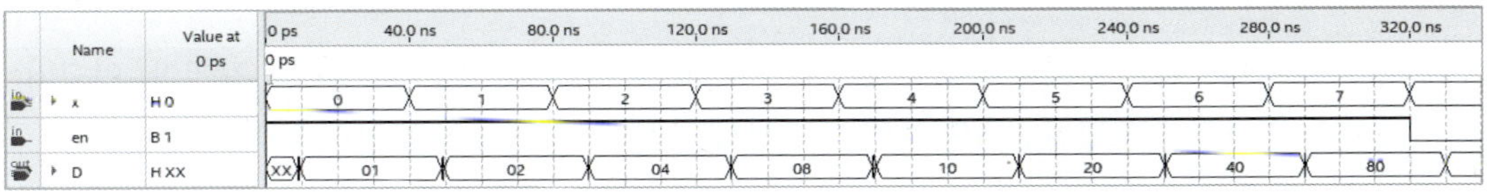

(b) Quartus

[그림 3-18] 디코더의 시뮬레이션 결과

시뮬레이션 결과는 16진수로 표시된 것이며, 40ns마다 "000"에서 "111"로 바뀌면 입력 값에 해당하는 한 비트가 출력되는 것을 알 수 있다.

디바이스 핀 할당과 실행

모두 3비트 입력과 8비트 출력을 가지므로 [표 3-15]와 같이 3개의 슬라이드 스위치와 8개의 LED를 할당한다.

[표 3-15] 신호 이름과 할당된 입출력 장치

신호 이름	입출력	장치 종류
en	입력	슬라이드 스위치
x2~x0	입력	슬라이드 스위치
D7~D0	출력	LED

실습과제

3.3 인코더 설계

목적 및 배경

인코더Encoder는 디코더와 반대로 동작한다. 디코더는 n개의 입력과 2^n개의 출력을 갖지만, 인코더는 2^n개의 입력을 받아서 인코딩된 n개의 출력을 발생시킨다. [그림 3-19]는 인코더의 블록도이다.

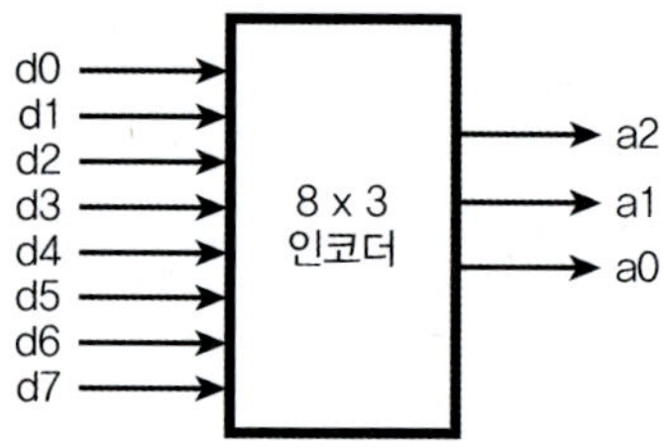

[그림 3-19] 8x3 인코더 블록도

일반적인 인코더의 문제점은 8개의 입력에서 2개 이상의 '1'이 입력될 때 각각에 해당하는 인코딩 결과가 모두 출력된다는 것이다. 따라서 이번 실습에서는 2개 이상의 입력이 '1'일 때 우선순위가 높은 하나의 입력에 대한 인코딩 결과를 출력하는 우선순위 인코더를 Verilog 또는 VHDL로 설계함으로써 인코더의 동작을 이해해보도록 하자.

실습 내용

[표 3-16]은 8개의 입력을 받아서 3개의 출력을 발생시키는 8x3 인코더의 진리표이다.

[표 3-16] 8x3 인코더의 진리표

입력								출력		
d0	d1	d2	d3	d4	d5	d6	d7	a2	a1	a0
1	0	0	0	0	0	0	0	0	0	0
0	1	0	0	0	0	0	0	0	0	1
0	0	1	0	0	0	0	0	0	1	0
0	0	0	1	0	0	0	0	0	1	1
0	0	0	0	1	0	0	0	1	0	0
0	0	0	0	0	1	0	0	1	0	1
0	0	0	0	0	0	1	0	1	1	0
0	0	0	0	0	0	0	1	1	1	1

그러나 여기서 2개의 입력이 동시에 '1'이면 각각의 입력을 인코딩하여 출력하므로 정확한 결과를 얻을 수 없다. 예를 들어 d1과 d2가 동시에 '1'일 경우 d1에 대한 출력 "001"과 d2에 대한 출력 "010"이 동시에 출력되므로 결과는 "011"이 된다. 그러나 이 값은 d3에 대한 출력과 같으므로, 정확하게 어떤 입력에 의해 인코딩된 결과가 출력됐는지 구분할 수 없다.

이러한 문제점을 보완한 것이 바로 우선순위 인코더이다. 우선순위 인코더의 인코딩 우선순위는 d7 → d6 → ··· → d0이며, 우선순위가 가장 높은 입력에 대해서만 인코딩하고 다른 입력은 무시한다. 또한 출력에는 출력 값이 유효한지 판단하는 V^Valid 비트를 추가한다. 예를 들어 아무 입력이 없을 때 출력은 "000"이 되지만 d0이 '1'일 때도 출력은 "000"이 된다. 따라서 이를 구분하기 위해 입력이 있을 때만 V를 '1'로 출력해 현재 출력이 유효하다는 것을 알린다.

[그림 3-20]은 우선순위 인코더의 블록도이다.

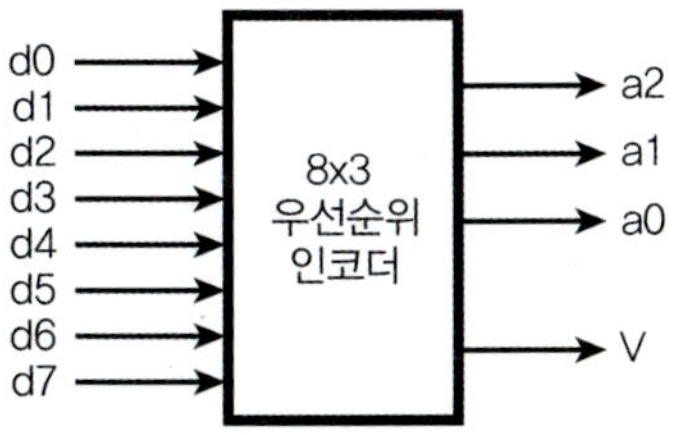

[그림 3-20] 우선순위 인코더의 블록도

[표 3-17]의 우선순위 인코더 진리표에서 나머지 부분을 작성한다. 이 표에서 x는 '0' 또는 '1' 중 어떤 값도 가질 수 있음(Don't Care)을 나타낸다.

[표 3-17] 8x3 우선순위 인코더의 진리표

입력								출력			
d0	d1	d2	d3	d4	d5	d6	d7	a2	a1	a0	V
0	0	0	0	0	0	0	0	x	x	x	0
1	0	0	0	0	0	0	0	0	0	0	1
x	1	0	0	0	0	0	0	0	0	1	1

1. Verilog를 이용한 우선순위 인코더 설계

module에서 입출력에 필요한 포트를 선언하고, if 조건문 형식을 사용해서 인코딩 동작을 표현한다. 이 조건문은, 처음 조건에 만족하면 해당 문장을 실행한 후 나머지 조건을 생략하고 조건문을 종료하는 형식이다. 만일 처음 조건이 만족되지 못하면 다음 조건을 만족시키는지 판단한다. 따라서 입력의 가장 상위 비트가 '1'이면 그 다음 비트의 값은 어떤 값을 갖더라도 상위 비트에 해당하는 값을 인코딩해서 출력한다. Verilog에서 if 조건문은 순차적으로 처리되며 always block에서 사용된다. if 문 형식을 사용하여 다음과 같이 우선순위 인코더를 설계할 수 있다.

```
if (en) begin
  if (d[7]) begin
      a = 7;
      v = 1'b1;
  end else if (d[6]) begin
      a = 6;
      v = 1'b1;
         ...
  end else if (d[0]) begin
      a = 0;
      v = 1'b1;
         ...
  end else begin
      a = 0;
      v = 1'b0;
  end
end
```

이 형식에서 en은 enable 신호를 의미하며, 이 신호가 '1'일 때 인코딩 동작을 시작한다. 그 다음에 입력 d의 가장 상위 비트부터 '1'인지 검사해서 '1'이면 비트 위치에 해당하는 10진수를 출력 a에 할당한다. 예를 들어 d[6]이 '1'이면 a에 10진수 '6'을 할당하고, a는 3비트 출력이므로 10진수 '6'의 2진수 "110"을 출력한다. 가장 마지막 조건은 입력이 없을 때이며 이때에는 v 비트에 '0'을 출력해서 d[0]이 '1'인 경우와 구분한다. 이와 같은 방법으로 if 형식을 참고해 우선순위 인코더의 나머지 부분을 Verilog로 설계한다.

2. VHDL을 이용한 우선순위 인코더 설계

entity에서 입력과 출력을 정의한 후 architectrue에서 우선순위 인코딩 동작을 표현하기 위해 if 조건문 형식을 사용하며, 처음 조건에 만족하면 해당하는 문장을 실행한 후 나머지 조건을 생략하고 조건문을 종료한다. 만약 처음 조건이 만족되지 못하면 다음 조건을 만족시키는지 판단한다. 따라서 입력의 가장 상위 비트부터 검사해 조건이 만족되면 다음 비트를 검사하지 않으므로 우선순위 기능을 쉽게 구현할 수 있다. if 문은 순차적인 기술문을 나타내며 process 문 내에서 사용된다. 따라서 if 문을 사용하여 다음과 같이 우선순위 인코더를 설계할 수 있다.

```
if en='1' then
  if D(7) = '1' then
      V <= '1';
      A <= "111";
  elsif D(6) = '1' then
      V <= '1';
      A <= "110";
      …
      …
      …
  elsif D(0) = '1' then
      V <= '1';
      A <= "000";
  else
      V <= '0';
      A <= "000";
  end if;
end if;
```

이 형식에서 en은 enable 신호를 의미하며, 이 신호가 '1'일 때 인코딩 동작을 시작한다. 이 예에서 입력의 제일 높은 비트 값이 '1'이면 이 비트 위치에 해당하는 2진 값을 출력한다. 예를 들어 D(7)이 '1'이면 10진수 7에 해당하는 2진 값 "111"을 A로 출력한다. 가장 마지막 조건은 입력이 없을 때이며 이때에는 V 비트에 '0'을 출력해서 d[0]이 '1'인 경우와 구분한다. 이와 같은 방법으로 if 문 형식을 참고해 우선순위 인코더의 나머지 부분을 VHDL로 설계한다.

3. 시뮬레이션 및 실행

시뮬레이션

설계된 Verilog, VHDL을 컴파일하고 시뮬레이션을 실행한다. 그리고 시뮬레이션 실행 결과를 앞에서 작성한 진리표의 결과와 비교한다. 이때 동시에 2개 이상의 입력을 '1'로 주었을 때 어떤 결과가 나오는지 관찰한다.

디바이스 핀 할당과 실행

DIGCOM 키트에 다운로드하여 실행하기 위해 입출력 핀을 할당한다. 이때 입력에 슬라이드 스위치를 할당하고 출력에는 LED를 할당한다. 설계된 인코더를 다시 컴파일한 후 DIGCOM 키트에 다운로드하여, 시뮬레이션과 동일한 값을 입력했을 때의 출력 결과를 시뮬레이션 결과와 비교한다.

실습과제

3.3 설계 실습 결과 보고서

일시		전공		실습 시간	
학번			이름		
제목	인코더 설계				
실습 목적	인코더는 2^n개의 입력을 받아서 n개의 인코딩된 결과를 출력한다. 그러나 일반 인코더는 2개 이상의 입력이 동시에 주어졌을 때 각각의 입력에 대한 인코딩 결과를 모두 출력하므로 결과가 정확하지 않다. 따라서 이번 실습에서는 입력에 우선순위를 두고 우선순위가 높은 입력에 대해서만 인코딩 결과를 출력하는 우선순위 인코더를 설계한다.				

실습 내용	실습 결과
진리표 작성	1. 우선순위 인코더는 입력에 우선순위를 주어 우선순위가 높은 입력만 인코딩하는 인코더이다. 또한 인코딩된 출력이 유효한지 알려 주는 V 비트가 출력된다. [표 3-18]은 8x3 우선순위 인코더의 진리표이다. 나머지 부분을 채워라.

[표 3-18] 우선순위 인코더의 진리표

입력								출력			
d0	d1	d2	d3	d4	d5	d6	d7	a2	b1	c0	V
0	0	0	0	0	0	0	0	x	x	x	0
1	0	0	0	0	0	0	0	0	0	0	1
x	1	0	0	0	0	0	0	0	0	1	1

HDL 설계	1. [표 3-18]의 진리표를 이용해 우선순위 인코더를 Verilog 또는 VHDL로 설계하라. 이때 if 조건문을 사용하라. **우선순위 인코더의 Verilog 또는 VHDL 코드** 2. 설계된 우선순위 인코더를 컴파일 및 시뮬레이션하고 시뮬레이션 결과를 앞에서 작성한 진리표와 비교하라. 시뮬레이션 입력은 동시에 2개 이상의 입력이 '1'일 때 어떤 값이 인코딩되어 출력되는지 나타나야 한다. 아래에 시뮬레이션 결과를 캡처해서 넣어라. **우선순위 인코더의 시뮬레이션 결과**
실습 결과 및 토의	

SECTION
3.4 입출력 장치 실습(스위치 인코딩)

이 책에서는 DIGCOM이라는 실습 키트를 사용하는데, 해당 키트의 입출력 장치에는 슬라이드 스위치, 텍트 스위치, LED, FND가 있다. [표 3-19]는 입출력 장치와 그 기능을 보여준다.

[표 3-19] DIGCOM 키트의 입출력 장치

입출력 장치	기능
슬라이드 스위치	비트 입력
텍트 스위치	스위치 값 입력
LED	비트 출력
FND	16진수 출력

입출력 장치 중 슬라이드 스위치는 하나의 비트를 입출력하고, LED는 비트 값을 그대로 '0' 또는 '1'로 나타낸다. 그리고 다른 입력 장치로는 16개의 텍트 스위치가 있으며 단순하게 하나의 비트를 입력하기 위한 장치로도 사용될 수 있지만, 16개가 있으므로 인코딩해 16진수를 입력하는 장치로 사용할 수 있다. 그리고 FND를 이용해 16진수를 출력할 수 있다. 여기서는 16진수를 입력하기 위한 텍트 스위치의 인코더를 설계한다.

[그림 3-21]은 DIGCOM 키트에서 텍트 스위치의 연결을 보여준다. 전원은 3.3V를 사용하며 스위치를 누르지 않은 상태에서는 스위치 출력이 3.3V를 유지하지만, 스위치를 누르면 전압이 0V로 떨어진다. 이때 스위치 출력단에서는 채터링Chattering[7]이 발생하며 디바운스 회로에 의해 채터링이 제거된다.

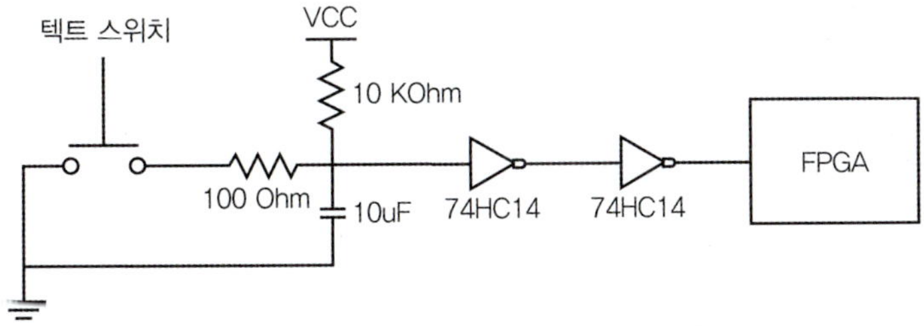

[그림 3-21] 텍트 스위치의 회로도

7 채터링이란 기계적인 스위치가 '열림 → 닫힘', '닫힘 → 열림'으로 바뀌는 순간, 스위치에 흐르는 전류가 일정하지 않고 불안정해짐에 따라 발생하는 잡음을 말한다.

[그림 3-22]는 스위치에 의해 채터링이 발생된 신호와 디바운스된 후의 신호를 보여준다. 모두 16개의 텍트 스위치가 있으므로 각 스위치에 0x0~0xF의 스위치 값을 할당하고, 각 스위치는 디바운스 회로를 통해 FPGA의 범용 입출력 핀에 연결된다.

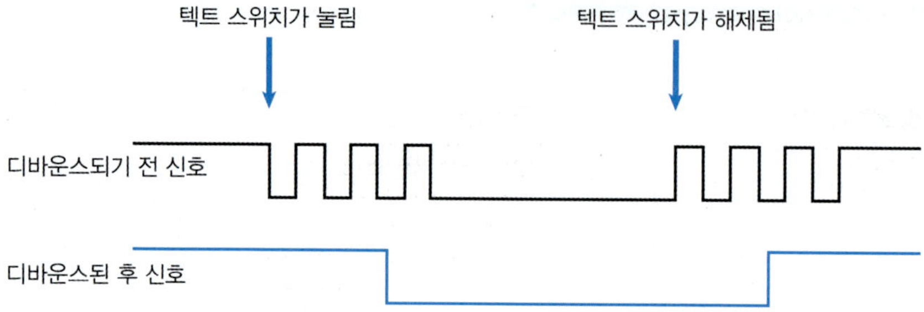

[그림 3-22] 텍트 스위치의 디바운싱

3.4.1 Verilog를 이용한 텍트 스위치 인코딩 설계

[코드 3-17]은 텍트 스위치 값을 인코딩하는 Verilog 코드이다.

코드 3-17 [Verilog\DigitalDesign\SwitchEncoder]

```
module SwitchEncoder(clk, key, keyVal);
  input          clk;
  input [15:0]   key;
  output [3:0]   keyVal;

  reg [3:0]      keyVal;

  always @(posedge clk)                                   // 이벤트 제어
  begin
    case(key)                                             // 눌린 키 값을 LED에 2진수로 출력
        16'b0000000000000001 : keyVal = 4'b0000;
        16'b0000000000000010 : keyVal = 4'b0001;
        16'b0000000000000100 : keyVal = 4'b0010;
        16'b0000000000001000 : keyVal = 4'b0011;
        16'b0000000000010000 : keyVal = 4'b0100;
        16'b0000000000100000 : keyVal = 4'b0101;
        16'b0000000001000000 : keyVal = 4'b0110;
        16'b0000000010000000 : keyVal = 4'b0111;
        16'b0000000100000000 : keyVal = 4'b1000;
        16'b0000001000000000 : keyVal = 4'b1001;
        16'b0000010000000000 : keyVal = 4'b1010;
        16'b0000100000000000 : keyVal = 4'b1011;
        16'b0001000000000000 : keyVal = 4'b1100;
        16'b0010000000000000 : keyVal = 4'b1101;
        16'b0100000000000000 : keyVal = 4'b1110;
```

```
          16'b1000000000000000 : keyVal = 4'b1111;
          default              :;
      endcase
    end
endmodule
```

[코드 3-17]은 텍트 스위치가 눌리면 해당 스위치 값을 LED에 2진수로 출력한다. 예를 들어 다음 문장은 case~endcase 문에서 16진수 0xA에 해당하는 스위치가 눌렸을 때 0xA의 2진수 값 "1010"을 LED에 출력한다. [코드 3-17]에서는 클럭의 상승 에지에서 입력 값을 읽어서 출력하며, 다음 스위치가 입력될 때까지 출력을 유지한다.

```
16'b0000010000000000 : keyVal = 4'b1010;
  16진수 0xA가 눌리면(조건)          2진수 1010을 LED에 출력
```

이벤트 제어

[코드 3-17]에서 always 블록의 begin~end에 포함된 문장들은 동기 클럭의 상승 에지가 발생했을 때만 눌린 스위치를 읽어, 해당하는 값을 출력에 할당하는 동작을 실행한다.

이벤트Event란 어떤 입력 값에 변화가 있을 때를 의미하며, 이벤트의 종류로는 상승 에지Positive Edge, 하강 에지, 레벨 변화Level Change 등이 있다. 다양한 이벤트가 키워드 or에 의해 조합될 수 있다. 이벤트는 @으로 시작하며, always 블록 문장들에 적용된다. 다음은 이벤트에 의해 트리거Trigger되는 간단한 예이다.

```
always @ ( a or b or c ) begin
              이벤트
  f = a & b & c
end
```

위의 예에서 a, b, c는 비동기식 이벤트 트리거Asynchronous Event Trigger이며, 이 의미는 세 변수 중 어떤 값이 변해도 always 블록 내의 문장들이 실행되어 f 값을 다시 연산하는 것이다. 그러나 동기식 이벤트 트리거에서는 always 블록에서 하나의 변수만 있으며, 이 변수의 값이 바뀌는 것에 동기되어 블록 내의 문장들이 실행된다. 예를 들어 특정한 하나의 값Identifier이 변할 때만 이벤트가 발생하게 할 수 있으며, 이벤트 트리거는 레벨 트리거에 해당한다. 그러나 동기식 트리거는 [코드 3-17]과 같이 클럭의 에지에서 트리거를 발생시키는 것이다. [코드 3-17]에서는 클럭의 상승 에지에서 트리거를 발생시켰는데, 하강 에지에서 트리거를 발생시키려면 posedge를 negedge로 바꾼다.

[표 3-20]은 다양한 이벤트와 조합한 경우의 형식들을 보여준다.

[표 3-20] 이벤트 제어

형식	설명
always @ (identifier) begin ... statements ... end	identifier가 변하면 트리거 발생
always @ (posedge event) begin ... statements ... end	클럭의 상승 에지에서 트리거 발생
always @ (negedge event) begin ... statements ... end	클럭의 하강 에지에서 트리거 발생

always @ (posedge CLOCK or negedge reset) begin
  if (!reset) begin
    ... statements ...
  end else begin
    ... statements ...
  end
end
	비동기식으로 reset의 에지에서 트리거가 발생하거나, 그렇지 않은 경우 클럭의 상승 에지에서 트리거 발생

always @ (posedge CLOCK or posedge event1
          or negedge event2) begin
  if (event1) begin
    ... statements ...
  end else if (!event2) begin
    ... statements ...
  end else begin
    ... statements ...
  end
end
	둘 이상의 비동기식 이벤트가 동기식 클럭 이벤트와 조합해 트리거 발생

case 문의 default

스위치를 인코딩할 때도 case~endcase 문을 사용하면 쉽게 구현할 수 있다. 입력 스위치가 모두 16개이므로 입력은 16비트가 된다. 따라서 모든 입력에 대해 발생할 수 있는 경우의 수는 65,536이지만 2개 이상의 스위치가 눌리는 경우를 제외하면 이 중에서 16가지 경우에 대해서만 인코딩해야 한다. 그러므로 case~endcase 문에서 사용되지 않는 경우에 대해 처리해야 한다. 이럴 때는 다음과 같이 default 처리함으로써 어떤 동작도 일어나지 않도록 한다.

```
default    :;
```

만약 발생할 수 없는 입력에 대해 이같이 처리하지 않으면, 실수 등으로 동시에 2개 이상의 스위치가 입력됐을 때 잘못된 출력이 발생할 수 있다. 스위치 인코딩은 실습 키트에서 실행하면 인코딩된 결과를 4개의 LED에서 확인할 수 있다.

3.4.2 VHDL을 이용한 텍트 스위치 인코딩 설계

[코드 3-18]은 텍트 스위치 값을 인코딩하는 VHDL 코드이다.

코드 3-18 [VHDL\DigitalDesign\SwitchEncoder]

```
1  library IEEE;
2  use IEEE.STD_LOGIC_1164.ALL;
3
4  entity SwitchEncoder is
5    port( clk      : in  std_logic;
6          key      : in  std_logic_vector(15 downto 0);
7          keyVal   : out std_logic_vector(3 downto 0));
8  end SwitchEncoder;
9
10 architecture Behavioral of SwitchEncoder is
11 begin
12   process(clk, key)
13   begin
14     if rising_edge(clk) then
15         case key(15 downto 0) is
16             when "0000000000000001" => keyVal <= "0000";
17             when "0000000000000010" => keyVal <= "0001";
18             when "0000000000000100" => keyVal <= "0010";
19             when "0000000000001000" => keyVal <= "0011";
20             when "0000000000010000" => keyVal <= "0100";
21             when "0000000000100000" => keyVal <= "0101";
22             when "0000000001000000" => keyVal <= "0110";
23             when "0000000010000000" => keyVal <= "0111";
24             when "0000000100000000" => keyVal <= "1000";
25             when "0000001000000000" => keyVal <= "1001";
26             when "0000010000000000" => keyVal <= "1010";
27             when "0000100000000000" => keyVal <= "1011";
28             when "0001000000000000" => keyVal <= "1100";
29             when "0010000000000000" => keyVal <= "1101";
30             when "0100000000000000" => keyVal <= "1110";
31             when "1000000000000000" => keyVal <= "1111";
32             when others => null;
33         end case;
34     end if;
35   end process;
36 end Behavioral;
```

라이브러리 (1–2행)

entity 선언 (4–8행)

process 문 (12행)

case~when 문을 이용하여 눌린 키 값을 LED에 2진수로 출력 (15–33행)

[코드 3-18]은 텍트 스위치가 눌리면 해당 스위치 값을 LED에 출력한다. 예를 들어 case~when 문에서 26행은 16진수 0xA에 해당하는 스위치가 눌렸을 때 0xA의 2진수 값 "1010"을 LED에 출력한다. 클럭의 상승 에지에서 입력 값을 읽어 출력하므로 다음 스위치가 입력될 때까지 출력 값을 유지한다.

```
case key(15 downto 0) is
      ……
   when "0000010000000000" => keyVal <= "1010";
```

동기 클럭 사용 : rising_edge(clk)

하나의 architecture 내에는 여러 개의 process들이 있을 수 있으며, 이러한 process들은 동시에 실행되는 병행 기술문이다. 그러나 하나의 process 문에 포함되는 문장들은 순차적으로 실행되며, 다른 병행문과 같이 architecture의 다른 부분과 함께 동작하기 위해서 입출력 신호를 통해서 값을 주고받는다. process 문 내에서는 외부에서 선언된 signal에 값을 할당할 수 있으며 rising_edge(clk)에 의해서 클럭의 상승 에지에 동기되어 값을 할당한다. 텍트 스위치 인코딩에서는 클럭의 상승 에지에서 눌린 스위치를 검사하고, 해당 스위치 값을 외부에서 선언된 출력 포트 keyVal에 할당한다. 반대로 클럭의 하강 에지에 동기시키기 위해서는 falling_edge(clk)를 사용한다. 또한 다음과 같이 attribute를 사용해도 동일하게 클럭의 상승 에지를 감지해 동기신호로 사용할 수 있다. 여기서 attribute란 signal, variable 또는 데이터 타입에 관한 다양한 정보를 리턴하는 것이다. 이에 대해서는 [부록 B]에 상세하게 설명되어 있다.

```
   if (clk ' event and clk = ‘ 1 ’ ) then
```

이 문장의 경우, 클럭 이벤트가 발생하고 그 값이 ‘1’일 때 ‘true’를 리턴한다.

case 문에서의 when others

스위치를 인코딩할 때도 case~when 문을 사용하면 쉽게 구현할 수 있다. 입력 스위치가 모두 16개이므로 입력은 16비트가 된다. 따라서 모든 입력에 대해 발생할 수 있는 경우의 수는 65,536이지만, 2개 이상의 스위치가 눌리는 경우를 제외하면 이 중에서 16가지 경우에 대해서만 인코딩해야 한다. 그러므로 case~when 문에서 사용되지 않는 경우에 대해서도 처리해야 한다. 이럴 때는 다음과 같이 예약어 null을 사용하여 어떤 동작도 일어나지 않도록 한다.

```
when others => null;
```

만약 발생할 수 없는 입력에 대해 이같이 처리하지 않으면, 실수 등으로 동시에 2개 이상의 스위치가 입력됐을 때 잘못된 출력이 발생할 수 있다. 스위치 인코딩은 DIGCOM 키트에서 실행하면 인코딩된 결과를 4개의 LED에서 확인할 수 있다.

실습과제

3.4 7-세그먼트 FND 디코더 설계

목적 및 배경

이 실습에서 사용하는 하나의 7-세그먼트 FNDFlexible Numeric Display에서는 16진수 두 자리를 출력할 수 있고, 숫자를 출력하는 데이터 단자(A~G, DP)는 두 7-세그먼트가 함께 사용하며 공통 단자를 따로 갖는 공통 음극Common Cathode 타입이다. 따라서 출력할 자리의 공통 단자에 '0' 값을 주고, 출력하려는 16진수에 해당하는 값을 출력하면 한 자리 값이 출력된다.

예를 들어 [그림 3-23]에서 오른쪽 자리에 16진수 "F"를 표시하기 위해서는 ABCDEFG와 연결된 단자에 "1000111" 데이터를 출력하고 공통 단자인 5번에 '0'을 출력한다. 그리고 두 자릿수를 동시에 보려면 공통 단자에 빠른 속도로 '0'을 번갈아서 주고, 출력하고자 하는 데이터를 출력하면 잔상 현상에 의해 바치 두 자릿수가 항상 켜져 있는 것처럼 보인다. 16진수를 저장하기 위한 비트 크기는 4비트이며, 4비트의 값을 FND로 출력하기 위해서는 디코딩 과정이 필요하다. 따라서 이 실습에서는 16비트의 텍트 스위치 입력 값을 4비트 값으로 저장한 후, 한 자리 16진수 FND에 출력하는 한 자릿수 디코더를 설계하고, 다음에 두 자릿수를 교대로 출력하는 디코더를 설계한다.

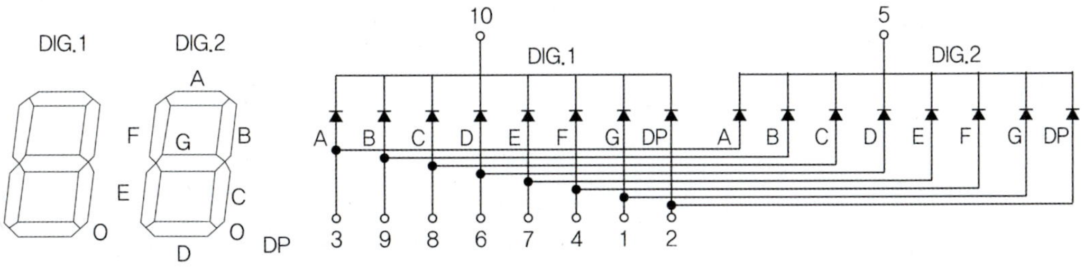

[그림 3-23] 공통 음극 두 자리 7-세그먼트 FND

실습 내용

[그림 3-24]는 DIGCOM 키트에서 7-세그먼트 FND의 연결 상태를 보여준다.

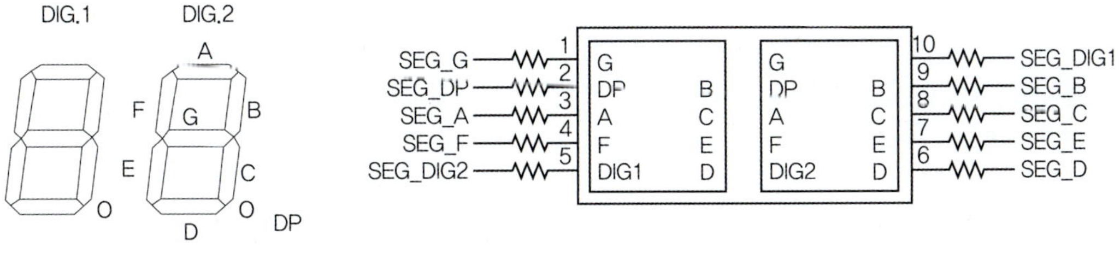

[그림 3-24] 7-세그먼트 FND 연결 회로

7-세그먼트 FND의 각 단자는 저항을 통해 FPGA의 일반 입출력 핀과 연결되어 있다. FND는 10개의 단자를 갖고 있는데, 10번과 5번은 DIG1과 DIG2 공통 단자에 각각 연결되어 있고 나머지 8개 단자는 세그먼트 LED에 각각 연결되어 있다. 따라서 LED에 연결된 단자에 신호가 입력되면 LED가 켜지고 신호가 꺼지면 LED도 꺼지므로, 이 세그먼트 LED들을 조합하면 0x0~0xF의 16진수를 출력할 수 있다.

1. Verilog를 이용한 7-세그먼트 FND 디코더 설계

한 자릿수 출력

앞에서 설계한 스위치 인코더에 7-세그먼트 FND 디코더를 추가하고, 스위치로 입력된 값을 16진수로 FND에 출력되도록 설계한다. 스위치에서 입력된 스위치 값은 4비트의 keyVal에 저장되고, case~endcase 문에서 keyVal에 저장된 값에 따라 FND에 출력할 값을 정한다. 스위치 인코더에 디코딩을 실행하는 case~endcase 문을 추가하고, 다음과 같은 템플릿을 이용한다.

코드 3-19

```
1  -- case FND display
2    case(keyVal)
3                      -- "abcdefg"
4      4'b0000 : FND = 7'b1111110;
5      4'b0001 : FND = 7'b0110000;
6               ...
7               ...
8               ...
9      4'b1111 : FND = 7'b1000111;
10   endcase
```

이 템플릿에서 FND 출력은 클럭의 상승 에지에서 발생하며, 모든 입력이 가질 수 있는 값에 대해 디코딩한다. FND에 출력하기 위해서는 keyVal에 저장된 값을 출력하도록 FND의 LED 세그먼트에 '1'을 출력한다. 앞의 예에서 keyVal에 저장된 값이 "0001"인 경우 FND에 16진수 0x1이 출력되어야 하며, 0x1를 출력하기 위해서는 FND에 "01100000"을 출력한다([코드 3-19]의 5행).

```
4'b0001 : FND = 7'b0110000;
```

이 문장의 결과로 [그림 3-23]에서 B, C 세그먼트 LED만 켜지므로 0x1이 출력된다. 하나의 FND는 두 자리를 표시할 수 있다. 따라서 표시하고자 하는 자리의 선택 신호를 결정해야 한다.

앞의 설계에서 두 자리 중 오른쪽에 표시한다고 가정했을 때 [그림 3-23]의 SEG_DIG2 단자에 enable 신호가 입력되어야 하며, SEG_DIG1 단자에는 디스에이블 Disable 신호가 입력되어야 한다. 따라서 always 블록 밖에 다음과 같이 출력할 자리를 인에이블시키는 신호가 할당되어야 한다.

```
assign FNDSel2 = 1'b1;        // SEG_DIG1에 연결
assign FNDSel1 = 1'b0;        // SEG_DIG2에 연결
```

사용하는 FND는 공통 음극 Common Cathod이므로, 공통 단자에 논리 값 '0'을 입력해야 해당 LED에 불이 켜진다.

두 자릿수 출력

한 자릿수를 출력할 때는 자리 선택 신호를 '0' 또는 '1'로 고정시켜 숫자가 항상 표시되도록 했다. 그러나 두 자리가 항상 표시되는 것처럼 보이려면, 출력할 두 자릿수를 일정한 주기로 번갈아 가면서 출력해야 한다. 즉, 출력할 한 자리 값을 주고 그 자리에 해당하는 자리 선택 신호에 '0'을 입력한다. 그리고 일정한 시간이 지나면 다른 한 자리에 출력할 값을 주고 그 자리에 해당하는 자리 선택 신호에 '0' 값을 입력하는 동작을 반복함으로써 마치 두 자리의 수가 계속 보이는 것처럼 설계해야 한다.

예를 들어 첫 번째 자리와 두 번째 자리에 '1'과 '2'를 각각 출력하려면 먼저 '1'을 출력하기 위해 FND의 A~G에 "0110000"을 입력하고, 첫 번째 자리의 선택 신호인 DIG.1(10번)에 '0'을 입력해야 한다. 그리고 일정 시간이 지난 후 '2'에 해당하는 값 "1101101"을 FND의 A~G에 입력하고 두 번째 자리의 선택 신호인 DIG.2(5)에 '0'을 입력한다. 이 과정을 반복하면 잔상효과에 의해 12가 항상 출력되는 것처럼 보인다. 이번 실습에서는 100Hz의 주기로 두 자릿수를 번갈아 가면서 출력한다.

두 자릿수를 출력하는 실습에서는 8개의 슬라이드 스위치를 입력 장치로 사용한다. 4개의 슬라이드 스위치는 한 자리 16진수를 입력할 수 있으므로, 8개의 스위치로 두 자리 16진수를 입력하고 이 값을 FND에 출력한다.

100Hz 클럭 발생

두 자릿수가 100Hz 주기로 번갈아 출력되어야 하므로 100Hz 클럭을 [코드 3-20]과 같이 발생시킨다. 키트에서는 1MHz 클럭이 제공되므로, 1MHz 클럭을 100Hz로 분주하려면 1MHz 클럭을 10,000 분주해야 한다. 즉 1MHz 클럭 10,000번에 100Hz 클럭이 한 번만 발생되도록 한다. 하나의 클럭은 'low'와 'high' 상태가 반반이므로, integer 변수 m을 선언한 후 입력되는 1MHz 클럭이 5,000번 카운트될 때마다 clk100Hz에 'low'와 'high'를 번갈아 할당함으로써 clk100Hz 신호가 100Hz의 클럭이 되도록 한다.

코드 3-20

```
reg          clk100Hz
integer      m=0;

always @ (posedge (clk)) begin
  if (m >= 4999) begin
    m <= 0;
    clk100Hz <= ~clk100Hz;
  end else
    m <= m+1;
end
```

5,000번 카운트 후 clk100Hz에 반대 값 할당 및 m 초기화

출력할 2진 데이터 저장

[코드 3-21]에서 FNDa와 FNDb는 첫 번째 자리에 출력할 수를 디코드한 데이터와 두 번째 자리에 출력할 수를 디코드한 데이터를 각각 저장한다. 예를 들어 입력 스위치의 a값이 1이면 첫 번째 자리의 FND에 "0110000"이 출력되어야 숫자 1이 나타난다. 따라서 2진수 "0110000"을 FNDa에 저장한다. 이와 같이 모든 입력 a와 b에 대해 디코드된 2진 데이터를 FNDa와 FNDb에 각각 저장한다.

코드 3-21

```
input [3:0]       a, b;

reg [6:0]         FNDa, FNDb;

always @(posedge clk) begin
  case(a)
    4'b0000 : FNDa = 7'b1111110;
    4'b0001 : FNDa = 7'b0110000;
         …
         …
    4'b1110 : FNDa = 7'b1101111;
    4'b1111 : FNDa = 7'b1000111;
  endcase

  case(b)
    4'b0000 : FNDb = 7'b1111110;
    4'b0001 : FNDb = 7'b0110000;
         …
         …
    4'b1110 : FNDb = 7'b1101111;
    4'b1111 : FNDb = 7'b1000111;
  endcase
end
```

a 값에 따라 세그먼트 a 출력 저장

b 값에 따라 세그먼트 b 출력 저장

첫 번째 수와 두 번째 수를 100Hz 주기로 번갈아 출력

출력할 2진 데이터를 저장한 후 [코드 3-22]와 같이 첫 번째 수와 두 번째 수를 100Hz 주기로 번갈아 출력한다.

코드 3-22

```
always @(clk100Hz, FNDa, FNDb)
begin
  if (clk100Hz) begin
    FNDSel1 = 1'b0;
    FNDSel2 = 1'b1;
    FND = FNDb;
  end else begin
    FNDSel1 = 1'b1;
    FNDSel2 = 1'b0;
    FND = FNDa;
  end
end
```

clk100Hz가 '1'이면 10의 자리 출력

clk100Hz가 '0'이면 1의 자리 출력

[코드 3-22]에서 100Hz 클럭의 반은 '1' 상태이고, 나머지 반은 '0' 상태이므로 이 클럭이 '1'일 때는 첫 번째 자리의 수가 표시되도록 하고, '0'일 때는 두 번째 자리의 수가 표시되도록 한다. 100Hz 클럭이 '0'이면 두 번째 자리 선택 신호 FNDSel1에 '0'을 입력하고, FND 출력에 FNDb 데이터를 내보내 두 번째 자리에 불이 켜지게 하며, 클럭이 '1'일 때는 같은 방식으로 첫 번째 자리에 불이 켜지게 한다. 이와 같은 방법으로 100Hz, 즉 0.01초 동안 두 자리가 교대로 한 번씩 출력된다.

2. VHDL을 이용한 7-세그먼트 FND 디코더 설계

한 자릿수 출력

앞에서 설계한 스위치 인코더에 FND 디코더를 추가해 스위치로 입력된 값을 16진수로 FND에 출력되도록 설계한다. 스위치에서 입력된 스위치 값은 signal keyVal에 저장되며, case~when에 의해 keyVal에 저장된 값에 따라 FND에 출력할 값을 정한다. 스위치 인코더에 디코딩을 실행하는 프로세스를 추가하고, 다음과 같은 템플릿을 이용한다.

코드 3-23

```
-- process for 7-segment display
process(clk, keyVal)
begin
  if rising_edge(clk) then
      case keyVal is
                                      -- "abcdefg"
          when "0000" => FND <= "1111110";
          when "0001" => FND <= "0110000";
                        …
                        …
                        …
          when "1111" => FND <= "1000111";
      end case;
  end if;
end process;
```

[코드 3-23]에서 FND 출력은 클럭의 상승 에지에서 발생하며 모든 입력이 가질 수 있는 값에 대해 디코딩한다. FND에 출력하려면 signal keyVal을 정의하고 keyVal에 저장된 값을 출력하도록 FND의 LED에 '1'을 출력한다. 앞의 예에서 keyVal에 저장된 값이 "0001"인 경우 FND에 16진수 0x1이 출력되어야 하며, 0x1을 출력하기 위해서는 FND에 "01100000"을 출력한다.

```
when "0001" => FND <= "0110000";
```

위 코드를 실행하면 [그림 3-23]에서 B, C 세그먼트 LED만 켜지므로 1이 출력된다. 그리고 하나의 FND는 두 자리를 표시하므로 표시하고자 하는 자리의 선택 신호를 결정해야 한다. 앞의 설계에서 두 자리 중 오른쪽에 표시한다고 가정했을 때 [그림 3-23]의 SEG_DIG2 단자에 인에이블 신호가 입력되어야 하며, SEG_DIG1 입력에는 디스에이블 신호가 입력되어야 한다. 따라서 process 블록 밖에 다음과 같이 출력할 자리를 인에이블 시키는 신호가 할당되어야 한다.

```
FNDSel2 <= '1';        -- SEG_DIG1에 연결
FNDSel1 <= '0';        -- SEG_DIG2에 연결
```

사용하는 FND는 공통 음극이므로, 공통 단자에 논리 값 '0'을 입력해야 그 위치에 해당하는 자리에 불이 켜진다.

두 자릿수 출력

한 자릿수를 출력할 때는 자리 선택 신호를 '0' 또는 '1'로 고정시켜 숫자가 항상 표시되도록 했다. 그러나 두 자리가 항상 표시되는 것처럼 보이려면, 출력할 두 자릿수를 일정한 주기로 번갈아 출력해야 한다. 즉, 출력할 한 자리 값을 주고 그 자리에 해당하는 자리 선택 신호에 '0'을 입력한다. 그리고 일정한 시간이 지난 후 다른 한 자리에 출력할 값을 주고 그 자리에 해당하는 자리 선택 신호에 '0'을 입력하는 동작을 반복함으로써 마치 두 자리의 수가 계속 보이는 것처럼 설계해야 한다.

예를 들어 첫 번째 자리와 두 번째 자리에 '1'과 '2'를 각각 출력하려면 먼저 '1'을 출력하기 위해 FND의 A~G에 "0110000"을 입력하고, 첫 번째 자리의 선택 신호인 DIG1(10번)에 '0'을 입력해야 한다. 그리고 일정한 시간이 지난 후 '2'에 해당하는 값 "1101101"을 7-세그먼트 FND의 A~G에 입력하고 두 번째 자리의 선택 신호인 DIG2(5)에 '0'을 입력한다. 이와 같은 과정을 반복하면 잔상효과에 의해 12가 항상 출력되는 것처럼 보인다. 이 실습에서는 100Hz의 주기로 두 자릿수를 번갈아 가면서 출력한다.

두 자릿수를 출력하는 실습에서는 8개의 슬라이드 스위치를 입력 장치로 사용한다. 4개의 슬라이드 스위치는 한 자리 16진수를 입력할 수 있으므로 8개의 스위치로 두 자리 16진수를 입력하고 이 값을 FND에 출력한다. 100Hz의 주기로 두 자리를 표시하기 위해서는 다음과 같은 signal이 필요하다.

```
signal FNDa, FNDb    : std_logic_vector(6 downto 0);
signal clk100Hz      : std_logic;
```

FNDa와 FNDb는 두 자리에 출력할, FND 디코드된 2진 값을 저장하는 signal이다. 즉 FND에 연결된 출력 포트에 주기적으로 FNDa, FNDb에 저장된 데이터를 출력한다. clk100Hz는 두 수를 교대로 출력할 때 사용되는 클럭이다. 이 실습에서는 100Hz 클럭이 사용되므로 0.01초의 반인 0.005초 동안 FNDa의 데이터는 첫 번째 자리에 출력되고, 나머지 0.005초 동안 FNDb의 데이터는 두 번째 자리에 출력된다.

100Hz 클럭 발생

[코드 3-24]는 100Hz 클럭을 발생시키는 부분이다. 키트에서는 1MHz 클럭이 제공되므로, 1MHz 클럭을 100Hz로 분주하려면 1MHz 클럭을 10,000 분주해야 한다. 즉, 1MHz 클럭 10,000번에 100Hz 클럭이 한 번만 발생되도록 한다. 하나의 클럭은 'low'와 'high' 상태가 반반으로 구성되어 있으므로, integer 변수 m을 선언한 후 입력되는 클럭이 5,000번 카운트될 때 clk100Hz에 'low'와 'high'를 번갈아 할당함으로써 clk100Hz 신호가 100Hz의 클럭이 되도록 한다.

코드 3-24

```
  signal clk100Hz     : std_logic;

process(clk)
  variable   m    : integer := 0;
begin
  if rising_edge(clk) then
    if m >= 4999 then
        m := 0;
        clk100Hz <= not clk100Hz;
    else
        m := m + 1;
    end if;
  end if;
end process;
```

5,000번 카운트 후 clk100Hz에 반대 값 할당 및 m 초기화

출력할 2진 데이터 저장

[코드 3-25]에서 FNDa와 FNDb는 첫 번째 자리에 출력할 수를 디코드한 데이터와 두 번째 자리에 출력할 수를 디코드한 데이터를 각각 저장한다. 예를 들어 입력 스위치의 a 값이 1이면 첫 번째 자리의 FND에 "0110000"이 출력되어야 숫자 1이 나타난다. 따라서 2진수 "0110000"을 FNDa에 저장한다. 그리고 모든 입력 a와 b에 대해 디코드된 2진 데이터를 FNDa와 FNDb에 각각 저장한다.

코드 3-25

```
a, b : in std_logic_vector(3 downto 0);

signal FNDa, FNDb : std_logic_vector(3, downto 0);
process(clk, a, b)
begin
  if rising_edge(clk) then
    case a is
        when "0000" => FNDa <= "1111110";
        when "0001" => FNDa <= "0110000";
                                   …
                                   …
        when "1110" => FNDa <= "1101111";
        when "1111" => FNDa <= "1000111";
    end case;

    case b is
        when "0000" => FNDb <= "1111110";
        when "0001" => FNDb <= "0110000";
```

a의 값에 따라 세그먼트 a 출력 저장

b의 값에 따라 세그먼트 b 출력 저장

```
                        …
                        …
        when "1110" => FNDb <= "1101111";
        when "1111" => FNDb <= "1000111";
      end case;
    end if;
end process;
```

b의 값에 따라 세그먼트 b 출력 저장

첫 번째 수와 두 번째 수를 100Hz 주기로 번갈아 출력

출력할 2진 데이터를 저장했으면 첫 번째 수와 두 번째 수를 100Hz의 주기로 번갈아 가면서 출력한다. [코드 3-26]은 그 과정을 나타낸 것이다.

코드 3-26

```
process(clk100Hz, FNDa, FNDb)
begin
  if (clk100Hz = '1') then
    FNDSel1 <= '0';
    FNDSel2 <= '1';
    FND <= FNDb;
  else
    FNDSel1 <= '1';
    FNDSel2 <= '0';
    FND <= FNDa;
  end if;
end process;
```

클럭 값이 1이면 첫 번째 수(10의 자리) 출력

클럭 값이 0이면 두 번째 수(1의 자리) 출력

[코드 3-26]에서 100Hz 클럭의 반은 '1' 상태이고, 나머지 반은 '0' 상태이므로 이 클럭이 '1'일 때는 첫 번째 자리가 표시되도록 하고, '0'일 때는 두 번째 자리가 표시되도록 한다. 100Hz 클럭이 '0'이면 두 번째 자리 선택 신호 FNDSel1에 '0'을 입력하고, FND 출력에 FNDb 데이터를 내보내 두 번째 자리에 불이 켜지게 한다. 그리고 클럭이 '1'일 때는 같은 방식으로 첫 번째 자리에 불이 켜지게 한다. 이와 같은 방법으로 100Hz, 즉 0.01초 동안 두 자리가 교대로 한 번씩 출력된다.

3. 시뮬레이션 및 실행

시뮬레이션

시뮬레이션에서 입력은 16비트 텍트 스위치이며 이 중에서 한 비트만 '1'로 입력했을 때 FND에 어떤 값이 출력되는지 살펴본다. 또한 입력이 case에 해당되지 않을 때 어떻게 동작하는지 관찰한다. 이를 확인하기 위해 동시에 두 비트에 '1'을 입력했을 때 출력이 어떻게 변하는지도 관찰한다.

디바이스 핀 할당과 실행

DIGCOM 키트에서 실행하기 위해 핀 번호를 할당한다. 한 자리의 FND를 출력하는 실험에서는 16진수 한 자리만 입력하면 되므로, 0x0~0xF 텍트 스위치를 입력으로 사용한다. 그러나 두 자리를 출력하는 실험에서는 두 자리의 16진수를 입력해야 하므로 슬라이드 스위치 8개를 입력 장치로 할당한다. 즉, 4개의 슬라이드 스위치는 하나의 16진수를 입력할 수 있으므로 8개의 슬라이드 스위치로는 두 자리의 16진수를 입력할 수 있다. 그리고 출력으로 사용되는 FND를 할당할 때는 출력 신호 FND6~FND0 각 비트를 차례대로 7-세그먼트의 a~g에 연결한다. 그리고 두 자리를 출력할 때는 두 자리 중 출력할 자리를 선택하는 신호 FNDSel1과 FNDSel2를 할당해야 한다. FND의 핀 할당과 다른 입출력 장치의 핀 할당에 대한 내용은 [부록 C]를 참고한다.

실습과제

3.4 설계 실습 결과 보고서

일시		전공		실습 시간	
학번			이름		
제목	**7-세그먼트 FND 디코더 설계**				
실습 목적	하나의 FND는 한 자리의 16진수를 출력할 수 있다. FPGA에서 한 자리의 16진수는 4비트에 저장되며, FND에 출력하려면 디코딩해야 한다. 이 실습에서는 스위치 입력으로 저장된 0x0~0xF 사이의 한 자리 16진수를 한 자리 FND에 출력하고, 8비트의 슬라이드 스위치로 입력된 두 자리 16진수를 출력하기 위해 FND 디코더를 설계한다.				

실습 내용	실습 결과
HDL 설계	1. 스위치 인코더에 FND 디코딩 과정을 Verilog 또는 VHDL로 설계해서 추가하라. FND를 디코딩하는 과정은 case 문을 사용하라. **7-세그먼트 FND 디코더의 Verilog 또는 VHDL 코드** 2. 8개의 슬라이드 스위치로 입력된 두 자리 16진수를 두 자리의 7-세그먼트에 출력되는 FND 디코더를 Verilog 또는 VHDL로 설계하라. 두 자리의 FND 디코더는 case 문을 사용하라. **두 자리 7-세그먼트 FND 디코더의 Verilog 또는 VHDL 코드**

HDL 설계	3. 한 자리의 FND 디코더를 컴파일 및 시뮬레이션하고 시뮬레이션 결과를 캡처해서 넣어라. 시뮬레이션 입력은 16개의 입력 스위치 중 1개의 스위치를 '1'로 했을 때 FND로 출력되는 값을 나타내며, 2개 이상의 스위치가 '1'일 때의 출력을 관찰하라. **한 자리 FND 디코더의 시뮬레이션 결과**
실습 결과 및 토의	

SECTION 3.5 멀티플렉서

멀티플렉서Multiplexer는 많은 입력 정보 중에서 필요한 정보를 선택하여 출력하는 조합논리회로이다. 입력신호 선택은 선택 신호를 이용하며, 2^n 개의 입력 중 하나를 선택하기 위해서는 n개의 선택 신호가 필요하다. [그림 3-25]는 멀티플렉서의 블록도이며, [표 3-21]은 4x1 멀티플렉서의 진리표이다.

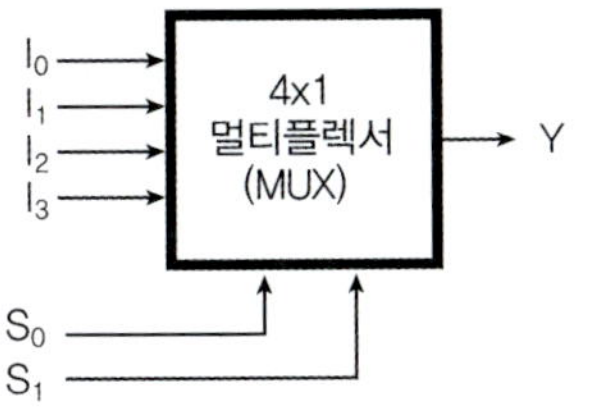

[그림 3-25] 멀티플렉서의 블록도

[표 3-21] 멀티플렉서의 진리표

S_1	S_0	Y
0	0	I_0
0	1	I_1
1	0	I_2
1	1	I_3

[그림 3-25]에서 입력이 4비트이므로 선택 신호는 2비트가 필요하다. 출력은 선택 신호의 값에 따라 4개의 입력 중 하나를 선택해서 출력한다.

3.5.1 Verilog를 이용한 멀티플렉서 설계

4x1 멀티플렉서는 선택 신호에 따라 4개의 입력 중 하나를 선택해서 출력하므로, case 문 또는 if 조건문을 사용하는 것이 편리하다. 다음에는 2가지 조건문을 사용해서 설계하는 방법을 설명한다.

[코드 3-27]은 case 문과 if 문을 이용하여 멀티플렉서를 설계한 Verilog 코드이다.

코드 3-27 (a) case 문을 이용한 설계 [Verilog\DigitalDesign\Multiplexer\UsingCase]

```
module Multiplexer(s, i, y);
  input[1:0]      s;
  input[3:0]      i;
  output          y;

  reg             y;
  always @ (s or i)
  begin : MUX
    case(s)                                    // 4개의 입력 중 하나 출력
        2'b00 : y = i[0];
        2'b01 : y = i[1];
```

```
        2'b10 : y = i[2];
        2'b11 : y = i[3];
    endcase
  end
endmodule
```

코드 3-27 (b) if 문을 이용한 설계 [Verilog\DigitalDesign\Multiplexer\UsingIf]

```
module Multiplexer(s, i, y);
  input[1:0]     s;
  input[3:0]     i;
  output         y;

  reg            y;
  always @ (s or i)
  begin : MUX
    if (s == 2'b00) begin                // 4개의 입력 중 하나 출력
        y = i[0];
    end else if (s == 2'b01) begin
        y = i[1];
    end else if (s == 2'b10) begin
        y = i[2];
    end else begin
        y = i[3];
    end
  end
endmodule
```

이름을 가진 블록

순차 블록Sequential Block은 키워드 begin으로 시작해서 end로 끝나며, 보통 begin과 end는 많은 문장을 그룹화하기 위해 if, case 또는 for 문과 함께 사용된다. 따라서 function 또는 always 블록에서 begin~end로 구분되는 다수의 문장들을 식별하기 위해 '이름을 가진 블록Named Block' 구조를 제공한다.

[코드 3-27]은 case와 if로 구현한 멀티플렉서를 각각 나타낸 것이다. 그리고 각 코드에서는 always 블록에서 begin 다음에 블록 이름을 MUX로 지정해 블록을 식별할 수 있도록 한다. case 문을 사용한 코드에서는 선택 신호가 "00"~"11"로 변하면서 4개의 입력 i[3]~i[0] 중 하나를 y로 출력한다. if 문으로 설계된 경우에도 선택 신호에 따라 4개의 입력 중 하나를 출력한다.

3.5.2 VHDL을 이용한 멀티플렉서 설계

[코드 3-28]은 멀티플렉서를 설계한 VHDL 코드이다.

코드 3-28 [VHDL\DigitalDesign\Multiplexer]

```
library IEEE;
use IEEE.STD_LOGIC_1164.ALL;

entity Mutiplexer is
  port(  s : in std_logic_vector(1 downto 0);
         i : in std_logic_vector(3 downto 0);
         y : out std_logic);
end Mutiplexer;

architecture Behavioral of Mutiplexer is

begin
  y <=   i(0) when s = "00" else
         i(1) when s = "01" else
         i(2) when s = "10" else
         i(3);
end Behavioral;
```

동작 모델링과 병행 기술문

동작 모델링에서는 process를 사용하는 순차 기술문을 사용해 설계할 수 있으며, 이 방법은 디코더를 설계할 때 설명했다. 병행 기술문도 동작 표현에 의해 설계할 수 있는 하나의 방법이며 이를 데이터 흐름 모델링이라고 한다. 데이터 흐름 모델링은 조건에 따른 데이터 흐름의 관점에서 표현하므로, 컴포넌트 사이를 서로 연결해 회로를 표현하는 구조적 모델링Structural Modeling과는 차이가 있다.

병행 기술문에서는 트리거가 발생할 때마다 신호에 값이 할당되며, 신호에 변화가 발생함과 동시에 실행된다. 간단한 병행 기술문은 3.1.3절에서와 같이 입력 신호의 논리적인 조합에 의해 출력 신호를 발생시키며, when~else는 조건에 따라 실행되는 병행 기술문이다. when~else와 case~when은 매우 유사하지만, when~else는 병행 실행문이므로 process 밖에서 사용해야 하며, case~when은 순차 실행문이므로 process 내에서 사용해야 한다.

when~else 문

[코드 3-28]에서는 조건문으로 when~else 문을 사용했다. when~else 문은 진리표 형태의 논리 함수를 표현할 때 편리하다. when~else의 기본적인 형식은 다음과 같다.

```
<signal> <=    <expression> when <Boolean_condition> else
                  실행문                2진 조건
               <expression> when <Boolean_condition> else
                  …
                  …
               <expression>;
```

signal은 가장 처음으로 만족하는 조건에 해당하는 expression을 할당받게 되며, 만약 아무런 조건도 만족하지 못하면 가장 뒤에 나오는 expression을 할당받는다. 그리고 하나 이상의 조건이 만족되면 가장 처음으로 만족하는 값을 할당받는다.

멀티플렉서의 VHDL 코드에서는 선택 신호 s에 따라 4 입력 중 하나를 출력한다. 예를 들어 s="01"이면 y<=i(1)을 출력한다. 이 경우 입력이 2비트이므로 반드시 i(0)~i(3) 중 하나의 입력을 출력한다.

with~select~when 문

when~else 문과 마찬가지로 with~select~when 문도 병행 기술문에 포함된다. with~select~when 문은 다음과 같은 형식을 갖는다.

```
with   <identifier> select
          변수
       <assignment> when <value>;
          할당문          변수 값
       <assignment> when <value>;
          …;
```

with~select~when 문이 사용될 때는 모든 경우의 조건이 테스트되어야 한다. 이와 같이 with~select~when 문을 사용해서 멀티플렉서를 설계하면 다음과 같이 바꿀 수 있다.

```
with s select
  y <=     i(0) when "00",
           i(1) when "01",
           i(2) when "10",
           i(3) when "11";
```

앞쪽 멀티플렉서의 VHDL에서는 when~else 문 또는 with~select~when 문을 사용했지만, 순차 기술문인 case~when 문을 사용해도 동일하게 동작한다.

```
case s is
  when " 00 " => y <= i(0);
  when " 00 " => y <= i(1);
  when " 00 " => y <= i(2);
  when " 00 " => y <= i(3);
end case;
```

이와 같이 멀티플레서를 설계하는 방법은 다양하게 있지만 설계자가 가장 잘 사용할 수 있는 방법으로 설계하는 것이 가장 바람직하다.

3.5.3 시뮬레이션 및 실행

시뮬레이션

[그림 3-26]은 설계된 멀티플렉서의 시뮬레이션 결과이다.

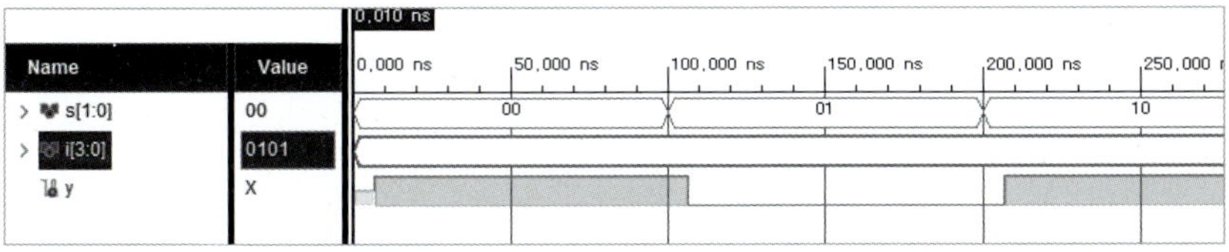

(a) Vivado

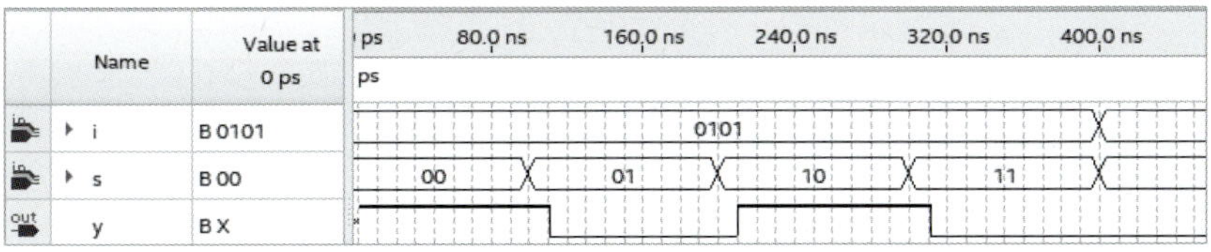

(b) Quartus

[그림 3-26] 멀티플렉서의 시뮬레이션 결과

디바이스 핀 할당과 실행

시뮬레이션 결과에서 입력 'i'의 값은 항상 "0101"이지만, 선택 신호를 "00"~"11"까지 순서대로 변경하면 입력의 각 비트 값이 순서대로 출력되는 것을 확인할 수 있다. 시뮬레이션 결과가 진리표와 동일하면 핀을 할당하고 DIGCOM 키트에 다운로드한 후 실행한다.

실습과제

3.5 디멀티플렉서 설계

목적 및 배경

멀티플렉서는 여러 개의 입력을 받아서 그중 하나를 출력하지만, 디멀티플렉서Demultiplexer는 반대로 하나의 입력을 여러 개의 출력 중 하나로 전송한다. [그림 3-27]은 입력을 4개의 출력 중 하나로 전송하는 디멀티플렉서의 블록도이다. 4개의 출력 중 하나를 선택하려면 선택 신호 2개가 필요하다.

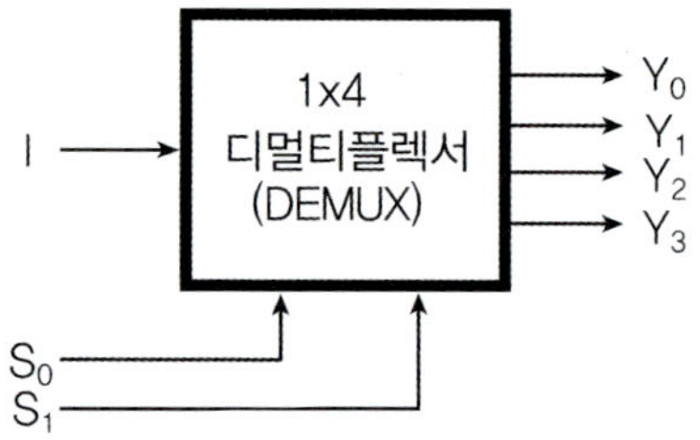

[그림 3-27] 디멀티플렉서의 블록도

실습 내용

[표 3-22]는 디멀티플렉서의 진리표이다. 입력은 1비트이므로 2비트 선택 신호에 의해 선택된 4비트 출력 중 하나의 비트로 입력 I가 출력된다. 예를 들어 선택 신호 S_1S_0="01"일 때 출력 Y[3:0]="00I0"이며, Y1에 출력되는 "I"는 입력 값을 나타낸다. 이 실습에서는 [그림 3-27]의 블록도와 같이 동작하는 디멀티플렉서를 설계하고 그 동작을 이해한다.

[표 3-22] 디멀티플렉서의 진리표

S_1	S_2	Y[3:0]
0	0	"000I"
0	1	"00I0"
1	0	"0I00"
1	1	"I000"

1. Verilog를 이용한 디멀티플렉서 설계

디멀티플렉서는 선택 신호에 따라 하나의 입력을 여러 개의 출력 중 하나로 전송한다. 따라서 멀티플렉서에서 사용했던 if~else 또는 case 문을 사용하면 쉽게 설계할 수 있다. 다음은 if~else 문과 case~endcase 문을 사용해서 설계한 결과이다.

```
  if (s == 2'b00)
    y = {1'bz, 1'bz, 1'bz, i};
  else if        …
                 …
                 …
  else
                 …
```

```
case(s)
  2'b00 : y = {1'bz, 1'bz, 1'bz, i};
  2'b01 :        …
                 …
                 …
endcase
```

if~else 및 case~endcase 형식에서 출력할 경우, 출력의 첫 번째 비트인 y[0]에 입력 'i'를 출력하면 나머지 y[3]~y[1]에는 'z'(High Impedance)를 내보내야 한다. 따라서 Verilog의 concatenation 연산자를 사용해서 {1'bz, 1'bz, 1'bz, i}를 y에 출력한다.

2. VHDL을 이용한 디멀티플렉서 설계

디멀티플렉서는 선택 신호에 따라 하나의 입력을 여러 개의 출력 중 하나로 전송한다. 멀티플렉서에서 사용했던 when~else 또는 with~select~when 형태는 하나의 출력에 여러 개의 입력 중 하나를 선택해서 전송하는 것이므로, 디멀티플렉서를 설계할 때는 if~then~else 문 또는 case~when 문을 이용해야 한다. 설계 방법은 디코더와 인코더 설계 내용을 참고한다. case~when 문을 이용해서 설계한다면 다음과 같은 방법으로 설계할 수 있다.

```
  case s is
    when "00" =>
        y(0) <= i; y(1) <= 'z'; y(2) <= 'z'; y(3) <= 'z';
    when "01" => …
                 …
                 …
  end case;
```

위 방법에서는 선택 신호에서 정해지는 출력으로 입력을 전송하고, 나머지 출력에 대해서는 'z'(High Impedance)를 출력한다. 'z'는 VHDL이 가질 수 있는 하나의 데이터 타입이며, 데이터 타입에 대해서는 [부록 B]를 참고하기 바란다.

3. 시뮬레이션 및 실행

설계된 Verilog, VHDL 코드를 컴파일 및 시뮬레이션한다. 시뮬레이션에서 선택된 출력에만 입력이 전달되며, 나머지 출력에는 'z'(High Impedance)가 출력되는지를 관찰한다. 시뮬레이션 후 핀을 할당하고 실습 키트에 다운로드하여 실행시킨다.

실습과제

3.5 설계 실습 결과 보고서

일시		전공		실습 시간	
학번			이름		
제목	디멀티플렉서 설계				
실습 목적	디멀티플렉서는 하나의 입력을 여러 개의 출력 중 하나로 전송한다. 4x1 디멀티플렉서는 하나의 입력을 4개의 출력 중 하나로 전송하며, 선택된 출력에 입력을 전송할 때 나머지 출력은 그 전에 할당받은 값을 유지한다. 이것은 Verilog 또는 VHDL이 합성되는 과정에서 그 전의 값을 유지하기 위해 래치를 포함시키기 때문이다. 따라서 이번 실습에서는 디멀티플렉서의 동작을 이해하고, Verilog 또는 VHDL이 회로로 합성되는 과정을 이해한다.				
실습 내용	실습 결과				
HDL 설계	1. [그림 3-27]의 블록도에서 [표 3-22]의 진리표와 같이 동작하는 디멀티플렉서를 설계하라. 이때 case~ 형식을 사용하여 설계하라. 디멀티플렉서의 Verilog 또는 VHDL 코드				

HDL 설계	

2. 디멀티플렉서 코드를 컴파일, 시뮬레이션하고 시뮬레이션 결과를 캡처하라.

디멀티플렉서의 시뮬레이션 결과

3. 컴파일된 파일을 DIGCOM 키트에 다운로드하여 실행하고, [표 3-23]에 나타난 순서대로 선택 신호와 입력을 넣었을 때 출력 값을 채워라.

[표 3-23] 디멀티플렉서의 진리표

순서	선택		입력	출력			
	S_1	S_0	i	Y_3	Y_2	Y_1	Y_0
1	0	0	1				
2	0	0	0				
3	0	1	1				
4	0	1	0				
5	1	0	1				
6	1	0	0				
7	1	1	1				
8	1	1	0				

실습 결과 및 토의

SECTION 3.6 크기 비교기

크기 비교기Comparator 회로는 두 수 중에서 한 수가 크고, 같고, 작다는 것을 결정하는 회로이다. 이 회로는 조합논리회로이며 두 수의 크기를 비교해서 결과를 출력한다. 입력 a와 b는 서로 상대적인 크기를 결정하여 a>b, a=b, a<b의 3가지 중 하나를 출력한다.

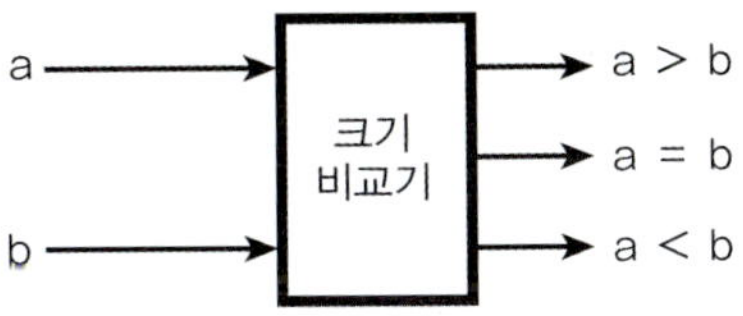

[그림 3-28] 크기 비교기의 블록도

[그림 3-28]의 블록도에서 입력 a와 b는 각각 4비트를 가지며, 출력은 a>b, a=b, a<b의 3가지 경우 중에 한 비트를 출력한다.

3.6.1 Verilog를 이용한 크기 비교기 설계

[코드 3-29]는 크기 비교기를 설계한 Verilog 코드이다.

코드 3-29 [Verilog\DigitalDesign\Comparator]

```
module Comparator(a, b, aLessb, aGreaterb, aEqualb);
  parameter width = 4;
  input [width-1:0]   a, b;
  output   aLessb, aGreaterb, aEqualb;

  reg       aLessb, aGreaterb, aEqualb;

  always @ (a or b)
  begin
    if (a > b) begin
        aLessb <= 1'b0;
        aEqualb <= 1'b0;
        aGreaterb <= 1'b1;
    end else if  (a == b) begin
        aLessb <= 1'b0;
        aEqualb <= 1'b1;
        aGreaterb <= 1'b0;
```

a > b일 때

a = b일 때

```
    end else begin
        aLessb <= 1'b1;
        aEqualb <= 1'b0;
        aGreaterb <= 1'b0;
    end
  end
endmodule
```

a < b일 때

parameter

parameter는 상수Constant를 심볼로 나타냄으로써 코드에서 상수 대신에 parameter 이름을 심볼처럼 사용할 수 있게 한다. parameter에 다른 값을 할당하면 코드에서 사용한 값이 수정된다. parameter는 parameter의 이름과 그 이름에 할당된 값으로 구성된다. 할당되는 값은 정수형 상수 또는 부울 표현 등 어떠한 형태도 가능하다. 다음은 parameter를 사용하는 몇 가지 예이다.

```
parameter add = 2'b00, sub = 3'b111;
          이름   할당된 값
parameter n = 4;
parameter [3:0] param2 = 4'b1010;
```

이 예에서 add와 sub는 각각 2비트와 3비트 상수로 정의된다. 그러나 n은 크기가 정해지지 않은 정수 4로 정의되며, 이러한 경우에 기본값인 32비트의 크기를 갖는다. param2와 같이 4비트 크기로 정의할 수도 있다. [코드 3-29]의 파라미터에서 width는 상수 4로 정의되며 이 값은 입력 a, b의 크기를 4비트로 정의하는 데 사용된다. 그러므로 module에서 a, b의 비트 크기를 변경할 때는 parameter width 값만 다시 정해주면 된다.

관계 연산자

[표 3-24]에 Verilog에서 사용되는 관계 연산자Relational Operators를 정리했다. Verilog에서 사용되는 관계 연산자는 소프트웨어 프로그래밍에서 사용하는 것과 거의 동일하다.

[표 3-24] Verilog의 관계 연산자

연산자	연산	피연산자 데이터 타입	연산 결과
<	작다	모든 데이터 타입	부울형
<=	작거나 같다	모든 데이터 타입	부울형
>	크다	모든 데이터 타입	부울형
>=	크거나 같다	모든 데이터 타입	부울형
==	같다	모든 데이터 타입	부울형
!=	같지 않다	모든 데이터 타입	부울형

[코드 3-29]의 비교기에서는 입력을 2진 논리 값으로 받아서 논리 값을 비교했지만, 피연산자는 어떤 데이터 타입이든 가능하다. [코드 3-29]에서는 if~else 문을 사용해서 두 입력 a와 b에 대해 a>b, a<b, a=b인 경우로 구분하여 해당 신호에 '1' 값을 할당했다.

3.6.2 VHDL을 이용한 크기 비교기 설계

[코드 3-30]은 크기 비교기를 설계한 VHDL 코드이다.

코드 3-30 [VHDL\DigitalDesign\Comparator]

```
package my_package is
  constant ab_width   : integer := 4;
  subtype ab_value is integer range 0 to 2**ab_width-1;
end my_package;

library ieee;
use ieee.std_logic_1164.all;
use work.my_package.all;

entity Comparator is
  port(  a, b                          : in ab_value;
         aLessB, aGreaterb, aEqualb    : out std_logic);
end Comparator;

architecture Behavioral of Comparator is
begin
  process(a, b)
  begin
    if(a > b) then
        aGreaterb <= '1';
        aLessB <= '0';
        aEqualb <= '0';
    elsif (a < b) then
        aGreaterb <= '0';
        aLessB <= '1';
        aEqualb <= '0';
    else
        aGreaterb <= '0';
        aLessB <= '0';
        aEqualb <= '1';
    end if;
  end process;
end Behavioral;
```

package 선언

라이브러리

entity 선언

a > b일 때

a < b일 때

a = b일 때

package와 subtype 선언

package를 선언함으로써 사용자 함수나 사용자 데이터 타입을 선언할 수 있다. VHDL에서는 subtype을 정의할 수 있는데, subtype은 하나의 데이터 타입에서 파생되며 두 타입은 서로 호환된다. 이에 대해 간단한 예를 들어 설명한다.

```
type integer_a is range 0 to 255
      변수명              0~255의 값을 가짐

subtype integer_b is integer_a range 0 to 7
```

integer_b는 integer_a의 subtype으로 정의되었다. 이때 integer_b는 최댓값이 7이므로 8비트 integer_a의 하위 3비트에 정렬될 수 있으며, 두 데이터가 호환된다.

```
package my_package is
         package 이름
  constant ab_width : integer := 4;
   상수 선언
  subtype ab_value is integer range 0 to 2**ab_width-1;
  end my_package;
```

[코드 3-30]에서는 my_package라는 이름으로 package를 선언했다. package 내에서 ab_width는 정수형 상수 4로 초기화되었다. 또한 package 내에 subtype으로 정의된 ab_value는 integer형과 호환되며 수의 범위는 0에서 15(=ab_width4-1) 크기라는 것을 나타낸다. 만약 위에서 ab_value를 subtype 대신 type으로 사용한다면, integer와 상관없이 0에서 15까지의 수를 갖는 새로운 타입을 정의하는 것이므로 integer type과 호환되지 않는다. 즉, 새로운 타입의 ab_value signal과 integer 타입의 signal은 서로 호환되지 않는다.

```
use work.my_package.all;
```

사용자가 선언한 package에서 선언된 데이터 타입 또는 부함수를 사용하려면, [코드 3-30] 라이브러리 선언부에서 "use work.my_package.all"과 같이 사용자가 설계한 work library에서 my_package를 사용한다고 선언해야 한다. 이때 work 라이브러리는 사용자가 정의한 라이브러리를 나타내며, 현재 작업 중인 프로젝트에 자동 저장된다. 이와 같이 라이브러리에 추가하면 package 내에 선언된 ab_value 데이터 타입을 design entity에서 사용할 수 있다. package 예에서 사용된 **는 지수 연산자로, 상세한 설명은 [부록 B]를 참고하기 바란다.

관계 연산자

입력되는 두 수를 비교하려면 관계 연산자를 사용해야 한다. VHDL에서 사용할 수 있는 관계 연산자는 [표 3-25]와 같다. VHDL에서 사용되는 관계 연산자는 소프트웨어 프로그래밍에서 사용되는 것과 매우 유사하다. 비교기에서는 정수형 데이터를 비교했지만, 그 외에도 모든 데이터를 비교할 수 있다. [코드 3-30]에서는 if~then~else 문을 사용해서 두 입력 a와 b에 대해 a > b, a < b, a = b인 경우로 구분한 다음, 해당 신호에 '1' 값을 출력한다.

[표 3-25] VHDL의 관계 연산자

연산자	연산	피연산자 데이터 타입	연산 결과
=	같다	모든 데이터 타입	부울형
/=	같지 않다	모든 데이터 타입	부울형
<	작다	모든 데이터 타입	부울형
<=	작거나 같다	모든 데이터 타입	부울형
>	크다	모든 데이터 타입	부울형
>=	크거나 같다	모든 데이터 타입	부울형

3.6.3 시뮬레이션 및 실행

시뮬레이션

[그림 3-29]는 크기 비교기의 시뮬레이션 결과이다. 이 시뮬레이션 결과에서 두 입력은 100ns와 200ns에서 바뀌며 처음 입력 값은 a(0x4)가 b(0x6)보다 작으므로 신호 aLessB에 '1'이 출력된다. 다음으로 a(0xB)와 b(0xB)가 같을 때와 a(0xA)가 b(0x9)보다 클 때는 aEqualB와 aGreaterB에 각각 '1'이 출력된다.

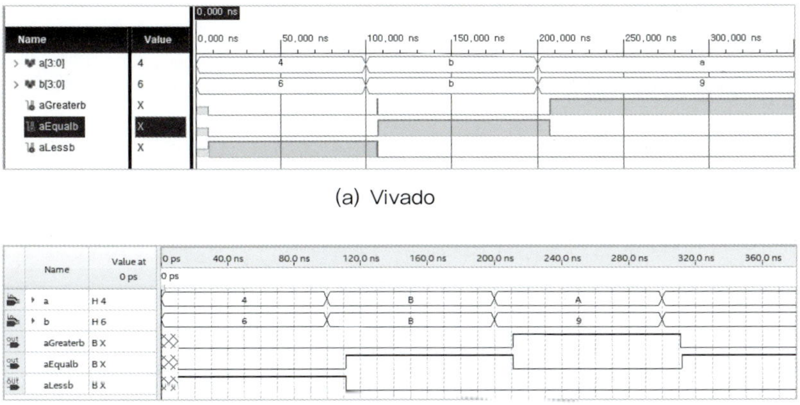

(a) Vivado

(b) Quartus

[그림 3-29] 크기 비교기의 시뮬레이션 결과

디바이스 핀 할당과 실행

시뮬레이션하여 핀을 할당하고 DIGCOM 키트에서 실행시킨 후 시뮬레이션 결과와 비교한다.

실습과제

3.6 수 정렬회로 설계

목적 및 배경

정렬Sorting회로는 두 수를 입력받아 크기를 비교한 후 큰 수를 max FND에, 작은 수를 min FND에 출력한다. 크기 비교기와 유사하게 입력되는 두 수를 비교해서 큰 수와 작은 수로 분류한 다음 출력하는 회로이며, 이번 실습을 통해 Verilog의 parameter와 VHDL의 package 사용 방법에 대해 배워 본다.

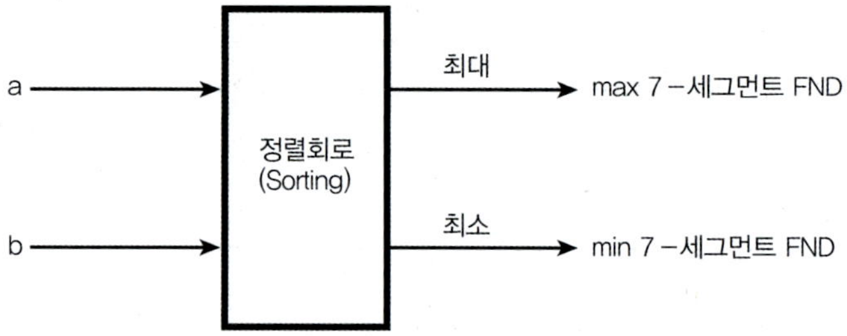

[그림 3-30] 정렬회로의 블록도

실습 내용

수를 정렬하는 것은 입력되는 수를 오름차순 또는 내림차순으로 재배열하는 것이며, 이번 실습에서는 두 입력을 받아 큰 수와 작은 수가 max, min에 출력되는 회로를 설계한다. 각각의 입력은 4개의 슬라이드 스위치를 이용하며, 입력되는 수와 출력되는 수를 쉽게 확인할 수 있도록 FND에서 입력과 출력을 모두 볼 수 있게 한다.

1. Verilog를 이용한 수 정렬회로 설계

새로운 프로젝트를 생성하고 Verilog 코드를 작성한다. 입력과 출력 범위를 정하기 위해 parameter를 이용해서 입력 데이터의 비트 수를 4비트로 정한다. 입력은 4비트이고, 슬라이드 스위치를 두 입력에 각각 할당해 입력된 값이 두 자리의 FND에 출력되도록 한다. 이때 [실습과제 3.4]에서 설명한 것과 같이, 100Hz의 클럭을 이용해서 두 자리의 수가 번갈아 출력되도록 한다.

입력 후 큰 수와 작은 수를 정렬하기 위해, step 스위치를 누르면 크기순으로 정렬된 결과가 또 다른 FND에 출력되도록 한다. 정렬 스위치(ena)를 눌렀을 때 수를 정렬하기 위한 Verilog 코드 형식은 다음과 같다.

```
if (a > b) begin
  (sorting 코드)
end  else begin
  (sorting 코드)
end
```

2. VHDL을 이용한 수 정렬회로 설계

새로운 프로젝트를 만들고 VHDL을 작성한다. 입력과 출력 범위를 정하기 위해, 다음과 같이 package에 입력 데이터의 비트 수와 입력이 가질 수 있는 수의 범위를 정해서 package를 선언한다.

```
package my_package is
  constant input_width  : integer := 4;
  constant output_width : integer := 4;
  subtype input_value is integer range 0 to 2**input_width-1;
  subtype output_value is integer range 0 to 2**output_width-1;
end my_package;
```

이 package에서 input_width는 정수형으로 4비트를 가지며, output_width도 4비트의 정수형을 갖는다고 선언한다. 따라서 입력은 슬라이드 스위치를 4비트씩 할당하며 입력 값이 그대로 FND에 출력된다. 입력 후 큰 수와 작은 수를 정렬하기 위해 ena 스위치를 누르면 크기순으로 정렬된 결과가 FND로 출력된다. ena 스위치를 눌렀을 때 수를 정렬하기 위한 VHDL 코드 형식은 다음과 같다.

```
if ena = '0' then
  sorting …
  sorting …
  sorting …
end if;
```

3. 시뮬레이션 및 실행

시뮬레이션

시뮬레이션 입력에는 a와 b에 각각 0x0에서 0xF까지의 수를 입력할 수 있다. FND 디코드 결과는 시뮬레이션에서 그 값을 알기 어려우므로, DIGCOM 키트에서 실행할 때 확인하거나 FND 디코더 결과와 비교해서 정렬된 값이 나오는지 확인한다.

디바이스 핀 할당과 실행

먼저 입출력 핀 번호를 할당한다. 4비트의 두 입력은 슬라이드 스위치에 할당하고 입력 값을 보기 위해 두 자리의 FND를 할당하며 정렬된 출력은 다른 두 자리의 FND에 할당한다. 입력 값과 출력 값은 순서가 그대로 출력되거나 바뀌어 출력되어야 한다. 핀 번호를 할당한 후 다시 컴파일하고, DIGCOM 키트에 다운로드하여 실행한다.

실습과제

3.6 설계 실습 결과 보고서

일시		전공		실습 시간	
학번			이름		
제목	수 정렬회로 설계				
실습 목적	정렬은 입력되는 수의 순서를 오름차순 또는 내림차순으로 바꾸는 것이다. 이번 실습에서는 입력되는 두 수를 큰 수와 작은 수로 정렬하며, 정렬된 결과는 FND로 출력된다.				

실습 내용	실습 결과
HDL 설계	1. [그림 3-30]의 블록도와 같이, 4비트 크기의 두 입력을 받아서 큰 수와 작은 수로 정렬하는 회로를 설계하라. 정렬 결과 큰 수는 max에, 작은 수는 min에 저장된다. 두 수가 입력됨과 동시에 입력 값이 FND에 출력되고, 텍트 스위치를 누르면 이 스위치에 할당된 ena 신호로 정렬되며 결과가 FND에 출력된다. 따라서 입력 값과 정렬된 출력 값을 동시에 확인할 수 있도록 한다. 아래에 Verilog 또는 VHDL로 설계한 코드를 나타내라. **수 정렬회로의 Verilog 또는 VHDL 코드**

HDL 설계	2. 설계된 코드를 컴파일하고 시뮬레이션하라. 시뮬레이션 결과에는 입력된 수가 디코딩되어 FND에 출력되고, ena 신호를 입력했을 때 두 수의 크기에 따라 정렬되는 것이 나타나야 한다. **수 정렬회로의 시뮬레이션 결과** 3. 코드를 컴파일한 후 DIGCOM 키트에 다운로드하여 실행하고, 시뮬레이션과 같은 결과가 맞게 나오는지 확인하라.
실습 결과 및 토의	

CHAPTER
03 연습문제

3.1 기본 논리 게이트

1. 다음 그림과 같은 회로에 대해 답하라.

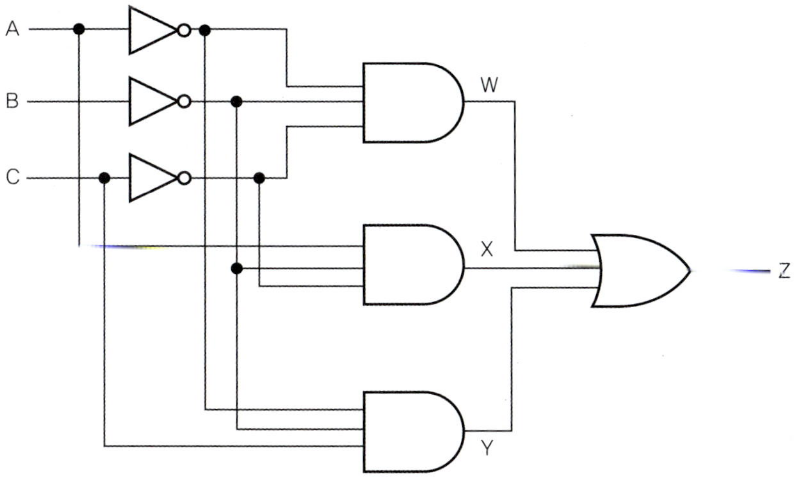

(a) 다음 지점의 논리식을 표현하라.

- W =
- X =
- Y =
- Z =

(b) 다음의 진리표를 작성하라.

A	B	C	W	X	Y	Z
0	0	0				
0	0	1				
0	1	0				
0	1	1				
1	0	0				
1	0	1				
1	1	0				
1	1	1				

(c) (a)에서 세운 논리식을 이용해 회로를 Verilog 또는 VHDL로 표현하라.

2. 다음 회로에 대한 논리식을 세우고, 진리표를 작성한 후 Verilog 또는 VHDL로 표현하라.

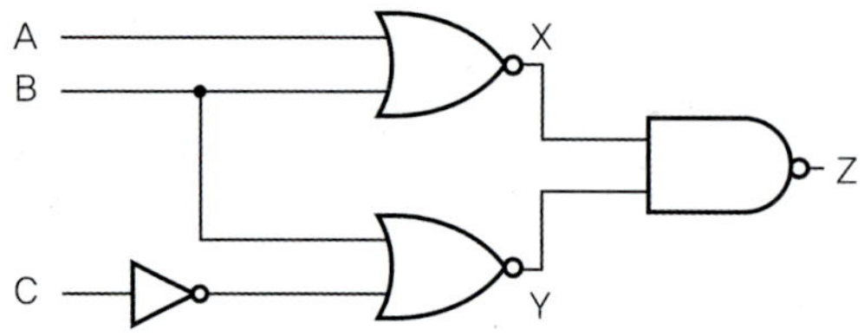

3. 다음과 같은 논리식에 대해 답하라.

$$F(A, B, C) = A' \cdot B' \cdot C + A \cdot B' \cdot C' + A \cdot B' \cdot C + A \cdot B \cdot C'$$

(a) 문제에 주어진 논리식에 대한 진리표를 작성하라.

A	B	C	F
0	0	0	
0	0	1	
0	1	0	
0	1	1	
1	0	0	
1	0	1	
1	1	0	
1	1	1	

(b) 카르노 맵을 이용해 문제에 주어진 논리식을 간소화하라.

A \ BC	00	01	11	10
0				
1				

• F(A, B, C) =

(c) (b)에서 간소화한 논리식을 Verilog 또는 VHDL로 표현하라.

4. 다음 논리식에 대해 진리표를 작성하고 카르노 맵을 이용해 간소화된 논리식을 세운 후, 간소화된 논리식을 Verilog 또는 VHDL로 표현하라.

$$F(A, B, C) = A' \cdot B' \cdot C + A' \cdot B \cdot C + A \cdot B \cdot C + A \cdot B' \cdot C$$

5. 다음 그림은 [연습문제 3.1]의 기본 논리 게이트 회로를 시뮬레이션한 결과 중 일부이다. 입력 a, b는 160ns에서 입력 신호 값이 바뀌지만, 약 11ns가 지난 후에는 시뮬레이션 결과가 바뀐다. 그 이유를 설명하라.

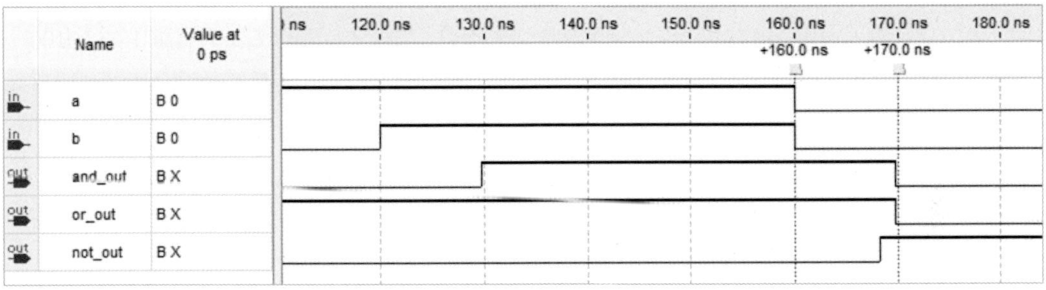

3.2 전가산기

6. Exclusive–OR 연산은 두 입력에서 두 값이 서로 다를 때 '1'을 출력한다. 즉 $x⊕y=x' \cdot y+x \cdot y'$의 관계가 성립한다. 그러나 입력이 3개 이상일 때는 '1'의 개수가 홀수일 때 '1'을 출력한다. 즉, 다음과 같은 관계가 성립한다.

$$\begin{aligned} x \oplus y \oplus z &= x' \cdot (y \oplus z) + x \cdot (y \oplus z)' \\ &= x' \cdot (y' \cdot z + y \cdot z') + x \cdot (y' \cdot z + y \cdot z)' \\ &= x' \cdot y' \cdot z + x' \cdot y \cdot z' + x \cdot (y \cdot z + y' \cdot z') \\ &= x' \cdot y' \cdot z + x' \cdot y \cdot z' + x \cdot y' \cdot z' + x \cdot y \cdot z \end{aligned}$$

이와 같은 관계를 이용해 전가산기의 덧셈 결과 논리식을 Exclusive–OR로 나타내고, 이를 이용해 전가산기를 Verilog 또는 VHDL로 설계하라.

7. 전감산기에 대해 뺄셈 결과의 논리식을 XOR로 나타내고, 이를 이용해 전감산기를 Verilog 또는 VHDL로 설계하라.

8. 전가산기를 나타낸 Verilog 코드인 [코드 3-7], VHDL 코드인 [코드 3-11]을 if~else(Verilog) 또는 if~then~elsif~end if(VHDL) 문을 이용해서 다시 설계하라.

9. [실습과제 3.2]에서 if~else(Verilog) 또는 if~then~elsif~end if(VHDL) 문으로 설계된 전감산기를 case 문을 이용하여 다시 설계하라.

10. 다음 표는 Gray Code를 나타낸 것이다. Gray Code란 숫자를 표기하는 2진 표기법 중 하나이며, 연속된 2개의 수에 대한 표시가 하나의 숫자 위치에서만 다른 표기법이다. 즉, 10진수 6을 Gray Code에서는 "0101"로 표시하며, 10진수 7은 "0100"으로 표시한다. 그리고 Gray Code의 "0101"과 "0100" 사이에는 가장 하위의 한 비트만 '1'에서 '0'으로 변한다. Gray Code에서 4비트 Gray Code가 4비트 2진수로 변환되는 회로를, case 문을 활용해 Verilog 또는 VHDL로 설계하라.

Gray Code	코드 값(10진수)	Gray Code	코드 값(10진수)
0000	0	1100	8
0001	1	1101	9
0011	2	1111	10
0010	3	1110	11
0110	4	1010	12
0111	5	1011	13
0101	6	1001	14
0100	7	1000	15

3.3 디코더

11. 디코더의 입력 비트가 다음 표와 같을 때 필요한 출력은 몇 비트인가?

입력 비트	출력 비트
4	
5	
6	
n	

12. BCD-to-Decimal 디코더는 BCD Binary Coded Decimal 입력을 10진수 중의 하나로 출력하는 회로이다. 입력은 4비트이지만 입력 중에서 0xA~0xF는 사용되지 않고, 출력은 10비트로 각 비트는 0~ 9의 값을 갖는다. 다음 순서에 의해 BCD-to-Decimal 회로를 Verilog 또는 VHDL로 설계하라.

(a) BCD-to-Decimal의 진리표를 작성하라.

A	B	C	D	Y0	Y1	Y2	Y3	Y4	Y5	Y6	Y7	Y8	Y0
0	0	0	0										
0	0	0	1										
0	0	1	0										
0	0	1	1										
0	1	0	0										
0	1	0	1										
0	1	1	0										
0	1	1	1										
1	0	0	0										
1	0	0	1										
"1010" ~ "1111"													

(b) if~else 문 또는 case 문을 이용해서 BCD-to-Decimal을 설계하라. 이때 사용되지 않는 입력은 모두 '0'을 출력한다.

13. 우선순위를 사용하지 않는 8 x 3 인코더에서 8비트의 입력 중 한 비트만 '1'이 되어야 하는데 잘못 입력하여 d0~d7에 "00101000"을 입력했다. 이때 어떤 값이 출력되는가?

14. 인코더에 우선순위를 두는 이유는 무엇인가?

15. Verilog 코드인 [코드 3-14]와 VHDL 코드인 [코드 3-16]의 입력 x가 다음과 같을 때 출력 D는 각각 얼마인가?

입력(x)	출력(D)
"001"	
"010"	
"101"	
"110"	

16. Decimal-to-BCD 우선순위 인코더는 10비트 입력을 받아서 BCD를 출력한다. 10비트의 입력은 각각 0~9의 값을 가지며 반드시 한 비트만 '1'(또는 '0')이 되어야 한다. 출력은 '1'(또는 '0')에 해당하는 비트의 값을 BCD로 나타낸 것이다. 다음 과정에 의해 Decimal-to-BCD를 Verilog 또는 VHDL로 설계하라.

(a) Decimal-to-BCD의 진리표를 작성하라.

입력										출력				
d0	d1	d2	d3	d4	d5	d6	d7	d8	d9	O3	O2	O1	O0	V
0	0	0	0	0	0	0	0	0	0	x	x	x	x	0
1	0	0	0	0	0	0	0	0	0	0	0	0	0	1
x	1	0	0	0	0	0	0	0	0	0	0	0	1	1

(b) if 문 또는 case 문을 이용해 Decimal-to-BCD를 설계하라.

3.4 입출력 장치 실습(스위치 인코딩)

17. 기계적인 스위치에서 채터링Chattering과 디바운스Debounce에 대해 설명하라.

18. [실습과제 3.4]의 FND 디코더에서는 공통 음극Common-Cathode FND가 사용된다. 즉 a~g의 각 LED에 불이 들어오게 하려면 각 단자에 '1'을 입력하고, 공통 단자에 '0'을 입력해야 한다. 반대로 공통 양극Common-Anode FND에서 각 LED에 불이 켜지게 하려면 각 단자에 '0'을 출력하고 공통 단자에 '1'을 출력해야 한다. 사용되는 FND가 공통 양극 타입이라고 가정했을 때, 실습과제에서 설계한 FND 디코더를 수정하라.

19. Verilog [코드 3-17]에서 posedge clk는 어떤 기능을 하는지 설명하라.

20. Verilog [코드 3-17]에서 스위치는 모두 16비트이므로 65,536가지 경우가 있을 수 있지만, 이 가운데 16가지 경우만 입력으로 사용된다. 2개의 스위치가 동시에 눌리면 case에서 "default"로 처리된다. 이때 "default"에 의해 어떻게 동작하는지 설명하라.

21. VHDL [코드 3-18]에서 rising_edge(clk)는 어떤 기능을 제공하는 함수인지 설명하라.

22. VHDL [코드 3-18]에서 스위치는 모두 16비트이므로 65,536가지 경우가 있을 수 있지만, 이 가운데 16가지 경우만 입력으로 사용된다. 2개의 스위치가 동시에 눌리면 "null"이 리턴된다. 이때 "null"에 의해 어떻게 동작하는지 설명하라.

3.5 멀티플렉서

23. 멀티플렉서와 디멀티플렉서가 사용되는 예를 설명하라.

24. 4x1 멀티플렉서는 4개의 입력에서 하나를 선택해야 하므로 2개의 선택 신호가 사용된다. 입력 개수가 아래의 표와 같을 때, 멀티플렉서에서 하나의 입력을 선택하여 출력 신호로 내보내기 위해 필요한 선택 신호의 비트 수는 얼마인가?

입력 비트	선택 신호 비트 수
4	
6	
8	
10	

25. case 문 또는 if~else 문을 이용해서 8x1 멀티플렉서를 Verilog나 VHDL로 설계하라.

26. case 문을 이용해서 1x8 디멀티플렉서를 Verilog나 VHDL로 설계하라.

27. **Verilog** 다음 코드는 1x4 디멀티플렉서를 구현한 Verilog 코드의 일부를 나타낸 것이다. 이 코드에서 출력 '1'bz'는 무엇을 의미하는가?

```
case(s)
  2'b00 : y = {1'bz, 1'bz, 1'bz, i};
  2'b01 : y = …
```

28. **VHDL** 다음 코드는 1x4 디멀티플렉서를 구현한 VHDL 코드의 일부를 나타낸 것이다. 이 코드에서 출력 'z'는 무엇을 의미하는가?

```
case s is
  when "00" =>
      y(0) <= i; y(1) <= 'z';  y(2) <= 'z';  y(3) <= 'z';
when "01" => …
```

3.6 크기 비교기

29. 관계 연산자의 피연산자는 모든 데이터 타입이 될 수 있다. 연산 결과는 어떤 데이터 타입인가?

30. **Verilog** 다음은 Verilog에서 parameter를 사용한 예이다. 이 parameter에서 선언된 상수 k, m, l은 각각 몇 비트인가?

```
parameter k=5'b10011
parameter m=10;
parameter [4:0] l=5'b10001
```

31. **Verilog** Verilog에서 parameter를 사용할 때의 장점은 무엇인가?

32. **Verilog** 다음 Verilog 연산자는 각각 어떤 연산을 하는지, 또 어떤 결과를 출력하는지 설명하라.

(a) "<="

(b) "=="

(c) "!="

33. Verilog STD_LOGIC이 가질 수 있는 논리 값은 'X', '0', '1', 'Z', 'W', 'L', 'H', '–'로 8가지다. 다음과 같이 subtype을 정의했을 때 my_logic이 가질 수 있는 논리 값은 무엇인가?

```
subtype    my_logic is std_logic range '0' to 'z';
```

34. VHDL 다음과 같이 subtype을 정의했을 때 각각의 할당 연산이 성립하는지 또는 성립하지 않는지 나타내고 그 이유를 설명하라.

```
subtype    my_logic is std_logic range '0' to 'z';
signal a : bit;
signal b : std_logic;
signal c : my_logic.
```

(a) b <= a;

(b) b <= c;

35. VHDL 다음과 같이 subtype을 정의했을 때 signal x와 y가 가질 수 있는 수의 범위는 각각 얼마인가?

```
constant x_width    : integer := 4;
constant y_width    : integer := 6;
subtype x_value is integer range 0 to 2**x-1;
subtype y_value is integer range 0 to 2**y-1;
…
signal x    : x_value;
signal y    : y_value;
```

36. VHDL [코드 3-30]에서 package를 사용하지 않고, entity에서 a와 b를 다음과 같이 unsigned로 선언했을 때의 입력을 conversion 함수를 이용해 integer로 변환한 후, 두 수를 비교하는 코드를 작성하라.

```
entity Comparator is
  port(    a, b                       : in unsigned(3 downto 0);
        aLessB, aBiggerb, aEqualb  : out std_logic);
end Comparator;
```

CHAPTER

04

조합논리회로 설계 (2)

이 장에서는 3장에 이어 Verilog와 VHDL 언어를 사용해 조합논리회로를 설계하는 과정을 설명한다. 조합논리회로에는 다양한 종류가 있는데, 3장에서는 기본적인 조합논리회로를 설계하는 내용을 다뤘으며, 이 장에서는 앞에서 설명한 논리회로 외에 좀 더 다양한 형태의 논리회로에 대해 학습한다.

CONTENTS

SECTION
4.1 n비트 가산/감산기

3.2절에서 전가산기와 전감산기를 Schematic과 Verilog, VHDL로 각각 설계했다. 그러나 앞에서 설계한 내용은 한 비트에 대한 설계이며, 실제로 가산/감산기는 한 비트 이상의 입력에 대한 연산이 이루어져야 한다. 지금부터 다수의 비트 입력을 가진 가산/감산기를 Schematic으로 설계했을 때와 Verilog 및 VHDL을 사용해 설계했을 때의 차이를 설명하도록 하겠다.

4.1.1 n비트 가산/감산기의 Schematic 설계

Verilog 또는 VHDL로 설계할 때는 비트 수를 n으로 하고 parameter로 n 값을 정할 수 있지만, Schematic으로 설계할 때는 비트 수가 고정되며, 이 실습에서는 4비트 가산/감산기를 설계한다.

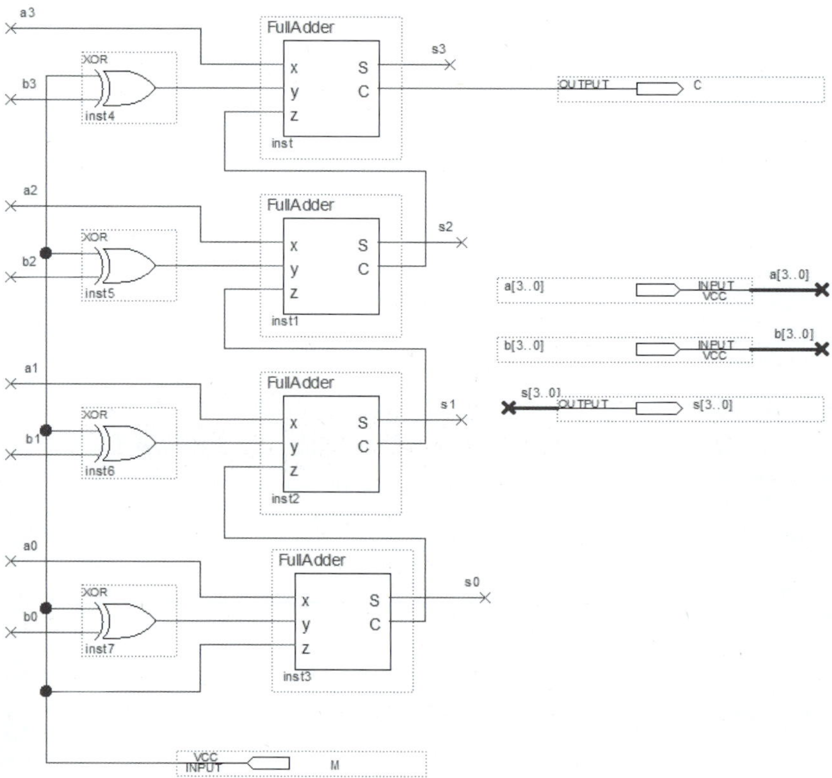

[그림 4-1] 4비트 가산/감산기의 Schematic 설계

이 회로는 앞서 설계한 전가산기 4개를 Schematic 심볼로 생성한 후 이를 이용해서 다시 설계한다. 이 회로의 기본적인 구성은 4비트 입력 a와 b가 피연산자이고, 입력 M이 '0'이면 가산기 동작을 실행하며 '1'이면 감산기 동작을 실행한다.

가산기와 감산기는 조합논리회로에서 가장 기본이 되는 회로지만, 뺄셈 동작에서 음수 결과가 나올 때를 고려하면 단순하지 않다. 이번 실습에서는 여러 가지 비트 입력을 가진 가산/감산기를 Schematic과 HDL로 각각 설계하고 그 특징에 대해 살펴본다. [그림 4-1]은 Quartus를 이용해서 4비트 가산/감산기를 Schematic으로 설계한 것이다.

이 회로에서 FullAdder는 Schematic 심볼로 생성된 것이다. 이와 같이 심볼을 이용해 설계하는 방법은 2.2.5절에 설명되어 있다.

[그림 4-1]에서 회로가 가산기로 동작하려면 M에 '0'을 입력한다. M이 '0'이면 전가산기의 yi에는 입력 bi와 M의 exclusive-OR된 결과가 입력되며, bi와 '0'의 exclusive-OR는 항상 bi가 되므로 각 전가산기의 결과로 ai와 bi를 더한 것이 Si에 출력된다. 또한 제일 낮은 자리의 carry에는 M의 값 '0'이 입력되며, ai와 bi를 더해서 carry가 발생하면 한 자리 위의 carry 입력인 z_{i+1}로 입력되어 ai, bi와 함께 더해지므로, 2개의 4비트 입력 a와 b에 대한 전가산기 결과가 출력된다.

M이 '1'이면 bi와 '1'의 exclusive-OR는 항상 bi에 대한 1의 보수가 되므로 yi에는 항상 bi에 대한 1의 보수가 입력된다. 또 가장 낮은 자리의 carry에는 M의 값 '1'이 입력되므로 회로의 출력은 a+((b의 1의 보수)+'1')이 된다. 그런데 (b의 1의 보수+'1')은 b의 2의 보수이므로, a+(b'+1)=a-b이다. 즉 전감산기와 같이 동작한다. 예를 들어 a="0110", b="1010"을 입력하고 M에 '1'을 입력하면, 전가산기의 y에는 b의 2의 보수인 "0110"이 입력되고, 결과는 "1100"이 된다. 이 결과는 6에서 10을 뺀 결과 -4를 2의 보수로 나타낸 2진 값이다.

시뮬레이션 결과

[그림 4-2]는 4비트 가산/감산기의 시뮬레이션 결과이다. 이 시뮬레이션 결과는 100ns 간격으로 입력을 변화시켜 가며 덧셈 또는 뺄셈을 계산한 것이다. [표 4-1]은 [그림 4-2]의 시뮬레이션 결과를 정리해서 나타낸 것이다.

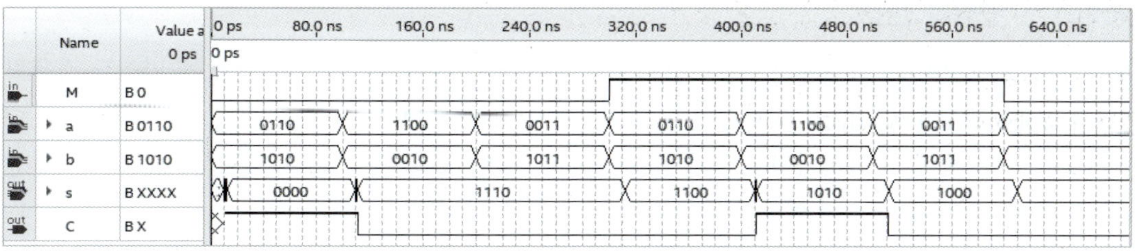

[그림 4-2] 4비트 가산/감산기의 시뮬레이션 결과(Quartus)

[표 4-1] 4비트 가산/감산기 입력에 대한 출력 결과

M	a	b	s	C
'0'	"0110"	"1010"	"0000"	'1'
	"1100"	"0010"	"1110"	'0'
	"0011"	"1011"	"1110"	'0'
'1'	"0110"	"1010"	"1100"	'0'
	"1100"	"0010"	"1010"	'1'
	"0011"	"1011"	"1000"	'0'

[표 4-1]에서 가산기로 동작할 때 각각의 2진수 연산을 10진수로 나타내면 다음과 같다.

"0110" + "1010" = "10000" $\Rightarrow 6_{(10)} + 10_{(10)} = 16_{(10)}$
"1100" + "0010" = "01110" $\Rightarrow 12_{(10)} + 2_{(10)} = 14_{(10)}$
"0011" + "1011" = "01110" $\Rightarrow 3_{(10)} + 11_{(10)} = 14_{(10)}$

감산기로 동작할 경우, 빼는 수의 2의 보수를 취해서 더해야 한다. 따라서 각 연산을 2의 보수를 취해서 계산하면 다음과 같다.

"0110" - "1010" = "0110" + ("1010"의 2의 보수) = "0110" + "0110" = "01100"
"1100" - "0010" = "1100" + ("0010"의 2의 보수) = "1100" + "1110" = "11010"
"0011" - "1011" = "0011" + ("1011"의 2의 보수) = "0011" + "0101" = "01000"

첫 번째 연산을 10진수로 나타내면 6−10=−4이다. 2진 연산 결과는 "1100"이고 캐리가 없으므로 이런 경우에는 (−) 부호를 붙인 후 연산 결과의 2의 보수를 취한다. 따라서 "1100"의 2의 보수는 "0100"이며 10진수로 나타내면 −4가 된다. 두 번째 연산을 10진수로 표시하면 12−2=10이다. 2진 연산 결과에는 캐리가 발생하며 "1010"이므로, 캐리를 무시한 나머지 값 10이 연산 결과이다. 마지막 연산에서도 결과가 음수이므로 "1000"의 2의 보수를 취하면 "1000"이 되고 연산 결과는 −8이 된다.

디바이스 핀 할당과 실행

실습 키트에는 슬라이드 스위치가 8개 있으므로 4비트 가산/감산기의 입력 a와 b는 슬라이드 스위치에 각각 4개씩 할당하고, 가산 또는 감산을 결정하는 입력 M은 M0 슬라이드 스위치에 할당한다. 즉 슬라이드 스위치에 '1'이 입력되면 감산기 역할을 하고, '0'이 입력되면 가산기 역할을 한다. 출력은 연산 결과 s와 캐리 C를 LED에 할당한다. 이를 [표 4-2]에 정리했다.

[표 4-2] 신호 이름과 할당된 입출력 장치

신호 이름	입출력	장치 종류
M	입력	Mode 스위치 M0(슬라이드 스위치)
a3~a0	입력	슬라이드 스위치
b3~b0	입력	슬라이드 스위치
s3~s0	출력	LED
C	출력	LED

4.1.2 Verilog를 이용한 n비트 가산/감산기 설계

Verilog로 설계하면 비트 수를 n으로 하고, parameter로 n 값을 정할 수 있다. 가산회로는 부호를 고려하지 않아도 되므로 크게 문제될 것이 없지만, 감산회로의 경우에는 부호를 고려해야 한다. [코드 4-1]은 n비트 가산/감산기를 Verilog로 설계한 코드이다. 이 코드에서는 연산 결과를 LED로 출력하며, 이후에 추가로 FND를 출력하기 위한 기능을 구현하는 코드를 차례로 설명한다.

코드 4-1 [Verilog\DigitalDesign\nBitAddSub1]

```
module nBitAddSub1(a, b, m, sum);
  parameter width = 4;
  input [width-1:0]  a, b;
  input              m;
  output [width+1:0]  sum;

  reg [width+1:0]     sum;

  always @(a or b or m)
  begin
    if (m == 1'b0)
        sum = a+b;
    else
        sum = a-b;
  end
endmodule
```

m이 0이면 가산기 동작

m이 0이 아니면 감산기 동작

n비트 가산/감산기에서는 4비트 연산을 위해 parameter를 사용하여 width 상수를 4로 선언했다. 따라서 입력 a, b의 크기는 4비트이며, 0~15(=2^4-1)까지의 값을 갖는다. m에 '0'을 입력해서 가산기로 동작할 때는 Schematic으로 설계할 때와 같은 결과가 나온다. 그러나 뺄셈할 때는 음수 결과가 나올 수 있으며 Schematic과 다른 결과를 보여준다. Verilog 산술 연산자를 사용해서 연산했을 때, 감산 결과의 가장 상위 비트는 부호 비트Sign Bit로 동작하며, 이 비트가 '0'이면 결과가 양수이며, '1'이면 음수를 나타내고 결과는 2의 보수형태로 출력된다. Schematic으로 설계했을 때 a와 b에 각각 같은 값을 입력하고 감산기로 동작시키면(m='1'), 결과는 [표 4-3]과 같다.

[표 4-3] 4비트 가산/감산기 입력에 대한 출력 결과

m	a	b	s
'1'	"0110"	"1010"	"11100"
	"1100"	"0010"	"01010"
	"0011"	"1011"	"11000"

[표 4-3]에서 첫 번째 연산을 10진수로 나타내면 6-10=-4이며, 2진 연산 결과는 "11100"이다. 따라서 최상위 비트가 '1'이므로 결과가 음수라는 것을 알 수 있으며, 부호 비트를 제외한 나머지 비트 "1100"에 대해 2의 보수를 취하면 10진수 -4라는 결과가 나온다는 것을 알 수 있다. 두 번째 연산을 10진수로 표시하면 12-2=10이다. 2진 연산 결과는 "01010"이므로 결과가 양수이며, 부호 비트를 제외한 나머지 비트 "1010"은 10진수 연산 결과와 동일한 것을 알 수 있다. 마지막 연산에서도 결과가 음수이므로 "1000"의 2의 보수를 취하면 "1000"이 되며, 연산 결과는 10진수로 -8이 된다.

FND에 연산 결과 출력

LED 대신 FND를 출력 장치로 사용하면 더 편리하게 결과를 확인할 수 있다. FND에 출력하기 위해서는 연산 결과를 FND 디코딩하는 부분이 추가되어야 한다. 가산/감산 결과를 FND에 출력시키는 전체 코드는 [Verilog\DigitalDesign\nBitAddSub2] 프로젝트에 포함되어 있다.

FND에 두 자릿수를 출력하는 방법은 [실습과제 3.4]에 상세히 설명되어 있으므로 참고하기 바란다. FND에 두 자릿수를 100Hz 주기로 번갈아 출력하기 위해서는 가산/감산기에 클럭을 분주하는 부분과 출력할 데이터를 생성하는 부분, 그리고 FND에 출력하는 부분을 추가해야 한다. 따라서 추가되는 입출력 포트와 레지스터는 다음과 같다.

- clk : 키트에서 사용하는 1MHz 클럭 입력
- FND2 : 연산 결과 부호 출력
- FND1 : 연산 결과 값 출력
- FND2Sel, FND1Sel : 각 FND에서 출력할 자리 선택
- ai, bi : 정수형 연산을 위해 입력한 값을 정수형으로 저장
- hex1, hex0 : 연산 결과 출력할 두 자리 16진수 저장
- sign : 연산 결과 부호 저장
- FND1Val2, FND1Val1 : 출력할 두 자리 16진수의 FND 디코딩 값 저장
- clk100MHz : 입력되는 1MHz 클럭을 분주한 100Hz 신호
- result : 연산 결과를 저장하기 위한 5비트 레지스터

```
module nBitAddSub2(clk, a, b, m, FND2, FND1, FND2Sel, FND1Sel);

    ...
  input                clk;

    ...

  output [6:0]         FND2, FND1;
  output [1:0]         FND2Sel;
  output [1:0]         FND1Sel;

  reg [6:0]            FND2, FND1;
  reg [1:0]            FND1Sel;

  integer              ai=0, bi=0;
  integer              hex1=0, hex2=0;
  reg                  sign;

  reg [6:0]            FND1Val2, FND1Val1;
  reg                  clk100Hz;

  integer              result;
```

1 1MHz 클럭을 100Hz 클럭으로 분주

[코드 4-2]는 입력되는 1MHz 클럭을 100Hz 클럭으로 분주하는 코드이다. 1MHz 클럭을 100Hz로 분주하려면 1MHz 클럭을 10,000 분주해야 한다. 즉, 1MHz 클럭 10,000번에 100Hz 클럭이 한 번만 발생되도록 한다. 하나의 클럭은 'low'와 'high' 상태가 반반으로 구성되어 있어 integer 변수 k를 선언한 후 입력되는 클럭을 5,000번 카운트한 다음, clk100Hz에 반대되는 신호를 할당하고 k의 초기화 동작을 반복함으로써 clk100Hz 신호가 100Hz의 클럭이 되도록 한다.

코드 4-2 [Verilog\DigitalDesign\nBitAddSub2]

```
integer      k = 0;

always @ (posedge (clk)) begin
  if (k >= 4999) begin
    k <= 0;
    clk100Hz <= ~clk100Hz;
  end else
    k <= k+1;
end
```

2 가산/감산 결과를 두 자리로 분리

[코드 4-3]은 가산/감산 결과를 result에 저장하고 결과를 출력하기 위해 두 자리로 분리하는 과정을 나타낸다. 가장 먼저 입력한 값을 정수형으로 연산 처리하기 위해, 선언된 integer형 변수 ai와 bi에 입력 a와 b를 각각 할당한다. 그 다음에 입력 m에 따라 가산과 감산 연산이 결정되면 연산된 결과가 result에 저장된다. 연산 결과 result의 값이 음수면 sign에 '1'을 할당하고 양수면 '0'을 할당한다. 4비트 두 수의 연산 결과 범위는 −15~30이므로 결과를 두 자리 FND에 출력해야 한다. 따라서 두 자리의 수로 분리하기 위해 나누기 연산자 '/'와 나머지 연산자 '%'를 사용한다. 양수일 때 결과 result를 16으로 나눈 몫은 hex2에 저장하고, result를 16으로 나눈 나머지는 hex1에 저장한다. 음수인 경우에도 부호만 달라지며, 출력할 값은 같은 방법으로 처리한다. 결과적으로 sign에는 연산 결과에 따라 음수일 경우 '1'을 저장하고 양수일 경우 '0'을 저장하며, hex2와 hex1에는 출력할 두 자리 16진수를 각각 저장한다.

코드 4-3 [Verilog\DigitalDesign\nBitAddSub2]

```
always @(a or b or m or result)
begin
  ai = a;
  bi = b;
  if (m == 1'b0)
    result = ai+bi;
  else
    result = ai-bi;

  if (result < 0) begin
    sign = 1'b1;
    hex2 = -result / 16;
    hex1 = -result % 16;
  end else begin
    sign = 1'b0;
    hex2 = result / 16;
    hex1 = result % 16;
  end
end
```

m이 0이면 가산기 동작

m이 0이 아니면 감산기 동작

연산 결과가 음수일 때의 출력

연산 결과가 양수일 때의 출력

3 디코딩한 결과 저장

[코드 4-4]는 두 자리로 분리된 연산 결과를 FND에 출력하기 위해 디코딩 결과를 저장하는 부분이다. 예를 들어 연산 결과가 16진수 0x1A라면 숫자가 출력되는 FND(FND1)의 첫 번째 자리에는 1이 출력되고, 두 번째 자리에는 A가 출력되어야 한다. 따라서 FND1Val2에는 1을 출력하기 위해 FND를 디코딩한 값 "0110000"을 저장하고, FND1Val1에는 A를 디코딩한 값 "1111101"을 저장한다([그림 3-24] 참고).

코드 4-4 [Verilog\DigitalDesign\nBitAddSub2]

```
always @(hex2 or hex1)
begin
  case(hex2)
    0 : FND1Val2 = 7'b1111110;
    1 : FND1Val2 = 7'b0110000;
    2 : FND1Val2 = 7'b1101101;
    3 : FND1Val2 = 7'b1111001;
    4 : FND1Val2 = 7'b0110011;
    5 : FND1Val2 = 7'b1011011;
    6 : FND1Val2 = 7'b1011111;
    7 : FND1Val2 = 7'b1110000;
    8 : FND1Val2 = 7'b1111111;
    9 : FND1Val2 = 7'b1110011;
    10 : FND1Val2 = 7'b1111101;
    11 : FND1Val2 = 7'b0011111;
    12 : FND1Val2 = 7'b0001101;
    13 : FND1Val2 = 7'b0111101;
    14 : FND1Val2 = 7'b1101111;
    15 : FND1Val2 = 7'b1000111;
    default : FND1Val2 = 7'b0000000;
  endcase
  case(hex1)
    0 : FND1Val1 = 7'b1111110;
    1 : FND1Val1 = 7'b0110000;
    2 : FND1Val1 = 7'b1101101;
    3 : FND1Val1 = 7'b1111001;
    4 : FND1Val1 = 7'b0110011;
    5 : FND1Val1 = 7'b1011011;
    6 : FND1Val1 = 7'b1011111;
    7 : FND1Val1 = 7'b1110000;
    8 : FND1Val1 = 7'b1111111;
    9 : FND1Val1 = 7'b1110011;
    10 : FND1Val1 = 7'b1111101;
    11 : FND1Val1 = 7'b0011111;
    12 : FND1Val1 = 7'b0001101;
    13 : FND1Val1 = 7'b0111101;
    14 : FND1Val1 = 7'b1101111;
    15 : FND1Val1 = 7'b1000111;
    default : FND1Val1 = 7'b0000000;
  endcase
end
```

첫 번째 자리 출력 (case(hex2) ~ endcase)

두 번째 자리 출력 (case(hex1) ~ endcase)

4 부호 출력

[코드 4-5]는 부호를 출력하는 부분이다. 부호를 출력하는 FND(FND2)의 두 번째 자리에 출력되며 결과가 음수면 가운데 '–'가 출력된다. 따라서 자리를 선택하는 공통 단자 FND2Sel[1]에는 '1'을 할당하고 FND2Sel[0]에는 '0'을 할당함으로써 항상 두 번째 자리만 출력되도록 한다. 그리고 연산 결과가 음수면 FND 가운데에 '–'가 출력되도록 "0000001"을 출력하고, 양수일 때는 "0000000"을 출력해서 아무것도 표시되지 않도록 한다.

코드 4-5 [Verilog\DigitalDesign\nBitAddSub2]

```
assign FND2Sel[1] = 1'b1;
assign FND2Sel[0] = 1'b0;

always @(sign)
begin
  if (sign == 1'b1)
    FND2 = 7'b0000001;
  else
    FND2 = 7'b0000000;
end
```

음수면 (-) 부호 출력

양수면 아무것도 출력하지 않음

5 두 숫자를 교대로 출력

[코드 4-6]은 FND1Val1과 FND1Val2 레지스터에 저장된 디코딩 값을 100Hz 주기로 번갈아 출력하는 부분이다. clk100Hz는 클럭 주기가 0.01초이므로 0.005초 동안은 'high' 상태이고 나머지 0.005초 동안은 'low' 상태이다. 따라서 'high' 상태에서는 FND1Sel[0]에 '0'을 할당하고 FND1Val1에 저장된 값을 출력 포트 FND1에 출력해서 16진수의 두 번째 자리가 FND1의 두 번째 자리에 출력되도록 한다. 그리고 'low' 상태에서는 FND1Sel[1]에 '0'을 출력하고 FND1Val2에 저장된 값을 출력 포트 FND1에 출력해서 16진수의 첫 번째 자리가 FND1의 첫 번째 자리에 출력되도록 한다. 즉, 0.005초 간격으로 두 수가 교대로 출력되게 한다.

코드 4-6 [Verilog\DigitalDesign\nBitAddSub2]

```
always @(clk100Hz, FND1Val2, FND1Val1)
begin
  if (clk100Hz) begin
    FND1Sel[0] = 1'b0;
    FND1Sel[1] = 1'b1;
    FND1 = FND1Val1;
  end else begin
    FND1Sel[0] = 1'b1;
    FND1Sel[1] = 1'b0;
    FND1 = FND1Val2;
  end
end
```

'high'일 때 두 번째 자리 출력

'high'가 아닐 때 첫 번째 자리 출력

4.1.3 VHDL을 이용한 n비트 가산/감산기 설계

지금부터는 앞서 설명했던 일반적인 비트 수를 가진 n비트 가산/감산기 회로를 VHDL로 설계하는 과정을 설명한다. 가산회로는 부호를 고려하지 않아도 되므로 크게 문제될 것이 없지만 감산회로의 경우에는 부호를 고려해야 한다. [코드 4-7]은 n비트 가산/감산기를 VHDL로 설계한 코드이다. 이 코드에서는 연산 결과를 LED로 출력하며, 이후에 추가로 FND로 출력하기 위한 기능을 구현하는 코드를 차례로 설명한다.

코드 4-7 [VHDL\DigitalDesign\nBitAddSub2]

```
1   library ieee;
2   use ieee.std_logic_1164.all;                              라이브러리
3
4   package my_package is
5     constant width : integer:=4;                            package 선언
6   end my_package;
7
8   library ieee;
9   use ieee.std_logic_1164.all;
10  use ieee.std_logic_arith.all;                             라이브러리
11  use work.my_package.all;
12
13  entity nBitAddSub1 is
14    port(  a, b     : in integer range 0 to 2**width-1;
15           m        : in std_logic;
16           sum      : out std_logic_vector(width+1 downto 0));
17  end nBitAddSub1;
18
19  architecture Behavioral of nBitAddSub1 is
20  begin
21    process(m, a, b)
22    begin
23      if (m = '0') then
24           sum <= conv_std_logic_vector(a+b, width+2);
25      else
26           sum <= conv_std_logic_vector(a-b, width+2);
27      end if;
28    end process;.
29  end Behavioral;
```

package 선언

앞에서 이미 package 선언에 대해 설명했다. [코드 4-7]의 package 내에 데이터 비트(=width)를 4로 정의했기 때문에, 입력 a와 b의 범위는 0~15(=2^4−1)의 크기를 갖는다는 것을 나타낸다([코드 4-7]의 4~6행).

```
package my_package is
  constant width         : integer:=4;
end my_package;
```

n비트 가산/감산기에서의 데이터 처리

다른 예에 있던 design entity에서 입출력은 모두 std_logic 또는 std_logic_vector 타입이었다. 하지만 [코드 4-7]에서의 a, b 입력은 integer 타입으로 4비트씩이며, package에서 'width=4'로 정의했으므로 0~15의 범위를 갖는다([코드 4-7]의 13~17행).

```
entity nBitAddSub1 is
  port(   a, b          : in integer range 0 to 2**width-1;
          m             : in std_logic;
          sum           : out std_logic_vector(width+1 downto 0));
end nBitAddSub1;
```

[코드 4-7]에서 모드를 선택하는 m이 '0'이면 가산기로 동작하며, '1'이면 감산기로 동작한다. 가산/감산 연산은 정수 연산이므로 연산 결과는 정수형이며, std_logic_vector로 정의된 sum에 출력하려면 변환함수(conv_std_logic_vector)를 이용해 5비트 논리 값으로 변환해야 한다.

4비트 수 2개를 더했을 때(가산 동작)의 결과가 최대 5비트이지만 뺄셈의 결과가 음수일 경우에 가장 상위 비트는 부호 비트[Sign Bit]로 동작하며, 이 비트가 '0'이면 결과가 양수이며, '1'이면 음수를 나타내고 결과는 2의 보수형태로 출력된다. Schematic으로 설계했을 때 a와 b에 각각 같은 값을 입력하고 감산기로 동작시키면(m='1') 결과는 [표 4-4]와 같다.

[표 4-4] 4비트 가산/감산기 입력에 대한 출력 결과

m	a	b	s
'1'	"0110"	"1010"	"11100"
	"1100"	"0010"	"01010"
	"0011"	"1011"	"11000"

[표 4-4]에서 첫 번째 연산을 10진수로 나타내면 6−10=−4이며, 2진 연산 결과는 "11100"이다. 따라서 가장 상위 비트가 '1'이므로 결과가 음수라는 것을 알 수 있으며, 부호 비트를 제외한 나머지 비트 "1100"에 대한 2의 보수를 취하면 10진수 −4라는 결과가 나온다는 것을 알 수 있다. 두 번째 연산을 10진수로 표시하면 12−2=10이다. 2진 연산 결과는 "01010"이므로 결과가 양수라는 것을 알 수 있고, 부호 비트를 제외한 나머지 비트 "1010"은 10진수 연산 결과와 동일하다는 것을 알 수 있다. 마지막 연산에서도 결과가 음수이므로 "1000"의 2의 보수를 취하면 "1000"이 되며 연산 결과는 10진수로 -8이 된다.

FND에 연산 결과 출력

LED 대신 FND를 출력 장치로 사용하면 더 편리하게 결과를 확인할 수 있다. FND에 출력하기 위해서는 연산 결과를 FND 디코딩하는 부분이 추가되어야 한다. 가산/감산 결과를 FND에 출력시키는 전체 코드는 [VHDL\DigitalDesign\nBitAddSub2] 프로젝트에 포함되어 있다.

FND에 두 자릿수를 출력하는 방법은 [실습과제 3.4]에 상세히 설명되어 있으므로 참고하기 바란다. FND에 두 자릿수를 100Hz의 주기로 번갈아 출력하기 위해서는 가산/감산기에 클럭을 분주하는 부분과 출력할 데이터를 생성하는 부분, 그리고 FND에 출력하는 부분을 추가해야 한다. 따라서 추가되는 입출력 포트와 레지스터는 다음과 같다.

- clk : 키트에서 사용하는 1MHz 클럭 입력
- FND1 : 연산 결과 값 출력
- FND2 : 연산 결과 부호 출력
- FND2Sel, FND1Sel : 각 FND에서 출력할 자리 선택

```
entity nBitAddSub2 is
  port(    clk              : in std_logic;
           …
           FND1, FND2       : out std_logic_vector(6 downto 0);
           FND2Sel, FND1Sel : out std_logic_vector(1 downto 0));
end nBitAddSub2;
```

연산 결과를 FND에 출력하기 위해 [코드 4-7]의 입출력 포트 외에 다음과 같은 signal과 variable이 선언되었다.

- hex2, hex1 : 연산 결과 출력할 두 자리 16진수 저장
- sign : 연산 결과 부호 저장
- FND1Val2, FND1Val1 : 출력할 두 자리 16진수의 FND 디코딩 값 저장
- clk100MHz : 입력되는 1MHz 클럭을 분주한 100Hz 신호
- result : 연산 결과를 저장하기 위한 variable

1 가산/감산 결과를 두 자리로 분리

[코드 4-8]은 가산/감산 결과를 result에 저장하고 결과를 출력하기 위해 두 자리로 분리하는 과정을 나타낸다. 입력 m에 따라 가산/감산 연산이 결정되면 연산 결과가 result에 저장된다. 연산 결과 result의 값이 음수면 sign에 '1'을 할당하고, 양수면 '0'을 할당한다. 4비트 두 수의 연산 결과 범위는 −15~30이므로 결과 두 자리를 FND에 출력해야 한다. 따라서 두 자릿수로 분리하기 위해 나누기 연산자 '/'와 나머지 연산자 'mod'를 사용한다.

양수일 때 결과 result를 16으로 나눈 몫은 hex2에 저장하고, result를 16으로 나눈 나머지는 hex1에 저장한다. 음수인 경우에도 부호만 달라지며 출력할 값은 같은 방법으로 처리한다. 결과적으로 sign에는 연산 결과에 따라 음수이면 '1'을 저장하고 양수이면 '0'을 저장하며, hex2와 hex1에는 출력할 두 자리 16진수를 각각 저장한다. VHDL의 연산자는 [부록 B]에 정리했다.

코드 4-8 [VHDL\DigitalDesign\nBitAddSub2]

```
architecture Behavioral of nBitAddSub2 is
  signal clk100Hz              : std_logic;
  signal sign                  : std_logic;
  signal FND1Val2, FND1Val1    : std_logic_vector(6 downto 0);
  signal hex2, hex1            : integer range 0 to 15;

begin
  process(m, a, b)
    variable result       : result_value;
  begin
    if (m = '0') then result := a + b;
    else result := a - b;
    end if;

    if (result < 0) then
        sign <= '1';
        hex2 <= -result / 16;
        hex1 <= -result mod 16;
    else
        sign <= '0';
        hex2 <= result / 16;
        hex1 <= result mod 16;
    end if;
  end process;
end Behavioral;
```

(11~13행) m 값에 따라 가산인지 감산인지 결정

(15~18행) 연산 결과가 음수일 때의 출력

(19~23행) 연산 결과가 양수일 때의 출력

VHDL에서는 고정되지 않는 데이터 값으로 signal과 variable을 사용한다. signal은 architecture와 begin 사이에 선언되는 전역 데이터이며, VHDL 코드 내에서 어디서나 사용할 수 있다. 그러나 variable은 로컬Local 데이터이므로 해당 순차코드 내(예를 들면 process)에서만 사용되며 다른 영역에서는 직접 사용할 수 없다. signal과 variable에는 분명한 차이가 있으나 어떤 것을 사용해야 하는지는 명확하게 구분되지 않으므로 상황에 맞춰 선택해야 한다. [표 4-5]에 두 데이터 타입의 차이점을 나타냈다.

[표 4-5] signal과 variable 비교

구분	signal	variable
할당	<=	:=
용도	회로 연결 표시	로컬 데이터 표시
범위	전역(Global), 전 코드에서 사용 가능	선언된 구역에서만 사용 가능
동작	사용된 구역(process 단위)의 실행이 종료될 때 새로운 데이터로 변경	새로운 값이 할당되면 즉시 반영
사용	package, entity 또는 architecture 내에서 사용하며, 모든 포트는 signal임.	순차코드 내에서만 사용

2 1MHz 클럭을 100Hz 클럭으로 분주

[코드 4-9]는 입력되는 1MHz 클럭을 100Hz 클럭으로 분주하는 코드이다. 1MHz 클럭을 100Hz로 분주하려면 1MHz 클럭을 10,000 분주해야 한다. 즉, 1MHz 클럭 10,000번에 100Hz 클럭이 한 번만 발생되도록 한다. 하나의 클럭은 'low'와 'high' 상태가 반반으로 구성되어 있으므로, integer 변수 m을 선언한 후 입력되는 클럭을 5,000번 카운트한 다음 clk100Hz에 반대되는 신호를 할당하고 m의 초기화 동작을 반복함으로써 clk100Hz 신호가 100Hz의 클럭이 되도록 한다.

코드 4-9 [VHDL\DigitalDesign\nBitAddSub2]

```
process(clk)
  variable m : integer := 0;
begin
  if rising_edge(clk) then
    if m >= 4999 then
       m := 0;
       clk100Hz <= not clk100Hz;
    else
       m := m + 1;
    end if;
  end if;
end process;
```

3 디코딩 결과 저장

[코드 4-10]은 두 자리로 분리된 연산 결과를 FND에 출력하기 위해 디코딩 결과를 저장하는 부분이다. 예를 들어 연산 결과가 16진수 0x1A라면 숫자가 출력되는 FND(FND1)의 첫 번째 자리에는 1이 출력되고, 두 번째 자리에는 A가 출력되어야 한다. 따라서 FND1Val2에는 1을 출력하기 위해 FND를 디코딩한 값 "0110000"을 저장하고, FND1Val1에는 A를 디코딩한 값 "1111101"을 저장한다([그림 3-23] 참고).

코드 4-10 [VHDL\DigitalDesign\nBitAddSub2]

```
process(hex2, hex1)
begin
  case hex2 is
                          -- "abcdefg-"
    when 0   => FND1Val2 <= "1111110";
    when 1   => FND1Val2 <= "0110000";
    when 2   => FND1Val2 <= "1101101";
    when 3   => FND1Val2 <= "1111001;
    when 4   => FND1Val2 <= "0110011";
    when 5   => FND1Val2 <= "1011011";
    when 6   => FND1Val2 <= "1011111";
    when 7   => FND1Val2 <= "1110000";
    when 8   => FND1Val2 <= "1111111";
    when 9   => FND1Val2 <= "1110011";
    when 10  => FND1Val2 <= "1111101";
    when 11  => FND1Val2 <= "0011111";
    when 12  => FND1Val2 <= "0001101";
    when 13  => FND1Val2 <= "0111101";
    when 14  => FND1Val2 <= "1101111";
    when 15  => FND1Val2 <= "1000111";
  end case;

  case hex1 is
                          -- "abcdefg-"
    when 0   => FND1Val1 <= "1111110";
    when 1   => FND1Val1 <= "0110000";
    when 2   => FND1Val1 <= "1101101";
    when 3   => FND1Val1 <= "1111001";
    when 4   => FND1Val1 <= "0110011";
    when 5   => FND1Val1 <= "1011011";
    when 6   => FND1Val1 <= "1011111";
    when 7   => FND1Val1 <= "1110000";
    when 8   => FND1Val1 <= "1111111";
    when 9   => FND1Val1 <= "1110011";
    when 10  => FND1Val1 <= "1111101";
    when 11  => FND1Val1 <= "0011111";
    when 12  => FND1Val1 <= "0001101";
    when 13  => FND1Val1 <= "0111101";
    when 14  => FND1Val1 <= "1101111";
    when 15  => FND1Val1 <= "1000111";
  end case;
end process;
```

첫 번째 자리 출력 (case hex2)

두 번째 자리 출력 (case hex1)

4 부호 출력

[코드 4-11]은 부호를 출력하는 부분이다. 부호를 출력하는 FND(FND2)의 두 번째 자리에 출력되며 결과가 음수면 가운데에 '-'가 출력된다. 따라서 자리를 선택하는 공통 단자 FND2Sel(1)에는 '1'을 할당하고 FND2Sel(0)에는 '0'을 할당해서 항상 두 번째 자리만 출력되도록 한다. 연산 결과가 음수면 FND 가운데에 '-'가 출력되도록 "0000001"을 출력하고, 양수면 "0000000"을 출력함으로써 아무것도 표시되지 않도록 한다.

코드 4-11 [VHDL\DigitalDesign\nBitAddSub2]

```
FND2Sel(1) <= '1';
FND2Sel(0) <= '0';

process(sign)
begin
  if (sign = '1') then
    FND2 <= "0000001";
  else
    FND2 <= "0000000";
  end if;
end process;
```

음수면 (-) 부호 출력

양수면 아무것도 출력하지 않음

5 두 숫자를 교대로 출력

[코드 4-12]는 FND1Val1과 FND1Val2 레지스터에 저장된 디코딩 값을 100Hz 주기로 번갈아 출력하는 부분이다.

코드 4-12 [VHDL\DigitalDesign\nBitAddSub2]

```
process(clk100Hz, FND1Val2, FND1Val1)
begin
  if (clk100Hz = '1') then
    FND1Sel(0) <= '0';
    FND1Sel(1) <= '1';
    FND1 <= FND1Val1;
  else
    FND1Sel(0) <= '1';
    FND1Sel(1) <= '0';
    FND1 <= FND1Val2;
  end if;
end process;
```

'high'일 때 두 번째 자리 출력

'high'가 아닐 때 첫 번째 자리 출력

clk100Hz는 클럭 주기가 0.01초이므로 0.005초 동안은 'high' 상태이고 나머지 0.005초 동안은 'low' 상태이다. 따라서 'high' 상태에서는 FND1Sel(0)에 '0'을 할당하고 FND1Val1에 저장된 값을 출력 포트 FND1에 출력해서 16진수의 두 번째 자리가 FND1의 두 번째 자리에 출력되도록 한다. 그리고 'low' 상태에서는 FND1Sel(1)에 '0'을 출력하고 FND1Val2에 저장된 값을 출력 포트 FND1에 출력함으로써 16진수의 첫 번째 자리가 FND1의 첫 번째 자리에 출력되도록 한다. 이 과정은 0.005초 간격으로 두 수가 교대로 출력되도록 한다.

4.1.4 시뮬레이션 및 실행

여기에서는 결과를 FND에 출력하지 않고 비트 벡터(sum[4:0])로 출력할 때의 시뮬레이션 결과를 보여준다([코드 4-1], [코드 4-7]). [그림 4-3]은 [표 4-3]의 입력에 대한 시뮬레이션 결과이다. 앞에서 Schematic으로 설계했을 때는 덧셈 결과가 4비트였고 캐리가 출력으로 나왔기 때문에 시뮬레이션에서 부호까지 고려해 결과를 확인하기 어려웠으나 Verilog, VHDL로 설계했을 때는 시뮬레이션 출력의 radix를 signed decimal로 설정하면 정확한 값을 확인할 수 있다. 설정할 입출력 신호를 선택하고 마우스 오른쪽 버튼을 누른 후 radix를 선택하여 설정한다.

[그림 4-3]의 시뮬레이션 결과에서 출력 sum은 부호까지 고려했을 때 [표 4-1]의 결과와 일치한다는 것을 알 수 있다. 이와 같이 Verilog, VHDL로 산술 연산을 실행할 때는 부호를 고려하지 않고 연산 결과가 가질 수 있는 수의 범위만 지정할 경우 정확한 결과를 얻을 수 있다.

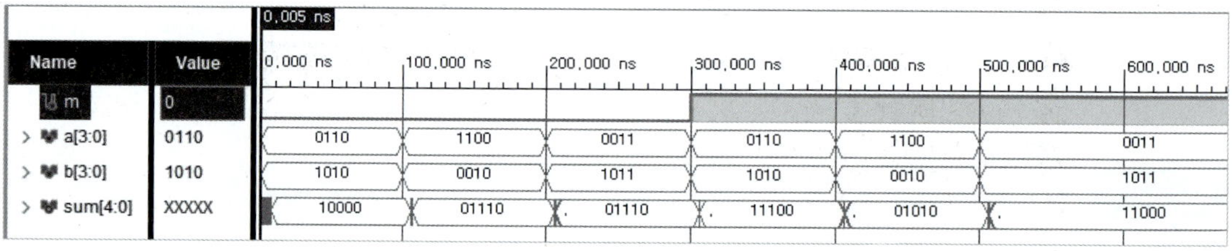

(a) Vivado

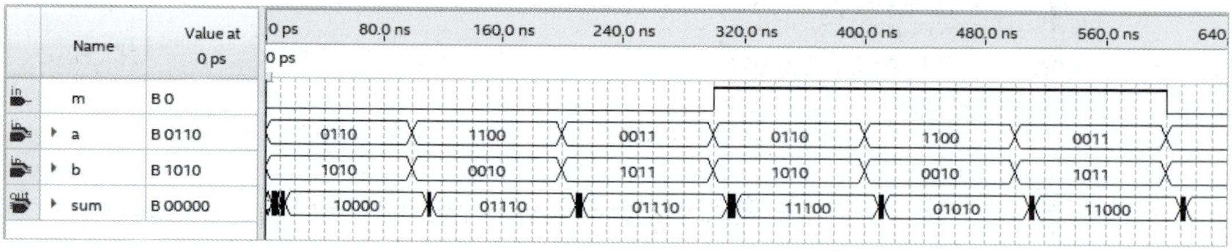

(b) Quartus

[그림 4-3] n비트 가산/감산기의 시뮬레이션 결과

실습과제

4.1 BCD 가산기 설계

목적 및 배경

디지털 회로는 2진수를 사용하기 때문에 2진수 또는 16진수 연산을 하지만, 일상적으로는 10진수를 사용한다. 따라서 일상생활에서 사용하는 수의 체계를 디지털 회로에서 연산하려면 10진수를 2진수로 바꾸거나, 반대로 2진수로 표현된 수를 10진수로 변환해야 한다. BCD는 10진수를 2진코드로 표현한 값이다. 따라서 이 실습에서는 10진수로 입력되는 두 입력을 더해서 10진수로 출력하는 BCD 가산기를 설계한다.

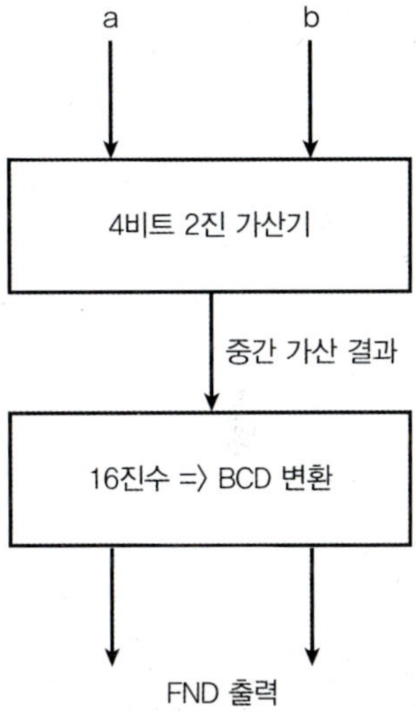

[그림 4-4] 가산기의 블록도

실습 내용

10진수에서 한 자리로 표현되는 수의 범위는 0~9이므로, 2진수로 표현하기 위해서는 4비트가 필요하다. 그러나 4비트로 표현할 수 있는 수의 범위는 0x0에서 0xF까지이며, BCD에서 0xA~0xF는 사용되지 않는다. BCD 가산기는 입력되는 2개의 10진수를 더해서 10진수를 출력한다. 이때 입력되는 수는 최대 10을 넘지 않지만, 두 수를 더했을 때는 최대 18(=0x12)까지의 크기를 가질 수 있다. 따라서 덧셈 결과가 10(0xA) 이상일 때는 BCD로 변환해야 한다.

2진수를 BCD로 변환하는 과정은 다음과 같다. 2개의 BCD를 더했을 때 결과의 최댓값은 18이다. 따라서 이 결과를 다시 BCD로 바꾸려면 다음과 같이 나눠서 처리해야 한다.

- 더한 결과가 9를 넘지 않았을 때 : 값을 변환하지 않고 그대로 출력한다.
- 더한 결과가 9를 넘었을 때 : 캐리를 발생시키고, 더한 결과에 6을 더해서 출력한다.

예를 들어 더한 결과가 8이면 9보다 작으므로 그대로 출력한다. 그러나 더한 결과가 13(0xD)이면 캐리를 발생시키고 3을 출력해야 한다. 따라서 13(0xD)은 더한 결과가 9를 넘는 경우에 해당하므로, 캐리를 발생시키고 0xD에 6을 더한 결과인 0x13에서 뒷자리 3을 출력한다.

1. Verilog를 이용한 BCD 가산기 설계

새로운 프로젝트를 생성하고 Verilog 코드를 작성한다. 입력은 2개의 10진수이므로 각각 4비트를 할당하며, parameter를 사용해서 다음과 같이 비트 수를 정의한다.

```
parameter  width=4;
```

이때 두 입력의 범위는 [width-1:0]이므로 각각 4비트가 되며, 10진수 값의 범위인 0~9 사이의 수를 BCD로 나타낼 수 있다. 두 입력이 더해진 결과를 저장하는 정수형 변수 mid_sum을 다음과 같이 선언한다.

```
integer         mid_sum=0;
```

이 값은 0부터 18까지의 값을 가진다. 중간 값이 10 미만이면 덧셈 결과가 그대로 integer sum에 저장되지만, 10에서 18 사이의 값이면 BCD로 변환해야 한다. 이때 중간 결과와, 변환되어 최종 결과로 출력될 값들은 [표 4-6]과 같다.

[표 4-6] 가산기의 중간 값과 결과

중간 덧셈 결과	캐리	덧셈 결과
10(0xA)	1	0
11(0xB)	1	1
12(0xC)	1	2
13(0xD)	1	3
14(0xE)	1	4
15(0xF)	1	5
16(0x10)	1	6
17(0x11)	1	7
18(0x12)	1	8

2진수를 BCD 값으로 바꾸기 위해, 2진 중간 값에 6을 더한 결과인 16진수 값의 첫 번째 자릿수는 캐리 c로 출력하고 두 번째 자릿수는 sum에 저장한다. 예를 들어 중간 결과가 11(0xB)이라고 하면, 이 수에 6을 더한 값은 17(0x11)이 된다. 따라서 캐리 c에 1을 출력하고 sum에 1을 저장한다.

BCD 가산기도 n비트 가산/감산기와 마찬가지로, 결과를 FND에 출력하려면 디코딩해야 한다. 이때 integer sum은 0~9의 수를 가질 수 있으므로 이 범위 내에서만 디코딩하며, 캐리가 발생했을 때는 10의 자리에 1이 출력되도록 FND의 b와 c 위치에 '1'을 출력한다.

2. VHDL을 이용한 BCD 가산기 설계

새로운 프로젝트를 생성하고 VHDL 코드를 작성한다. 입력과 BCD 덧셈의 결과 범위를 정하기 위해 다음과 같이 package를 선언한다.

```
package my_package is
  constant adder_width  : integer := 4;
  constant result_width : integer := 4;
  subtype adder_value is integer range 0 to 2**adder_width-1;
  subtype result_value is integer range 0 to 2**result_width-1;
end my_package;
```

이 package에서 adder_width는 정수형으로 4비트를 가지며, result_width도 4비트의 정수형을 갖는다고 선언한다. 두 입력이 더해진 결과를 저장하는 변수를 다음과 같이 선언한다.

```
variable mid_sum    : integer;
```

두 입력은 더해져서 mid_sum이라는 variable에 저장된다. 이 값은 0~18의 값을 가질 수 있으며, 이 중간 값이 10 미만이면 덧셈 결과가 그대로 signal result에 저장되지만, 10~18 사이의 값이면 BCD로 변환해야 한다. 이때 중간 덧셈결과와, 변환되어 최종 결과로 출력될 값들은 [표 4-7]과 같다.

[표 4-7] 가산기의 중간 값과 결과

중간 덧셈 결과	캐리	덧셈 결과
10(0xA)	1	0
11(0xB)	1	1
12(0xC)	1	2
13(0xD)	1	3
14(0xE)	1	4
15(0xF)	1	5
16(0x10)	1	6
17(0x11)	1	7
18(0x12)	1	8

2진수를 BCD 값으로 바꾸기 위해, 2진 중간 값에 6을 더한 결과인 16진수 값의 첫 번째 자릿수는 캐리 c로 출력하고 두 번째 자릿수는 result에 저장한다. 예를 들어 중간 결과가 11(0xB)이라고 하면, 이 수에 6을 더한 값은 17(0x11)이 된다. 따라서 캐리 c에 1을 출력하고 result에 1을 저장한다.

BCD 가산기도 n비트 가산/감산기와 마찬가지로 결과를 FND에 출력하려면 디코딩해야 한다. signal result는 0~9의 수를 가질 수 있으므로 이 범위 내에서만 디코딩하며, 캐리가 발생했을 때는 10의 자리에 1이 출력되도록 FND의 b와 c 위치에 '1'을 출력한다.

3. 시뮬레이션 및 실행

시뮬레이션을 실행하여 입력 a와 b에 각각 0~9의 값을 입력했을 때 FND 출력 결과를 확인한다. 예를 들어 [표 4-8]과 같이 두 입력에 대해 FND에 출력되는 2진 값이 시뮬레이션 결과와 동일해야 한다. 시뮬레이션 후 핀을 할당하고 다운로드하여 실행 결과를 [표 4-8]과 비교한다.

[표 4-8] BCD 가산기 입력에 대한 출력 결과

a	b	FND (10의 자리)	FND (1의 자리)	결과
"0110"($6_{(10)}$)	"1001"($9_{(10)}$)	"0110000"	"1011011"	$15_{(10)}$
"1000"($8_{(10)}$)	"0010"($2_{(10)}$)	"0110000"	"0000000"	$10_{(10)}$
"0011"($3_{(10)}$)	"0011"($3_{(10)}$)	"0000000"	"1011111"	$6_{(10)}$

실습과제

4.1 설계 실습 결과 보고서

<table>
<tr><td>일시</td><td></td><td>전공</td><td></td><td>실습 시간</td><td></td></tr>
<tr><td>학번</td><td colspan="2"></td><td>이름</td><td colspan="2"></td></tr>
<tr><td>제목</td><td colspan="5">BCD 가산기 설계</td></tr>
<tr><td>실습 목적</td><td colspan="5">BCD는 디지털에서 사용하는 2진 코드를 이용해 10진수를 표현한 값이다. 일상생활에서는 10진수를 사용하지만 디지털에서는 2진수 연산을 하므로, 디지털 연산에 의한 결과는 10진수로 변환되어야 한다. 이 실습에서는 BCD로 입력되는 두 수를 더한 2진 결과를 다시 BCD로 출력하기 위해 BCD로 변환하는 과정을 실습한다.</td></tr>
<tr><td>실습 내용</td><td colspan="5">실습 결과</td></tr>
<tr><td>HDL 설계</td><td colspan="5">1. [그림 4-4]의 블록도와 같이 두 BCD의 입력을 받아 FND에 BCD를 출력하는 BCD 가산기를 Verilog 또는 VHDL로 설계하라. 설계는 두 입력을 4비트 가산기로 더한 후, 결과를 다시 BCD로 변환하는 과정으로 구성된다.

BCD 가산기의 Verilog 또는 VHDL 코드</td></tr>
</table>

HDL 설계	2. 설계된 BCD 가산기를 컴파일, 시뮬레이션하라. 시뮬레이션 입력을 [표 4-8]과 같이 주었을 때 7-세그먼트 디코드된 2진 출력이 동일한지 검토하고 결과를 나타내라. **BCD 가산기의 시뮬레이션 결과** 3. 컴파일 후 DIGCOM 키트에 다운로드하여 실행하고, 위의 시뮬레이션과 같은 입력을 주었을 때 결과가 맞게 나오는지 확인하라.
실습 결과 및 토의	

SECTION 4.2 '1' 개수 카운터

'1' 개수 카운터는 슬라이드 스위치 입력 신호 중 '1'의 개수를 카운트해서 출력하는 회로이다. '1' 개수 카운터는 Verilog 또는 VHDL을 이용하여 설계할 수 있다.

4.2.1 Verilog를 이용한 '1' 개수 카운터 설계

[코드 4-13]은 입력되는 신호 중 '1'의 개수를 세는 Verilog 코드이다. 입력은 8비트이며 이 중에서 '1'의 개수를 카운트하여 출력한다. 이 회로에서는 입력 신호가 '0'인지 '1'인지 반복적으로 검사하는 동일한 동작을 실행해야 하므로 for 반복문을 사용한다.

코드 4-13 [Verilog\DigitalDesign\OneCounter]

```
module OneCounter(d, FND, FNDSel2, FNDSel1);
  input [7:0]     d;
  output[6:0]     FND;
  output          FNDSel2, FNDSel1;

  reg [6:0]       FND;
  wire            FNDSel2, FNDSel1;

  integer         oneCount, i=0;

  always @(d or oneCount) begin
    oneCount = 0;
    for(i=0;i<8;i=i+1)
        begin
            if(d[i])
                oneCount=oneCount+1;
        end
  end

  assign FNDSel2 = 1'b1;
  assign FNDSel1 = 1'b0;

  always @(oneCount) begin
    case(oneCount)
        0 : FND = 7'b1111110;
        1 : FND = 7'b0110000;
        2 : FND = 7'b1101101;
```

'1'의 개수 카운트

'1'의 개수 출력

```
            3 : FND = 7'b1111001;
            4 : FND = 7'b0110011;
            5 : FND = 7'b1011011;
            6 : FND = 7'b1011111;
            7 : FND = 7'b1110000;
            8 : FND = 7'b1111111;
            default : FND = 7'b1011011;
        endcase
    end
endmodule
```

'1'의 개수 출력

for 반복문

for 문은 같은 문장들을 반복적으로 실행한다. 반복은 인덱스에 할당받은 정해진 범위 내에서 이루어진다. 이와 같이 반복문은 같은 코드가 반복될 때 유용하다. for 문은 if 문 또는 case 문과 같이 순차적으로 실행되므로 always 같은 블록 내에서만 사용될 수 있다. for 이외에 반복문으로 while 문도 사용할 수 있다.

for 문에는 다음과 같은 4가지 형식이 있다.

```
for (index = low_range; index < high_range; index = index + step)
for (index = high_range;index > low_range;index = index - step)
for (index = low_range;index <= high_range;index = index + step)
for (index = high_range;index >= low_range;index = index - step)
```

(첫 번째 형식에서 index = low_range: 초깃값, index < high_range: 반복 조건(만족하는 동안 반복), index = index + step: 조건 변화식)

for 문은 반복하는 횟수가 정해져 있을 때 사용하기 편리하다. [코드 4-13]에서는 i를 0에서 7까지 증가시키면서 d[i]의 값이 '1'이면 oneCount를 하나 증가시켜 8비트 입력 중 '1'의 개수를 출력한다.

```
for(i=0; i<8; i=i+1)
  begin
    if(d[i])
        oneCount=oneCount+1;
  end
```

4.2.2 VHDL을 이용한 '1'개수 카운터 설계

[코드 4-14]는 [코드 4-13]과 마찬가지로 입력되는 신호 중 '1'의 개수를 세는 VHDL 코드이다. 입력은 8비트이며 이 중에서 '1'의 개수를 카운트하여 출력한다. 이 회로에서는 입력 신호가 '0'인지 '1'인지 반복적으로 검사하는 동일한 동작을 실행해야 하므로 for~loop 문을 사용한다.

코드 4-14 [VHDL\DigitalDesign\OneCounter]

```
library IEEE;
use IEEE.STD_LOGIC_1164.ALL;

entity OneCounter is
  port( d                   : in std_logic_vector(7 downto 0);
        FND                 : out std_logic_vector(6 downto 0);
        FNDSel2, FNDSel1    : out std_logic);
end OneCounter;

architecture Behavioral of OneCounter is
begin
  process(d)
        variable oneCount : integer;
  begin
    oneCount := 0;
    for i in d'range loop
        if d(i) = '1' then
            oneCount := oneCount + 1;
        end if;
    end loop;

    FNDSel2 <= '1';
    FNDSel1 <= '0';

    case oneCount is
        when 0    => FND <= "1111110";
        when 1    => FND <= "0110000";
        when 2    => FND <= "1101101";
        when 3    => FND <= "1111001";
        when 4    => FND <= "0110011";
        when 5    => FND <= "1011011";
        when 6    => FND <= "1011111";
        when 7    => FND <= "1110000";
        when 8    => FND <= "1111111";
        when others => FND <= "0000000";
    end case;
  end process;
end Behavioral;
```

'1'의 개수 카운트

'1'의 개수 출력

for~loop 문

loop 문은 같은 문장이 여러 번 반복될 때 유용하다. loop 문도 if 문 또는 case 문과 같이 순차적 실행 문이므로 process 안에서만 사용될 수 있다. loop 문에는 기본 loop 문 외에 for~loop 문, while~loop 등 다양한 방법이 있다.

for~loop 문의 형식은 다음과 같다.

```
[label:]      for <identifier> in range loop
 라벨명(생략 가능)   변수(별도 선언하지 않음)  반복 범위
        <sequential statement>;
             ...
             ...
end loop [label];
```

for~loop 문은 반복하는 횟수가 정해졌을 때 사용하기 편리하다. 위의 형식에서 identifier는 자동으로 선언되며, 이 값은 loop 문 안에서만 사용될 수 있다. range는 다음과 같은 형식을 갖는다.

```
<integer_expression> to <integer_expression>
<integer_expression> downto <integer_expression>
```

attributes

attributes는 signal, variable 또는 데이터 타입에 관한 다양한 정보를 리턴하며, 인용부호(') 다음에 attribute 이름으로 구성된다. [코드 4-14]의 VHDL 코드에서는 반복문의 range 정보를 얻기 위해 d'range attributes가 사용되었는데, 여기에서 attributes range는 d의 범위를 리턴한다. 즉, 입력 포트 d는 8비트이므로 range에서 사용되는 일반적인 형식으로 다시 고치면 "7 downto 0"과 같다. attributes의 종류에는 data attributes 및 signal attributes 등이 있으며, 이에 대해서는 [부록 B]의 'VHDL attributes' 부분에 상세히 설명되어 있다.

[코드 4-14]의 VHDL 코드에서 사용한 for~loop 문 형식은 다음과 같다(16~20행).

```
for i in d'range loop
  if d(i) = '1' then
      oneCount := oneCount + 1;
  end if;
end loop;
```

d'range는 (7 downto 0) 이므로 for 문에서 if~end if 문장을 8번 반복한다. for 문 안의 문장에서는 d의 각 입력을 검사한 후 '1'일 때 oneCount를 하나 증가시킨다. 그리고 '1'의 개수에 해당하는 수를 FND에 출력시킨다.

4.2.3 시뮬레이션 및 실행

[그림 4-5]는 '1' 개수 카운터의 시뮬레이션 결과이다. 시뮬레이션 결과에서 100ns 동안 "10101000", "00101001", "11100011" 그리고 "00000000"을 차례로 입력했다. 처음 두 입력에는 '1'이 각각 3개씩이므로, 출력은 "1111001"이다. 이 값은 FND에 정수 3이 출력되도록 한다. 다음 입력에는 '1'이 5개 있으므로 FND에 정수를 출력하도록 "1011011"이 출력되고 마지막 입력에는 '1'이 없으므로 "1111110"이 출력된다.

시뮬레이션을 마친 후 8개의 슬라이드 스위치를 입력으로 핀 할당하고, FND를 출력으로 할당한다. 이후 코드를 실행시키면 시뮬레이션과 동일한 결과를 확인할 수 있다.

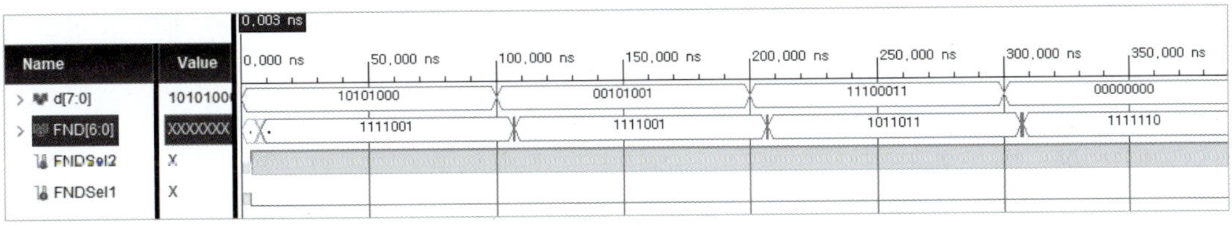

(a) Vivado

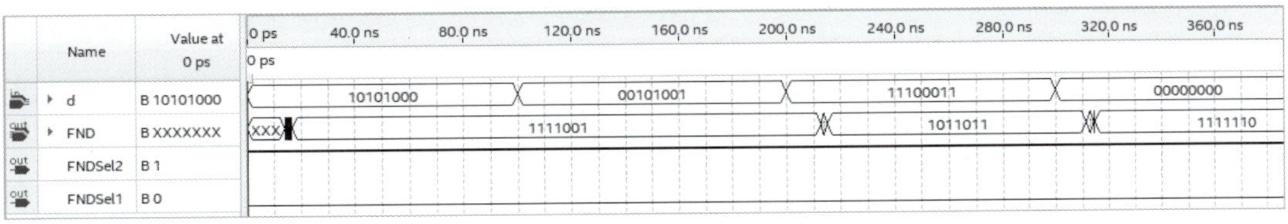

(b) Quartus

[그림 4-5] '1' 개수 카운터의 시뮬레이션 결과

실습과제

4.2 Leading One 카운터 설계

목적 및 배경

이 실습에서는 입력되는 2진 벡터에서 앞에 나온 '1'의 개수를 카운트하는 Leading One 카운터를 설계한다. 이 설계의 경우, Verilog 또는 VHDL의 loop 문을 사용하면 쉽게 카운트할 수 있다. 하지만 '1' 개수 카운터에서 모든 '1'을 카운트한 것과 달리, 여기서는 앞에서 연속해서 나오는 '1'의 개수만 카운트하는 것이며, 중간에 '0'이 나오면 카운트 동작을 멈춘다. 따라서 loop 문 안에서 다른 조건을 추가로 적용해야 한다. 따라서 이 실습에서는 반복(loop)문을 다양하게 활용하는 방법에 대해 배울 수 있다.

실습 내용

'1'의 개수를 카운트하는 설계에서는 입력되는 2진 벡터에 있는 모든 '1'을 카운트했지만, 이 실습에서는 중간에 '0'이 있으면 카운트 동작을 멈추고 값을 출력한다. 이 설계에서는 많은 부분이 '1' 개수 카운터와 유사하지만, 입력 벡터에서 '0'이 나왔을 때 카운터 동작을 멈추게 하는 조건을 추가하여 loop에서 나와야 한다.

1. Verilog를 이용한 Leading One 카운터 설계

반복문의 다른 형식인 while 반복문을 사용할 수 있다. 이 반복문의 형식은 다음과 같다.

```
while (expression) begin [:block_name]
      조건식(참인 동안 반복)
        … statement …
        … statement …
        … statement …
end
```

while 반복문은 while 블록의 문장들을 while 조건이 실패할 때까지 반복적으로 실행한다. while 문은 조건을 검사해서 반복 수행하며, 조건이 만족되면 반복하고 그렇지 않으면 중단한다. 조건은 매번 반복될 때마다 검사되고 조건이 만족하지 않으면 종료된다. 따라서 조건에서 검사하는 비트의 값이 '0'일 경우 반복을 종료하게 할 수 있으며, disable을 이용해 반복문 내에서 while 반복을 종료하게 할 수도 있다. 즉, 반복문 내에서 disable을 만나면 while 문을 빠져 나온다. disable의 형식은 다음과 같다.

```
disable block_name;
```

while 문을 사용해 입력되는 2진 벡터에서 앞에 연속되는 '1'의 개수가 카운트되는 회로를 설계하라. 이때 입력이 '0'이면 나머지 입력은 검사하지 않고 disable을 사용해 loop에서 빠져나오도록 한다. 입력은 8비트 슬라이드 스위치로, 출력은 FND로 설정해 '1'의 개수가 보이게 한다.

2. VHDL을 이용한 Leading One 카운터 설계

반복문 중 하나로 while~loop를 사용할 수 있다. while~loop의 형식은 다음과 같다.

```
[label:] while <condition> loop
라벨명(생략 가능)   조건식(참인 동안 반복)
        <sequential statement>;
                  ...
                  ...
end loop [label];
```

while~loop 문은 조건을 검사해서 반복 수행하며, 조건이 만족되면 loop를 반복하고 그렇지 않으면 loop를 중단한다. 반복문의 condition은 매번 반복문이 실행될 때마다 검사되며, 조건을 만족하지 못하면 종료된다. 따라서 condition에서 검사하는 비트 값이 '0'일 경우 반복문을 종료하게 할 수 있고, 반복문 내에서 검사하는 비트가 '0'일 때 exit를 이용해 종료하게 할 수도 있다. 즉, 반복문 안에서 exit를 만나면 빠져 나온다. exit의 형식은 다음과 같다.

```
exit [label] [when  <condition>];
```

이 외에도 사용할 수 있는 반복문으로는 기본적인 loop 문이 있다. 기본 loop는 exit 또는 next를 만날 때까지 반복을 계속한다. 기본 loop의 형식은 다음과 같다.

```
[label :] loop
  <sequential statement>
      ...
      ...
  [next  [label] [when <condition>];
  [exit  [label] [when <condition>];
end loop [label];
```

이 형식에서 exit는 loop의 나머지 부분 수행을 중단하고 loop를 종료하지만, next는 나머지 부분 수행을 중단하고 그 다음 반복문을 실행한다.

반복문을 사용해 입력되는 2진 벡터에서 앞에 연속되는 '1'의 개수를 카운트하는 회로를 설계하라. 입력은 8비트 슬라이드 스위치이며, FND에 '1'의 개수가 출력되도록 한다. 이때 for~loop를 제외한 다른 loop 문을 사용하여 설계하라.

3. 시뮬레이션 및 실행

시뮬레이션은 슬라이드 스위치에 할당된 입력 값을 변경하면서, 앞에서부터 연속되는 '1'의 개수가 FND에 출력되는지 확인한다.

실습과제

4.2 설계 실습 결과 보고서

일시		전공		실습 시간	
학번			이름		
제목	Leading One 카운터 설계				
실습 목적	이 실습에서는 입력되는 2벡터에서 앞에 연속적으로 입력되는 '1'의 개수를 카운트한다. 앞에 나온 '1' 개수 카운터에서는 모든 '1'을 카운트했지만, 여기서는 앞에 연속해서 입력되는 '1'의 개수만 카운트하므로 loop 문 안에서 다른 조건을 적용해야 한다. 이 실습에서는 loop 문을 다양하게 활용하는 방법에 대해 배울 수 있다.				
실습 내용	실습 결과				
HDL 설계	1. 입력되는 8비트 2진 코드에서 앞에서 연속되는 '1'의 개수를 카운트하는 회로를 Verilog 또는 VHDL로 설계하라. for 문 이외의 loop를 사용하고, 카운트된 '1'의 개수는 FND에 출력하라. Leading One 카운터의 Verilog 또는 VHDL 코드				

HDL 설계	2. 설계된 Leading One 카운터를 컴파일하고 시뮬레이션하라. "10101000", "00101001", "11100011", "00000000"을 시뮬레이션 입력으로 주었을 때 FND에 출력되는 2진 코드가 제대로 카운트된 값인지 검토하고 다음에 나타내라. **Leading One 카운터의 시뮬레이션 결과** 3. 컴파일된 Leading One 카운터를 DIGCOM 키트에 다운로드하여 실행하고, 앞의 시뮬레이션과 같은 입력을 주었을 때 결과가 맞게 나오는지 확인하라.
실습 결과 및 토의	

SECTION

4.3 패리티 발생기

패리티 비트Parity Bit는 전송하려는 데이터의 각 문자에 1비트를 더해 전송하는 방법으로, 짝수 및 홀수 패리티 비트가 있다. 두 비트 모두 정보 전달 과정에서 오류가 생겼는지 검사하기 위해 사용된다.

짝수Even 패리티는 전체 비트에서 '1'의 개수가 짝수가 되도록 패리티 값을 정하는 것이며, 데이터 비트에서 '1'의 개수가 홀수면 패리티 값을 '1'로 정해 전체 '1'의 개수를 짝수로 만든다. 홀수Odd 패리티는 전체 비트에서 '1'의 개수가 홀수가 되도록 패리티 값을 정하는 방법이며, 데이터에서 '1'의 개수가 짝수면 패리티 값을 '1'로 정해 전체 '1'의 개수를 홀수로 만든다.

예를 들어 7비트의 "0010110"이라는 데이터가 짝수 패리티로 되게 하려면 데이터 앞에 '1'의 패리티 비트를 붙여 "10010110"으로 만든다. 또한, 같은 데이터에 대해 홀수 패리티 비트로 되게 하려면 '0'의 패리티 비트를 붙인다. 이렇게 패리티 비트를 정해 데이터를 보내면, 받는 쪽에서는 수신된 데이터의 전체 비트에서 '1'의 개수를 카운트하여 데이터 오류 발생 여부를 알 수 있다.

[표 4-9]는 패리티가 포함되지 않은 7비트 데이터, 그리고 짝수 패리티와 홀수 패리티가 각각 포함됐을 때의 8비트 데이터를 나타낸 것이다.

[표 4-9] 짝수 및 홀수 패리티 데이터

데이터	짝수 패리티 비트 포함	홀수 패리티 비트 포함
00000000	000000000	100000000
10001010	110001010	010001010
10010110	010010110	110010110
11111111	011111111	111111111

패리티가 발생했는지 검사하는 패리티 발생기Parity Generator의 블록도는 [그림 4-6]과 같다.

[그림 4-6] 패리티 발생기의 블록도

4.3.1 Verilog를 이용한 패리티 발생기 설계

짝수 패리티를 발생시키려면 데이터의 모든 비트에 XOR 연산을 실행해야 하며, 생성된 패리티 비트를 원래의 데이터에 추가해야 한다. XOR은 1의 개수가 홀수일 때 '1'이 되므로 전체 '1'의 개수는 짝수가 되지만, 홀수 패리티의 경우 원래 데이터에 XNOR한 결과를 추가해야 한다.

8비트 입력 데이터에 대한 패리티 비트를 발생시키는 가장 간단한 방법은 비트 단위 XOR 연산자(^)를 사용하는 것이다. XOR 연산자를 사용하면 입력되는 모든 비트에 대해 XOR 연산을 실행하므로 간단하게 패리티 비트를 생성할 수 있다.

코드 4-15 [Verilog\DigitalDesign\ParityGenerator\UsingBitwise]

```
1  module ParityGenerator(data_in, parity_out);
2    input  [7:0]    data_in;
3    output [8:0]    parity_out;
4
5    assign          parity_out = {^data_in, data_in};
6  endmodule
```

[코드 4-15]의 5행에서 연산자 ^는 단항 연산자로 사용된다. 이때 data_in은 data_in의 모든 비트를 XOR 연산하여 패리티 비트를 발생시킨 결과이다. [코드 4-15]의 5행에서는 이 결과와 data_in을 연결하여 parity_out에 할당한다.

[코드 4-16]은 함수Function를 이용해서 8비트 입력을 받아 짝수 패리티 비트를 발생시킨 후, 짝수 패리티 비트를 포함한 9비트 데이터를 출력한다.

코드 4-16 [Verilog\DigitalDesign\ParityGenerator\UsingFunction]

```
module ParityGenerator(data_in, parity_out);
  parameter n = 8;
  input  [n-1:0]  data_in;
  output [n:0]    parity_out;

  function [n:0]    parity;          // function 선언
    input [n-1:0] data;
    begin
        parity = {^data, data};
    end
  endfunction

  assign parity_out = parity(data_in);   // function 호출
endmodule
```

function

function은 module 내에서 선언되며 연속 할당문, always 블록 또는 다른 function에서 호출된다. 연속 할당문에서는 입력이 변할 때마다 function에서 연산된 값이 리턴되며, 프로시저 할당문에서는 호출될 때마다 값이 리턴된다.

function을 선언할 때는 함수명, 리턴 값의 범위, 입력 인자, function에서 사용되는 변수(register)들과 function 로컬 파라미터 및 정수들이 지정된다. function을 선언하는 일반적인 형식은 다음과 같다.

```
function    [msb:lsb]     function_name;
            리턴 값의 범위          함수명
  input     [msb:lsb]     input_arguments;
  reg       [msb:lsb]     reg_variable_list;
  parameter[msb:lsb]      parameter_list;
  integer   [msb:lsb]     integer_list;
       ... statements ...
endfunction
```

function을 선언할 때 리턴되는 변수명은 function의 이름과 동일하게 암시적으로 선언되며, 따로 지정되지 않을 경우 1비트의 크기를 갖는다. 다음은 function을 선언하고 호출할 때 사용되는 일반적인 규칙이다.

❶ function은 최소한 하나 이상의 입력 인자를 가져야 한다.
❷ function에서는 inout 또는 output의 입출력 선언이 없어야 한다.
❸ function 내에서는 #, @, wait와 같은 제어문을 사용할 수 없다.
❹ function에서는 리턴 값을 암시적인 함수명의 레지스터에 할당해야 한다.

다음은 [코드 4-16]의 6~11행으로, 패리티 비트가 발생하는 부분을 function으로 작성한 것이다. 이때 리턴되는 비트의 수는 [n:0]로 정의되며, 앞에서 n은 parameter에 의해 8로 정해졌기 때문에 9비트를 리턴한다. 입력 인자로 8비트 data가 정의되고 비트 단위 XOR 연산자(^)를 사용해서 모든 입력 비트에 대해 XOR 연산을 실행한다. 리턴되는 변수는 function 이름과 동일한 parity가 사용되며, 원래의 입력 데이터에 연산된 패리티 비트를 concatenation 연산자로 연결해 9비트 데이터를 리턴한다.

```
function [n:0] parity;
     리턴 값의 범위   함수명
  input[n-1:0] data;
  begin
      parity = {^data, data};
  end
endfunction
```

다음은 [코드 4-16]의 13행으로, function을 호출하는 부분이다. parity_out은 module의 출력 포트이며, function parity에서 리턴되는 값을 assign 문에 의해 할당받는다. function을 호출할 때 입력 data_in이 인수로 사용된다.

```
assign parity_out = parity(data_in);
```

4.3.2 VHDL을 이용한 패리티 발생기 설계

짝수 패리티를 발생시키려면, 데이터의 모든 비트에 대해 XOR 연산한 결과를 원래 데이터에 추가해야 한다. XOR은 '1'의 개수가 홀수일 때 '1'이 되므로 전체 '1'의 개수는 짝수가 되지만, 홀수 패리티의 경우에는 원래 데이터에 XNOR한 결과를 추가해야 한다.

코드 4-17 [VHDL\DigitalDesign\ParityGenerator]

```
library ieee;
use ieee.std_logic_1164.all;
use ieee.std_logic_arith.all;

entity ParityGenerator is
  generic(n : integer := 8);
  port(data_in    : in std_logic_vector(n-1 downto 0);
       parity_out : out std_logic_vector(n downto 0));
end ParityGenerator;

architecture Behavioral of ParityGenerator is

function parity(x:std_logic_vector)  return std_logic_vector is
  variable tmp1 : std_logic := '0';
  variable tmp2 : std_logic_vector(n downto 0);
begin
  for i in x'range loop
    tmp1 := tmp1 xor x(i);
    tmp2(i) := x(i);
  end loop;
  tmp2(n) := tmp1;
  return tmp2;
end parity;

begin
  process(data_in)
  begin
    parity_out <= parity(data_in);
  end process;
end Behavioral;
```

라이브러리

function 선언

function 호출

generic

generic은 파라미터의 값을 정할 수 있게 하며, 쉽게 수정할 수 있으므로 설계를 쉽게 변경하기 위해 사용한다. generic 문은 entity 내에 선언되어야 하며, 지정된 파라미터는 모든 설계에서 사용할 수 있는 전역 파라미터다. generic의 형식은 다음과 같다.

```
generic(parameter_name : parameter_type := parameter_value);
        파라미터 이름      파라미터 타입       파라미터 값
```

[코드 4-17]의 6행에서 generic은 입력 데이터의 비트 수 n에 8을 할당함으로써, VHDL 코드의 나머지 부분에서 n이 8이라는 것을 알려준다.

```
generic (n : integer := 8);
```

function

VHDL에서의 function은 일반 프로그래밍 언어의 function과 유사하다. function에서는 파라미터를 입력으로 받아 연산한 후 하나의 결과를 리턴한다. function의 선언 형식은 다음과 같다.

```
function function_name (parameters) return return_type is
              함수명      입력 파라미터 리스트       리턴 타입
  variable declarations;
begin
  statements;
  return return_variable_name;
              리턴 변수명
end function_name;
```

리턴 결과는 단일 비트이거나 벡터가 될 수 있다. 그리고 function은 선언부와 body로 구성되는데, 선언부에서는 function 이름, 입력 파라미터 리스트, function에 의해 리턴되는 값의 타입을 정의하고, body는 function 내부에서 사용되는 로컬 변수 및 function에서 수행하는 문장들로 구성된다.

function은 다음과 같이 일반적인 형태의 단일 할당문에 의해 호출된다. function에 전달되는 파라미터는 함수 내 선언되는 파라미터와 동일한 타입과 크기여야 하며, 리턴되는 값은 왼쪽 변수에 저장된다.

```
variable <= function_name (parameters);
```

다음은 [코드 4-17]의 13~23행으로, 패리티 비트를 발생시키고 입력 데이터에 포함시켜 리턴하는 function 부분이다. function은 x를 입력 파라미터로 받으며, 로컬 변수는 tmp1과 tmp2를 선언한다. 입력되는 x의 비트 수는 8비트이고, 이 비트들을 연속적으로 XOR 연산하므로 for 반복문을 사용한다. for loop 내에서는 x의 각 비트를 XOR 연산해 tmp1에 저장하고, x의 각 비트를 tmp2에 저장한다. 따라서 for loop를 종료했을 때 tmp1에는 입력의 각 비트를 XOR한 결과 값이 저장되고, tmp2의 8~1번 비트에는 입력 x 값이 저장된다. 마지막으로 tmp2의 가장 마지막 비트 tmp2(0)에 XOR 연산 결과를 저장하고 리턴한다.

```
function parity(x:std_logic_vector)   return std_logic_vector is
              함수명         입력 파라미터 리스트                    리턴 타입

   variable tmp1 : std_logic := '0';
   variable tmp2 : std_logic_vector(n downto 0);          -- 변수 정의
begin
   for i in x'range loop
        tmp1 := tmp1 xor x(i);
        tmp2(i) := x(i);
   end loop;
   tmp2(n) := tmp1;
   return tmp2;
          리턴 변수명
end parity;
```

이와 같이 선언된 function은 process 문 안에서 다음과 같이 호출된다([코드 4-17]의 28행).

```
parity_out <= parity(data_in);
```

입력은 입력 포트에 할당된 8비트 데이터 값이고 출력은 출력 포트에 할당된 9비트 데이터로, 원래 입력 데이터에 XOR 연산된 패리티 비트가 포함된다.

4.3.3 시뮬레이션 및 실행

[그림 4-7]은 패리티 발생기의 시뮬레이션 결과이다. 이 시뮬레이션 결과에서 4종류의 입력에 대해 입력의 8비트와 출력의 마지막 8비트가 동일하고, 출력에서 '1'의 개수가 모두 짝수이므로 짝수 패리티 발생기로 동작한다는 것을 알 수 있다. 핀 할당의 경우 입력은 슬라이드 스위치에, 출력은 LED에 할당하여 확인한다.

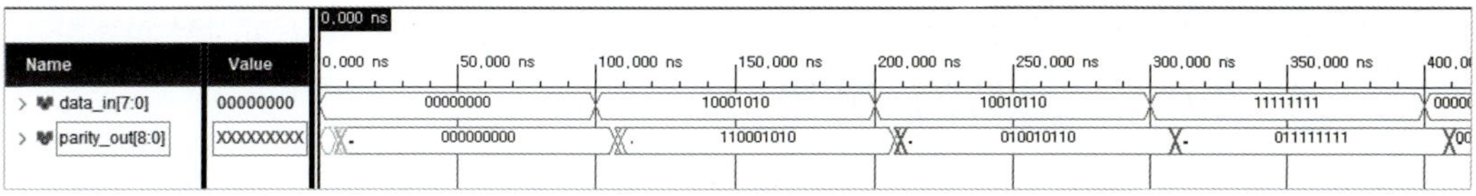

(a) Vivado

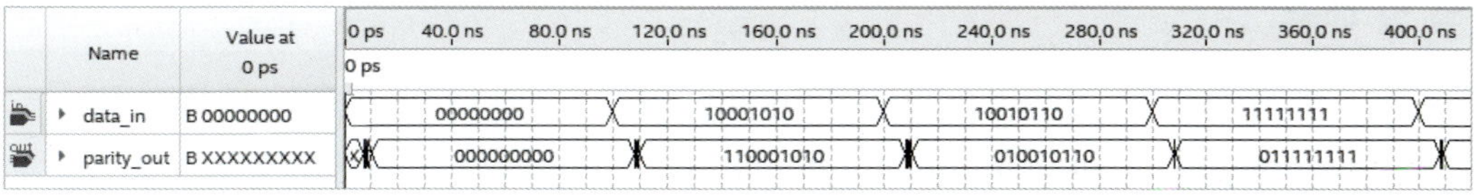

(b) Quartus

[그림 4-7] 패리티 발생기의 시뮬레이션 결과

실습과제

4.3 패리티 검사기 설계

목적 및 배경

패리티 비트는 데이터 전송 도중 오류가 발생했는지 검사하는 데 사용된다. 송신 측에서 짝수 또는 홀수 패리티 비트를 발생시켜 원래 데이터에 추가해 전송하면, 수신 측에서는 데이터에 포함된 '1'의 개수를 카운트해 오류가 발생했는지 판단한다. 그러나 패리티 검사기는 오류만 검출할 뿐이며 오류를 정정하지는 못한다.

[그림 4-8] 패리티 검사기의 블록도

실습 내용

짝수 패리티를 사용한다면 입력된 데이터에서 '1'의 개수가 짝수여야 한다. 따라서 데이터 오류를 검사하기 위해 데이터의 모든 비트를 XOR 연산한 결과가 '0'이면 오류가 없는 것이고 '1'이면 오류가 발생한 것이다.

1. Verilog를 이용한 패리티 검사기 설계

Verilog의 서브프로그램에는 function과 task가 있다. 이전에는 패리티를 function으로 생성하는 설계에 대해 실습했는데, 여기서는 패리티 비트 검사 회로를 task로 설계한다. 먼저 task에 대해 알아보고 패리티 검사기Parity Checker를 설계한다.

task

task는 function과 유사하지만, function과 다른 점은 입력 포트와 출력 포트를 모두 가질 수 있으며 값을 리턴하지 않는다. task의 일반적인 형식은 다음과 같다.

```
task task_name;
      task 이름
  input       [msb:lsb] input_port_list;
  output      [msb:lsb] output_port_list;
  reg         [msb:lsb] reg_variable_list;
  parameter   [msb:lsb] parameter_list;
  integer     [msb:lsb] integer_list;
            ... statements ...
endtask
task 종료
```

이 형식에서 task의 이름을 정의한 후, module과 마찬가지로 task의 입력 포트와 출력 포트를 선언하고 task에서 사용할 변수와 상수를 선언한다. 그리고 task에서 수행할 문장들로 구성된다. function은 리턴 값을 변수로 받아 처리하지만, task에서는 호출하는 module에서 변수를 task의 인자로 전달해 값을 받는다. 이것을 제외하면 task와 function은 거의 동일하다.

task를 사용하는 패리티 검사기에서는 task에서 패리티를 포함한 9비트 데이터를 받은 후, 각 비트에 대해 XOR 연산하고 검사 결과를 task의 출력 포트에 할당하며, 다음과 같은 형식에 맞춰 설계한다.

```
module module_name (input, output);
  input    …
  output   …
  …

  task task_name;
     input    …
     output   …
     …
     begin
         statements for parity check;
     end
  endtask

  always @ (…) begin
     task_name(input/output arguments);
  end
endmodule
```

2. VHDL을 이용한 패리티 검사기 설계

VHDL의 서브프로그램에는 function과 procedure가 있다. 앞에서는 패리티를 function으로 생성하는 설계에 대해 실습했는데, 여기서는 패리티 비트 검사 회로를 procedure로 설계한다. 먼저 procedure에 대해 알아보고 패리티 검사기를 설계한다.

procedure

procedure는 VHDL 서브프로그램의 형식 중 하나로, 로컬 변수와 실행 문장들로 구성된다. procedure는 architecture 블록 내에서 호출될 수 있다. procedure의 일반적인 형식은 다음과 같다.

```
procedure procedure_name (parameter_list) is
                프로시저명          입력 파라미터 리스트
   declarations                         -- 로컬 변수 정의
begin
   sequential statements                -- 실행 문장
end procedure_name;
```

이 형식에서 procedure 선언의 경우 procedure 이름과 이 procedure가 호출될 때 필요한 파라미터들이 포함되며, begin으로 시작하는 body는 procedure 실행에 필요한 로컬 변수들과 실행 문장들로 구성된다.

procedure를 사용하는 패리티 검사기에서는 procedure에서 패리티를 포함한 9비트 데이터를 받은 후, 각 비트에 대해 XOR 연산하고 검사 결과를 procedure의 출력 포트에 할당하며, 다음과 같은 형식에 맞춰 설계한다.

```
library IEEE;
use IEEE.std_logic_1164.all;

entity project_name is
   port(  input …
          output …);
end project_name;

architecture Behavioral of project_name is
procedure procedure_name(
   input …
   output …
   variable …
   begin
      statements for parity check;
end procedure_name;
```

```
begin
  process(sensitivity lists)
    variable …
  begin
    procedure_name(input/output parameters);
    output port <= output parameter;
  end process;
end Behavioral;
```

3. 시뮬레이션 및 실행

시뮬레이션

설계한 패리티 검사기를 컴파일하고 시뮬레이션을 실행한다. 입력은 패리티 발생기의 시뮬레이션 결과에서 나온 짝수 패리티를 포함하는 데이터 "000000000", "110001010", "010010110", "011111111"을 사용한다.

디바이스 핀 할당과 실행

입출력 핀 번호를 할당한다. 패리티 비트를 포함하는 9비트 입력은 슬라이드 스위치를 이용하고 1비트 출력은 LED에 할당한다. 핀 번호를 할당한 후 다시 컴파일하고, DIGCOM 키트에 다운로드하여 실행한다.

실습과제

4.3 설계 실습 결과 보고서

일시		전공		실습 시간	
학번			이름		
제목	패리티 검사기 설계				
실습 목적	패리티 비트는 데이터 전송 도중 오류가 발생했는지 검사하는 데 사용된다. 수신 측에서는 송신 측에서 전송한 데이터에 대해 데이터에 포함된 '1'의 개수를 카운트하여 오류가 발생했는지 판단한다. 이 실습에서는 데이터 오류를 검사하는 데 사용되는 패리티 비트에 대해 알아본다.				
실습 내용	실습 결과				
HDL 설계	1. 짝수 패리티 비트가 포함된 8비트를 입력받아 오류가 없으면 '0'을 출력하고, 오류가 발생하면 '1'을 출력하는 패리티 검사기를 Verilog 또는 VHDL로 설계하라. **패리티 검사기의 Verilog 또는 VHDL 코드**				

HDL 설계

2. 설계된 패리티 검사기를 컴파일하고 시뮬레이션하라. 시뮬레이션 입력을 패리티 발생기에서 만든 8비트로 했을 때의 결과를 [표 4-10]에 넣고 시뮬레이션 결과를 나타내라.

[표 4-10] 입력 데이터의 패리티 검사 결과

입력 데이터	결과
000000000	
110001010	
010010110	
011111111	

패리티 검사기의 시뮬레이션 결과

3. 실행 파일을 DIGCOM 키트에 다운로드하여 실행하고, 위의 시뮬레이션 결과와 동일한지 확인하라.

실습 결과 및 토의

SECTION 4.4 리플 가산기

앞서 4.1절에서는 n비트 가산/감산기를 설계하기 위해 Schematic을 이용하거나 Verilog, VHDL를 이용하는 방법을 다루었다. 리플 가산기Ripple Adder는 n비트 가산/감산기를 Schematic 방법으로 설계할 때와 같이 몇 개의 전가산기를 이용한다. 각 전가산기는 아랫자리 전가산기에서 전달되는 캐리를 입력과 함께 더한 결과를 출력하고, 발생한 캐리는 윗자리의 가산기로 전달된다. 그러나 가장 낮은 자리의 가산기에는 캐리 입력이 없으므로 반가산기를 이용해야 한다. 리플 가산기의 배치는 매우 간단하다. 그러나 각 전가산기가 그 이전 자리에서 계산된 캐리를 기다려야 하므로, 최종 연산 결과가 출력될 때까지 지연시간이 발생한다. [그림 4-9]는 리플 가산기의 블록도이다. 반가산기는 아랫자리에서 올라오는 캐리를 고려하지 않는 가산기로, 두 비트 입력을 받아서 더한 다음 sum과 carry를 발생한다([표 4-10] 참조).

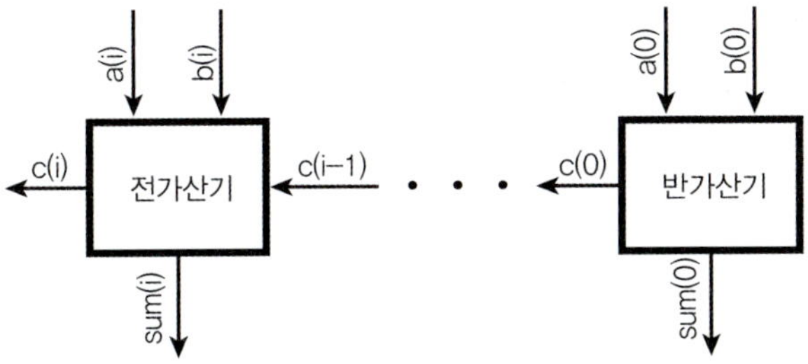

[그림 4-9] 리플 가산기의 블록도

4.4.1 Verilog를 이용한 리플 가산기 설계

[코드 4-18]은 리플 가산기를 구조적인 방법에 의해 설계한 Verilog 코드이다.

코드 4-18 [Verilog\DigitalDesign\RippleAdder]

```
module RippleAdder(clk, x, y, FND, FNDSel2, FNDSel1);
  input          clk;
  input [3:0]    x, y;
  output [6:0]   FND;
  output         FNDSel2, FNDSel1;

  reg [6:0]      FND;
```

```
reg            FNDSel2, FNDSel1;
wire [3:0]     sum;

wire [3:0]     c;
reg            clk100Hz;
reg [6:0]      FNDVal2=7'b0000000, FNDVal1=7'b0000000;

integer            m=0;

always @ (posedge (clk)) begin
  if (m >= 4999) begin
      m <= 0;
      clk100Hz <= ~clk100Hz;
  end else
      m <= m+1;
end
```

클럭 분주

```
HalfAdder  HA0(x[0], y[0], sum[0], c[0]);
FullAdder  FA1(x[1], y[1], c[0], sum[1], c[1]);
FullAdder  FA2(x[2], y[2], c[1], sum[2], c[2]);
FullAdder  FA3(x[3], y[3], c[2], sum[3], c[3]);
```

module의 객체 생성과 연결

```
always @(posedge clk)
begin
  case(sum)
      4'b0000 : FNDVal1 = 7'b1111110;
      4'b0001 : FNDVal1 = 7'b0110000;
      4'b0010 : FNDVal1 = 7'b1101101;
      4'b0011 : FNDVal1 = 7'b1111001;
      4'b0100 : FNDVal1 = 7'b0110011;
      4'b0101 : FNDVal1 = 7'b1011011;
      4'b0110 : FNDVal1 = 7'b1011111;
      4'b0111 : FNDVal1 = 7'b1110000;
      4'b1000 : FNDVal1 = 7'b1111111;
      4'b1001 : FNDVal1 = 7'b1110011;
      4'b1010 : FNDVal1 = 7'b1111101;
      4'b1011 : FNDVal1 = 7'b0011111;
      4'b1100 : FNDVal1 = 7'b0001101;
      4'b1101 : FNDVal1 = 7'b0111101;
      4'b1110 : FNDVal1 = 7'b1101111;
      4'b1111 : FNDVal1 = 7'b1000111;
  endcase
```

sum 출력

```
  case(c[3])
      1'b0 : FNDVal2 = 7'b0000000;
      1'b1 : FNDVal2 = 7'b0110000;
  endcase
end
```

캐리 출력

```
  always @(clk100Hz, FNDVal2, FNDVal1)
  begin
    if (clk100Hz) begin
        FNDSel2 = 1'b0;
        FNDSel1 = 1'b1;
        FND = FNDVal2;
    end else begin                                    두 숫자를 교대로 출력
        FNDSel2 = 1'b1;
        FNDSel1 = 1'b0;
        FND = FNDVal1;
    end
  end
endmodule

module FullAdder(fa, fb, fc_in, fsum, fc_out);        // 전가산기
  input          fa, fb, fc_in;
  output         fsum, fc_out;

  assign sum=(~fa&~fb&fc_in)|(~fa&fb&~fc_in)|(fa&~fb&~fc_in)|(fa&fb&fc_in);
  assign fc_out=(fa&fb)|(fa&fc_in)|(fb&fc_in);
endmodule

module HalfAdder(ha, hb, hsum, hc_out);               // 반가산기
  input          ha, hb;
  output         hsum, hc_out;

  assign hsum=(~ha&hb)|(ha&~hb);
  assign hc_out=ha&hb;
endmodule
```

Verilog의 구조적 표현

Verilog에서 구조적 표현Structural Description은 실제 회로를 구성하는 컴포넌트 간의 연결을 정의한다. Verilog에서는 하나의 module을 정의하고, 정의된 module은 다른 module에서 객체화Instantiation에 의해 컴포넌트 상호 간의 연결을 정의할 수 있다. module의 객체를 생성하는 형식은 다음과 같다.

```
module_name    instance_name1 (terminal, terminal …);
module 이름     module 객체 이름
               instance_name2 (terminal, terminal …);
```

module 객체의 생성은 module 이름(module_name)과 하나 또는 그 이상의 module 객체 생성으로 구성된다. 하나의 객체는 객체 이름(instance_name)과 터미널이라고 부르는 연결 리스트로 구성된다. 이 터미널들은 객체로 생성된 module의 포트로 연결된다. 가장 간단한 Verilog의 구조적 표현 예를 나타내면 다음과 같다.

코드 4-19

```
1  module CarAlarm(Door, Ignition, SeatBelt, Alarm);
2    input   Door, Ignition, SeatBelt;
3    output  Alarm;
4
5    wire   DoorOpened, NoSeatBelt, Node1, Node2;
6
7  // referenced by position
8    MNOT   MNOT1(Door, DoorOpened);
9    MNOT   MNOT2(SeatBelt, NoSeatBelt);
10   MAND   MAND1(DoorOpened, Ignition, Node1);
11   MAND   MAND2(Ignition, NoSeatBelt, Node2);
12   MOR    MOR1(Node1, Node2, Alarm);
13 endmodule
14
15 module MAND (in1, in2, out);
16   input      in1, in2;
17   output     out;
18   assign     out=(in1&in2);
19 endmodule
20
21
22 module MOR ( in1, in2, out);
23   input      in1, in2;
24   output     out;
25   assign     out=(in1|in2);
26 endmodule
27
28 module MNOT( in, out);
29   input      in;
30   output     out;
31   assign     out=~in;
32 endmodule
```

구조적 표현 (8~12행)

[코드 4-19]는 Verilog를 사용해 [그림 3-4]의 경고회로를 구조적으로 표현한 것이다. and, or, not 게이트가 MAND, MOR, MNOT module로 각각 정의되었다. CarAlarm module에서는 입력인 Door, Ignition, SeatBelt, Alarm을 포트로 선언하고 [그림 3-4]의 입출력을 제외한 중간 신호인 DoorOpened, NoSeatBelt, Node1 및 Node2를 wire로 선언했다. CarAlarm module에서는 입출력 신호와 중간 신호들을 연결하기 위해 다음과 같이 객체를 생성했다([코드 4-19]의 8~12행).

```
MNOT   MNOT1(Door, DoorOpened);
MNOT   MNOT2(SeatBelt, NoSeatBelt);
MAND   MAND1(DoorOpened, Ignition, Node1);
MAND   MAND2(Ignition, NoSeatBelt, Node2);
MOR    MOR1(Node1, Node2, Alarm);
```

즉, MNOT1은 MNOT module의 객체로서 입력 Door를 받아 반대 논리를 가진 DoorOpened를 출력한다. 그리고 MAND1은 MAND module의 객체이며, 입력 DoorOpened와 Ignition의 and 논리 값을 Node1로 출력한다. 이와 같이 객체의 포트 위치에 값을 전달하는 방식을 위치에 의한 참조Referenced by Position라고 하며, 다음과 같이 이름에 의해 값을 전달할 수도 있다. 이러한 방식을 이름에 의한 참조Referenced by Name라고 한다. 즉, 값 전달을 위치에 상관없이 이름으로 연결하는 방식을 의미한다.

```
MNOT   MNOT1(.out(DoorOpened), .in(Door));
MNOT   MNOT2(.out(NoSeatBelt), in(SeatBelt));
MAND   MAND1(.out(Node1), .in2(Ignition), .in1(DoorOpened));
MAND   MAND2(.in1(Ignition), out(Node2), .in2(NoSeatBelt));
MOR    MOR1(.out(Alarm), .in2(Node2), .in1(Node1),);
```

module 정의

먼저 리플 가산기 설계에서 객체로 생성할 module을 정의한다. 리플 가산기에서는 전가산기와 반가산기가 사용되며, 이 두 종류의 가산기를 다음과 같이 module로 정의한다([코드 4-18]의 70~84행).

```
module FullAdder(fa, fb, fc_in, fsum, fc_out);                    // 전가산기
  input              fa, fb, fc_in;
  output             fsum, fc_out;

  assign sum=(~fa&~fb&fc_in)|(~fa&fb&~fc_in)|(fa&~fb&~fc_in)|(fa&fb&fc_in);
  assign fc_out=(fa&fb)|(fa&fc_in)|(fb&fc_in);
endmodule

module HalfAdder(ha, hb, hsum, hc_out);                           // 반가산기
  input              ha, hb;
  output             hsum, hc_out;

  assign hsum=(~ha&hb)|(ha&~hb);
  assign hc_out=ha&hb;
endmodule
```

전가산기 module에서는 sum과 carry에 전가산기의 출력 논리식을 각각 할당하며, 반가산기에서도 sum과 carry에 반가산기의 출력 논리식을 각각 할당한다.

module의 객체 생성과 연결

4비트 리플 가산기에서는 3개의 전가산기와 1개의 반가산기가 사용된다. 3개의 전가산기는 FA1, FA2, FA2 객체로 각각 생성되며, 가장 낮은 자리인 반가산기 객체 입력에는 x[0]과 y[0]을 연결하고, 출력에는 sum[0]과 c[0]을 연결한다. 그다음 자리의 전가산기 입력에는 x[1]과 y[1] 그리고 반가산기 출력인 c[0]을 연결하고, 출력에는 sum[1]과 c[1]을 각각 연결한다. 이와 같은 방법으로 FA2와 FA3 객체를 생성하고 연결한다.

```
// referenced by position
  HalfAdder  HA0(x[0], y[0], sum[0], c[0]);
  FullAdder  FA1(x[1], y[1], c[0], sum[1], c[1]);
  FullAdder  FA2(x[2], y[2], c[1], sum[2], c[2]);
  FullAdder  FA3(x[3], y[3], c[2], sum[3], c[3]);
```

4.4.2 VHDL을 이용한 리플 가산기 설계

[코드 4-20]은 리플 가산기를 구조적인 방법으로 설계한 VHDL 소스이다.

코드 4-20 [VHDL\DigitalDesign\RippleAdder]

```
library ieee;
use ieee.std_logic_1164.ALL;
package UserAdder is
  component FullAdder
    port(a, b, c_in   : in  std_logic;
           sum, c_out  : out std_logic);
  end component;

  component HalfAdder
    port(a, b          : in  std_logic;
           sum, c_out  : out std_logic);
  end component;
end UserAdder;

library ieee;
use ieee.std_logic_1164.ALL;
entity FullAdder is
  port(a, b, c_in : in  std_logic;
         sum, c_out : out std_logic);
end FullAdder;
architecture designFA of FullAdder is
begin
  sum <= (not a and not b and c_in) or (not a and b and not c_in)
    or (a and not b and not c_in) or (a and b and c_in);
  c_out <= (a and b) or (a and c_in) or (b and c_in);
end designFA;

library ieee;
use ieee.std_logic_1164.ALL;

```

컴포넌트 정의

전가산기의 entity 선언

전가산기

```
  port(  a, b     : in    std_logic;
     sum, c_out   : out   std_logic);
end HalfAdder;
```

반가산기의 entity 선언

```


begin
  sum <= (not a and b) or (a and not b);
  c_out <= a and b;
end designHA;
```

반가산기

```

library ieee;
use ieee.std_logic_1164.ALL;

library work;
use work.UserAdder.all;

entity RippleAdder is
  port(  clk                : std_logic;
         x, y               : in std_logic_vector(3 downto 0);
         FND                : out std_logic_vector(6 downto 0);
         FNDSel2, FNDSel1   : out std_logic);
end RippleAdder;
```

리플 가산기의 entity 선언

```

architecture  Behavioral of RippleAdder is
  signal c                  : std_logic_vector(2 downto 0);
  signal sum                : std_logic_vector(3 downto 0);
  signal c_out              : std_logic;
  signal clk100Hz           : std_logic;
  signal FNDVal2, FNDVal1   : std_logic_vector(6 downto 0);
begin
  c0: HalfAdder port map (x(0), y(0), sum(0), c(0));
  c12   : for i in 1 to 2 generate
         c1to2:  FullAdder port map(x(i), y(i), c(i-1), sum(i), c(i));
      end generate;
  c3: FullAdder port map(x(3), y(3), c(2), sum(3), c_out);
```

컴포넌트 호출과 포트 매핑

```

  process(clk)
    variable m    : integer := 0;
  begin
    if rising_edge(clk) then
        if m >= 4999 then
```

클럭 분주

```
          m := 0;
          clk100Hz <= not clk100Hz;
      else
          m := m + 1;
      end if;
  end if;
end process;

process(sum, c_out)
begin
  case sum is
      when "0000"  => FNDVal1 <= "1111110";
      when "0001"  => FNDVal1 <= "0110000";
      when "0010"  => FNDVal1 <= "1101101";
      when "0011"  => FNDVal1 <= "1111001";
      when "0100"  => FNDVal1 <= "0110011";
      when "0101"  => FNDVal1 <= "1011011";
      when "0110"  => FNDVal1 <= "1011111";
      when "0111"  => FNDVal1 <= "1110000";
      when "1000"  => FNDVal1 <= "1111111";
      when "1001"  => FNDVal1 <= "1110011";
      when "1010"  => FNDVal1 <= "1111101";
      when "1011"  => FNDVal1 <= "0011111";
      when "1100"  => FNDVal1 <= "0001101";
      when "1101"  => FNDVal1 <= "0111101";
      when "1110"  => FNDVal1 <= "1101111";
      when "1111"  => FNDVal1 <= "1000111";
      when others => FNDVal1 <= "0000000";
  end case;

  case c_out is
      when '0'  => FNDVal2 <= "1111110";
      when '1'  => FNDVal2 <= "0110000";
      when others => FNDVal2 <= "0000000";
  end case;
end process;

process(clk100Hz, FNDVal2, FNDVal1)
begin
  if (clk100Hz = '1') then
      FNDSel2 <= '0';
      FNDSel1 <= '1';
```

클럭 분주

더한 결과 출력

캐리 출력

두 숫자를 교대로 출력

```
            FND <= FNDVal2;
        else
            FNDSel2 <= '1';
            FNDSel1 <= '0';
            FND <= FNDVal1;
        end if;
    end process;
end Behavioral;
```

두 숫자를 교대로 출력

VHDL의 구조적 모델링

구조적 모델링은 어떤 논리소자가 사용되고, 그 소자들이 어떻게 연결되는지 표현함으로써 설계하는 것이다. 일례로 [그림 3-4]의 자동차 경고 회로는 게이트 레벨에서 표현한 것이며, 이 회로를 VHDL을 이용해 구조적 모델링으로 표현하면 다음과 같다.

코드 4-21

```
architecture design of Alarm is
-- Component declarations
  component AND21
        port (in1, in2    : in std_logic;
              out         : out std_logic);
  end component;

  component OR21
        port (in1, in2    : in std_logic;
              out         : out std_logic);
  end component;

  component NOT11
        port (in          : in std_logic;
              out         : out std_logic);
  end component;

  signal DoorOpened, NoSeatBelt, Node1, Node2 : std_logic;
begin
-- Statements to interconnect declared components
  U0: NOT11 port map (Door, DoorOpened);
  U1: NOT11 port map (SeatBelt, NoSeatBelt);
  U2: AND21 port map (Ignition, DoorOpened , Node1);
  U3: AND21 port map (Ignition, NoSeatBelt, Node2);
  U4: OR21 port map (Node1, Node2, Alarm);
end design
```

[코드 4-21]에서는 AND, OR, NOT 게이트에 대한 컴포넌트를 사용했다. 구조적 모델링을 위해서는 먼저 컴포넌트가 정의되어야 하며, 다음 AND 컴포넌트의 경우와 같이 entity를 선언하고 architecture에서 동작이 기술되어야 한다.

```
entity AND is
        port (in1, in2    : in std_logic;
              out         : out std_logic);
end AND2;

architecture behavioral of AND is
begin
              out1 <= in1 and in2;
end behavioral;
```

이러한 선언들은 VHDL 코드에서 참조되는 헤더 파일에 하나의 사용자 package로 저장될 수 있다. 컴포넌트 선언에서는 입력(in1, in2)과 출력(out) 포트를 선언하고 내부적으로 사용되는 신호를 정의해야 한다. 이 신호들은 앞에 나온 DoorOpened, NoSealBelt, Node1 및 Node2 신호들이다. [코드 4-21]의 begin 다음에 나오는 문장들은 컴포넌트들을 호출하고 이 컴포넌트들이 서로 어떻게 연결됐는지 나타내는데, 일반적인 형식은 다음과 같다.

```
label: <component_name> port map (<port_list>);
```

각 줄은 U0과 같은 객체 이름으로 시작하고 그 다음에 컴포넌트 이름이 나오며, port map에서 컴포넌트에 신호들이 어떻게 연결됐는지 정의한다.

리플 가산기의 컴포넌트 선언

앞에서 설명한 것과 같이, 컴포넌트는 사용자가 정의하는 package 내에 정의될 수 있다. 리플 가산기에서 정의한 컴포넌트는 전가산기와 반가산기이며, 이 정의에는 컴포넌트들이 가진 입출력이 나타나 있다([코드 4-20]의 3~13행).

```
package UserAdder is
  component FullAdder
      port(    a, b, c_in    : in std_logic;
               sum, c_out    : out std_logic);
  end component;

  component HalfAdder
      port(    a, b          : in std_logic;
```

```
                sum, c_out    : out std_logic);
    end component;
end UserAdder;
```

이 package 이름은 UserAdder이며, package는 리플 가산기의 라이브러리 헤더 부분에 다음과 같이 포함되어야 한다([코드 4-20]의 44~45행).

```
  library work;
  use work.UserAdder.all;
```

컴포넌트 동작의 정의

컴포넌트가 선언되면 동작을 나타내야 한다. 리플 카운터의 경우, 전가산기에 대한 동작 표현은 다음과 같다([코드 4-20]의 17~26행).

```
    entity FullAdder is
        port(a, b, c_in   : in     std_logic;
             sum, c_out   : out    std_logic);
    end FullAdder;

    architecture designFA of FullAdder is
    begin
        sum <= (not a and not b and c_in) or (not a and b and not c_in)
            or (a and not b and not c_in) or (a and b and c_in);
        c_out <= (a and b) or (a and c_in) or (b and c_in);
  end designFA;
```

전가산기의 입출력은 entity에서 선언되고 architecture에서 동작이 표현된다. 전가산기에 대한 동작은 3.2.3절의 '논리식 유도에 의한 설계'와 같이 논리식으로 나타낼 수 있다.

컴포넌트 호출과 포트 매핑

리플 가산기에서는 컴포넌트를 호출해 포트 매핑으로 전가산기와 반가산기를 연결함으로써 전체 회로를 설계한다. 다음은 컴포넌트를 호출하고 포트 매핑을 실행한 부분이다([코드 4-20]의 61~65행).

```
  c0 : HalfAdder port map (x(0), y(0), sum(0), c(0));
  c12: for i in 1 to 2 generate
           c1to2:  FullAdder port map(x(i), y(i), c(i-1), sum(i), c(i));
     end generate;
  c3 : FullAdder port map(x(3), y(3), c(2), sum(3), c_out);
```

리플 가산기의 두 입력은 각각 4비트이므로 3개의 전가산기와 하나의 반가산기가 사용된다. 반가산기는 캐리 입력이 없는 가장 낮은 자리의 두 비트를 더할 때 사용된다. 따라서 위의 두 입력 x(0), y(0)를 더한 결과 sum(0)과 캐리 c(0)를 출력한다. 또한 중간 두 비트는 아랫자리에서 발생한 캐리와 두 입력을 더하는 것이므로, 두 자리에 대해 loop 문을 사용하여 포트 매핑을 실시했다. 가장 높은 자리에서는 캐리 출력 매핑을 전체 설계의 캐리 출력 c_out에 매핑했다.

4.4.3 시뮬레이션 및 실행

시뮬레이션

[그림 4-10]과 같이 시뮬레이션하기 위해 리플 가산기의 소스 코드를 약간 변경했다. FND를 출력하려면 FNDSel2와 FNDSel1을 교대로 인에이블시켜야 하며, 원래의 소스 코드를 수정해서 클럭을 10 분주하여 교대로 FND가 출력되도록 했다. 키트에서는 1MHz의 클럭을 사용하므로 FND 출력에는 100Hz의 클럭이 사용되지만 이렇게 하면 실행하면 FNDSel2와 FNDSel1의 신호가 너무 빨리 자주 바뀌기 때문에 출력 값을 확인하기 어렵다.

시뮬레이션 결과에서는 3가지 경우의 입력에 대한 결과를 알 수 있다. x와 y에 각각 "0110"과 "1010"을 입력했을 때 더한 결과는 "10000"이며 16진수로 0x10이다. 따라서 두 자리 FND에 16진수 1과 0이 각각 출력되어야 한다. 따라서 0x10자리에는 "0110000"이, 0x01자리에는 "1111100"이 각각 출력되어야 한다. 따라서 FNDSel2가 '0'일 때는 "0110000"이 출력되어 0x1이 출력되며, FNDSel1이 '0'일 때는 "1111110이 출력되어 0x0이 출력된다는 것을 알 수 있다.

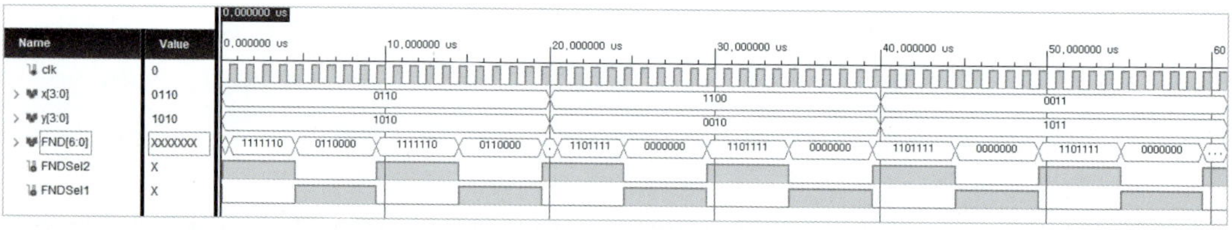

(a) Vivado

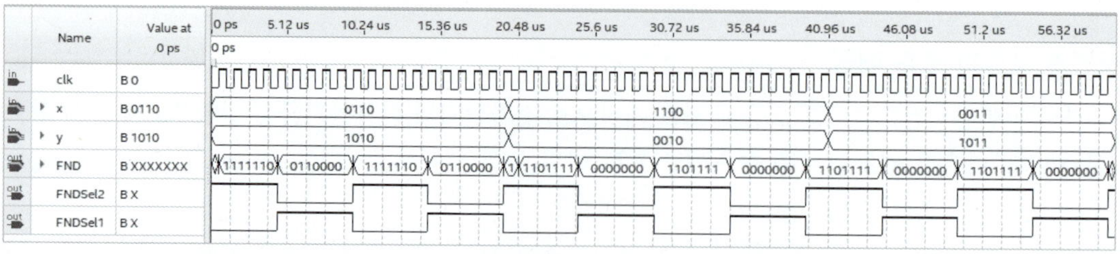

(b) Quartus

[그림 4-10] 리플 가산기의 시뮬레이션 결과

디바이스 핀 할당과 실행

시뮬레이션 후 핀 할당은 n비트 가산/감산기와 마찬가지로 입력 x와 y에 각각 4개의 슬라이드 스위치를 할당하고, 출력에는 FND와 선택 신호를 할당한다. 핀을 할당한 후 다시 컴파일하고, 실습 키트에 다운로드하여 시뮬레이션에서 사용한 것과 동일하게 입력한 결과를 확인한다.

실습과제

4.4 Carry Look Ahead 가산기 설계

목적 및 배경

리플 가산기는 캐리가 낮은 자리에서 발생해서 차례로 윗자리로 전파되므로, 최종 결과가 나올 때까지 캐리가 가장 높은 자리로 전파되는 시간만큼 지연이 발생한다는 단점이 있다. 따라서 더하는 수의 자릿수가 많아질수록 지연이 길어진다.

Carry Look Ahead 가산기는 이러한 캐리의 전파 지연을 없애 단점을 보완한 가산기이다. 이 가산기는 반가산기를 이용해 설계해야 한다. 이번 실습에서는 전파 지연이 없는 Carry Look Ahead 가산기를 설계하는데, 컴포넌트 선언과 포트 매핑 설계를 통해 구조적 모델링에 의한 설계 방법을 익힌다.

실습 내용

전가산기는 반가산기를 이용해 설계할 수 있다. 반가산기는 아랫자리에서 캐리가 발생하는 것을 고려하지 않는 가산기이며, 진리표는 [표 4-11]과 같다.

[표 4-11] 반가산기의 진리표

a	b	c_out	s
0	0	0	0
0	1	0	1
1	0	0	1
1	1	1	0

이 반가산기의 진리표에 의해 출력 s와 c_out은 다음과 같다.

$$s = a' \cdot b + a \cdot b' = a \oplus b$$
$$c\_out = a \cdot b$$

그리고 전가산기는 아랫자리에서 올라오는 캐리를 반가산기의 결과에 더해야 하므로, 이를 이용해서 전가산기의 합을 유도하면 다음과 같다.

$$s(\text{Full Adder}) = (a \oplus b) \oplus c$$

또한 반가산기의 캐리는 c=a and b이며, 전가산기에 적용하면 전가산기는 반가산기의 결과와 다시 캐리를 더하는 것이므로, 반가산기에서 캐리가 발생하거나 반가산기의 결과와 전가산기의 캐리를 더한 결과에서 캐리가 발생할 때 전가산기의 캐리가 발생된다. 즉, 다음과 같다.

$$c\_out(Full\ Adder) = (a \cdot b) + ((a \oplus b) \cdot c)$$

이를 게이트 레벨의 블록도로 나타내면 다음과 같다. [그림 4-11]은 i번째 자리에 대한 전가산기 회로이다.

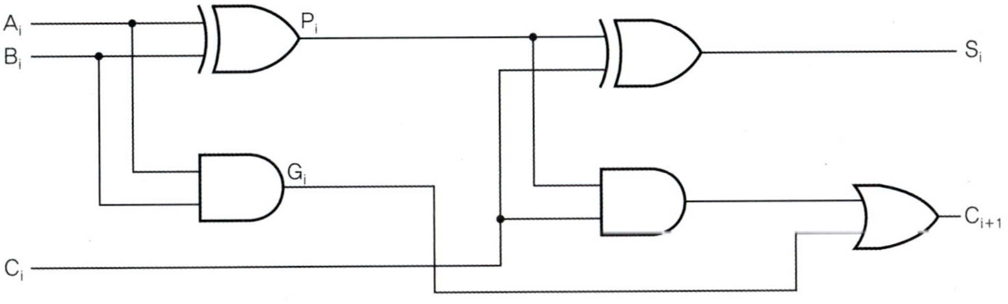

[그림 4-11] 2개의 반가산기로 구현한 전가산기의 블록도

[그림 4-11]에서 2개의 중간 값 P_i와 G_i의 논리식은 다음과 같다.

$$P_i = A_i \oplus B_i$$
$$G_i = A_i \cdot B_i$$

또한 가산 결과 출력과 캐리는 다음과 같다.

$$S_i = P_i \oplus G_i$$
$$C_{i+1} = G_i + P_i \cdot C_i$$

위의 논리식에서 P_i와 G_i는 입력이 주어지면 지연 없이 나오는 중간 값이다. 이 중간 값만을 이용해 캐리에 대한 논리식을 세우면 다음과 같다.

$$C_1 = G_0$$
$$C_2 = G_1 + P_1 \cdot C_1 = G_1 + P_1 \cdot G_0$$
$$C_3 = G_2 + P_2 \cdot C_2 = G_2 + P_2 \cdot G_1 + P_2 \cdot P_1 \cdot G_0$$
$$C_4 = G_3 + P_3 \cdot C_3 = G_3 + P_3 \cdot G_2 + P_3 \cdot P_2 \cdot G_1 + P_3 \cdot P_2 \cdot P_1 \cdot G_0$$

논리식에서 캐리들은 입력과 동시에 값이 나오는 G_i와 P_i로만 구성됐으므로, 캐리의 전파 지연 없이 가산기를 설계할 수 있다. 따라서 Carry Look Ahead를 이용한 4비트 가산기의 블록도는 [그림 4-12]와 같다. 그림의 가운데 블록에는 Carry Look Ahead를 발생시키는 회로가 포함된다.

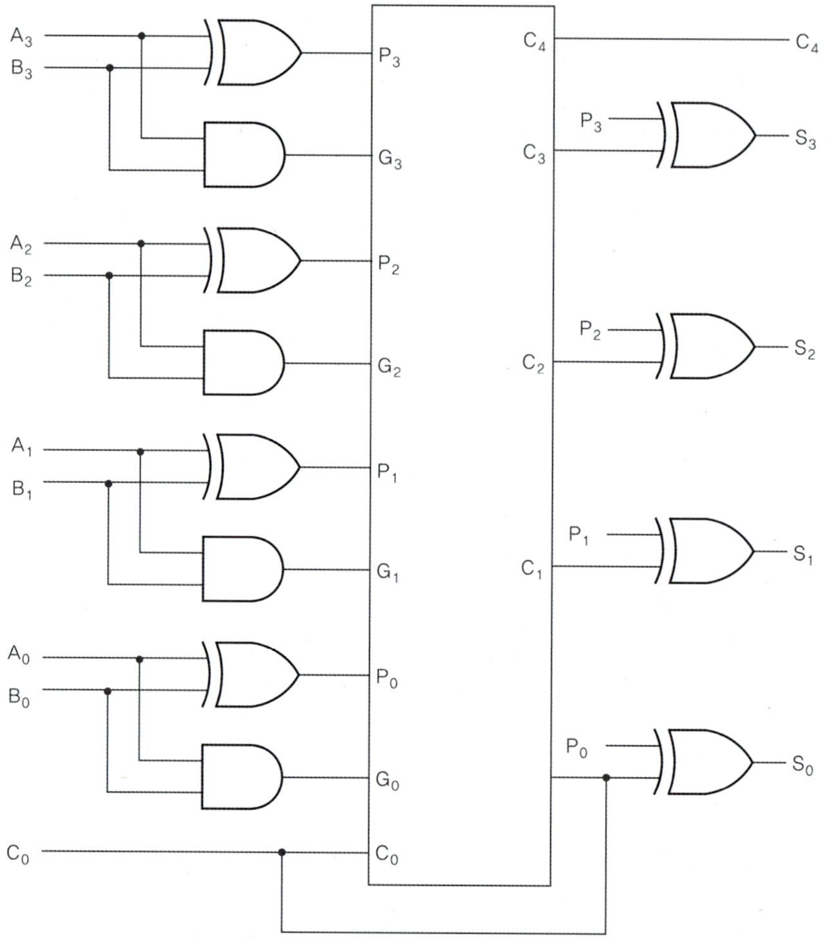

[그림 4-12] Carry Look Ahead를 가진 4비트 가산기의 블록도

1. Verilog를 이용한 Carry Look Ahead 가산기 설계

앞에서 설명한 리플 가산기를 구조적 표현 방법으로 설계하기 위해 [그림 4-12]를 세 부분으로 구분해서 P_i와 G_i가 발생되는 부분, Carry Look Ahead 발생회로 및 XOR 논리회로의 객체를 생성하기 위한 3개의 module로 정의한다. 다음 생성된 객체를 이용해 Carry Look Ahead 가산기를 설계한다.

(1) P_i와 G_i를 발생시키는 컴포넌트 정의

가장 먼저 P_i와 G_i를 발생시키는 module에 대해 정의한다. 이 module은 입력 A_i와 B_i를 받아 다음과 같은 논리식으로 정의된다.

$$P_i = A_i \oplus B_i$$
$$G_i = A_i \cdot B_i$$

하단에 제시한 템플릿을 이용하여 위와 같은 논리 동작을 실행하는 module을 정의한다.

```
module <module_name> (terminal name);
  input    input_names ;
  output   output names ;

  <Module Statement1>;
  ...
  ...
endmodule;
```

(2) Carry Look Ahead를 생성하는 component 정의

다음 Carry Look Ahead를 생성하는 논리식은 다음과 같다.

$$C_1 = G_0$$
$$C_2 = G_1 + P_1 \cdot C_1 = G_1 + P_1 \cdot G_0$$
$$C_3 = G_2 + P_2 \cdot C_2 = G_2 + P_2 \cdot G_1 + P_2 \cdot P_1 \cdot G_0$$
$$C_4 = G_3 + P_3 \cdot C_3 = G_3 + P_3 \cdot G_2 + P_3 \cdot P_2 \cdot G_1 + P_3 \cdot P_2 \cdot P_1 \cdot G_0$$

P_i와 G_i를 발생시키는 module을 정의했던 것과 동일한 방법으로, Carry Look Ahead를 생성하는 module을 정의한다. 이 module은 [그림 4-12]의 중간 블록에 해당한다.

(3) XOR에 대한 component 정의

마지막 module은 XOR이며 다음과 같은 논리식을 갖는다.

$$S_i = P_i \oplus C_i$$

앞부분과 같은 방법으로 XOR에 대한 module을 정의한다. 이때 XOR은 Verilog의 예약어이므로 modulc_name으로 XOR 내신 나른 이름을 사용한다.

(4) 객체를 생성해 컴포넌트 연결

Carry Look Ahead를 설계하기 위해 앞에서 정의된 module들은 다음과 같은 형식으로 객체를 생성함으로써 컴포넌트 사이의 연결 상태를 표현한다.

```
module_name instance_name (terminals);
```

이와 같이 설계된 가산기의 결과는 wire sum에 저장되며, sum에 저장된 가산 결과가 FND에 출력되도록 한다.

2. VHDL을 이용한 Carry Look Ahead 가산기 설계

앞에서 설명한 리플 가산기를 구조적 모델링을 통해 컴포넌트와 포트 매핑으로 설계해보자. [그림 4-12]를 세 부분으로 구분해서 P_i와 G_i를 발생시키는 부분, Carry Look Ahead 발생회로 및 XOR 등 3개의 컴포넌트를 먼저 정의하고 package에 포함시켜 호출한 후 포트 매핑하여 설계한다.

(1) P_i 와 G_i 를 발생시키는 컴포넌트 정의

가장 먼저 P_i와 G_i를 발생시키는 컴포넌트를 정의한다. 이 컴포넌트는 입력 A_i와 B_i를 받아 다음과 같은 논리식으로 정의된다.

$$P_i=A_i \oplus B_i$$

$$G_i=A_i \cdot B_i$$

하단에 제시한 템플릿을 이용하여 위와 같은 논리 동작을 실행하는 component를 정의하라.

```
entity <entity_name> is
  port(    <input_name> : in     <type>;
           <output_nam> : out    <type>    );
end <entity_name>;

architecture <arch_name> of <entity_name> is
begin
  <Process Statement1>;
  ...
  ...
end design;
```

(2) Carry Look Ahead를 생성하는 컴포넌트 정의

다음 Carry Look Ahead를 생성하는 논리식은 다음과 같다.

$$C_1 = G_0$$
$$C_2 = G_1 + P_1 \cdot C_1 = G_1 + P_1 \cdot G_0$$
$$C_3 = G_2 + P_2 \cdot C_2 = G_2 + P_2 \cdot G_1 + P_2 \cdot P_1 \cdot G_0$$
$$C_4 = G_3 + P_3 \cdot C_3 = G_3 + P_3 \cdot G_2 + P_3 \cdot P_2 \cdot G_1 + P_3 \cdot P_2 \cdot P_1 \cdot G_0$$

P_i와 G_i를 발생시키는 컴포넌트를 정의했던 것과 동일한 방법으로 Carry Look Ahead를 생성하는 컴포넌트를 정의한다. 이 컴포넌트는 [그림 4-12]의 중간 블록에 해당한다.

(3) XOR에 대한 컴포넌트 정의

마지막 컴포넌트는 XOR이며, 다음과 같은 논리식을 갖는다.

$$S_i = P_i \oplus C_i$$

(1)~(2)와 같은 방법으로 XOR에 대한 컴포넌트를 정의한다. XOR은 VHDL의 예약어이므로 entity_name으로는 XOR 대신 다른 이름을 사용해야 한다. 이때 주의할 점은 모든 컴포넌트를 정의하기 전에 사용하는 라이브러리와 package를 지정해야 한다는 것이다. 예를 들어 P_i와 G_i를 발생시키는 컴포넌트 앞에는 다음과 같이 지정해야 하며, 다른 컴포넌트에 대해서도 동일하게 지정해야 한다.

```
library ieee;
use ieee.std_logic_1164.ALL;
```

(4) 3개의 컴포넌트가 포함된 package 선언

3개의 컴포넌트를 정의하고 이 컴포넌트들을 사용하려면 package가 선언되어야 한다. 다음 템플릿을 이용하여 3개의 컴포넌트가 포함된 package를 선언한다.

```
package <package_name> is
component <component_name>
  port(    <input_name> : in     <type>;
           <output_nam> : out    <type>);
  end component;
...
...
end <package_name>;
```

(5) 포트 매핑

모든 컴포넌트와 package가 정의되었다면 포트 매핑에 의해 Carry Look Ahead 가산기를 설계한다. 이때 다음과 같이 사용자가 정의한 package가 라이브러리에 반드시 포함되어야 한다.

Carry Look Ahead를 설계하기 위해 앞에서 정의된 컴포넌트를 다음과 같은 형식으로 포트 매핑함으로써 컴포넌트와 signal들의 연결 상태를 나타낸다.

```
label: <component_name> port map (<port_list>);
```

이와 같이 설계된 가산기의 결과는 signal sum에 저장되며, sum에 저장된 가산 결과가 FND에 출력되도록 한다.

3. 시뮬레이션 및 실행

Verilog, VHDL 코드를 컴파일한 후 시뮬레이션한다. 시뮬레이션 입력은 리플 가산기의 입력과 동일하게 한다. 시뮬레이션 결과에서는 입력에 대한 덧셈 결과가 정확하게 나왔는지, 그리고 Carry Look Ahead에 의한 덧셈 결과가 앞에서 설계한 리플 가산기의 결과보다 빠르게 출력됐는지 확인한다.

실습과제

4.4 설계 실습 결과 보고서

일시		전공		실습 시간	
학번			이름		
제목	Carry Look Ahead 가산기 설계				
실습 목적	Carry Look Ahead 가산기는 캐리의 전파 지연을 없앰으로써 리플 가산기보다 덧셈 결과가 빨리 나올 수 있게 한다. 이번 실습에서는 전파 지연이 없는 Carry Look Ahead 가산기를 설계해 덧셈 결과가 출력되는 지연시간을 리플 가산기와 비교하고, module 및 컴포넌트를 생성한 후 이들을 이용해 구조적으로 모델링하는 설계 방법을 익힌다.				
실습 내용	실습 결과				
HDL 설계	1. [그림 4-12]의 Carry Look Ahead 가산기에서 Pi와 Gi를 발생시키는 부분, Carry Look Ahead 발생회로, XOR 등 3개의 module 및 컴포넌트를 정의하고 객체 생성, 포트 매핑 절차에 의해 Verilog 또는 VHDL로 설계하라. **Carry Look Ahead 가산기의 Verilog 또는 VHDL 코드**				

HDL 설계	2. 설계된 가산기를 컴파일하고 시뮬레이션하라. 이때 시뮬레이션 입력을 리플 가산기의 시뮬레이션 입력과 동일하게 하라. 리플 가산기와 같은 시뮬레이션 입력에 대해 덧셈 결과가 출력되는 지연시간을 비교하라.

리플 가산기와 Carry Look Ahead 가산기의 시뮬레이션 결과 비교	
리플 가산기	
Carry Look Ahead 가산기	

3. 컴파일된 Carry Look Ahead 가산기를 DIGCOM 키트에 다운로드하여 실행하고, 위의 시뮬레이션과 동일한 입력을 주었을 때의 결과를 확인하라.

실습 결과 및 토의	

CHAPTER

04 연습문제

4.1 n비트 가산/감산기

1. 4비트 가산/감산기에서 입력이 다음 표와 같을 때 FND에 나타나는 출력 값은 얼마인가?

M	a	b	FND 출력(16진수)
'0'	"0111"	"1110"	
	"1101"	"0010"	
'1'	"0111"	"1110"	
	"1101"	"0010"	

2. n비트 가산/감산기의 예에서 입출력 비트 수가 많아질수록 Schematic으로 설계할 때와 Verilog 또는 VHDL로 설계할 때의 장단점을 설명하라.

3. BCD 가산기에서 두 입력이 다음과 같을 때, 16진수 중간 덧셈 결과와 중간 결과가 BCD로 변환된 값을 시뮬레이션으로 나타내라.

a	b	중간 덧셈 결과(HEX)	BCD
"0111"	"0111"		
"1000"	"0001"		
"0110"	"1000"		
"0101"	"0011"		
"1001"	"1001"		

4. Verilog 코드([코드 4-5]), VHDL 코드([코드 4-6])로 구현한 4비트 가산/감산기에 대해 다음 물음에 답하라.

(a) 8비트 가산/감산기로 확장하기 위해 어떤 부분을 수정해야 하는가?

(b) 8비트 가산/감산기를 Verilog 또는 VHDL로 구현하고 시뮬레이션으로 결과를 확인한 후, 결과를 나타내라.

4.2 '1' 개수 카운터

5. Verilog 코드([코드 4-13])과 VHDL 코드([코드 4-14])를 while 문으로 다시 작성하라.

6. while 문을 사용하지 않고 if 문만 이용해 [실습과제 4.2]에서 설계한 Leading One 카운터를 Verilog 또는 VHDL로 다시 설계하라.

7. **Verilog** [코드 4-13]에서는 배열로 선언된 입력에서 '1'의 개수를 카운트하기 위해 for 문을 사용했다. 다음 코드에서 for 문을 사용하지 않고 각 비트 값을 읽어 '1'의 개수를 카운트하는 형식으로 다시 작성하라.

```
for(i=0;i<8;i=i+1)
    begin
        if(d[i])
            oneCount=oneCount+1;
end
```

8. **VHDL** [코드 4-14]에서는 배열로 선언된 입력에서 '1'의 개수를 카운트하기 위해 for loop 문을 사용했다. 코드에서 다음 부분을, for loop 문을 사용하지 않고 각 비트 값을 읽어 '1'의 개수를 카운트하는 형식으로 다시 작성하라.

```
for i in d'range loop
  if d(i) = '1' then
       oneCount := oneCount + 1;
  end if;
end loop;
```

9. **VHDL** signal이 다음과 같이 선언됐을 때 표 안의 attribute에 의해 리턴되는 값은 무엇인가?

```
signal d    : std_logic_vector(7 downto 0);
```

attribute	리턴
d'low	
d'high	
d'left	
d'right	
d'length	
d'range	
d'reverse_range	

10. VHDL 다음 할당문은 모두 동일하게 동작한다. attribute를 사용하는 조건 또는 함수의 동작에 대해 설명하라.

```
if (clk'event and clk = '1') …
if (not clk'stable and clk = '1') …
wait until (clk'event and clk = '1');
if rising_edge(clk) …
```

4.3 패리티 발생기

11. while 문을 사용해 패리티 비트가 발생되도록 Verilog 코드([코드 4-16])와 VHDL 코드([코드 4-17])를 다시 작성하라.

12. [실습과제 4.3]의 패리티 검사기에서 1비트 입력 k를 추가해 k='0'일 경우 짝수 패리티 검사기로, k='1'일 경우 홀수 패리티 검사기로 동작하도록 설계하라.

13. Verilog 패리티 발생기의 [코드 4-15]에서 모든 입력 비트에 대해 XOR 연산하여 패리티 비트를 생성하지 않고, for 문을 이용해 패리티 비트를 발생시키는 코드를 작성하라.

14. Verilog 짝수 패리티 발생기에 1비트의 입력 k를 추가해 k='0'일 경우 짝수 패리티 발생기가, '1'일 경우 홀수 패리티가 발생하도록 다음 부분을 수정하라.

```
function [n:0] parity;
  input[n-1:0] data;
  begin
      parity =  {^data, data};
  end
endfunction
```

15. VHDL 패리티 발생기의 [코드 4-17]에서 for~loop 문을 사용하지 않고 모든 입력을 동시에 XOR 연산한 후, 결과를 원래 데이터에 추가하는 방법으로 코드를 다시 작성하라. 또한 이 방법과 for~loop를 사용하는 방법의 장점 및 단점을 설명하라.

16. VHDL 짝수 패리티 발생기에 1비트의 입력 k를 추가해 k='0'일 경우 짝수 패리티가, k='1'일 경우 홀수 패리티가 발생하도록 다음 부분을 수정하라.

```
for i in input'range loop
  temp1 := temp1 xor input(i);
  temp2(i) := input(i);
end loop;
```

4.4 리플 가산기

17. Verilog, VHDL 설계에서의 '구조적 모델링'에 대해 설명하라.

18. 디지털 회로를 설계할 때 동작 모델링에 의한 방법과 구조적 모델링에 의한 방법의 장단점을 각각 설명하라.

19. [실습과제 4.1]에서 설계한 BCD 가산기는 한 자리의 BCD 가산을 위한 것으로, 블록도로 나타내면 다음과 같다.

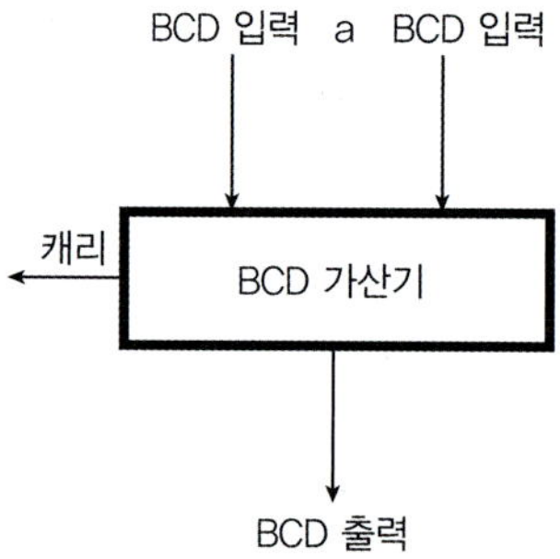

[실습과제 4.1]에서 설계한 BCD 가산기에 아랫자리에서 발생한 캐리를 더하는 부분을 추가해서 module 또는 컴포넌트로 정의하고, 이들을 이용해 구조적으로 모델링하여 아래 블록도와 같은 4자리 BCD 가산기를 설계하고 시뮬레이션 결과를 나타내라.

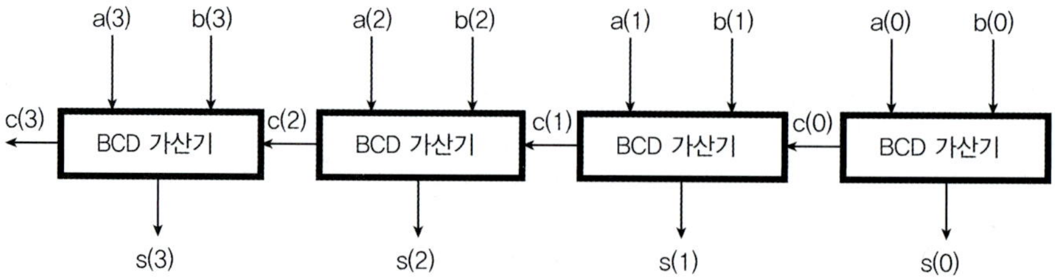

20. BCD 가산기를 심볼로 생성하고 4.1절과 같이 같이 생성된 심볼을 이용해 Schematic으로 4자리 BCD 가산기를 설계하라.

CHAPTER

05

순차논리회로 설계

이 장에서는 순차논리회로를 설계하기 위해 FSM도를 그린 후, 이것을 이용해서 Verilog와 VHDL로 설계하는 과정을 설명한다. 일반적으로 Schematic으로 설계하기 위해서는 상태도와 상태표를 작성한 후 사용할 플립플롭에 맞게 입력, 현재 상태, 다음 상태를 반영하여 플립플롭의 입력식을 세우고 회로를 설계해야 한다. 그러나 Verilog와 VHDL의 경우 상태도만 정확하게 작성되면 Verilog나 VHDL로 표현함으로써 쉽게 설계할 수 있다.

CONTENTS

SECTION
5.1 간단한 상태도 구현

대부분의 디지털 논리회로를 조합논리회로만으로 설계하는 것은 쉽지 않으며, 순차논리회로와 함께 설계해야 하는 경우가 많다. 그러나 일반적으로 순차논리회로의 원리를 이해하지 못하거나, 이론적으로는 알지만 어떻게 적용해야 하는지 몰라서 사용하지 못할 때를 많이 볼 수 있다.

순차논리회로를 Schematic으로 설계하려면 상태도와 상태표를 작성한 후 사용할 플립플롭에 맞게 입력하고, 현재 상태 및 다음 상태를 반영해 플립플롭의 입력식을 세운 다음 회로를 설계해야 한다. 그러나 Verilog 또는 VHDL에서는 상태도만 정확하게 작성한 후 Verilog나 VHDL로 표현함으로써 설계할 수 있다. FSM[Finite State Machine]은 순차논리회로를 설계하는 방법이다. [그림 5-1]은 클럭을 사용하는 순차논리회로의 구성 요소를 나타낸 것이다.

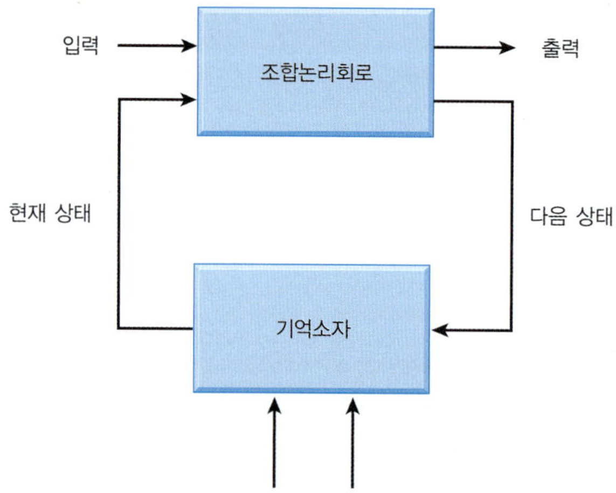

[그림 5-1] 클럭을 사용하는 순차논리회로

[그림 5-1]에서 아랫부분은 플립플롭을 포함한 기억소자이며, 윗부분은 조합논리회로 부분을 포함하고 있다. 조합논리회로 부분에는 2개의 입력이 있는데, 하나는 현재의 상태 정보이고 다른 하나는 외부에서 제공되는 입력이다. 이 부분에도 2개의 출력이 있는데, 하나는 다음 상태 정보이고 다른 하나는 외부 출력 신호이다. 그리고 아래 기억소자 부분에는 3개의 입력(클럭, 리셋, 다음 상태)과 하나의 출력(현재 상태)이 있다. 플립플롭은 순차논리회로 부분에 포함되어 있으므로 클럭과 리셋이 플립플롭에 연결돼야 한다. 상태 머신[State Machine]이 현재 상태 및 입력에 영향을 받으면 밀리 머신[Mealy Machine]이라고 하며, 오로지 현재 상태에만 영향을 받으면 무어 머신[Moore Machine]이라고 한다.

여기에서는 순차논리회로를 설명할 때 일반적으로 가장 많이 사용되는 예제들을 이용하여, 이 회로를 Verilog와 VHDL로 설계하는 과정을 살펴보자.

순차논리회로 설계의 첫 단계는 회로가 동작하는 것을 이해하고 회로의 동작을 FSM으로 표현하는 것이다. 일단 FSM으로 표현된 회로의 동작은 Verilog와 VHDL로 쉽게 표현할 수 있기 때문에 FSM을 정확하게 나타내는 것이 설계에서 가장 중요한 절차라고 할 수 있다. 그러나 처음부터 회로의 동작을 FSM으로 표현하는 것은 쉽지 않다.

FSM은 유한상태기계라고 번역되기도 하지만, 이 책에서는 영문 그대로 사용하거나 자연스럽게 상태 천이도 또는 상태도라고 표현한다. FSM에는 2가지 모델이 있는데, 하나는 무어 모델Moore Model이고, 다른 하나는 밀리 모델Mealy Model이다.

먼저 무어 모델에 대해 살펴보자. [그림 5-2]는 무어 모델로 표현한 간단한 상태 천이도이다. 무어 모델에는 S0, S1 상태가 각각 존재하며, S0 상태에서 클럭의 상승 에지Rising Edge 또는 하강 에지Falling Edge 순간에 입력 i의 값이 '1'이면 다음 상태는 S1로 천이Transition[1]하고, i의 값이 '0'이면 다음 상태는 그대로 S0이 된다. 마찬가지로 S1 상태에서 클럭의 상승 에지 또는 하강 에지 순간에 입력 i의 값이 '1'이면 다음 상태는 S0으로 천이하고, i의 값이 '0'이면 다음 상태는 그대로 S1이 된다. 이때 출력 y는 S0 상태에서 항상 입력 m을 출력하며, S1 상태에서 항상 입력 n을 출력한다.

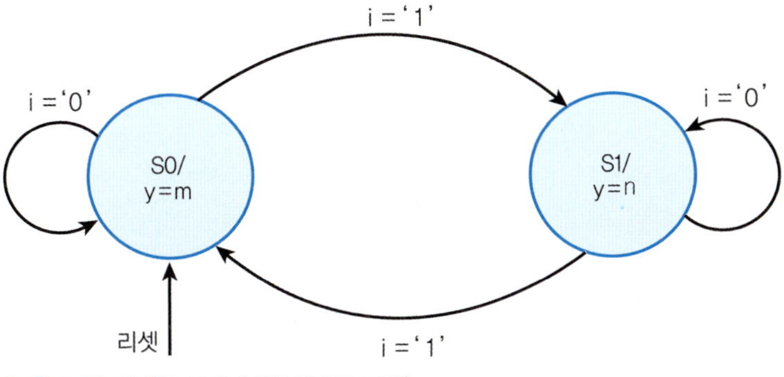

[그림 5-2] 간단한 상태 천이도(무어 모델)

밀리 모델도 상태 천이는 무어 모델과 동일하다. 그러나 밀리 모델의 출력은 현재 상태뿐 아니라 입력에도 영향을 받는다는 점에서 차이가 있다. 즉, S0에서 입력 i가 '1'일 때 상태가 S1로 천이될 때 출력 y는 입력 n을 출력하며, S1 상태에서 입력 i가 '0'일 때 상태가 S0으로 천이될 때 출력 y는 입력 m을 출력한다. 따라서 [그림 5-2]의 상태 천이도를 밀리 모델로 다시 표현하면 [그림 5-3]과 같다.

1 천이란 어떤 상태에서 다음 상태로 바뀌는 것을 의미한다.

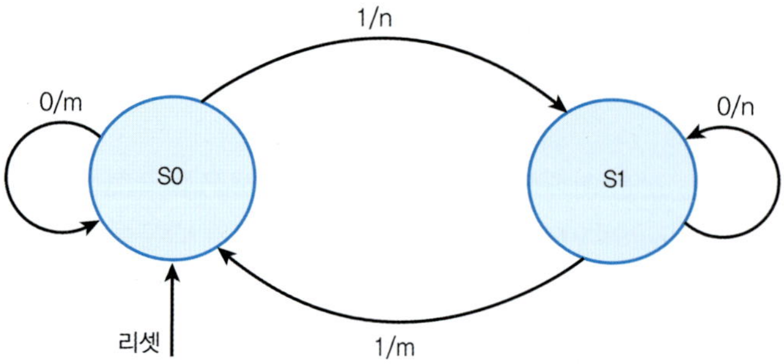

[그림 5-3] 간단한 상태 천이도(밀리 모델)

5.1.1 Verilog를 이용한 간단한 상태도 설계

[코드 5-1]은 [그림 5-2]에 나타난 간단한 상태 천이도(무어 모델)를 Verilog로 설계한 것이다.

코드 5-1 [Verilog\DigitalDesign\SimpleStateMachine\MooreModel]

```
module SimpleStateMachine(clk, rst, i, m, n, y);
  input      clk, rst, i, m, n;
  output     y;

  reg        y;
  reg        state;
  reg        next_state;

  parameter S0=1'b0, S1=1'b1;

  always @(posedge clk)
    if (~rst)     state = S0;                    // 리셋
    else          state = next_state;

  always @(i or state)
    case(state)                                  // 상태 천이
        S0:
            if(i) next_state = S1;
            else  next_state = S0;
        S1:
            if(i) next_state = S0;
            else  next_state = S1;
    endcase

  always @(state or m or n)
    case (state)
        S0: y = m;
        S1: y = n;
    endcase
endmodule
```

상태 정의

Verilog에서 상태 천이를 표현하려면, FSM이 천이할 수 있는 상태를 정의해야 한다. 앞에서는 FSM이 가질 수 있는 상태가 2개이므로 다음과 같이 parameter를 사용해서 상태를 정의한다([코드 5-1]의 9행).

```
parameter S0=1'b0, S1=1'b1;
```

두 상태는 S0과 S1로 각각 정의되며, 한 비트씩 할당되어 '0'일 때는 S0, '1'일 때는 S1을 각각 나타낸다.

상태 천이 표현

설계하고자 하는 회로의 상태가 정의되고 상태 천이도가 작성되면 Verilog 설계가 간단해진다. Verilog를 이용한 상태 천이의 일반적인 설계 형태는 다음과 같다.

```
always @(clock edge)                          // 클럭 에지가 발생했을 때
if (reset = '1')                              // 리셋 버튼이 눌릴 때
  <state_name> = <initial state>;
else
  <state_name> = <next_state>;

always @(input or <state_name>)
  case <state_name>                           // 상태 및 입력에 따른 동작 설정
      <state0> :
          if (input = …) begin
              <next_state> = <state_x>;
                  …
                  …
              end
          else if (input = …) begin
                  <next_state> = <state_y>;
                      …
                      …
                  else …
              …
              …
      <state1> :
              …
          <next_state> = <state_z>;
              …
endcase;
```

이것은 무어 모델의 일반적인 형식인데, 이와 같이 reset에 의해 초기 상태(<initial_state>)가 되며, 리셋이 해제되면 클럭의 상승 에지[2](또는 하강 에지)에 동기되어 다음 상태(<next_state>)로 천이된다. 그리고 다른 always 블록에서 다음 상태가 결정되며, 각 상태에서는 입력에 의해 다음 상태가 결정된다.

2 상승 에지는 클럭에서 '0'에서 '1'로 바뀔 때의 모서리를 말하며, 하강 에지는 반대로 '1'에서 '0'으로 바뀔 때를 말한다.

이처럼 입력에 의해 다음 상태가 결정되는 과정을 설계할 때는 일반적으로 case~endcase 문 또는 각 상태의 입력 값에 따른 if~else 문을 사용한다. [그림 5-2]에 나타난 상태 천이의 경우, 입력 i가 '1'일 때만 다음 상태로 천이하며 이를 무어 모델 형식으로 설계하면 다음과 같다([코드 5-1]의 16~23행). 즉, S0 상태에서 입력 i가 '1'이면 다음 상태는 S1이 되고, 입력 i가 '0'이면 S0 상태를 유지한다.

```
case(state)
    S0:
        if(i) state = S1;        // 상태가 S0일 때
        else state = S0;         // i가 '1'이면 다음 상태로 천이
    S1:
        if(i) state = S0;        // 상태가 S1일 때
        else state = S1;         // i가 '1'이면 다음 상태로 천이
endcase
```

출력 값 할당

[코드 5-1]에 나타낸 간단한 상태도의 Verilog 설계는 출력이 입력과 상관없이 현재 상태에만 영향을 받으므로 무어 모델이라고 한다. 따라서 현재 상태에 따른 출력 값을 정해야 하므로, case 문에 의해 현재 상태가 S0이면 입력 m을 출력하고 S1이면 입력 n을 출력하도록 설계했다. 밀리 모델의 간단한 상태 천이도를 Verilog로 설계했을 때 상태가 천이하는 부분은 무어 모델과 같으며, 차이점은 [코드 5-2]와 같이 출력되는 부분이 상태가 천이되는 부분에 포함된다는 것이다.

코드 5-2 [Verilog\DigitalDesign\SimpleStateMachine\MealyModel]

```
always @(i or state or m or n)
  case(state)
    S0:
        if(i) begin
            next_state = S1; y = n;
        end
        else  begin
            next_state = S0; y = m;
        end
    S1:
        if(i) begin
            next_state = S0; y = m;
        end
        else begin
            next_state = S1; y = n;
        end
  endcase
```

S0일 때 입력 m 출력

S1일 때 입력 n 출력

[코드 5-2]에서 출력시키는 부분(y = n, y = m)이 상태를 천이하는 case 문에 포함되어 있다는 것을 알 수 있다. 또한 밀리 모델을 동작시키면 각 상태에서 항상 일정한 출력이 발생되는 것이 아니라, 입력 i의 값에 따라 다른 출력이 발생할 수 있다.

5.1.2 VHDL을 이용한 간단한 상태도 설계

[코드 5-3]은 [그림 5-2]에 나타낸 간단한 상태 천이도(무어 모델)를 VHDL로 설계한 것이다.

코드 5-3 [VHDL\DigitalDesign\SimpleStateMachine\MooreModel]

```
library IEEE;
use IEEE.STD_LOGIC_1164.ALL;
use ieee.std_logic_arith.all;

entity SimpleStateMachine is
  port (clk, rst, i, m, n      : in std_logic;
        y                      : out std_logic);
end SimpleStateMachine;

architecture Behavioral of SimpleStateMachine is
  type state_type is (S0, S1);
  signal state, next_state : state_type;
begin
  process (rst, clk)
  begin
    if rst= '0' then                                    -- 리셋
        state <= S0;
    elsif rising_edge(clk) then
        state <= next_state;
    end if;
  end process;

  process (i, state)
  begin
    case state is                                       -- 상태 천이
        when S0 =>
            if (i = '1') then next_state <= S1;
            else next_state <= S0;
            end if;
        when S1 =>
            if (i = '1') then next_state <= S0;
            else next_state <= S1;
            end if;
    end case;
  end process;

  y <= m when state = S0 else n;
end Behavioral;
```

사용자 정의 데이터 타입

state_type은 사용자가 정의한 데이터 타입Data Type이며, 데이터 타입을 정의할 때 state가 포함되면 일반적으로 FSM에서 가질 수 있는 상태라는 것을 의미한다. 사용자 정의 데이터 타입은 3.6.2절에서 설명했다. [코드 5-3]의 11~12행에서는 사용자 정의 데이터 타입을 다음과 같이 정의했다.

```
type state_type is (S0, S1);
signal state, next_state : state_type;
```

state_type은 [그림 5-2]의 FSM에서 가질 수 있는 2가지 상태 값인 S0 또는 S1 중 하나이므로, state 또는 next_state는 S0 또는 S1 중 하나의 상태를 저장한다.

상태 천이 표현

설계하려는 회로의 상태가 정의되고 상태 천이도가 작성되면 VHDL 설계가 간단해진다. VHDL을 이용한 상태 천이의 일반적인 코드 형식은 다음과 같다.

```
process(reset, clk)
begin
  if reset = '1' then                         -- 리셋 버튼이 눌릴 때
      <state_name> <= <initial state>;
  elsif rising_edge(clk) then
      <state_name> <= <next_state>;
  end if;
end process;

process(input, <state_name>)
begin
  case <state_name> is                        -- 상태 및 입력에 따른 동작 설정
      when state0 =>
          if (input = …) then
              <next_state> <= <state_x>;
              …
              …
          else
              <next_state> <= <state_y>;
              …
              …
          end if;
      when state1 =>
          if (input = …) then
              <next_state> <=  <state_z>;
              …
              …
```

```
            else
                ...
                ...
                ...
            end if;
        ...
        ...
        ...
    end case;
end process;
```

상태 천이의 일반적인 형식에서 reset에 의해 초기 상태(〈initial_state〉)가 되며, 리셋이 해제되면 클럭의 상승 에지(또는 하강 에지)에 동기되어 다음 상태(〈next_state〉)로 천이된다. 그리고 다른 process 블록에서 상태가 결정되는데, 입력에 의해 각 상태에서 다음 상태가 결정된다. 입력에 의해 다음 상태가 결정되는 과정을 설계할 때는 일반적으로 case~when 문과 각 상태의 입력 값에 따른 if~then~else 문을 사용한다. 상태 천이의 경우 입력 i가 '1'일 때만 다음 상태로 천이하므로, 다음과 같이 표현할 수 있다([코드 5-3]의 25~34행).

```
case state is
  when S0 =>                                    -- 상태가 S0일 때
      if (i = '1') then next_state <= S1;       -- i가 '1'이면 다음 상태로 천이
      else next_state <= S0;
      end if;
  when S1 =>                                    -- 상태가 S1일 때
      if (i = '1') then next_state <= S0;       -- i가 '1'이면 다음 상태로 천이
      else next_state <= S1;
      end if;
end case;
```

즉, S0 상태에서 입력 i가 '1'이면 다음 상태는 S1이 되고, 입력 i가 '0'이면 S0 상태를 유지한다.

출력 값 할당

[코드 5-3]에 나타낸 간단한 상태도의 VHDL 설계는 출력이 입력과 상관없이 현재의 상태에만 영향을 받으므로 무어 모델이라고 한다. 따라서 현재 상태에 따라 출력 값을 정해야 하므로, 앞의 VHDL 코드에서는 현재 상태가 S0일 때 입력 m을 출력하고, S1일 때에는 입력 n을 출력하도록 설계했다.

밀리 모델의 간단한 상태 천이도를 VHDL로 설계했을 때 상태가 천이하는 부분은 무어 모델과 같다. 다만 [코드 5-4]와 같이 출력되는 부분이 상태가 천이되는 부분에 포함된다는 점이 다르다.

[코드 5-4]에서 출력시키는 부분(y <= n, y <= m)이 상태를 천이하는 case 문에 포함되어 있다는 것을 알 수 있다. 또한 밀리 모델을 동작시키면 각 상태에서 항상 일정한 출력이 발생되는 것이 아니라, 입력 i의 값에 따라 다른 출력이 발생할 수 있다.

코드 5-4 [VHDL\DigitalDesign\SimpleStateMachine\MealyModel]

```
process (i, state, m, n)
begin
  case state is
    when S0 =>
        if (i = '1') then
            next_state <= S1;
            y <= n;
        else
            next_state <= S0;
            y <= m;
        end if;
    when S1 =>
        if (i = '1') then
            next_state <= S0;
            y <= m;
        else
            next_state <= S1;
            y <= n;
        end if;
  end case;
end process;
```

S0일 때 입력 m 출력

S1일 때 입력 n 출력

5.1.3 시뮬레이션 및 실행

시뮬레이션

무어 모델에 대한 시뮬레이션을 실행하면 [그림 5-4]와 같은 결과가 나온다. 시뮬레이션 결과를 쉽게 확인하기 위해 입력에서 m은 항상 '1'로 했고 n은 항상 '0'으로 했다. 시뮬레이션 결과에서 리셋 후 초기 상태 S0으로 되므로, 출력 y는 m과 같은 '1'로 초기화된다. 140ns 지점에서 입력 i는 '1'로 되고 150ns 지점의 상승 에지에서 약 8~9ns 지연되면서 상태가 S1로 천이가 되며, y는 n값 '0'을 출력한다. 입력 i가 '1'을 유지하면 다시 170ns의 상승 에지에서 상태가 S0으로 천이되면서 y는 m과 같은 '1'을 출력하고, 190ns에서 S0으로 천이되면서 y는 n과 같은 '0'을 출력한다. i가 200ns에서 '0'으로 바뀌고 y는 '0'을 유지하다가, i가 240ns에서 '1'로 되면서 y가 클럭의 상승 에지마다 '1'과 '0'을 번갈아 가며 출력한다.

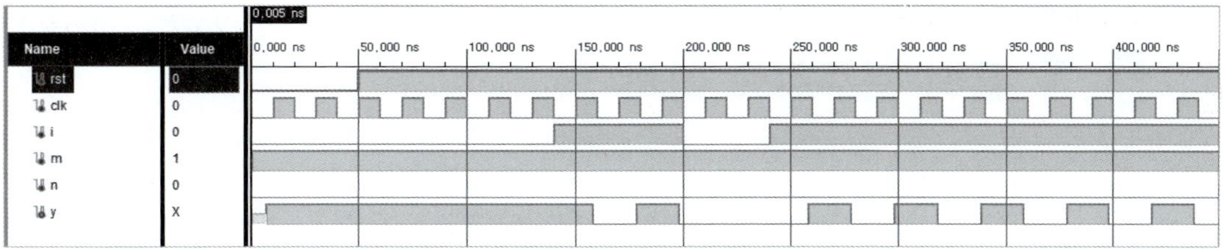

(a) Vivado

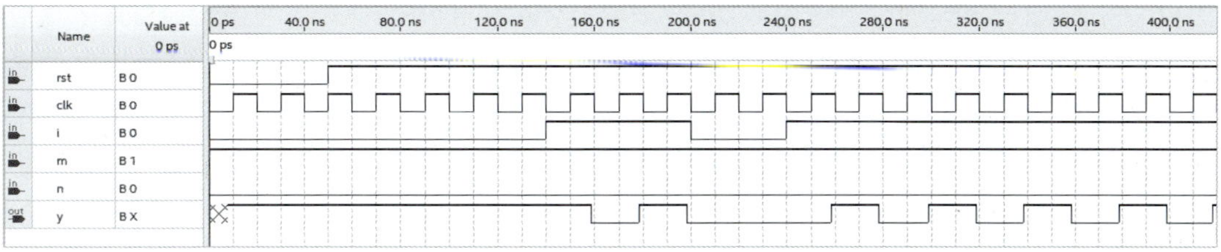

(b) Quartus

[그림 5-4] SimpleStateMachine의 시뮬레이션 결과

디바이스 핀 할당과 실행

클럭을 사용하는 순차논리회로가 실행되는 것을 확인하려면, 클럭을 분주해서[3] 느린 클럭을 사용하거나 텍트 스위치를 한 번 누를 때마다 하나의 클럭이 입력되도록 해야 한다. DIGCOM 키트에 있는 1MHz 클럭을 그대로 사용하면 속도가 너무 빠르기 때문에 동작을 눈으로 확인할 수 없다. 이 실습에서는 클럭 분주 대신 클럭 입력에 텍트 스위치를 할당해 실행시킨다. 그리고 세 입력 i, m, n은 슬라이드 스위치에 할당하고 출력 y는 LED에 할당한다. 실행할 때는 입력 i에 할당된 슬라이드 스위치가 ON인 상태에서 클럭에 할당된 텍트 스위치를 누른다. 이때 현재 상태에 따라서 LED에 입력 m과 n에 해당하는 스위치의 값이 출력되는지를 확인하고, 다시 i가 OFF인 상태에서 텍트 스위치를 눌렀을 때 출력 변화가 없다는 것을 확인한다.

3 클럭을 분주한다는 것은 클럭 속도를 높은 주파수의 클럭에서 낮은 주파수의 클럭으로 낮춘다는 것을 의미한다. 예를 들어 1MHz 클럭을 100Hz의 클럭으로 속도를 낮출 때 분주한다고 표현한다.

실습과제

5.1 클럭 분주회로 설계

목적 및 배경

클럭 분주는 많은 회로에서 사용되고 있다. 논리소자를 이용하여 설계할 때 플립플롭을 사용하지만 Verilog나 VHDL로 설계할 때는 클럭 수를 카운트하여 일정한 값이 되면 신호를 '1' 또는 '0'으로 출력해서 클럭을 생성한다. 이 방법은 if~then~else 문을 사용하면 쉽게 구현 가능하며, 앞에서 설명한 FSM을 이용할 수도 있다. 즉, 두 상태를 정의하여 무어 모델에 의해 하나의 상태에서는 '1'을 출력하고 다른 상태에서는 '0'을 출력하며, 입력 클럭을 카운트하다가 일정한 값이 됐을 때 두 상태 사이를 천이하도록 한다.

실습 내용

클럭을 사용하는 순차회로를 설계하려면 회로 동작을 상태도로 나타내는 것부터 시작해야 한다. [그림 5-5]는 입력 클럭을 1,000,000 분주하기 위한 상태도이다. DIGCOM 키트에서 사용되는 클럭이 1MHz이므로 결과적으로 1Hz의 클럭을 출력한다. 초기 상태 S0에서 출력 클럭은 '0'을 출력하고, 1MHz 클럭이 입력될 때마다 clkCount를 하나씩 증가시키면서 500,000이 되면 다음 상태 S1로 천이하면서 출력 클럭에서 '1'이 나오도록 한다. 상태 S1에서도 하나의 입력 클럭마다 clkCount를 하나씩 증가시키다가 500,000이 되면 다시 S0 상태로 천이되도록 한다. 결과적으로 입력 클럭이 1,000,000번 입력되면 출력 클럭은 '0'과 '1'을 한 번 반복하므로 1,000,000 분주가 되어 1Hz 클럭을 발생시킨다.

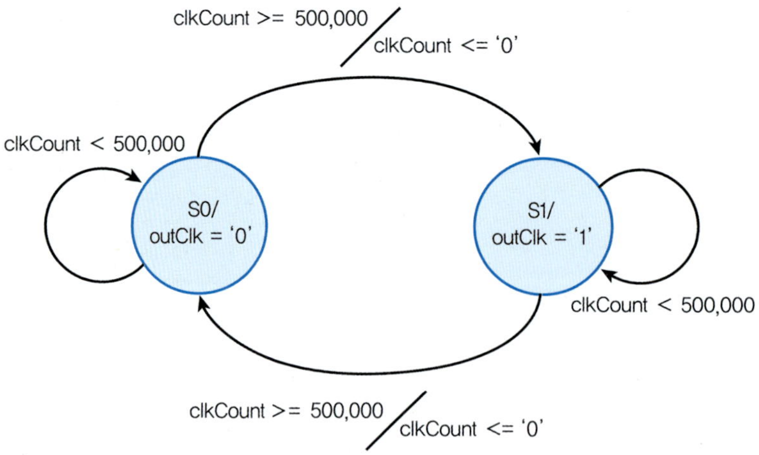

[그림 5-5] 클럭 분주회로의 상태도

1. Verilog를 이용한 클럭 분주회로 설계

상태 천이를 표현하는 Verilog 템플릿을 이용해 [그림 5-5]의 상태도를 Verilog로 설계해보자. 이때 카운터를 integer로 선언하고 case 문을 사용해 각 상태에서 클럭이 한 번 입력될 때마다 카운터를 하나씩 증가시킨 후 500,000보다 크거나 같으면 다음 상태로 천이하게 한다. 다음 S0 상태에서는 '0'을 출력하고 S1에서는 '1'을 출력해서 1Hz 클럭이 출력되도록 한다.

2. VHDL을 이용한 클럭 분주회로 설계

상태 천이를 표현하는 VHDL 템플릿을 이용해서 [그림 5-5]의 상태도를 VHDL로 설계해보자. 이때 카운터를 variable로 선언하고 case~when 문을 사용해 각 상태에서 클럭이 한 번 입력될 때마다 카운터를 하나씩 증가시킨 후 500,000보다 크거나 같으면 다음 상태로 천이하게 한다. 다음 S0 상태에서는 '0'을 출력하고 S1에서는 '1'을 출력해서 1Hz 클럭이 출력되도록 한다.

3. 시뮬레이션 및 실행

시뮬레이션

코드를 작성하고 컴파일한 후 시뮬레이션을 실행한다. 그러나 이 경우에는 500,000만큼 카운트해야 하므로 시뮬레이션에서 확인하기 어렵다. 따라서 시뮬레이션할 때는 카운트 수를 5로 줄여서 확인한다.

디바이스 핀 할당과 실행

외부에서 입력되는 클럭은 키트에서 제공하는 1MHz를 할당한다. 그리고 출력을 LED에 할당하면 1sec마다 한 번씩 ON/OFF하는 것을 확인할 수 있다. 키트에서 실행시키려면 시뮬레이션을 위해 5로 줄였던 카운트 횟수를 원래의 500,000으로 수정한 후에 다시 컴파일한다.

실습과제

5.1 설계 실습 결과 보고서

일시		전공		실습 시간	
학번		이름			
제목	클럭 분주회로 설계				
실습 목적	많은 디지털 회로에서 클럭을 분주하여 사용한다. 클럭을 분주하는 방법은 다양하지만, 이번 실습에서는 순차논리회로에 의해 상태를 정의하고 일정한 조건에 의해 상태가 천이되도록 클럭 분주회로를 설계함으로써 순차논리회로를 설계하는 절차를 배운다.				

실습 내용	실습 결과
HDL 설계	1. [그림 5-5]의 클럭 분주회로 상태도를 Verilog 또는 VHDL로 설계하라. 입력은 1MHz 클럭이며 이 클럭을 1,000,000 분주하여 1Hz 클럭을 출력한다. 또한 무어 모델에 의해 출력은 각 상태에서 '1'과 '0'을 각각 출력함으로써 클럭처럼 동작하도록 한다. **클럭 분주회로의 Verilog 또는 VHDL 코드**

HDL 설계	2. 설계된 분주회로를 컴파일하고 시뮬레이션하라. 그러나 1,000,000 분주를 실행하는 것은 시뮬레이션에서 확인하기 어려우므로, 카운트 횟수를 줄여 시뮬레이션하고 다음에 결과를 나타내라. **클럭 분주회로의 시뮬레이션 결과** 3. 코드를 컴파일한 후 DIGCOM 키트에 다운로드하여 실행하라. 이때 원래대로 1,000,000 분주를 실행하도록 카운트 횟수를 수정하고 LED에 출력 클럭을 할당해 1sec마다 LED가 ON/OFF 하는 것을 확인하라.
실습 결과 및 토의	

SECTION 5.2 레지스터의 표현

모든 순차논리회로는 하나 이상의 레지스터를 포함해야 한다. 레지스터는 클럭에 의해 값이 바뀌므로, 레지스터 자체를 순차논리회로의 하나라고 볼 수 있다. [그림 5-6]은 두 종류의 레지스터를 Schematic으로 나타낸 것인데, 첫 번째는 비동기 로드Load에 의해 제어되는 레지스터이고 두 번째는 비동기 클리어Clear와 프리셋Preset에 의해 제어되는 레지스터이다.

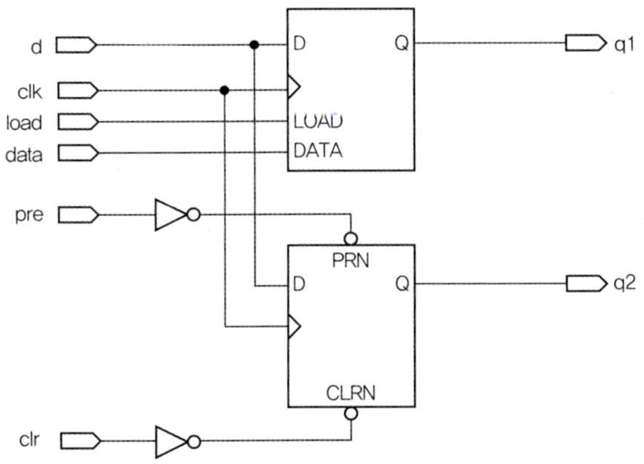

[그림 5-6] 레지스터의 Schematic 표현

레지스터는 Verilog 또는 VHDL의 레지스터 인퍼런스Inference에 의해 동작을 표현할 수 있다. Verilog와 VHDL에 의해 표현되는 레지스터는 클리어, 프리셋, 클럭과 비동기 로드 신호에 의해 제어된다. 다음은 Verilog와 VHDL에 의해 구현되는 레지스터에 대해 설명한다.

5.2.1 Verilog를 이용한 레지스터의 표현

[코드 5-5]는 비동기 프리셋, 클리어와 로드 신호에 의해 제어되는 레지스터를 Verilog로 구현한 것이다.

코드 5-5 [Verilog\DigitalDesign\RegisterInference]

```
module RegisterInference(clk, clr, pre, load, data, d, q1, q2);
  input    clk, clr, pre, load, data, d;
  output   q1, q2;
  reg      q1, q2;

  always @(posedge clk or posedge load)              // 첫 번째 레지스터
    if (load)
        q1 <= data;
```

```
    else
        q1 <= d;

  always @(posedge clk or negedge clr or negedge pre)      // 두 번째 레지스터
    if (!clr)
        q2 <= 1'b0;
    else if (!pre)
        q2 <= 1'b1;
    else
        q2 <= d;
endmodule
```

하나의 레지스터 동작은 하나의 always 블록에서 표현된다. 첫 번째 always 블록은 [그림 5-6]의 첫 번째 레지스터를 표현한 것이며, 클럭에 상관없이 load 신호가 '1'이면 비동기적으로 data 입력이 레지스터에 저장되어 q1에 출력되고, 그렇지 않을 때는 동기식으로 클럭의 상승 에지에서 d 값이 저장되어 q1에 출력된다. 두 번째 always 블록은 [그림 5-6]의 두 번째 레지스터 동작을 표현한 것이며, 클럭에 관계없이 clr 신호가 '1'일 때 레지스터가 '0'으로 초기화되어 q2에 '0'이 출력되고, 프리셋 신호가 '1'일 때 q2에 '1'이 출력된다.

5.2.2 VHDL을 이용한 레지스터의 표현

[코드 5-6]은 비동기 프리셋, 클리어와 로드 신호에 의해 제어되는 레지스터를 VHDL로 구현한 것이다.

코드 5-6 [VHDL\DigitalDesign\RegisterInference]

```
library ieee;
use ieee.std_logic_1164.all;
use ieee.std_logic_arith.all;

entity RegisterInference is
  port( d, clk, clr, pre, load, data   : in std_logic;
        q1, q2                         : out std_logic);
end RegisterInference;

architecture design of RegisterInference is
begin

  process(clk, load, data)                                  -- 첫 번째 레지스터
  begin
    if load = '1' then
       q1 <= data;
    elsif rising_edge(clk) then
       q1 <= d;
    end if;
```

```
    end process;

    process(clk, clr, pre)                              -- 두 번째 레지스터
    begin
      if (clr = '0') then
          q2 <= '0';
      elsif (pre = '0') then
          q2 <= '1';
      elsif rising_edge(clk) then
          q2 <= d;
      end if;
    end process;
end design;
```

하나의 레지스터 동작은 하나의 process 블록에서 표현된다. 첫 번째 process 블록은 [그림 5-6]의 첫 번째 레지스터를 표현한 것이며, 클럭에 상관없이 load 신호가 '1'이면 비동기적으로 data 입력이 레지스터에 저장되어 q1에 출력되고, 그렇지 않을 때는 동기식으로 클럭의 상승 에지에서 d 값이 저장되어 q1에 출력된다. 두 번째 process 블록은 [그림 5-6]의 두 번째 레지스터 동작을 표현한 것이며, 클럭에 관계없이 clr 신호가 '1'일 때 레지스터가 '0'으로 초기화되어 q2에 '0'이 출력되고, 프리셋 신호가 '1'일 때 q2에 '1'이 출력된다.

5.2.3 디바이스 핀 할당과 실행

레지스터를 Verilog나 VHDL로 표현하는 과정에서 시뮬레이션을 생략하고 키트에서 직접 동작을 확인한다. 구현된 레지스터를 DIGCOM 키트에서 테스트하기 위해 [표 5-1]과 같이 핀을 할당한다.

[표 5-1] 신호 이름과 할당된 입출력 장치

신호 이름	입출력	장치 종류
clk	입력	클럭(1MHz)
load	입력	슬라이드 스위치
data	입력	슬라이드 스위치
d	입력	슬라이드 스위치
q1	출력	LED
pre	입력	텍트 스위치
clr	입력	텍트 스위치
q2	출력	LED

레지스터는 동기식과 비동기식으로 동작하기 때문에 약간 복잡하다. 우선 첫 번째 레지스터의 동기 입력을 테스트하기 위해 load에 '0'을 입력하고, d에 '0'과 '1'을 입력했을 때 q1에 같은 값이 출력되는지 확인한다. 이때 두 번째 레지스터의 pre와 clr에 '0'이 입력된 상태(프리셋, 클리어 모두 디스에이블 상태)라면 q2에도 같은 값이 출력된다.

다음 비동기 load를 테스트하기 위해 load에 '1'을 입력하고, data 스위치를 '0'과 '1'로 입력했을 때 q1에 출력이 되는지 확인한다. 이 동작은 새로운 값을 레지스터에 저장하는 동작이다. 두 번째 레지스터의 테스트에서는 pre 신호와 clr 신호를 테스트해야 하는데, 먼저 preset 동작을 테스트하기 위해 입력 d를 '0'에 두고 pre 입력 스위치를 누른다. pre 신호는 비동기 입력으로 '1'을 출력하므로 q2에 '1'이 출력되어야 한다. 다음으로 clear 동작을 테스트하기 위해서는 입력 d를 '1'로 한 상태에서 clr 스위치를 눌렀을 때, 출력이 '0'으로 되는 것을 확인한다.

실습과제

5.2 병렬-직렬 변환회로 설계

목적 및 배경

레지스터에는 여러 종류가 있는데, 그중 시프트 레지스터Shift Register는 저장된 2진 정보를 단방향 또는 양방향으로 이동시킬 수 있는 레지스터의 한 종류이다. 시프트 레지스터의 각 플립플롭들은 각각의 입력과 출력이 연쇄적으로 연결되어, 공통으로 입력되는 클럭이 데이터를 1비트씩 다음 레지스터로 이동하도록 제어한다. [그림 5-7]은 D 플립플롭으로 구성한 4비트 시프트 레지스터이다.

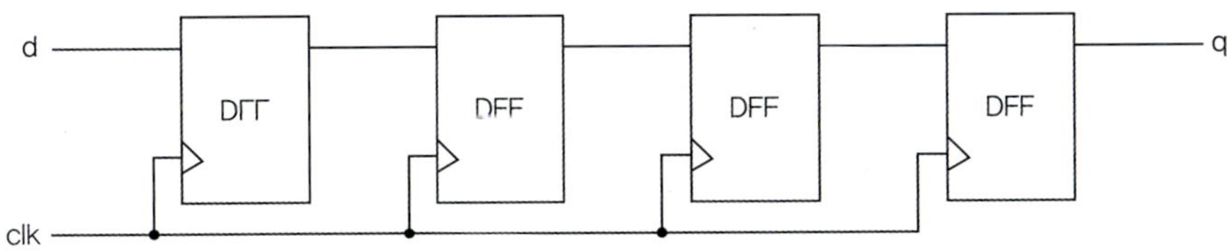

[그림 5-7] 4비트 시프트 레지스터

[그림 5-7]에서 직렬 입력Serial Input은 시프트될 때 가장 왼쪽 플립플롭에 입력되는 값(d)이며, 직렬 출력Serial Output은 가장 오른쪽 플립플롭에서 출력되는 값(q)이다. 시프트 레지스터를 사용하는 회로로는 병렬-직렬 변환기Serial-Parallel Converter가 있다. 이번 실습에서는 병렬-직렬 변환회로를 설계함으로써 시프트 레지스터와 이를 응용하는 회로에 대해 알아본다.

실습 내용

[그림 5-8]은 시프트 레지스터를 응용한 병렬-직렬 변환회로의 블록도이다.

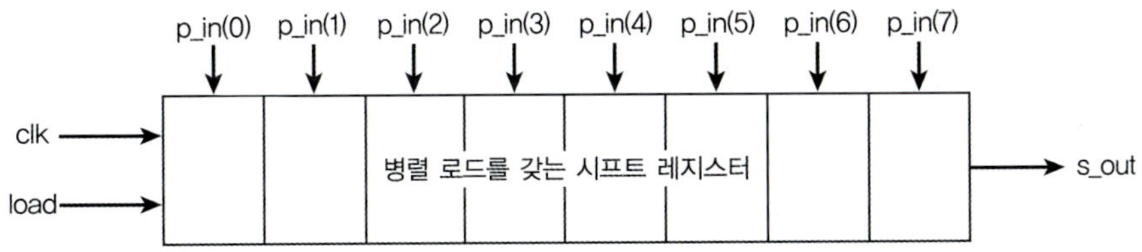

[그림 5-8] 병렬-직렬 변환회로의 블록도

[그림 5-8]에서 벡터 p_in은 레지스터에 저장되는 병렬 입력이며 s_out은 직렬 출력이다. 입력 신호 load가 '1'이면 p_in이 시프트 레지스터에 저장되고, load 신호가 디스에이블된 상태(='0')에서 클럭의 상승 에지에서 오른쪽으로 1비트씩 이동한다. 따라서 s_out에는 1비트씩 밀려서 나오는 비트들이 출력되므로, 시프트 레지스터에 저장됐던 데이터가 직렬로 출력된다.

1. Verilog를 이용한 병렬-직렬 변환회로 설계

[그림 5-8]의 블록도를 Verilog로 설계해보자. load 신호에 의해 외부에서 입력되는 데이터를 병렬로 레지스터에 저장하고, 클럭이 입력될 때마다 1비트씩 이동하도록 한다.

출력을 쉽게 확인하기 위해 직렬로 출력되는 데이터가 순서대로 저장되는 8비트 레지스터를 선언하고, 이 레지스터가 8비트 LED에 출력되도록 설계한다. 하나의 클럭이 들어올 때마다 시프트 레지스터가 1비트씩 이동하는 것은 다음과 같이 나타낼 수 있다.

```
reg1 <= {reg1[6:0], 1'b0};
```

즉, 레지스터의 7~1번 비트에는 기존에 있던 6~0번 비트가 입력되므로 1비트씩 이동하는 것이 되고 reg(0)에는 '0'이 입력된다.

2. VHDL을 이용한 병렬-직렬 변환회로 설계

[그림 5-8]의 블록도를 VHDL로 설계해보자. load 신호에 의해 외부에서 입력되는 데이터를 병렬로 레지스터에 저장하고, 클럭이 입력될 때마다 1비트씩 이동하도록 한다.

출력을 쉽게 확인하기 위해 직렬로 출력되는 데이터가 순서대로 저장되는 8비트 레지스터를 선언하고, 이 레지스터가 8비트 LED에 출력되도록 설계한다. 하나의 클럭이 들어올 때마다 시프트 레지스터가 1비트씩 이동하는 것은 다음과 같이 나타낼 수 있다.

```
reg <= reg(6 downto 0) & '0';
```

즉, 레지스터의 7~1번 비트에는 기존에 있던 6~0번 비트가 입력되므로 1비트씩 이동하게 되며, reg(0)에는 '0'이 입력된다.

3. 시뮬레이션 및 실행

시뮬레이션

시뮬레이션 입력에서 레지스터에 저장할 데이터를 p_in에 할당하고 load 신호를 입력한다. 그 다음에 클럭에 의해 1비트씩 출력되는 것을 확인한다.

디바이스 핀 할당과 실행

DIGCOM 키트에서 제공하는 1MHz 클럭을 그대로 이용하면 속도가 너무 빠르므로 시프트되는 동작을 확인할 수 없다. 따라서 클럭 입력을 텍트 스위치에 할당하면 스위치가 한 번 눌릴 때 하나의 클럭이 입력되는 것이 된다. 따라서 스위치가 한 번 눌릴 때마다 1비트씩 시프트하도록 한다. 병렬 데이터 입력은 슬라이드 스위치를 이용하도록 하며, 직렬로 출력되는 비트가 차례대로 저장된 레지스터를 확인하기 위해서는 이 레지스터 출력을 8비트 LED에 할당한다. 그리고 텍트 스위치를 8번 누르면 병렬로 저장되었던 데이터가 동일하게 LED에 출력되는 것을 확인할 수 있다.

실습과제

5.2 설계 실습 결과 보고서

일시		전공		실습 시간	
학번			이름		
제목	**병렬-직렬 변환회로 설계**				
실습 목적	레지스터는 데이터를 저장하기 위해 사용되는 기억장치다. 시프트 레지스터는 클럭이 입력될 때마다 저장된 데이터를 1비트씩 이동시킨다. 따라서 병렬 입력을 갖는 시프트 레지스터를 이용하면, 병렬로 입력된 데이터를 매 클럭마다 1비트씩 출력시키는 병렬-직렬 변환회로도 설계할 수 있다. 이 실습을 통해 시프트 레지스터의 동작과 이를 응용한 설계에 대해 알아본다.				
실습 내용	실습 결과				
HDL 설계	1. [그림 5-8]의 병렬-직렬 변환회로를 Verilog 또는 VHDL로 설계하라. 슬라이드 스위치로 입력을 설정한 후 load 신호에 의해 레지스터에 값이 저장되도록 하고, 다시 load 신호를 디스에이블시킨 다음 한 클럭마다 1비트씩 시프트하면서 가장 끝에 있는 비트가 출력되도록 하라. 그리고 입력되는 비트가 차례대로 출력 레지스터에 저장되고 이 레지스터 값을 LED에 출력하여 클럭이 8번 들어오면 병렬 입력과 출력 값이 같도록 설계하라. **병렬-직렬 변환회로의 Verilog 또는 VHDL 코드**				

HDL 설계	2. 설계된 병렬-직렬회로를 컴파일하고 시뮬레이션한 후 결과를 나타내라. **병렬-직렬 변환회로의 시뮬레이션 결과** 3. DIGCOM 키트에서 실행하기 위해 핀을 할당하라. 이때 키트에서 제공하는 클럭을 그대로 사용하면 속도가 너무 빠르므로, 클럭 대신 텍트 스위치를 할당하고 이 스위치가 한 번 눌릴 때마다 하나의 클럭이 입력되도록 하라.
실습 결과 및 토의	

SECTION 5.3 Up-Down 카운터

카운터는 순차논리회로를 설명할 때 가장 많이 사용되는 회로이다. 그 이유는 클럭이 입력될 때 입력 조건에 따른 동작이 단순하고 상태가 카운터로 출력되는 단순한 논리회로이기 때문이다. Up-Down 카운터의 기본 동작은 다음과 같이 비교적 간단하다. 즉, 클럭이 입력될 때마다 입력이 '0'이면 클럭의 상승 에지에서 카운터를 증가시키고, 입력이 '1'이면 카운터를 감소시킨다.

지금부터 입력 x가 '0'이면 0 → 1 → 2 → 3 → 0으로 증가하는 up 카운터 동작을 실행하고, x가 '1'이면 3 → 2 → 1 → 0 → 3으로 감소하는 down 카운터 동작을 실행하는 modulo-4 Up-Down 카운터를 설계해보자. 우선 카운터 동작의 상태도를 그리면 [그림 5-9]와 같다.

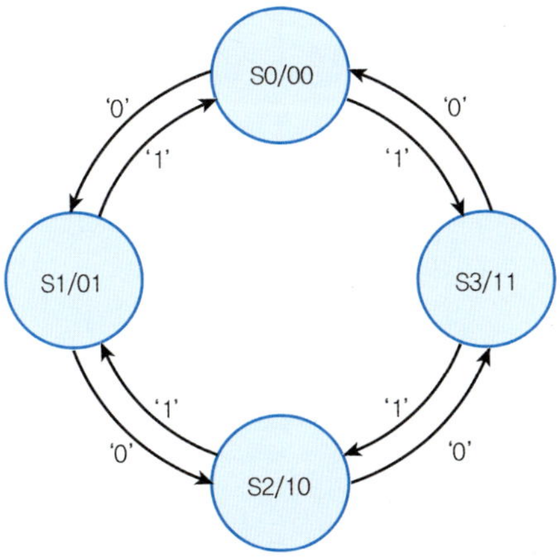

[그림 5-9] modulo-4 Up-Down 카운터의 상태도

5.3.1 Verilog를 이용한 Up-Down 카운터 설계

[코드 5-7]은 [그림 5-9]의 modulo-4 Up-Down 카운터를 Verilog로 설계한 것이다.

코드 5-7 [Verilog\DigitalDesign\UpDownCounter]

```
module UpDownCounter(reset, stepClk, UpDown, cnt_out, FND, FNDSel2, FNDSel1);
  input          reset, stepClk, UpDown;
  output [1:0]   cnt_out;
  output [6:0]   FND;
  output         FNDSel2, FNDSel1;

  reg [6:0]      FND;
```

```
  wire          FNDSel2=1'b1, FNDSel1=1'b0;

  parameter     S0=2'b00, S1=2'b01, S2=2'b10, S3=2'b11;
  reg [1:0]     state=S0;

  always @(posedge stepClk or negedge reset) begin
    if (~reset)                                    // 리셋
        state <= S0;
    else
        case(state)                                // 상태 천이
            S0:
                if(~UpDown)   state <= S1;
                else          state <= S3;
            S1:
                if(~UpDown)   state <= S2;
                else          state <= S0;
            S2:
                if(~UpDown)   state <= S3;
                else          state <= S1;
            S3:
                if(~UpDown)   state <= S0;
                else          state <= S2;
        endcase
  end

  always @(state)                                  // 7-세그먼트에 결과 출력
  begin
    case(state)
        S0 : FND = 7'b1111110;
        S1 : FND = 7'b0110000;
        S2 : FND = 7'b1101101;
        S3 : FND = 7'b1111001;
    endcase
  end
  assign cnt_out = state;
endmodule
```

[코드 5-7]은 [코드 5-1]에 나타낸 상태 천이 형식과 조금 다르게 구성됐다. 다음은 Verilog로 상태 천이를 표현하는 또 다른 형식이다.

```
always @(clock edge)
  if (reset = '1')                               // 리셋 인에이블 시 초기화
      <state_name> = <initial state>;
  else
      case <state_name>                          // 상태에 따른 출력 값 설정
          <state0> :
```

```
            if (input =  …) begin
                〈next_state〉 = 〈state_x〉;
                    …
                    …
            end
            else if (input =  …) begin
                〈next_state〉 = 〈state_y〉;
                    …
                    …
            else
                    …
                    …
        〈state1〉 :
                    …
                〈next_state〉 = 〈state_z〉;
                    …
    endcase;
```

[코드 5-1]의 형식에서는 2개의 always 블록에서 상태 천이를 표현했지만, [코드 5-7]의 형식에서는 하나의 always 블록에서 reset이 인에이블 상태일 경우 상태를 초기화하고, reset이 디스에이블 상태일 경우 각 상태와 입력 값에 따라 다음 상태와 출력 값을 결정하도록 했다.

[코드 5-7]에서는 reset이 '0'일 경우 상태 state가 S0으로 초기화되고, 그렇지 않을 때는 case 문에 의해 각 상태에서의 동작이 표현된다. 각 상태에서 입력이 '0'이면 up 카운터이므로 현재보다 높은 값의 상태로 천이하고, 입력이 '1'이면 현재보다 낮은 값의 상태로 천이한다. 그리고 각 상태에서 해당하는 출력 값을 카운터 값으로 출력한다.

5.3.2 VHDL을 이용한 Up-Down 카운터 설계

[코드 5-8]은 [그림 5-9]의 modulo-4 Up-Down 카운터를 VHDL로 설계한 것이다.

코드 5-8 [VHDL\DigitalDesign\UpDownCounter]

```
library IEEE;
use IEEE.STD_LOGIC_1164.ALL;
USE ieee.std_logic_arith.all;

entity UpDownCounter is
  port( reset            : in  std_logic;
        stepClk          : in  std_logic;
        UpDown           : in  std_logic;
        cnt_out          : out std_logic_vector(1 downto 0);
        FND              : out std_logic_vector(6 downto 0);
        FNDSel2, FNDSel1 : out std_logic);
```

```
end UpDownCounter;

architecture Behavioral of UpDownCounter is
  type state_type is (s0, s1, s2, s3);
  signal state    : state_type;
  signal output   : std_logic_vector(1 downto 0);
begin
  process (reset, stepClk)
  begin
    if reset = '0' then
        state <= s0;
    elsif rising_edge(stepClk) then
        case state is                                    -- 상태 천이
            when s0 =>
                if UpDown = '0' then
                    state <= s1;
                else
                    state <= s3;
                end if;
            when s1 =>
                if UpDown = '0' then
                    state <= s2;
                else
                    state <= s0;
                end if;
            when s2 =>
                if UpDown = '0' then
                    state <= s3;
                else
                    state <= s1;
                end if;
            when s3 =>
                if UpDown = '0' then
                    state <= s0;
                else
                    state <= s2;
                end if;
        end case;
    end if;
  end process;
  output <=  "00"    when state = s0 else
             "01"    when state = s1 else
             "10"    when state = s2 else
             "11";

-- process for 7-segment display                         -- 7-세그먼트에 결과 출력
  process(output)
  begin
```

```
        FNDSel2 <= '1';
        FNDSel1 <= '0';
        case output is
                                   --"abcdefg-"
            when "00"    => FND <= "1111110";
            when "01"    => FND <= "0110000";
            when "10"    => FND <= "1101101";
            when "11"    => FND <= "1111001";
            when others  => FND <= "0000000";
        end case;
    end process;
    cnt_out <= output;
end Behavioral;
```

[코드 5-8]은 [코드 5-3]의 상태 천이 형식과 조금 다르게 구성되었다. 다음은 VHDL로 상태 천이를 표현하는 또 다른 형식이다.

```
process(reset, clk)
begin
  if reset = '1' then                         // 리셋 인에이블 시 초기화
    <state_name> <= <initial state>;
  elsif rising_edge(clk) then
    case <state_name> is                      // 상태에 따른 출력 값 설정
        when state0 =>
            if (input = …) then
                <next_state> <= <state_x>;
                    …
                    …
            else
                <next_state> <=  <state_y>;
                    …
                    …
            end if;
        when state1 =>
                    …
                <next_state> <=  <state_z>;
                    …
    end case;
end process;
```

[코드 5-3]의 형식에서는 2개의 process 블록에서 상태 천이를 표현했지만, [코드 5-8]의 형식에서는 하나의 process 블록에서 reset이 인에이블 상태일 때 상태를 초기화하고, reset이 디스에이블 상태일 때 각 상태와 입력 값에 따라 다음 상태와 출력 값을 결정하도록 했다.

[코드 5-8]에서는 reset이 '0'일 때 상태 state가 S0으로 초기화되고, 그렇지 않을 때는 case 문에 의해 각 상태에서의 동작이 표현된다. 각 상태에서 입력이 '0'이면 up 카운터이므로 현재보다 높은 값의 상태로 천이하고, 입력이 '1'이면 현재보다 낮은 이전 상태로 천이한다. 그리고 각 상태에서 해당하는 출력 값을 카운터 값으로 출력한다.

5.3.3 시뮬레이션 및 실행

시뮬레이션 결과

[그림 5-10]은 Up-Down 카운터의 시뮬레이션 결과이다. 입력 UpDown이 '0'이면 up 카운터 동작을 하며 300ns 지점에서 UpDown이 '1'로 바뀌면 down 카운터 동작을 한다. 시뮬레이션에는 FND에 출력하는 데이터도 포함되어 있고, 카운터 값을 FND에 출력하기 위한 2진 데이터가 나타나 있다.

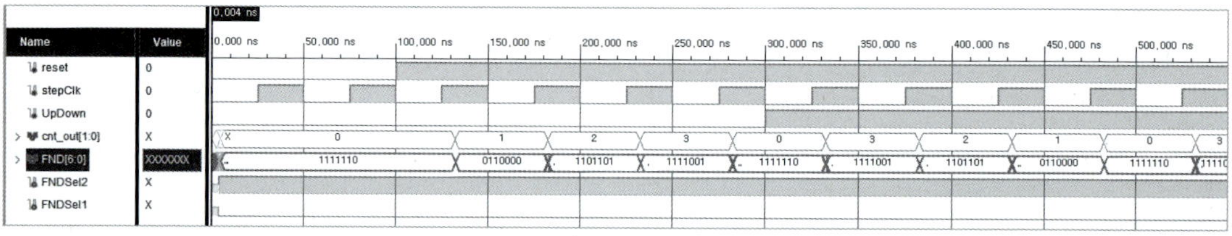

(a) Vivado

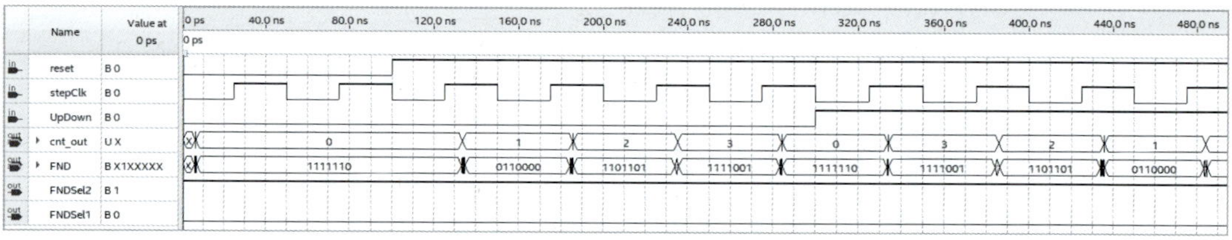

(b) Quartus

[그림 5-10] Up-Down 카운터의 시뮬레이션 결과

디바이스 핀 할당과 실행

카운터는 클럭 속도에 따라 동작하므로, DIGCOM 키트에서 제공되는 클럭을 그대로 사용하면 속도가 너무 빨라 확인할 수 없다. 따라서 클럭 입력에 텍트 스위치를 할당해 클럭 대신 사용하면 동작을 쉽게 확인할 수 있다. 출력은 2비트가 할당되며 2개의 LED에 출력할 수 있지만, FND에 출력하면 숫자가 증가하거나 감소하는 것을 확인할 수 있다. 그리고 카운터의 최댓값은 3이므로 0~3에 해당하는 값만 7-세그먼트 디코딩을 실행하고, 나머지 값에 대해서는 아무 값도 출력하지 않도록 설계한다.

실습과제

5.3 동기식 BCD 카운터 설계

목적 및 배경

동기식 카운터는 순차논리회로를 공부할 때 가장 많이 사용되는 설계회로이다. 디지털 논리는 기본적으로 2진수이기 때문에, 4비트를 하나의 수로 표현하는 16진수를 사용하기가 더 편하다. 하지만 일상 생활에서는 10진수를 주로 사용하므로 이번 실습에서는 10진수를 2진수로 표현하는 BCD 카운터를 설계한다.

BCD 카운터는 0에서 9까지 카운트하므로, 앞에서 설계한 Up-Down 카운터와 마찬가지로 10개의 상태를 정의하고 클럭의 상승 에지에서 1씩 증가하도록 한다. 그리고 각 상태에서 0에서 9까지의 수를 각각 출력하도록 설계한다.

실습 내용

BCD 카운터를 설계하려면 가장 먼저 상태 천이도를 작성해야 한다. BCD 카운터가 0에서 9까지 카운트하므로 상태 천이도는 모두 10개의 상태를 가지며 각 상태에서 해당하는 카운터 값을 출력한다. BCD를 표현하기 위해서는 4비트가 필요하지만 BCD는 0에서 9까지만 나타내므로 0xA~0xF는 사용되지 않는다. 따라서 카운터가 9이면 다음 상태는 다시 0이 된다.

앞에서 설명한 것과 같이, BCD 카운터의 동작을 상태 천이도로 나타낸다. 리셋에 의해 초기 상태에서 시작되며, 상태 천이도의 각 상태 이동은 하나의 클럭이 입력될 때 상승 에지에서 발생하고 up 카운트만 실행하므로 리셋과 클럭 외에 다른 입력은 없다.

1. Verilog를 이용한 동기식 BCD 카운터 설계

앞에서 작성한 상태 천이도를 참고하여 BCD 카운터를 Verilog로 설계해보자. 먼저 S0~S9의 상태를 나타내는 parameter를 정의한다. 다음 리셋에 의해 초기 상태가 되도록 한 후, 클럭이 들어올 때마다 0에서 9까지 카운트할 수 있도록 상태 천이하게 한다. 마지막으로 하나의 always 블록에서 case 문에 의해서 무어 모델에 의해 각 상태에서 해당 값이 출력되게 한다.

카운트 값은 FND에 출력되도록 디코딩한다. BCD 카운터에 클럭을 사용할 경우, 키트에서 제공되는 것은 너무 빠르므로 아주 낮은 클럭으로 분주하여 사용하거나 텍트 스위치를 클럭으로 사용해야 한다. 이 실습에서는 클럭을 1,000,000 분주하여 1Hz로 낮춘 후 사용하도록 설계한다.

2. VHDL을 이용한 동기식 BCD 카운터 설계

앞에서 작성한 상태 천이도를 참고하여 BCD 카운터를 VHDL로 설계해보자. 먼저 상태를 나타내는 데이터 타입을 정의하고 이 상태 값을 갖는 상태 변수를 선언한다. 다음 리셋에 의해 초기 상태가 되도록 한 후, 클럭이 들어올 때마다 0에서 9까지 카운트할 수 있도록 상태 천이가 되게 한다. 마지막으로 case~when 문을 이용하고, 무어 모델에 의해 각 상태에서 해당 값이 출력되게 한다.

카운트 값은 FND에 출력되도록 디코딩하며, 키트에서 제공되는 클럭은 너무 빠르므로 아주 낮은 클럭으로 분주하여 사용하거나 텍트 스위치를 클럭으로 사용해야 한다. 이 실습에서는 클럭을 1,000,000 분주하여 1Hz로 낮춘 후 사용하도록 설계한다.

3. 시뮬레이션 및 실행

시뮬레이션

시뮬레이션을 통해 클럭의 상승 에지에서 카운터가 하나씩 증가하다가 9에서 다시 0으로 되는지 확인한다. FND 출력은 FND 디코딩 결과로 숫자를 확인하기 어려우므로 디코딩하기 이전의 4비트 카운터 값을 확인한다.

디바이스 핀 할당과 실행

시뮬레이션 후 실습 키트에서 실행해 동작을 확인하고, 1MHz 클럭을 1,000,000 분주하여 1Hz로 낮춘 다음 실행시키거나 클럭 입력을 텍트 스위치에 할당해서 스위치를 한 번 누를 때마다 카운터가 증가하도록 한다. 1MHz 클럭을 분주해서 1Hz로 낮추면 FND 출력이 1sec마다 하나씩 증가하는 것을 확인할 수 있다. 또 카운터 값을 직접 LED에 할당해 FND 출력과 같은 값을 보이는지 확인한다. LED에서는 정상적으로 동작하는데 FND에 다른 값이 나온다면 디코딩 과정이 잘못된 것이므로 Verilog 또는 VHDL 코드를 수정한다. 출력은 0에서 9까지이므로 4비트가 할당되지만, 16진수에 해당하는 0xA("1010")~0xF("1111")는 사용되지 않는다.

실습과제

5.3 설계 실습 결과 보고서

일시		전공		실습 시간	
학번			이름		
제목	동기식 BCD 카운터 설계				
실습 목적	동기식 카운터는 순차논리회로에서 예제로 가장 많이 사용된다. 일상생활에서는 10진수를 주로 사용하므로, 이 실습에서는 10진수를 2진수로 표현하는 BCD 카운터를 설계한다. BCD 카운터는 0에서 9까지 카운트하므로 앞에서 설계한 Up-Down 카운터와 마찬가지로 10개의 상태를 정의하고, 클럭의 상승 에지에서 1씩 증가하도록 한다. 그리고 각 상태에서 0에서 9까지의 수를 각각 출력하도록 설계한다. 이 실습을 통해서는 상태 천이를 위한 여러 가지 조건을 순차회로에 적용하는 방법에 대해 알아본다.				
실습 내용	실습 결과				
HDL 설계	1. 동기식 BCD 카운터의 상태 천이도를 작성하고 다음에 나타내라. 동기식 BCD 카운터는 클럭의 상승 에지에서 카운터를 하나씩 증가시키며 0에서 9까지 카운터한다. 그리고 각 상태에 해당하는 값을 FND에 출력한다. **동기식 BCD 카운터의 상태 천이도**				

HDL 설계	2. 앞에서 작성한 상태도에 따라 BCD 카운터를 Verilog 또는 VHDL로 설계하라. 0~9에 해당하는 10개의 상태를 정의하고, 매 클럭마다 다음 상태로 천이하게 한다. 그리고 무어 모델에 의해 각 상태에 해당하는 값을 출력하도록 한다. 클럭은 카운트되는 동작을 눈으로 확인할 수 있을 정도로 분주하거나, 텍트 스위치를 이용한다. **동기식 BCD 카운터의 Verilog 또는 VHDL 코드** 3. 설계된 분주회로를 컴파일 및 시뮬레이션한 후 시뮬레이션 결과를 다음에 나타내라. **동기식 BCD 카운터의 시뮬레이션 결과** 4. DIGCOM 키트에서 실행하기 위해 핀을 할당한다. 이때 클럭 대신 텍트 스위치를 이용할 경우, 스위치가 한 번 눌릴 때마다 하나의 클럭이 입력되도록 한다.
실습 결과 및 토의	

SECTION 5.4 순차검출기

순차검출기Sequence Detector는 '1'을 연속으로 세 번 입력하면 '1'을 출력하게 된다. [그림 5-11]은 순차검출기의 상태도이다. S0에서 S3까지 4가지 상태가 있는데, 각 상태는 연속으로 '1'을 몇 번 입력했는지에 따라 상태가 정해진다. 즉, S0은 연속되는 '1'이 한 번도 없는 상태이고 S1은 한 번, S2는 두 번, 그리고 S3은 연속해서 '1'이 세 번 들어온 상태를 나타낸다.

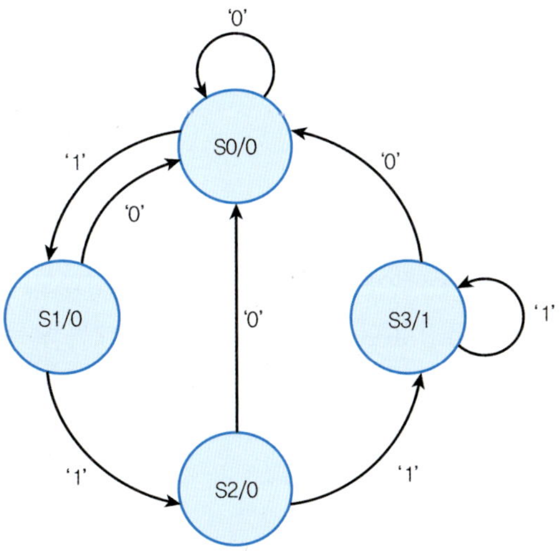

[그림 5-11] 순차검출기의 상태도

5.4.1 Verilog를 이용한 순차검출기 설계

[코드 5-9]는 [그림 5-11]의 순차검출기를 Verilog로 설계한 것이다.

코드 5-9 [Verilog\DigitalDesign\SequenceDetector]

```
module SequenceDetector(clk, stepClk, reset, inp, outp);
  input clk, stepClk, reset, inp;
  output outp;
  reg    outp;
  reg [1:0] state;
  parameter S0=2'b00, S1=2'b01, S2=2'b10,S3=2'b11;

  always @(posedge stepClk or negedge reset)
    if (~reset)
        state <= S0;
```

```
        else
            case (state)
                S0: if (inp) state <= S1;
                        else state <= S0;
                S1: if (inp) state <= S2;
                        else state <= S0;
                S2: if (inp) state <= S3;
                        else state <= S0;
                S3: if (inp) state <= S3;
                        else state <= S0;
            endcase

    always @(posedge clk)
        case(state)
            S0, S1, S2 : outp = 1'b0;
            S3 :         outp = 1'b1;
        endcase
endmodule
```

[코드 5-9]의 Verilog 코드는 [그림 5-11]의 상태도를 그대로 Verilog로 표현한 것이다. 앞의 몇 가지 예에서 알 수 있듯이, 순차논리회로는 상태도를 정확하게 그리는 것이 가장 중요하다. 일단 상태도가 작성되면 그 상태도에 따라 Verilog로 표현하는 것은 크게 어렵지 않다. [코드 5-9]에서 상태는 모두 4개이며, 초기 상태 S0에서 입력이 '1'일 때 클럭이 발생하면 S0 → S1 → S2 → S3 상태로 천이하다가 S3에서는 자기 상태 S3으로 천이한다. 그러나 어떤 상태에서도 입력이 '0'이면 초기 상태 S0으로 천이한다.

이 모델은 무어 모델로 설계했기 때문에 출력이 상태에 의해 결정된다. 따라서 S3 상태에서만 '1'을 출력하는 always 블록을 사용했다. 상태 조건을 결정하는 case 문은 조합논리이기 때문에 게이트의 전파 지연의 차로 인해 글리치가 발생할 수 있으므로 1MHz 클럭의 상승 에지에 동기화해서 출력했다.

5.4.2 VHDL을 이용한 순차검출기 설계

[코드 5-10]은 [그림 5-11]의 순차검출기를 VHDL로 설계한 것이다.

코드 5-10 [VHDL\DigitalDesign\SequenceDetector]

```
library IEEE;
use IEEE.STD_LOGIC_1164.ALL;
use ieee.std_logic_arith.all;

entity SequenceDetector is
  port( clk      : in     std_logic;
        stepClk  : in     std_logic;
```

```
        reset    : in      std_logic;
        inp      : in      std_logic;
        outp     : out     std_logic);
end SequenceDetector;

architecture Behavioral of SequenceDetector is
  type state_type is (s0, s1, s2, s3);
  signal state    : state_type;
begin
  process (reset, stepClk)
  begin
    if reset = '0' then
        state <= s0;
    elsif rising_edge(stepClk) then
        case state is
            when s0=>
                if inp = '0' then
                    state <= s0;
                else
                    state <= s1;
                end if;
            when s1=>
                if inp = '0' then
                    state <= s0;
                else
                    state <= s2;
                end if;
            when s2=>
                if inp = '0' then
                    state <= s0;
                else
                    state <= s3;
                end if;
            when s3=>
                if inp = '0' then
                    state <= s0;
                else
                    state <= s3;
                end if;
        end case;
    end if;
  end process;
  process(clk)
  begin
    if rising_edge(clk) then
        case state is
            when s0 | s1 | s2 => outp <= '0';
            when s3 => outp <= '1';
```

```
            end case;
        end if;
    end process;
end Behavioral;
```

[코드 5-10]은 [그림 5-11]의 상태도를 VHDL로 표현한 것이다. 앞의 몇 가지 예에서도 알 수 있듯이 순차논리회로는 상태도를 정확하게 그리는 것이 가장 중요하다. 일단 상태도가 작성되면 이를 VHDL로 표현하는 것은 크게 어렵지 않다. [코드 5-10]에서 상태는 모두 4개이며, 초기 상태 S0에서 입력이 '1'일 때 클럭이 발생하면 S0 → S1 → S2 → S3 상태로 천이하다가 S3에서는 자기 상태 S3으로 천이한다. 그러나 어떤 상태에서도 입력이 '0'이면 초기 상태 S0으로 천이한다.

이 모델은 무어 모델로 설계했기 때문에 출력이 상태에 의해 결정된다. 따라서 S3 상태에서만 '1'을 출력하는 always 블록을 사용했다. 상태 조건을 결정하는 case 문은 조합논리이기 때문에 게이트의 전파 지연의 차로 인해 글리치가 발생할 수 있으므로 1MHz 클럭의 상승에지에 동기화해서 출력했다.

5.4.3 시뮬레이션 및 실행

시뮬레이션 결과

[그림 5-12]는 순차검출기의 시뮬레이션 결과이다. 시뮬레이션 결과, 약 4us 지점에서 입력 input이 '1'로 되고 클럭의 상승 에지가 두 번까지는 '1'을 유지하지만, 세 번째 클럭의 상승 에지에서 '0'이 되므로 출력 output에 '1'이 출력되지 않는다. 그 다음 32us 지점에서 다시 입력 input이 '1'로 되며, 세 번째 상승 에지(약 55us) 지점에서 output에 '1'이 출력된다. 이후 상승 에지에서 '1'이 유지되므로 output은 '1'을 유지하다가 입력이 '0'으로 된 후 상승 에지에서 '0'이 된다.

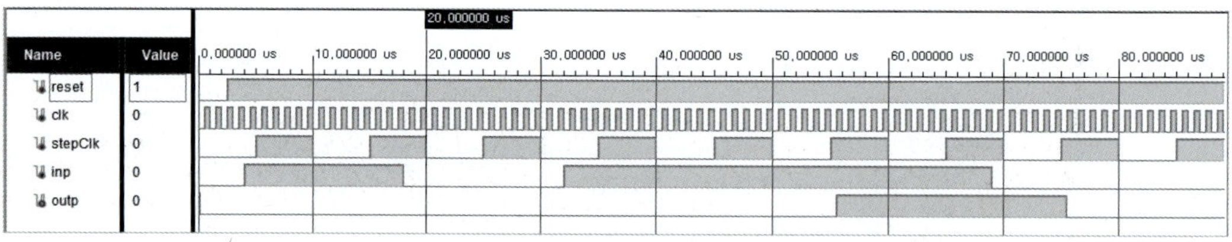

(a) Vivado

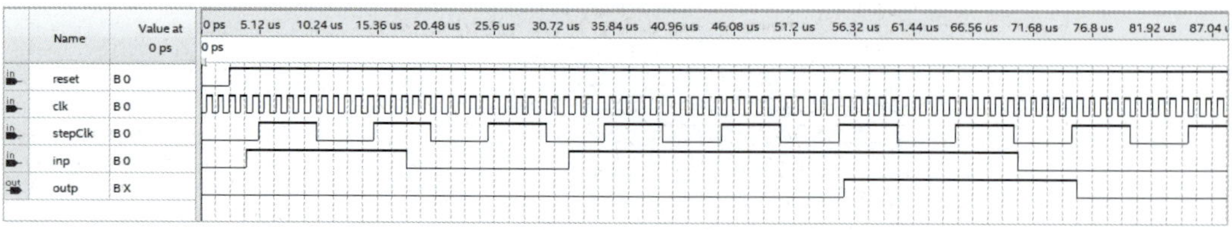

(b) Quartus

[그림 5-12] 순차검출기의 시뮬레이션 결과

디바이스 핀 할당과 실행

순차검출기도 카운터와 마찬가지로 1MHz 클럭을 그대로 사용할 경우 속도가 너무 빨라 확인할 수 없다. 그러므로 카운터와 같이 1Hz로 분주해서 실행시켜도 되지만, 시간을 1sec씩 측정하면서 클럭이 몇 번 들어왔는지 세는 것도 쉽지 않다. 또 다른 방법은 오실레이터에서 제공되는 클럭을 사용하지 않고 스위치를 누를 때마다 하나의 클럭이 입력되도록 하는 것이다. 이 방법으로 실행시키면 스위치를 누른 수만큼 클럭이 입력되므로 순차검출기의 동작을 쉽게 확인할 수 있다.

실습과제

5.4 교통신호등 제어기 설계

목적 및 배경

앞에서 설계한 간단한 상태도 구현이나 카운터는 클럭 외에 다른 입력이 없거나 단순하므로 상태가 일정한 형태로 천이한다. 그러나 상태 천이에 영향을 주는 입력이 많아지면 상태 천이에 따른 조건이 복잡해지기 때문에 상태 천이 형태가 다양해진다. 이번 실습에서는 교통신호등 제어기Traffic Light Controller를 설계한다. 교통신호등 제어기의 회로 동작을 상태 천이도로 표현하고, 이를 Verilog나 VHDL로 구현하는 과정을 실습함으로써 다양한 조건을 가진 순차회로 설계 방법을 익힌다.

실습 내용

직각으로 교차하는 도로에 각각 설치된 신호등을 제어한다. 교차로에서 차량은 직진만 할 수 있으며 차량이 세로 방향으로 이동하면 가로 방향 차량은 대기해야 하고, 반대로 가로 방향으로 이동하면 세로 방향 차량은 신호등에서 대기해야 한다. 신호등은 세로 방향을 제어하는 X 신호등과 가로 방향을 제어하는 Y 신호등 두 종류가 있으며, X 신호등이 초록색 신호가 되어 차량이 직진하면 Y 신호등은 빨간색 신호가 되어 차량이 정지하도록 해야 한다. 이때 신호등이 초록색에서 빨간색으로 바뀌기 전에 약 3sec 동안 노란색 신호를 표시함으로써 멀리서 오는 차량이 서서히 정지할 수 있도록 한다.

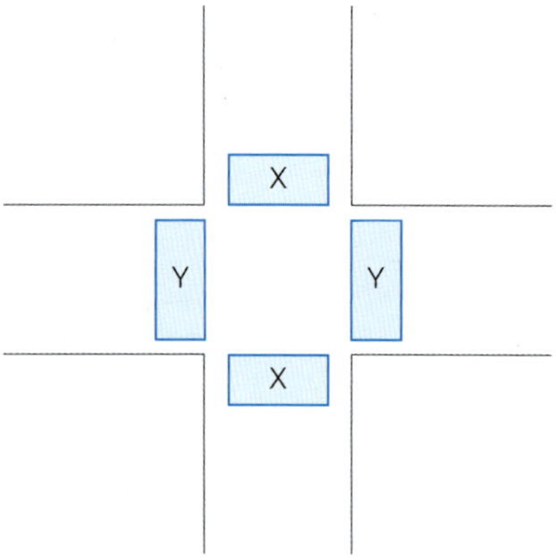

[그림 5-13] 교차로 신호등

신호등의 동작은 동작 모드, 대기 모드, 테스트 모드로 구분되며 다음은 각 모드에 대한 설명이다.

- **동작 모드** : 동작 모드에서는 신호등이 [표 5-2]와 같은 시간 동안 신호를 내보내며 정상적으로 동작한다. 각 신호등의 색이 바뀌는 순서는 초록색 → 노란색 → 빨간색 → 초록색이다.
- **대기 모드** : 대기 모드는 센서가 오동작 발생을 알릴 때 자동으로 전환되며, 수동으로 전환할 수도 있다. 대기모드 신호가 유지되는 동안 가로, 세로 신호등에 모두 노란색 신호를 내보낸다.
- **테스트 모드** : 테스트 모드에서는 유지보수를 실행하는 동안 쉽게 테스트하기 위해 약 2sec마다 세로와 가로 신호등이 번갈아 가면서 직진 신호(초록색), 정지 신호(빨간색)를 내보낸다. 이때도 중간에 노란색 신호를 내보낸 후 빨간색 신호를 내보낸다.

[표 5-2]는 각 모드에서 상태를 유지하는 시간을 나타낸 것이다. 상태 칸에서 앞부분은 X 신호등의 색이고 뒷부분은 Y 신호등의 색이다. 즉, 초록-빨강에서 초록은 X 신호등의 색이고 빨강은 Y 신호등의 색을 나타낸다. 그리고 빨강-노랑은 Y 신호등이 초록색에서 빨간색으로 바뀌기 전에 노란색으로 바뀌고, X 신호등은 빨간색으로 되는 상태이다.

[표 5-2] 상태별 유지 시간

상태	동작 모드		
	정상 동작	테스트	대기
빨강 - 초록	10sec	2sec	-
빨강 - 노랑	3sec	2sec	-
초록 - 빨강	15sec	2sec	-
노랑 - 빨강	3sec	2sec	-
노랑 - 노랑			계속 대기

신호등 천이도

신호등의 동작에 따라 상태도를 작성하면 [그림 5-14]와 같다. 상태도에서는 정상 동작으로 하기 이전에 대기 신호를 입력해서 대기 상태로 동작하도록 하며, 이때 각 신호등에는 노란색이 켜진다. 대기 신호가 해제되면 정상 동작하며 [표 5-2]에 주어진 시간만큼이 지나면 다음 상태로 바뀐다.

[그림 5-14]에서는 대기 상태에서 해제되면 RY^Red Yellow^ 상태로 된다. 그리고 RY 상태에서 X 신호등에 빨간색을, Y 신호등에 노란색을 켜고 RY 시간(3sec)만큼 지난 다음 GR^Green Red^ 상태로 된다. 이와 같은 방법으로 정상 동작 상태가 반복된다. 또한 테스트 신호가 입력되면 각 상태를 유지하는 시간만 2sec로 짧아지며 같은 순서로 동작을 반복한다.

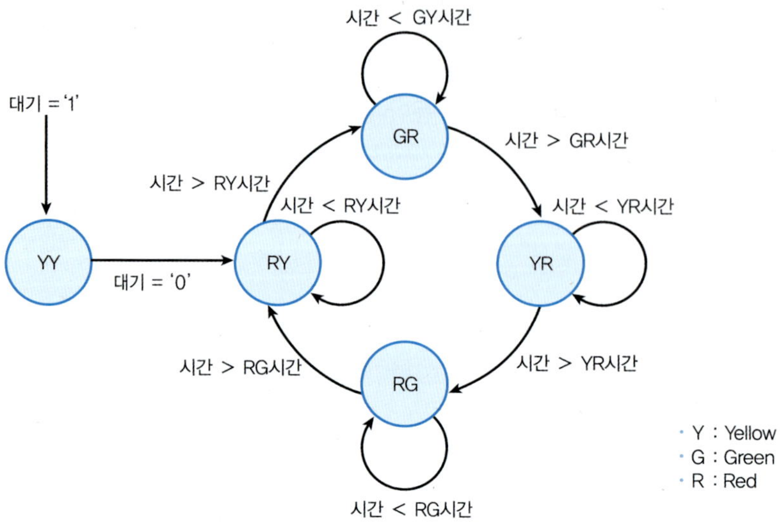

[그림 5-14] 교통신호등 제어기의 상태도

1. Verilog를 이용한 교통신호등 제어기 설계

[그림 5-14]의 상태도를 Verilog로 설계해보자. 상태도에 따라 순차논리회로 설계 방법으로 동일하게 설계하면 된다. 그러나 다른 점도 있는데, 앞에서 설계한 회로에서는 클럭의 동기에 맞춰 상태가 천이됐지만 신호등 제어기에서는 상태가 바뀌기 전에 일정한 시간이 경과했는지 검사해야 한다는 것이다. 즉, 정상 동작일 때 RY 상태에서 다음 상태인 GR 상태로 천이하려면 3sec가 경과해야 한다. 따라서 각 상태에서 시간을 1sec 증가시킨 후 카운트한 시간이 조건에 만족하면 다시 초기화시키고 다음 상태로 천이해야 한다. 또한 테스트 모드에서는 상태가 천이하는 순서가 같지만, 각 상태에서 다음 상태로 천이하는 조건은 모두 2sec이다. 이 부분에 대한 Verilog 코드는 다음과 같다. onTime은 3sec를 나타내며, TESTTime은 2sec를 나타낸다.

```
YR : begin
  if (~test) onTime <= YRTime;
  else   onTime <= TESTTime;

  TimeCnt <= TimeCnt + 1;
  if (TimeCnt == onTime) begin              // 시간 경과 체크
    state <= RG;
    TimeCnt <= 0;
  end
end
```

이 코드에서 매 클럭마다 1sec 단위로 카운터를 증가시키고, 정상 동작에서는 [표 5-2]에서 정한 시간만큼 시간이 경과했을 때 다음 상태로 천이하며, 테스트 모드에서는 2sec 후 다음 상태로 천이한다. 이와 같은 방법으로 나머지 부분도 설계한다. 입력은 테스트 모드와 대기 모드를 결정하는 신호가 되며, 출력은 FND를 사용한다. 키트에는 모두 6개의 세그먼트가 있고, [그림 5-15]와 같이 X와 Y 신호등이 각각 3개씩의 세그먼트에 표시되도록 한다. 각 신호등의 한 세그먼트는 각각 Green, Yellow, Red를 나타내도록 한다.

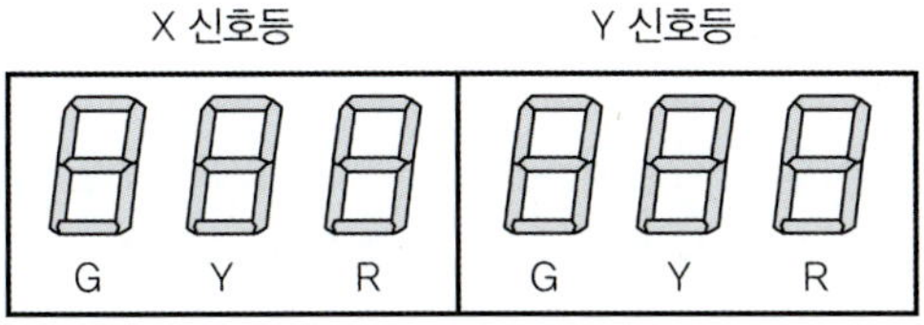

[그림 5-15] 7-세그먼트 FND에 신호등 표시

2. VHDL을 이용한 교통신호등 제어기 설계

[그림 5-14]의 상태도를 VHDL로 설계해보자. 상태도에 따라 순차논리회로 설계 방법으로 동일하게 설계하면 된다. 그러나 다른 점도 있는데, 앞에서 설계한 회로에서는 클럭의 동기에 맞춰 상태가 천이됐지만 신호등 제어기에서는 상태가 바뀌기 전에 일정한 시간이 경과했는지 검사해야 한다는 것이다. 즉, 정상 동작일 때 RY 상태에서 다음 상태인 GR 상태로 천이하려면 3sec가 경과해야 한다. 따라서 각 상태에서 시간을 1sec 증가시킨 후 카운트한 시간이 조건에 만족하면 다시 초기화시키고 다음 상태로 천이해야 한다. 또한 테스트 모드에서는 상태가 천이하는 순서가 같지만, 각 상태에서 다음 상태로 천이하는 조건은 모두 2sec이다. 이 부분에 대한 VHDL 코드는 다음과 같다. 다음 코드에서 onTime은 3sec를 나타내고, TESTTime은 2sec를 나타낸다.

```
when RY =>
  if (test='0') then onTime <= RYTime;
  else onTime <= TESTTime;
  end if;

  TimeCnt <= TimeCnt + 1;
  if TimeCnt = onTime then                    -- 시간 경과 체크
    state <= GR;
    TimeCnt <= 0;
  end if;
```

이 코드에서 매 클럭마다 1sec 단위로 카운터를 증가시키고, 정상 동작에서는 [표 5-2]에서 정한 시간만큼 시간이 경과하면 다음 상태로 천이하며, 테스트 모드에서는 2sec 후 다음 상태로 천이한다. 이와 같은 방법으로 나머지 부분도 설계한다. 입력은 테스트 모드와 대기 모드를 결정하는 신호가 되며, 출력은 FND를 사용한다. 키트에는 모두 6개의 세그먼트가 있고, [그림 5-15]와 이 X와 Y 신호등이 각각 3개씩의 세그먼트에 표시되도록 한다. 각 신호등의 한 세그먼트는 각각 Green, Yellow, Red를 나타내도록 한다.

3. 시뮬레이션 및 실행

이 실습은 시뮬레이션으로 동작을 확인하는 것보다 키트에서 직접 동작을 확인하는 것이 쉽지만 시뮬레이션을 한다면 코드를 수정해서 1MHz 클럭을 100Hz로 분주해서 시뮬레이션한다. 그러나 실습 키트에 다운로드해서 실행할 때는 다시 1Hz까지 분주하도록 코드를 수정한 후 실행시킨다. FND에 각 신호등을 할당하기 위해서는 신호가 들어오는 신호등 위치에만 0 값을 표시하도록 핀을 할당한다.

실습과제

5.4 설계 실습 결과 보고서

일시		전공		실습 시간	
학번			이름		
제목	교통신호등 제어기 설계				
실습 목적	앞에서 실습한 순차회로 설계는 상태가 천이하는 조건이 단순했는데, 입력이 많아지고 조건이 복잡해지면 상태 천이 조건도 복잡해진다. 교차로에 있는 교통신호등 제어기는 단순해 보이지만 오동작이 발생할 수 있으며, 테스트 동작에서는 신호등에서 정상적으로 동작할 때와 다르게 동작해야 한다. 이와 같이 다양한 조건을 가진 순차회로를 설계함으로써 순차논리회로의 설계 과정을 깊이 이해한다.				
실습 내용	실습 결과				
HDL 설계	1. 교통신호등 제어기의 상태 천이도를 작성하라. 신호등은 교차로에 있으며 차량이 한 방향으로 진행하면 다른 방향의 차량은 정지해야 한다. 또한 오동작 시 대기 모드에서 동작하고, 이때는 모든 신호등이 노란색으로 된다. 그리고 유지보수를 위해 테스트 모드에서 동작할 경우 신호등 변환 순서가 정상 동작일 때와 같지만, 신호등이 켜지는 시간은 모두 2sec로 한다. 정상 동작에서 신호등이 켜지는 시간은 [표 5-2]와 같다. **교통신호등 제어기의 상태 천이도**				

HDL 설계	2. 위에서 작성한 상태도에 따라 교통신호등 제어기를 Verilog 또는 VHDL로 설계하라. 대기 모드와 테스트 모드 신호의 입력을 선언하고 FND의 한 자리를 하나의 신호등으로 사용하라. **교통신호등 제어기의 Verilog 또는 VHDL 코드** 3. 설계된 Verilog 또는 VHDL 코드를 컴파일 및 시뮬레이션한 후 시뮬레이션 결과를 나타내라. **교통신호등 제어기의 시뮬레이션 결과** 4. DIGCOM 키트에서 실행하기 위해 핀을 할당하라. 키트의 FND에는 모두 6자리의 수를 표시할 수 있으며 3개씩 2개의 신호등에 할당하고 각 신호등에는 파란색, 노란색, 빨간색을 각 세그먼트에 할당하라. 해당 신호등에 불이 켜지게 하려면 세그먼트에 0이 출력되도록 하라.
실습 결과 및 토의	

CHAPTER

05 연습문제

5.1 간단한 상태도 구현

1. 조합논리회로와 순차논리회로의 차이점은 무엇인가?

2. 다음 그림은 클럭의 동기에 맞춰 입력 x 값에 따라 두 입력 i0과 i1 중 하나를 선택적으로 출력하는 블록도와 상태 천이도이다. 그림의 상태 천이도와 같이 동작하는 순차회로를 Verilog 또는 VHDL로 설계하라.

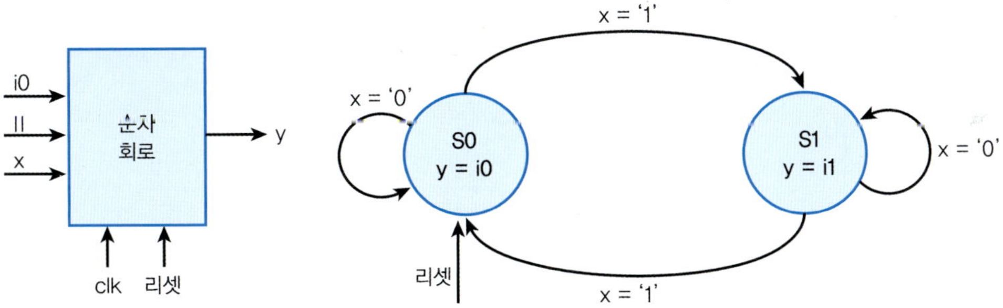

3. [연습문제 5.2]의 상태 천이도는 출력이 현재 상태에만 영향을 받는 무어 모델이다. 이 상태도를 출력이 입력 x에 의해서도 영향을 받는 밀리 모델로 다시 그린 후, Verilog 또는 VHDL로 설계하라.

4. 다음의 상태표와 같이 동작하는 상태 천이도를 그리고, Verilog 또는 VHDL로 설계하라. 출력은 클럭에 동기되도록 설계하라.

현재 상태		다음 상태				출력	
		x = '0'		x = '1'		x = '0'	x = '1'
S0	S1	S0	S1	S0	S1	y	y
0	0	0	0	0	1	0	0
0	1	0	0	1	1	1	0
1	0	0	0	1	0	1	0
1	1	0	0	1	0	1	0

5.2 레지스터의 표현

5. 다음 그림은 D 플립플롭의 블록도이다.

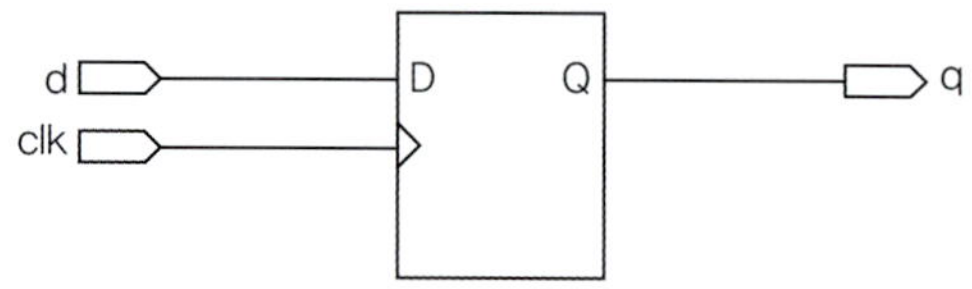

(a) D 플립플롭의 상태도를 나타내라.

(b) D 플립플롭 동작을 Verilog 또는 VHDL로 작성하라.

6. 다음 그림은 래치의 블록도이다. 래치 동작을 Verilog 또는 VHDL로 나타내고 시뮬레이션 결과를 나타내라.

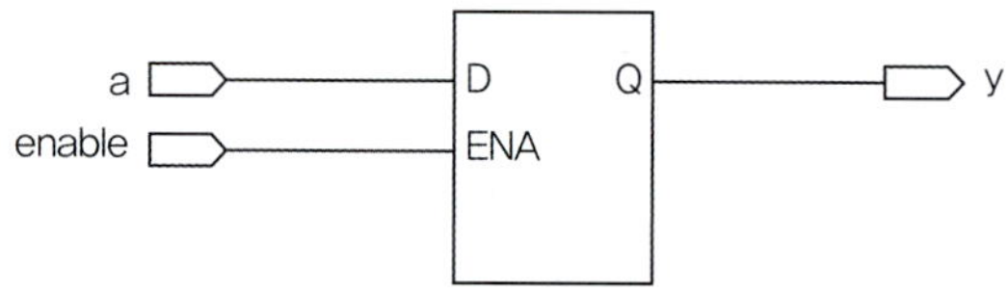

7. 플립플롭과 래치의 차이에 대해 설명하라.

8. [실습과제 5.2]에서 설계한 시프트 레지스터는 병렬 데이터를 직렬로 변환시킨다. 병렬-직렬 변환기와 그 반대 동작을 하는 직렬-병렬 변환기가 어디에 사용될 수 있는지 예를 들어 설명하고, Verilog 또는 VHDL로 설계하라.

5.3 Up-Down 카운터

9. 0 → 1 → 2 → 0과 같이 카운트하는 module-3 동기식 카운터의 상태도를 그리고, Verilog 또는 VHDL로 설계하라.

10. 입력 x='0'이면 0 → 1 → 3 → 0과 같이 카운트하고 x='1'이면 3 → 2 → 0 → 3과 같이 카운트하는 비대칭 Up-Down 카운터를 설계하라. 이때 카운트 값이 1일 때 x가 '0'에서 '1'로 바뀌면 카운트를 한 번 증가시킨 후 Down 카운터로 전환하고, 카운트 값이 2일 때 x가 '1'에서 '0'으로 바뀌면 카운트를 한 번 감소시킨 후 Up 카운터로 전환한다.

11. 다음 카운터에서 사용되는 플립플롭의 수를 구하라.

(a) Up-Down 카운터(5.3절)

(b) 동기식 BCD 카운터([실습과제 5.3])

(c) module-3 동기식 카운터([연습문제 5.9])

(d) 비대칭 Up-Down 카운터([연습문제 5.10])

12. 비동기식(리플) 카운터Asynchronous Counter란 무엇이며, 비동기식 카운터의 문제점을 동기식 카운터와 비교해서 설명하라.

13. [실습과제 5.3]에서 설계한 BCD 카운터를 이용해 다음 그림과 같은 블록도를 가진 두 자리 BCD 카운터를 설계하라.

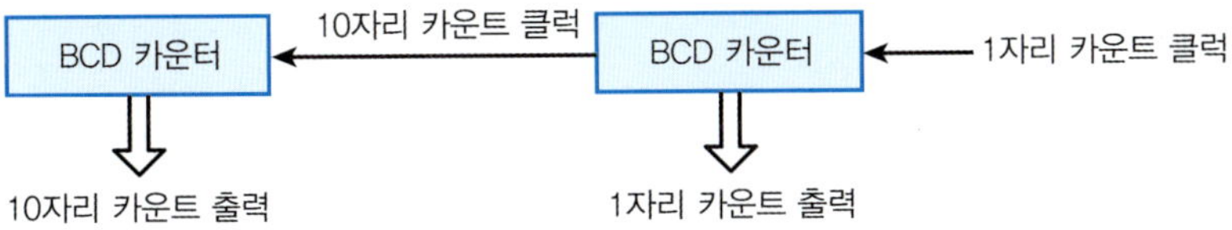

5.4 순차검출기

14. '1', '0', '1'이 차례로 입력되면 '1'을 출력하는 상태도를 작성하고 Verilog 또는 VHDL로 설계하라.

15. 다음 그림과 같은 상태도를 가진 순차논리회로를 Verilog 또는 VHDL 코드로 작성하라.

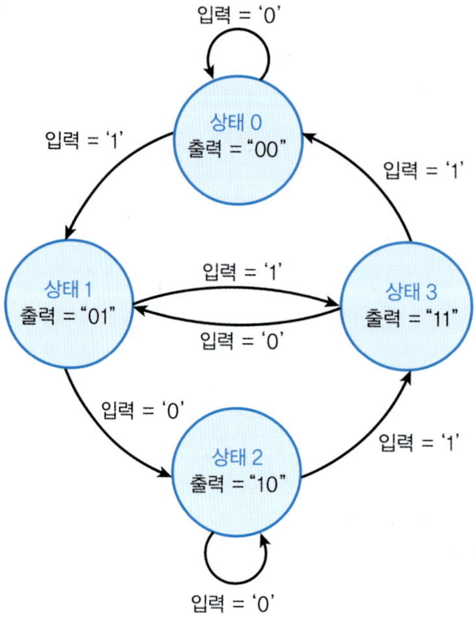

16. 다음 그림과 같은 파형을 발생시키는 회로의 상태도를 그리고, Verilog 또는 VHDL로 설계하라. I는 입력이고 출력은 R과 W이다.

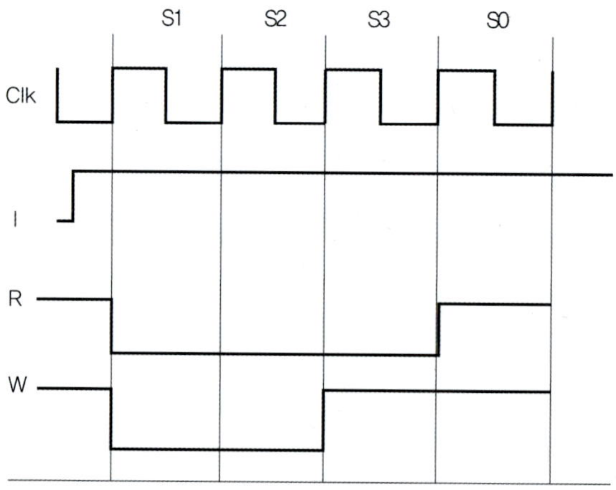

CHAPTER

06

기타 논리회로 설계

이 장에서는 독립적으로 사용되지는 않지만 다른 회로를 설계할 때 사용 가능한 몇 가지 설계 방법을 설명한다. 첫 번째로, 클럭을 사용하는 회로에서는 디지털 회로에서 클럭을 사용하는 동기식 회로설계를 권장하기 때문에 클럭을 사용할 때와 사용하지 않을 때를 비교하여 설명한다. 두 번째로, 스텝 클럭 발생회로에서는 텍트 스위치를 입력으로 사용하게 될 경우, 상대적으로 디지털 회로의 처리 속도가 더 빠르기 때문에 오동작을 일으킬 수 있다. 따라서 스위치를 눌렀을 때 1개의 스텝 클럭을 발생시키는 방법을 보여준다. 마지막으로 양방향 버스 구현은 입출력 단지가 양방향 신호일 때 이를 구현하는 예이다. 이 예들은 키트에 다운로드하여 실행할 수 있지만, 시간이 너무 짧거나 키트에서 양방향으로 할당된 입출력 장치가 없어 동작을 확인할 수 없으므로 시뮬레이션으로 동작을 확인한다.

CONTENTS

SECTION 6.1 클럭을 사용하는 회로와 사용하지 않는 회로

디지털 회로를 설계할 때는 일반적으로 클럭을 사용하는 동기식 회로를 권장한다. 비동기식 조합논리회로는 입력이 변할 때마다 출력에 즉시 반영되어 속도가 빠르다는 장점이 있지만, 각기 다른 게이트의 지연시간 때문에 원하지 않는 펄스 형태의 글리치가 발생할 수 있기 때문이다. 비동기식 논리회로의 출력 신호가 카운터의 클럭 펄스로 사용됐을 때 글리치가 발생하면 오동작을 일으킬 수 있다. 그러나 클럭을 사용하는 동기식 논리회로를 설계하면 출력 신호가 입력 클럭에 동기해 발생하므로 글리치와 같은 불필요한 신호를 제거할 수 있다.

6.1.1 Verilog에서 클럭을 사용하는 회로와 사용하지 않는 회로

[코드 6-1]은 클럭을 사용할 때와 사용하지 않을 때의 논리회로 결과를 비교하기 위한 Verilog 코드이다.

코드 6-1 [Verilog\DigitalDesign\ClockSync]

```
module ClockSync(clk, a, b, d, k);
  input     clk;
  input     a, b;
  output    d, k;

  wire      d;
  reg       k;

  assign    d = a & b;                     // 클럭에 동기하지 않는 출력

  always @ (posedge clk)
  begin
    k <= a & b;                            // 클럭의 상승 에지에 동기한 출력
  end
endmodule
```

[코드 6-1]의 Verilog 설계에서 d와 k의 두 출력 신호는 같은 논리식을 갖지만, 출력 d는 클럭에 동기되지 않고, 다른 출력 k는 클럭의 상승 에지에 동기되어 출력된다. 이 코드를 실행하고 확인하기 위해서는 클럭 입력을 텍트 스위치에 할당하고, a와 b에 입력을 준 다음, 출력 d와 k를 비교한다. 그 결과 d는 입력이 바뀔 때 클럭에 영향을 받지 않고 바로 출력된다는 것을 알 수 있으며, 클럭에 할당된 텍트 스위치를 누르면 d와 같은 결과가 k에 출력된다는 것도 확인할 수 있다. 즉, k 출력은 클럭의 상승 에지에 동기하여 출력된다는 것을 알 수 있다.

6.1.2 VHDL에서 클럭을 사용하는 회로와 사용하지 않는 회로

[코드 6-2]는 클럭을 사용할 때와 사용하지 않을 때의 논리회로 결과를 비교하기 위한 VHDL 코드이다.

코드 6-2 [VHDL\DigitalDesign\ClockSync]

```
library IEEE;
use IEEE.STD_LOGIC_1164.ALL;

entity ClockSync is
  port(  clk      : in std_logic;
         a, b     : in std_logic;
         d, k     : out std_logic);
end ClockSync;

architecture Behavioral of ClockSync is
begin
  d <= a and b;                              -- 클럭에 동기하지 않는 출력

  process(clk)
  begin
    if rising_edge(clk) then
        k <= a and b;                        -- 클럭의 상승 에지에 동기한 출력
    end if;
  end process;
end Behavioral;
```

[코드 6-2]의 VHDL 설계에서 d와 k의 두 출력 신호는 같은 논리식을 갖지만, 출력 d는 클럭에 동기하지 않고, 다른 출력 k는 클럭의 상승 에지에 동기해 출력된다. 이 코드를 실행하고 확인하기 위하여 클럭 입력을 텍트 스위치에 할당하고, a와 b에 입력을 준 다음, 출력 d와 k를 비교한다. 실행하면 d는 입력이 바뀔 때 클럭에 영향을 받지 않고 바로 출력되며, 클럭에 할당된 텍트 스위치를 누르면 d와 같은 결과가 k에 출력된다. 즉, k출력은 클럭의 상승 에지에 동기하여 출력된다는 것을 알 수 있다.

6.1.3 시뮬레이션

클럭에 동기되는 출력과 비동기식 출력의 시간 차이는 매우 짧기 때문에 키트에서 확인할 수 없다. 따라서 시뮬레이션으로 확인해야 한다.

[그림 6-1]은 클럭을 사용하는 회로와 사용하지 않는 회로의 시뮬레이션 결과이다. 이 시뮬레이션 결과를 보면, 입력은 같지만 클럭에 동기하지 않은 출력 d와 동기하는 출력 k가 다르게 출력된다. 약 135ns 지점에서 d 출력은 '0'이 됐다가 다시 165ns 지점에서 '1'이 되지만, k는 131ns 지점에서 '1'이 된 후 계속 그 값을 유지한다.

그 이유는 출력 d는 클럭의 에지에 동기되지 않고 입력이 바뀌면 출력이 바로 반영되지만, k는 클럭의 상승 에지에서만 입력 값이 반영되므로 d와 k가 다른 출력을 보이기 때문이다. 이러한 동기식 회로는 순차논리회로에서 밀리 모델과 같이 입력 값이 바뀔 때마다 출력이 바뀌는 비동기 신호를 출력할 때 사용할 수 있다.

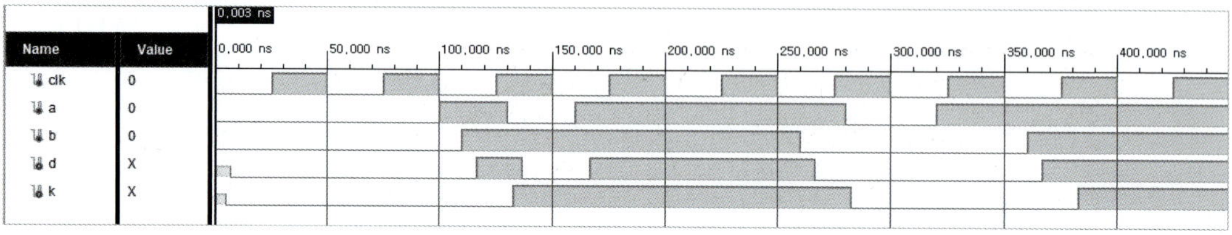

(a) Vivado

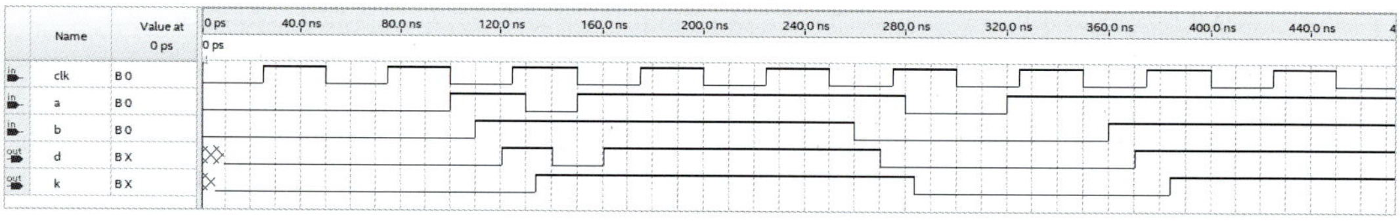

(b) Quartus

[그림 6-1] 클럭을 사용하는 회로의 시뮬레이션 결과

많은 회로에서 신호들은 동기식으로 동작해야 하며, 출력 또한 일정한 클럭의 에지에서만 바뀔 필요가 있다. 그러므로 여러 밀리 모델의 순차회로에서 출력을 동기식으로 하기 위해 출력 값이 플립플롭에 저장되도록 설계하며([그림 6-2] 참고), 앞에서 설명한 방법에 의해 Verilog나 VHDL로 설계할 수 있다.

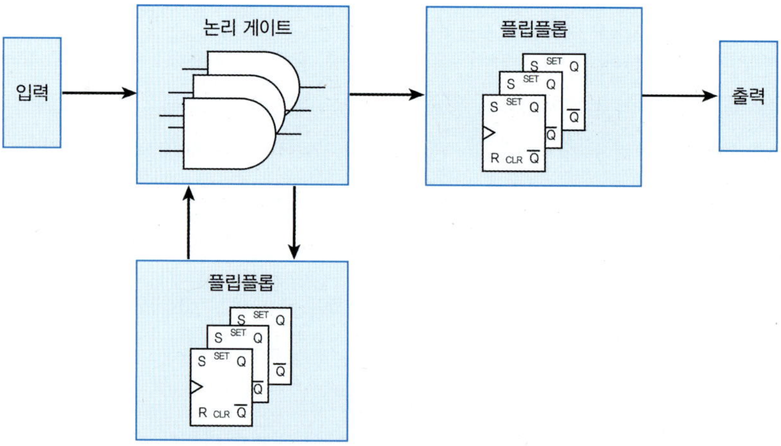

[그림 6-2] 동기식 출력을 위한 플립플롭 사용

SECTION 6.2 스텝 클럭(펄스) 발생회로

여기서는 스위치를 눌렀을 때 눌리는 시간에 상관없이 하나의 펄스만 발생시키는 회로를 설계한다. 이 예는 스위치 입력을 스텝 클럭 또는 펄스로 사용할 때 디지털 회로의 처리 속도가 스위치를 누르는 시간보다 상대적으로 매우 짧기 때문에, 스위치 입력을 한 번 받아서 그 입력을 처리할 때까지 계속 눌린 상태일 수 있다. 따라서 스위치를 길게 눌러도 하나의 스텝 클럭을 발생시키는 회로를 적용한다면 이러한 문제는 피할 수 있다. 하나의 스텝 클럭을 발생시킨 후, 다시 한 번 스위치를 누르면 다른 스텝 클럭이 발생된다. 이 회로를 설계하기 위해 우선 [그림 6-3]과 같은 상태도를 작성한다.

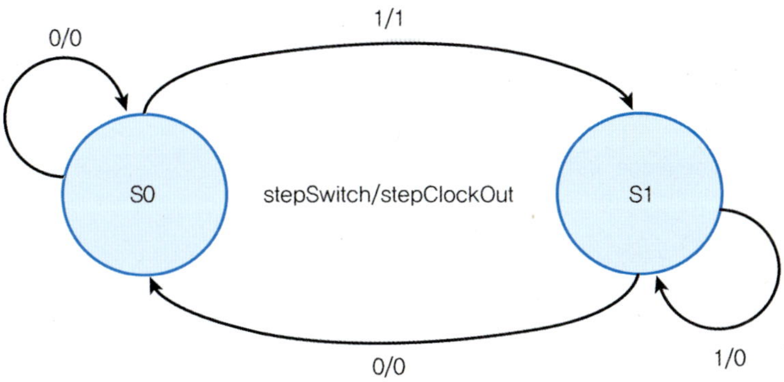

[그림 6-3] 스텝 클럭 발생회로의 상태도

[그림 6-3]의 상태도에서 초기 상태는 S0이며 출력은 '0'이다. 그리고 입력은 stepSwitch, 출력은 stepClockOut이다. 즉 1/1은 클럭의 상승 에지(또는 하강 에지)에서 스위치를 누른 상태일 경우(입력 = '1') S1 상태로 천이하면서 '1'을 출력한다는 것을 의미한다. 다음 클럭에서도 스위치를 누른 상태라면 계속해서 S1 상태를 유지하지만 출력은 '0'이 된다. 결과적으로 하나의 클럭 펄스만큼만 '1'을 출력한다. S1 상태에서 스위치를 떼면 입력은 '0'이 되며 초기 상태 S0으로 천이하고 출력은 '0'을 유지한다.

6.2.1 Verilog를 이용한 스텝 클럭(펄스) 발생회로 설계

[그림 6-3]의 상태도를 Verilog로 설계하면 [코드 6-3]과 같다.

코드 6-3 [Verilog\DigitalDesign\StepClock]

```
module StepClock(rst, clk, stepSwitch, stepPulse);
  input      rst, clk, stepSwitch;
  output     stepPulse;

  reg        stepPulse;
  reg        state;
  reg        clk1Hz;
  integer    m=0;

  parameter  S0=1'b0, S1=1'b1;

  always @ (posedge (clk)) begin                        // 스텝 클럭 발생
    if (m >= 499999) begin
        m <= 0;
        clk1Hz <= ~clk1Hz;
    end else
        m <= m + 1;
  end

  always @(posedge clk1Hz or negedge rst)
  begin
    if(~rst)
        state <= S0;                                    // 리셋
    else
        case(state)                                     // 스텝 펄스 변경
            S0:
                if(stepSwitch) begin
                    state <= S1;
                    stepPulse <= 1'b1;
                end else state <= S0;
            S1:
                if(stepSwitch) begin
                    state <= S1;
                    stepPulse <= 1'b0;
                end else begin
                    state <= S0;
                    stepPulse <= 1'b0;
                end
        endcase
  end
endmodule
```

[코드 6-3]에서 1sec 동안 ON 상태를 유지하는 하나의 스텝 클럭을 발생시키기 위해 1Hz의 클럭을 발생시켜 사용한다. 이 코드를 실행하기 위해 스위치를 stepSwitch에 할당하면, 실행했을 때 스위치를 누르는 시간에 관계없이 한 번 누르면 1sec 동안 LED가 ON되는 것을 볼 수 있다.

6.2.2 VHDL을 이용한 스텝 클럭(펄스) 발생회로 설계

[그림 6-3]의 상태도를 VHDL로 설계하면 [코드 6-4]와 같다.

코드 6-4 [VHDL\DigitalDesign\StepClock]

```
library IEEE;
use IEEE.STD_LOGIC_1164.ALL;

entity StepClock is
  port( rst         : in  std_logic;
        clk         : in  std_logic;
        stepSwitch  : in  std_logic;
        stepPulse   : out std_logic);
end StepClock;

architecture Behavioral of StepClock is
  type state_type is (s0, s1);
  signal state        : state_type;
  signal clk1Hz       : std_logic;
begin
  process(clk)
    variable  m       : integer := 0;
  begin
    if rising_edge(clk) then                          -- 스텝 클럭 발생
        if m >= 499999 then                           -- 1Hz clock
            m := 0;
            clk1Hz <= not clk1Hz;
        else
            m := m + 1;
        end if;
    end if;
  end process;

  process(rst, clk1Hz)
  begin
    if rst = '0' then
        state <= s0;
    elsif rising_edge(clk1Hz) then
        case state is                                 -- 스텝 펄스 변경
            when s0 =>
                if stepSwitch = '1' then
                    state <= s1;
                    stepPulse <= '1';
                else
                    state <= s0;
                end if;
            when s1 =>
```

```
                if stepSwitch = '1' then
                    state <= s1;
                    stepPulse <= '0';
                else
                    state <= s0;
                    stepPulse <= '0';
                end if;
            end case;
        end if;
    end process;
end Behavioral
```

[코드 6-4]의 VHDL 설계에서 1sec 동안 ON 상태를 유지하는 하나의 스텝 클럭을 발생시키기 위해 1Hz의 클럭을 발생시켜 사용한다. 이 코드를 실행하기 위해 스위치를 stepSwitch에 할당하면, 실행했을 때 스위치를 누르는 시간에 관계없이 한 번 누르면 1sec 동안 LED가 ON되는 것을 볼 수 있다.

6.2.3 시뮬레이션 및 실행

시뮬레이션

[그림 6-4]는 스텝 클럭 발생회로의 시뮬레이션 결과이다. Verilog와 VHDL 코드는 1Hz 클럭을 상태천이에 사용했지만, 1Hz 클럭을 사용하기 위해서는 1,000,000 분주를 해야 한다. 그리고 시뮬레이션 최대 시간을 넘길 수 있으므로 소스 코드를 수정함으로써 1MHz 클럭을 20 분주해 50KHz 클럭을 사용했다. 소스 코드에서 "if (m>=499999) begin"을 "if (m>=9) begin"으로 수정하면 50KHz을 발생시킨다.

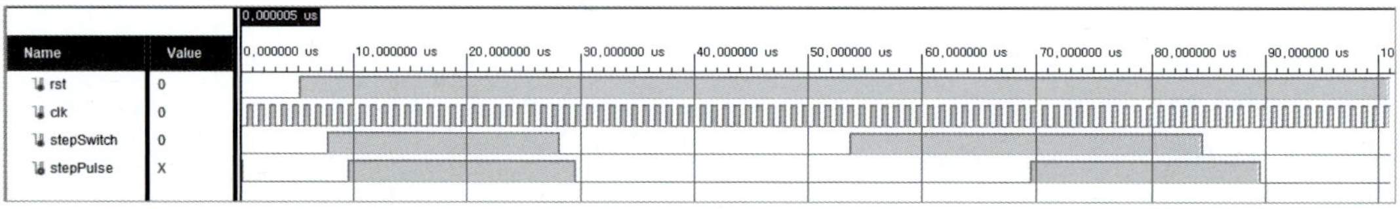

(a) Vivado

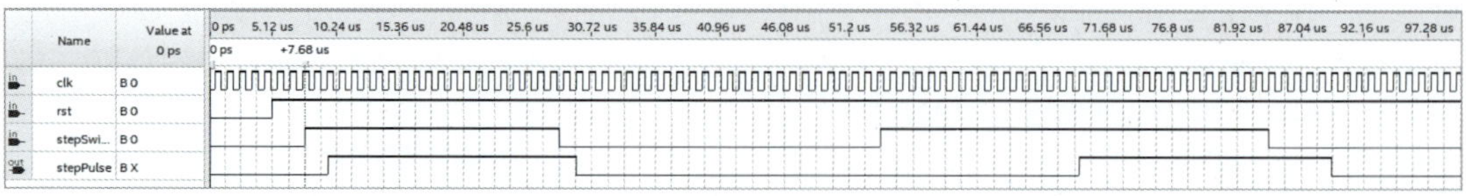

(b) Quartus

[그림 6-4] 스텝 클럭 발생회로의 시뮬레이션 결과

시뮬레이션 결과 출력(stepPulse)은 2번 발생했다. 첫 번째 입력 스위치(stepSwitch)는 7.68us~28.16us 동안 '1'을 유지했으며, 출력 stepPulse는 50KHz의 한 주기인 20us 동안 '1'을 출력한다. 두 번째 입력 스위치(stepSwitch)도 53.76us~84.48us 동안 '1'을 유지했으며, 출력 stepPulse가 20us 동안 '1'을 출력했다.

디바이스 핀 할당과 실행

이 예제를 DIGCOM 키트에서 실습하려면 키트에서 사용하는 클럭을 분주해서 사용해야 한다. 키트에서 제공되는 클럭은 1MHz이므로 1클럭 동안 펄스가 발생해도 눈으로 확인할 수 없다. 따라서 클럭을 1Hz로 분주한 후, 이 클럭을 사용해서 1sec 동안 스텝 클럭이 발생되는 것을 확인한다.

SECTION 6.3

양방향 버스

앞의 모든 예들은 입출력 선언에서 포트가 입력 또는 출력으로만 선언됐다. 그러나 양방향으로 데이터를 입출력하는 메모리의 포트를 설계할 때에는 같은 포트에서 입출력 양방향으로 데이터를 주고받을 수 있어야 한다. 이렇게 같은 포트에서 입출력 양방향으로 메모리를 주고받는 장치를 양방향 버스라고 한다. 다음 양방향 버스의 예는 제어 신호에 따라 입력 또는 출력으로 동작하게 하는 방법을 보여준다.

6.3.1 Verilog를 이용한 양방향 버스 설계

[코드 6-5]는 양방향 버스를 설계한 Verilog 코드이다.

코드 6-5 [Verilog\DigitalDesign\BidirBus]

```
module BidirBus (oe, clk, inp, outp, bidir);
  input   oe;
  input   clk;
  input   [7:0] inp;
  output  [7:0] outp;
  inout   [7:0] bidir;                 // 양방향 신호

  reg     [7:0] a;
  reg     [7:0] b;

  assign bidir = oe ? a : 8'bZ;        // 제어 신호
  assign outp  = oe ? 8'bz : b;

  always @ (posedge clk)
  begin
    b <= bidir;
    a <= inp;                          // 입력 값 임시 저장
  end
endmodule
```

[코드 6-5]의 Verilog 코드에서 bidir은 양방향 신호(inout)로 선언됐으며, 제어 신호(oe)가 '1'이면 출력으로 동작하고 '0'이면 입력으로 동작한다. 입출력 동작을 테스트하기 위해 별도의 입력(inp)과 출력(outp)을 선언했으며, 입력 값을 임시로 저장해두는 register a를 선언해 클럭 동기에 맞춰 inp 신호로 입력되는 값을 항상 저장한다. 그리고 oe가 '1'이면 a에 저장된 값을 bidir에 할당하므로 inp에 입력된 값을 bidir로 출력하게 되어 bidir이 출력 포트로 동작한다. 그리고 oe가 '0'이면 bidir에 'z'를 출

력시켜 High Impedance 상태를 갖게 함으로써 입력을 받을 수 있도록 한다. bidir이 입력으로 동작할 때 입력 값을 저장하기 위해 register b를 선언하고, 클럭의 동기에 맞춰 bidir에 입력된 값을 저장한다. 그리고 이 값을 출력 포트 outp에 출력하면 bidir에 입력된 값이 outp로 출력된다.

6.3.2 VHDL을 이용한 양방향 버스 설계

[코드 6-6]은 양방향 버스를 설계한 VHDL 코드이다.

코드 6-6 [VHDL\DigitalDesign\BidirBus]

```
library IEEE;
use IEEE.STD_LOGIC_1164.ALL;

entity BidirBus is
  port( clk      : in    std_logic;
        oe       : in    std_logic;
        inp      : in    std_logic_vector(7 downto 0);
        outp     : out   std_logic_vector(7 downto 0);
        iop      : inout std_logic_vector(7 downto 0));       -- 양방향 신호
end BidirBus;

architecture Behavioral of BidirBus is
  signal outbuf : std_logic_vector(7 downto 0);
begin
  outbuf <= inp;
  process(clk, inp, oe, outbuf, iop)
  begin
    if rising_edge(clk) then
      if oe = '1' then                                        -- 출력으로 동작
          iop <= outbuf;
          outp <= "ZZZZZZZZ";
      else                                                    -- 입력으로 동작
          iop <= "ZZZZZZZZ";
          outp <= iop;
      end if;
    end if;
  end process;
end Behavioral;
```

[코드 6-6]에서 iop는 양방향 신호로 선언됐으며, oe가 '1'이면 출력으로 동작하고 '0'이면 입력으로 동작한다. 입출력 동작을 테스트하기 위해 별도의 입력(inp)과 출력(outp)을 선언했으며, 입력 값을 임시로 저장해두는 signal outbuf를 선언하고 input 신호로 입력되는 값을 항상 저장하고 있다. 양방향 신호 iop가 출력으로 동작(if oe = '1')할 때는 iop에 outbuf를 출력시키므로 input으로 입력되는 값을 출력시키게 되며, 입력으로 동작(oe = '0')할 때는 iop에 'Z'를 출력시켜 High Impedance 상태를 갖게 함으로써 입력을 받을 수 있게 하고 동시에 iop에 입력되는 값을 output에 출력한다.

6.3.3 시뮬레이션

키트의 각 포트에는 양방향으로 설정해서 확인할 수 있는 입출력 장치가 없으므로, 양방향 데이터 이동을 확인할 수는 없다. 따라서 양방향 버스의 동작은 시뮬레이션으로 확인한다.

[그림 6-5]는 Verilog로 구현한 양방향 버스의 시뮬레이션 결과로, 양방향으로 동작하는 것을 확인할 수 있다. VHDL에서 시뮬레이션해도 결과는 동일하다. 양방향 버스 bidir은 0~400ns 동안 입력으로 동작하고 그 이후로는 oe 신호를 '1'로 입력해서 출력으로 동작한다. 시뮬레이션을 할 때 입력으로 동작하도록 하기 위해 bidir에 0ns부터 100ns 간격으로 0x00, 0xab, 0x5b, 0x8a를 각각 입력했으며, 클럭의 상승 에지에서 입력한 값이 outp에 출력되는 것을 확인할 수 있다. 그리고 400ns부터는 출력으로 동작하며 inp에 100ns 간격으로 0x6a, 0x93, 0xb4, 0x00을 입력하면 bidir에 같은 값이 출력되는 것을 확인할 수 있다.

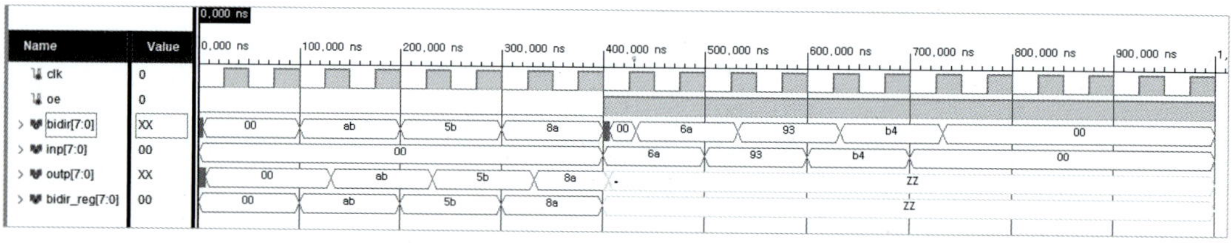

(a) Vivado

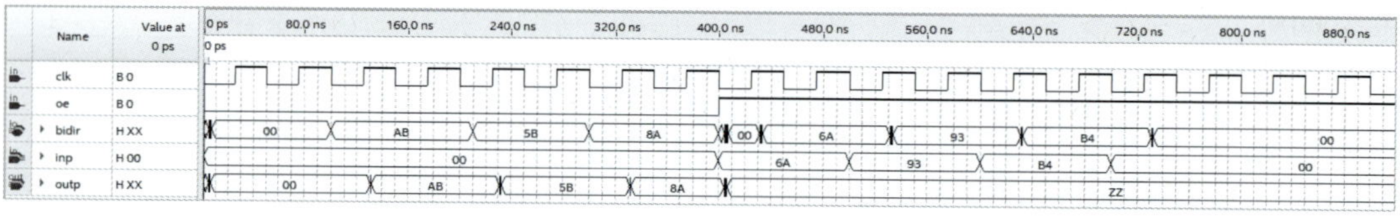

(b) Quartus

[그림 6-5] 양방향 버스의 시뮬레이션 결과

PART 03

디지털 시스템 설계 및 실습

CONTENTS

PART 03 들어가기 전에

3부에서는 디지털 시계를 설계하는 방법과 다양한 응용회로를 설계 및 실습하는 방법에 대해 공부한다. 앞서 2부에서는 조합논리회로와 순차논리회로로 구분하여 Verilog 또는 VHDL로 설계하는 방법에 대해 설명했다. 이 내용을 종합적으로 실습해보기 위해 지금부터는 디지털 시계를 설계하는 방법을 다뤄볼 것이다. 디지털 시계를 설계하려면 각 기능을 Verilog와 VHDL을 이용해 독립된 블록으로 설계한 후 심볼로 생성하고, 블록 다이어그램이나 Schematic을 이용해 심볼들을 연결하면 된다.

응용회로의 설계 및 실습은 DIGCOM 키트의 확장 포트에 다양한 장치를 연결하는 실습이다.이 책에서 다룰 확장 보드 및 실습 장치는 다음과 같이 구성되어 있다.

▶ 확장 보드와 실습 장치

확장 보드	실습 장치	실습 내용
KD1	스위치 매트릭스	스위치 매트릭스 장치의 스캔 입력 실습
	부저 사운드	부저 사운드 출력 제어 실습
KD2	Text LCD	Text LCD에 문자를 출력하는 실습
KD3	Dot Matrix 출력	Dot Matrix에 문자 출력 실습
KD4	스텝모터(DRV8834)	DRV8834 드라이버를 이용한 스텝모터 제어 실습
	스텝모터(L293D)	L293D 드라이버를 이용한 스텝모터 제어 실습
	서보모터	서보모터 제어 실습

CHAPTER

07

디지털 시계 설계

디지털 시계를 설계하는 것은 앞에서 배운 내용들을 종합적으로 실습해 볼 수 있는 가장 좋은 예이다. 이 장에서는 디지털 시계를 설계하기 위해 각각의 기능을 Verilog와 VHDL을 이용해 독립된 블록으로 설계한 후 심볼(Symbol)로 생성하고, 상위 레벨 설계(Top Level Design) 단계에서 블록 설계한 다음, 생성된 심볼 파일들을 연결해볼 것이다.

CONTENTS

SECTION 7.1 MSL 설계

디지털 시계의 기능은 크게 디지털 클럭Digital Clock, 타이머Timer, 알람Alarm으로 나뉜다. 디지털 클럭은 시계 기능을, 타이머는 스톱워치 기능을, 그리고 알람은 알람 시간 설정 기능과 알람 기능을 각각 제공한다. 세 기능은 멀티플렉서에 의해 하나가 선택되어 FND 드라이버를 통해서 FND로 출력되며, 멀티플렉서의 선택 신호는 MSLMaster Select Logic에서 제공한다. 앞에서 설명한 각 기능들은 Verilog 또는 VHDL을 사용해 독립된 블록으로 설계한 후 각각 블록 심볼로 생성하고, 상위 레벨 설계Top Level Design에서 블록 설계 방법으로 생성된 심볼들을 연결해 설계한다. [그림 7-1]은 설계하려는 디지털 시계의 블록도이다.

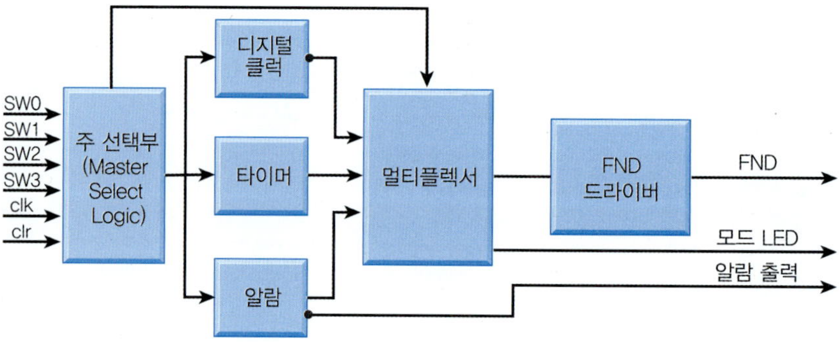

[그림 7-1] 디지털 시계의 블록도

[표 7-1]에는 디지털 시계의 동작 모드를 정리했으며, 이는 일반적인 디지털 시계의 기능과 매우 유사하다. 또한 [표 7-1]에는 각 동작 모드의 기능과 각 입력 스위치의 용도도 정리했다. 동작 모드는 선택 스위치 SW0을 누를 때마다 다음 동작 모드로 변경된다.

- **모드 0** : 초기 상태이며, 일반적인 디지털 시계에서 현재 시간을 보여준다. 이 모드에서는 선택 스위치 SW1, SW2를 눌러도 변화가 없으며 SW3을 누르면 알람 기능을 ON/OFF한다. SW3은 모든 모드에서 알람 기능을 ON/OFF한다.
- **모드 1** : 모드 1에서는 시간 설정 기능을 한다. 이 모드에서 SW1을 한 번 누를 때마다 설정할 시간의 위치(시hour, 분min, 초sec)가 선택되고, SW2는 선택된 위치의 시간 값을 하나씩 증가시킨다.
- **모드 2** : 모드 2에서는 타이머(스톱워치)로 동작하는데, SW1은 누를 때마다 타이머가 스타트/스톱Start/Stop하며, SW2는 초깃값으로 리셋시킨다.
- **모드 3** : 알람 설정 기능을 하는 모드 3의 SW1은 모드 1에서와 마찬가지로 설정할 시간의 위치를 선택하고, SW2는 시간 값을 하나씩 증가시킨다. 단, 현재 시간이 아닌 알람 시간을 설정하는 데 사용된다.

[표 7-1] 디지털 시계의 스위치와 동작 모드

모드 선택(SW0)		선택 1(SW1)	선택 2(SW2)	선택 3(SW3)
0	시계 모드	현재 시간 출력		알람 ON/OFF
1	시간 설정	위치 선택 (Hour, Min)	시간 증가	
2	타이머 (스톱워치)	스타트/스톱 (Start/Stop)	리셋	
3	알람 설정	위치 선택 (Hour, Min)	시간 증가	

디지털 시계 설계 실습에서는 시간 설정을 포함하는 시계의 기본 기능을 설계해서 동작을 확인한 후 이를 기능별로 분리하여 블록별로 설계하고, 이후에 알람과 타이머 기능을 추가하는 과정을 따른다.

7.1.1 클럭 분주

외부에서 제공되는 클럭은 1MHz이며 디지털 클럭 로직[DCL, Digital Clock Logic]과 알람 로직[AL, Alarm Logic]은 1Hz를 사용하고, 타이머 로직[TL, Timer Logic]은 1/100sec 단위로 측정되므로 100Hz를 사용한다. 따라서 1MHz 클럭을 1,000,000 분주한 후 1Hz 클럭을 생성해 DCL과 AL에 제공하고 10,000 분주한 후에 100Hz 클럭을 생성해서 TL에 제공한다.

또한 기본적인 디지털 시계의 동작을 설계한 후에 부가기능을 추가한다. 부가기능에서는 시간과 알람 설정 과정에서 설정 값이 자동으로 증가하고, 설정하는 시간의 위치 FND가 블링크[Blink]하는 것이며 이때 사용되는 2Hz의 클럭도 발생시켜야 한다.

코드 7-1 [Verilog\DigitalWatch\DigitalWatchDesign\ClockDivide]

```
module ClockDivide(clk, clk1hz_out);
  input          clk;
  output         clk1hz_out;

  reg            clk1hz;
  integer        cnt1hz = 0;

// 1Hz clock generation
  always @ (posedge (clk)) begin
    if (cnt1hz >= 499999) begin
        cnt1hz <= 0;
        clk1hz <= ~clk1hz;
    end else
        cnt1hz <= cnt1hz+1;
  end
  assign clk1hz_out = clk1hz;
endmodule
```

코드 7-2 [VHDL\DigitalWatch\DigitalWatchDesign\ClockDivide]

```
architecture Behavioral of ClockDivide is
  signal     clk1hz        : std_logic;
begin
  process(clk, clk1hz)
    variable     cnt1hz    : integer range 0 to 499999 := 0;
  begin
    if rising_edge(clk) then
        if cnt1hz >= 499999 then
            cnt1hz := 0;
            clk1hz <= not clk1hz;
        else
            cnt1hz := cnt1hz + 1;
        end if;
    end if;
    clk1hz_out <= clk1hz;
  end process;
end Behavioral;
```

[코드 7-1]~[코드 7-2]는 1MHz 클럭을 분주해서 1Hz 클럭을 발생하는 회로를 Verilog와 VHDL로 각각 설계한 코드이다.

디지털 시계에서 사용된 클럭 분주는 1MHz 클럭을 사용하므로 1Hz 클럭을 발생시키기 위해서는 1,000,000 분주를 해야 하지만 한 클럭의 반은 '1' 값을 갖고, 반은 '0' 값을 가지므로 1MHz 클럭의 상승 에지에서 499,999까지 카운트하다가 500,000번째 클럭에서 출력 클럭을 '0'에서 '1' 또는 '1'에서 '0'으로 바꿔 출력한다.

클럭을 분주하는 회로의 경우 DIGCOM 키트에서 제공하는 1MHz 클럭을 FPGA의 입력으로 할당하고, 출력을 LED에 할당하면 LED가 1sec마다 ON/OFF하는 것을 확인할 수 있다. 1Hz 외에도 100Hz, 2Hz의 클럭들도 각각 10,000 분주와 500,000 분주를 함으로써 필요한 클럭을 발생시킬 수 있다.

7.1.2 모드 선택

디지털 시계에는 4가지 모드가 있으며, 각각 [표 7-2]와 같이 동작한다.

[표 7-2] 디지털 시계의 동작 모드

모드	동작
0	현재 시간 출력
1	시간 설정
2	타이머(스톱워치) 출력
3	알람 시간 출력

MSL에서는 현재의 모드를 저장하는 2비트 신호 mode를 선언하고, SW0 스위치가 한 번 눌릴 때마다 SW0의 상승 에지에 동기해 모드가 순환적으로 변경되도록 한다. 2비트 mode 비트를 선언하고, 스위치를 한 번 누를 때마다 하나의 클럭으로 인식해 mode 비트를 하나씩 증가시킨다. mode 비트는 '00' → '01' → '10' → '11'로 증가한 후 다시 '00'이 되며, 각각의 값은 모드 0 ~ 모드 3에 해당한다. 현재의 모드 정보는 DCL, TL, AL로 전달되며, 멀티플렉서의 선택 입력 신호로 사용되므로 멀티플렉서로도 전달된다. [코드 7-3]~[코드 7-4]는 모드 선택 회로를 각각 Verilog와 VHDL로 설계한 코드이다.

코드 7-3 [Verilog\DigitalWatch\DigitalWatchDesign\modeSelect]

```
module modeSelect(reset, sw0, mode_out);
  input          reset;
  input          sw0;
  output [1:0]   mode_out;

  reg [1:0]      mode=2'b00;

  always @ (posedge (sw0) or negedge reset) begin
    if (~reset)
        mode <= 2'b00;                         // 리셋
    else
        mode <= mode + 1'b1;                   // 모드 비트 증가
  end
  assign mode_out = mode;
endmodule
```

코드 7-4 [VHDL\DigitalWatch\DigitalWatchDesign\modeSelect]

```
architecture Behavioral of modeSelect is
  signal     mode : std_logic_vector(1 downto 0);
begin
  process(reset, sw0)
  begin
    if reset = '0' then                        -- 리셋
        mode <= "00";
    elsif rising_edge(sw0) then                -- 모드 비트 증가
        mode <= mode + '1';
    end if;
  end process;
  mode_out <= mode;
end Behavioral;
```

mode는 2비트 신호로 선언되므로 SW0을 한 번 누를 때마다 mode가 1이 증가하지만 mode가 2비트이므로 '00' → '01' → '10' → '11'을 반복한다.

모드를 선택하는 기능은 텍트 스위치를 입력으로 할당하고, 2개의 LED를 출력으로 할당하여 DIGCOM 키트에 다운로드한 후 실행시킨다. 스위치를 한 번 누를 때마다 2개의 LED가 '00' → '01' → '10' → '11'을 반복한다.

SECTION **7.2**

DCL 설계

DCL[Digital Clock Logic]에는 현재 시간을 저장하는 레지스터가 선언되며, 모드 0에서는 1Hz의 클럭에 동기해 1sec씩 증가하며 출력된다. 그러나 모드 1에서는 시간이 증가되지 않고, 새로운 시간을 설정하기 위해 SW1과 SW2를 이용하여 hour 또는 min 값을 설정한다.

7.2.1 모드 0에서의 시계 동작

모드 0에서 리셋 스위치가 눌리면 모든 시간이 초기화되며, 정상적으로 동작하면 1sec 단위로 증가하면서 현재 시간을 출력한다. hour, min, sec 단위로 시간을 저장하는 레지스터를 선언할 때 hour는 최대 23이므로 5비트를 선언하고, min과 sec는 최대 59이므로 6비트를 선언해야 한다.

이 레지스터들은 1Hz 클럭에 동기해서 sec를 하나씩 늘리다가 60sec가 되는 동시에 min을 증가시키고, sec는 0으로 초기화한다. 같은 방법으로 min이 60min이 되면 hour를 하나 증가시키고 min은 0으로 초기화한다. [코드 7-5]~[코드 7-6]은 모드 0에서 시계 동작을 Verilog와 VHDL로 각각 설계한 것이다.

코드 7-5 [Verilog\DigitalWatch\DigitalWatchDesign\digitalClock]

```
  reg [4:0]      hour;
  reg [5:0]      min, sec;

// always for second
  always @ (posedge (clk1hz) or negedge reset) begin
    if (~reset)                                        // sec 리셋
        sec <= 6'd0;
    else                                               // 59sec 후 0sec로 변경
        if (sec >= 6'd59)
            sec <= 6'd0;
        else                                           // sec 증가
            sec <= sec + 1'b1;
  end

// always for mininte
  always @ (posedge (clk1hz) or negedge reset) begin
    if (~reset)                                        // min 리셋
        min <= 6'd0;
    else
```

```
        if (sec >= 6'd59)
            if (min >= 6'd59)                    // 59min 후 0min으로 셋팅
                min <= 6'd0;
            else                                 // min 증가
                min <=  min + 1'b1;
  end

// always for hour
  always @ (posedge (clk1hz) or negedge reset) begin
    if (~reset)                                  // hour 리셋
        hour <= 5'd0;
    else
        if (sec >= 6'd59)
            if (min >= 6'd59)
                if (hour >= 5'd23)               // 23hour 후 0hour로 셋팅
                    hour <= 5'd0;
                else                             // hour 증가
                    hour <= hour + 1'b1;
  end
```

코드 7-6 [VHDL\DigitalWatch\DigitalWatchDesign\digitalClock]

```
  signal hour     : std_logic_vector(4 downto 0) := "00000";
  signal min, sec : std_logic_vector(5 downto 0) := "000000";

-- process for second
  process(reset, clk1hz, sec)
  begin
    if reset = '0' then                          -- sec 리셋
        sec <= "000000";
    elsif rising_edge(clk1hz) then
        if conv_integer(sec) >= 59 then          -- 59sec 후 0sec로 변경
            sec <= "000000";
        else                                     -- sec 증가
            sec <= sec + '1';
        end if;
    end if;
  end process;

-- process for minute
  process(reset, clk1hz, sec, min)
  begin
    if reset = '0' then                          -- min 리셋
        min <= "000000";
    elsif rising_edge(clk1hz) then
        if conv_integer(sec) >= 59 then
            if conv_integer(min) >= 59 then      -- 59min 후 0min으로 셋팅
```

```
                min <= "000000";
            else                                            -- min 증가
                min <= min + '1';
            end if;
        end if;
    end if;
  end process;

-- process for hour
  process(reset, clk1hz, sec, min, hour)
  begin
    if reset = '0' then
        hour <= "00000";
    elsif rising_edge(clk1hz) then                          -- hour 리셋
        if conv_integer(sec) >= 59 then
            if conv_integer(min) >= 59   then
                if conv_integer(hour) >= 23 then            -- 23hour 후 0hour로 셋팅
                    hour <= "00000";
                else                                        -- hour 증가
                    hour <= hour + '1';
                end if;
            end if;
        end if;
    end if;
  end process;
```

sec, min, hour는 각각 다른 always 블록 또는 process 블록에서 증가를 시키며, sec는 1Hz 클럭의 상승 에지에 동기되어 1씩 증가하다가 59가 되면 다음 클럭의 상승 에지에서 0으로 초기화된다. sec가 59에서 0으로 초기화 될 때에는 1min이 증가하는 것이므로 min을 1 증가시킨다. 이와 같은 방법으로 hour는 min이 59에서 0으로 초기화될 때 1 증가한다.

7.2.2 시간 출력

FND에 현재 시간을 출력한다. 시간을 출력하려면 sec, min, hour에 저장된 2진수 값을 FND에 출력할 수 있도록 2자리 10진수로 각각 변환해야 한다. 예를 들면, 48sec를 출력하기 위해서는 2개의 BCD Binary Coded Decimal "0100"과 "1000"으로 변환한 후 FND에서 4와 8로 출력할 수 있도록 디코딩해야 한다.

1 hour, min, sec를 두 자리 정수형으로 변환

[코드 7-7]~[코드 7-8]은 FND에 시간을 출력하기 위해 hour, min, sec를 두 자리 정수형으로 변환하는 Verilog와 VHDL 코드이다.

코드 7-7 [Verilog\DigitalWatch\DigitalWatchDesign\digitalClock]

```
  reg [3:0]      hour10, hour0;
  reg [3:0]      min10, min0;
  reg [3:0]      sec10, sec0;

// always for converting to integer
  always @ (hour, min, sec) begin
    hour10 <= hour/10;                    // hour의 10의 자리 저장
    hour0 <= hour % 10;                   // hour의 1의 자리 저장
    min10 <= min/10;                      // min의 10의 자리 저장
    min0 <= min % 10;                     // min의 1의 자리 저장
    sec10 <= sec/10;                      // sec의 10의 자리 저장
    sec0 <= sec % 10;                     // sec의 1의 자리 저장
  end
```

코드 7-8 [VHDL\DigitalWatch\DigitalWatchDesign\digitalClock]

```
  signal hour10       : integer range 0 to 2:= 0;
  signal hour0        : integer range 0 to 9:= 0;
  signal min10        : integer range 0 to 5:= 0;
  signal min0         : integer range 0 to 9:= 0;
  signal sec10        : integer range 0 to 5:= 0;
  signal sec0         : integer range 0 to 9:= 0;

-- process for converting to integer
  process(hour, min, sec)
  begin
    hour10 <= conv_integer(hour)/10;          -- hour의 10의 자리 저장
    hour0 <= conv_integer(hour) mod 10;       -- hour의 1의 자리 저장
    min10 <= conv_integer(min)/10;            -- min의 10의 자리 저장
    min0 <= conv_integer(min) mod 10;         -- min의 1의 자리 저장
    sec10 <= conv_integer(sec)/10;            -- sec의 10의 자리 저장
    sec0 <= conv_integer(sec) mod 10;         -- sec의 1의 자리 저장
  end process;
```

Verilog 코드인 [코드 7-7]에서는 레지스터로 선언된 시간을 10의 자리와 1의 자리로 나누기 위해, 연산자 '/'를 이용해서 정수 10으로 나눈 몫을 hour10에 저장하고, modulo 연산자 '%'를 이용해서 10으로 나눈 나머지를 hour0에 저장한다. 나머지 min과 sec도 같은 방법으로 처리한다.

VHDL 코드인 [코드 7-8]에서는 standard logic으로 선언된 hour에 출력하려는 시간이 저장되어 있으며, 논리형으로 선언되었으므로 직접 산술 연산을 할 수 없다. 따라서 conv_integer() 함수를 이용해서 정수로 변환한 후 산술 연산해야 한다. 시간을 10의 자리와 1의 자리로 나누기 위해, 연산자 '/'를

이용해서 정수 10으로 나눈 몫을 hour10에 저장하고, modulo 연산자 'mod'를 이용해서 10으로 나눈 나머지 값을 hour0에 저장한다. min과 sec도 같은 방법으로 처리한다.

2 hour를 FND에 출력

BCD로 변환된 시간 값은 FND에 출력하기 위해 디코딩되어야 한다. [코드 7-9]~[코드 7-10]은 10의 자리와 1의 자리로 분리된 시간을 FND에 출력하는 Verilog와 VHDL 코드이다. [코드 7-9]~[코드 7-10]은 hour10과 hour0에 저장된 값을 표시하기 위해 FND에 출력시키는 부분을 보여주고 있으며 min10, min0 및 sec10, sec0도 같은 방법으로 설계한다. hour의 범위는 00~23까지이고, min과 sec의 범위는 00~59이다. 따라서 hour10은 최댓값이 2이지만 min과 sec의 10의 자릿수는 최댓값이 5이므로 이 부분을 case 문에 포함시킨다.

2자리 FND에 숫자를 출력하는 방법은 [실습과제 3.4]를 참고하기 바란다.

코드 7-9 [Verilog\DigitalWatch\DigitalWatchDesign\digitalClock]

```
  reg [6:0]        hourFND;
  reg              hourFNDSel2, hourFNDSel1;
  reg              clk100hz;

// always for 7-segment FND display
  always @ (posedge clk) begin
    case (hour10)                                  // hour의 10의 자리 출력
        4'd0 : FNDhour10 <= 7'b1111110;
        4'd1 : FNDhour10 <= 7'b0110000;
        4'd2 : FNDhour10 <= 7'b1101101;
        default :;
    endcase
    case (hour0)                                   // hour의 1의 자리 출력
        4'd0 : FNDhour0 <= 7'b1111110;
        4'd1 : FNDhour0 <= 7'b0110000;
        4'd2 : FNDhour0 <= 7'b1101101;
        4'd3 : FNDhour0 <= 7'b1111001;
        4'd4 : FNDhour0 <= 7'b0110011;
        4'd5 : FNDhour0 <= 7'b1011011;
        4'd6 : FNDhour0 <= 7'b1011111;
        4'd7 : FNDhour0 <= 7'b1110000;
        4'd8 : FNDhour0 <= 7'b1111111;
        4'd9 : FNDhour0 <= 7'b1110011;
        default :;
    endcase
    …                                              // case for min, sec
    …
  end

```

```
  always @ (clk100hz, FNDhour10, FNDhour0, …) begin
    if (clk100hz == 1'b1) begin
        hourFNDSel1 <= 1'b0;
        hourFNDSel2 <= 1'b1;
        hourFND <= FNDhour0;
        …                                                   // case for min, sec
        …
    end else begin
        hourFNDSel1 <= 1'b1;
        hourFNDSel2 <= 1'b0;
        hourFND <= FNDhour10;
        …                                                   // case for min, sec
        …
    end
  end
```

코드 7-10 [VHDL\DigitalWatch\DigitalWatchDesign\digitalClock]

```
    hourFND                       : out std_logic_vector(6 downto 0);
    hourFNDSel 2, hourFNDSel1     : out std_logic;
    signal clk100Hz               : std_logic;
 -- process for 7-segment FND display
    process(clk, hour10, hour0, …)
    begin
      if rising_edge(clk) then
         case hour10 is                                     -- hour의 10의 자리 출력
             when 0 => FNDhour10 <= "1111110";
             when 1 => FNDhour10 <= "0110000";
             when 2 => FNDhour10 <= "1101101";
             when others => null;
         end case;

         case hour0 is                                      -- hour의 1의 자리 출력
             when 0 => FNDhour0 <= "1111110";
             when 1 => FNDhour0 <= "0110000";
             when 2 => FNDhour0 <= "1101101";
             when 3 => FNDhour0 <= "1111001";
             when 4 => FNDhour0 <= "0110011";
             when 5 => FNDhour0 <= "1011011";
             when 6 => FNDhour0 <= "1011111";
             when 7 => FNDhour0 <= "1110000";
             when 8 => FNDhour0 <= "1111111";
             when 9 => FNDhour0 <= "1110011";
             when others => null;
         end case;                                          -- case for min, sec
      …                                                     -- case for min, sec
      …
```

```
process(clk100hz, FNDhour10, FNDhour0, …)
  begin
   if (clk100hz = '1') then
       hourFNDSel1 <= '0';
       hourFNDSel2 <= '1';
       hourFND <= FNDhour0;
       …                                                    -- case for min, sec
       …
   else
       hourFNDSel1 <= '1';
       hourFNDSel2 <= '0';
       hourFND <= FNDhour10;
       …                                                    -- case for min, sec
       …
   end if;
  end process;
```

7.2.3 설정 시간 위치 지정

설정할 시간의 위치를 저장하기 위해 3비트로 구성된 set_pos 신호를 선언하고 각 비트는 hour, min, sec의 시간을 설정하는 위치라고 가정한다. SW1 스위치가 눌릴 때마다 설정 위치를 나타내는 비트의 위치가 순환적으로 ON된다. 이 부분은 앞부분 시계 동작에 추가되어 7.2.4절의 '모드1에서의 시간 설정 동작'을 구성한다.

[코드 7-11]과 [코드 7-12]는 설정 시간의 위치(hour, min, sec)를 정하기 위한 Verilog와 VHDL 코드이다.

코드 7-11 [Verilog\DigitalWatch\DigitalWatchDesign\timeSetPosition]

```
reg [2:0]       set_pos=3'b100;

always @ (posedge (SW1) or negedge reset) begin
  if (~reset)
      set_pos <= 3'b100;
  else
      case(set_pos)
          3'b100 : set_pos <= 3'b010;
          3'b010 : set_pos <= 3'b001;
          3'b001 : set_pos <= 3'b100;
          default : set_pos <= 3'b100;
      endcase
end
assign set_pos_out = set_pos;
```

코드 7-12 [VHDL\DigitalWatch\DigitalWatchDesign\timeSetPosition]

```
  signal set_pos      : std_logic_vector(2 downto 0);
begin
  process(reset, SW1)
  begin
    if reset = '0' then
        set_pos <= "100";
    elsif rising_edge(SW1) then
        case set_pos is
            when "100" =>
                set_pos <= "010";
            when "010" =>
                set_pos <= "001";
            when "001" =>
                set_pos <= "100";
            when others => null;
        end case;
    end if;
  end process;
  set_pos_out <= set_pos;
```

set_pos의 초깃값은 "100"으로 hour를 시간 설정하도록 되어 있다. 설정할 시간의 위치를 변경하기 위해 SW1을 눌러 1개의 클럭을 발생시키고, 클럭의 상승 에지에서 설정 위치가 차례로 min, sec로 바뀌게 한다.

7.2.4 모드 1에서의 시간 설정 동작

모드 1에서는 sec 단위로 시간이 증가하는 시계 동작을 멈추고, SW2를 눌러서 hour, min, sec를 새로운 값으로 설정한다. 이를 위해 시간 설정 모드(모드 1)에서는 1Hz의 클럭 대신 SW2 스위치를 클럭 소스로 사용한다. 따라서 [코드 7-13]~[코드 7-14]와 같이 모드 0에서는 1Hz 클럭을, 모드 1에서는 SW2를 클럭 소스를 선택하는 코드를 추가한다.

코드 7-13 [Verilog\DigitalWatch\DigitalWatchDesign\ClockSetting]

```
// always for clock source(클럭 소스를 위한 always 구문)
  always @ (posedge (clk)) begin
    if (mode == 2'b01)
        timeClock <= sw2;
    else
        timeClock <= clk1hz;
  end
```

코드 7-14 [VHDL\DigitalWatch\DigitalWatchDesign\ClockSetting]

```
-- process for clock source(클럭 소스 선택)
  process(clk, clk1hz, mode, sw2)
  begin
    if rising_edge(clk) then
        if mode = "01" then
            timeClock <= sw2;
        else
            timeClock <= clk1hz;
        end if;
    end if;
  end process;
```

이 코드에서 timeClock 신호를 선언하고, 모드가 1일 때는 1MHz clk의 동기에 맞춰 timeClock에 SW2를 할당하며, 다른 모드일 때에는 1Hz 클럭을 할당한다. 그리고 모드 1에서 시간을 설정하기 위해 timeClock을 클럭 소스로 사용한다.

[코드 7-15]~[코드 7-16]은 sec를 설정하기 위해 시계 동작 코드를 수정한 것이다.

코드 7-15 [Verilog\DigitalWatch\DigitalWatchDesign\ClockSetting]

```
// always for second(sec 설정을 위한 always 구문)
always @ (posedge (timeClock) or negedge reset) begin
  if (~reset)
    sec <= 6'd0;
  else
    case (mode)
        2'b00, 2'b10, 2'b11 :
            if (sec >= 6'd59)
                sec <= 6'd0;
            else
                sec <= sec + 1'b1;
        2'b01 :
            if (set_pos == 3'b001) begin                // second time set
                if (sec >= 6'd59)
                    sec <= 6'd0;
                else
                    sec <= sec + 1'b1;
            end // if (set_pos == 3'b001)
    endcase
end
```

코드 7-16 [VHDL\DigitalWatch\DigitalWatchDesign\ClockSetting]

```
-- process for second(sec 설정)
  process(reset, timeClock, sec)
  begin
    if reset = '0' then
        sec <= "000000";
    elsif rising_edge(timeClock) then
        if mode = "01" then                          -- time set mode
            if set_time = "001" then                 -- second time set
                if conv_integer(sec) >= 59 then
                    sec <= "000000";
                else
                    sec <= sec + '1';
                end if;
            end if;
        else
            if conv_integer(sec) >= 59   then
                sec <= "000000";
            else
                sec <= sec + '1';
            end if;
        end if;
    end if;
  end process;
```

파란색으로 표시된 부분은 시계 동작에 추가된 부분으로, 모드 1에서 시간을 설정하기 위한 부분이다. 그리고 나머지 부분은 기존의 시계 동작을 하는 부분이다. min과 hour도 동일한 방식으로 수정할 수 있다.

시계 동작을 할 때와 시간 설정을 할 때의 차이는 시계 동작에서 min과 hour 값은 sec가 59에서 0으로 될 때 바뀌지만, 시간 설정을 할 때에는 sec와 상관없이 설정 위치가 min 또는 hour이면 SW2를 누를 때마다 1min 또는 1hour씩 증가한다.

Verilog 코드인 [코드 7-15]에서는 시간 설정을 위해 case 문을 사용했고, VHDL 코드인 [코드 7-16]에서는 if~then~else~end if 형식을 사용했지만 동작에는 차이가 없다.

7.2.5 블록 심볼 생성과 블록 설계

앞에서 설명한 부분들은 디지털 시계의 전체 블록도에서 MSL과 DCL에 관한 부분이며, 일부 FND Display 드라이버를 포함하고 있다. 앞에서는 모든 기능을 하나의 모듈로 작성했기 때문에 블록 단위로 설계할 필요가 없다. 코드 길이가 짧으면 기능별로 구분하지 않고 하나의 모듈로 설계하는 것이 편리하지만, 설계 규모가 커지면 기능별로 구분해 블록 단위로 설계하는 것이 쉽고 수정하기도 편리하다.

따라서 위에서 설계한 내용에 대해 MSL, DCL, FNDDisplay 기능별로 블록 심볼Block Symbol을 생성하고, 생성된 심볼들을 이용해 설계한다. Vivado와 Quartus에서 블록 설계를 하는 과정은 1.2.5절을 참고하기 바란다.

블록 설계를 위해서는 앞에서 설명한 클럭 분주와 모드 선택 부분을 하나의 MSL 심볼로, 시계 동작 부분과 설정 부분을 DCL 심볼로 생성하고, 출력 부분을 FNDDisplay 심볼로 생성한다.

앞에서 설명한 대로 기능별로 블록을 나눠 설계했을 때, Vivado와 Quartus로 설계한 블록 설계는 [그림 7-2]와 같다.

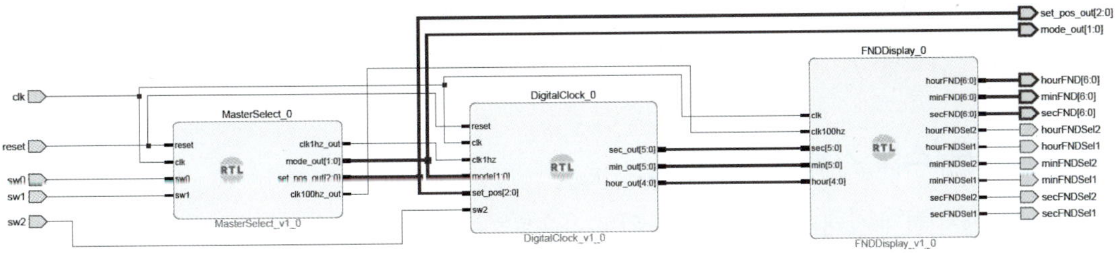

(a) Vivado

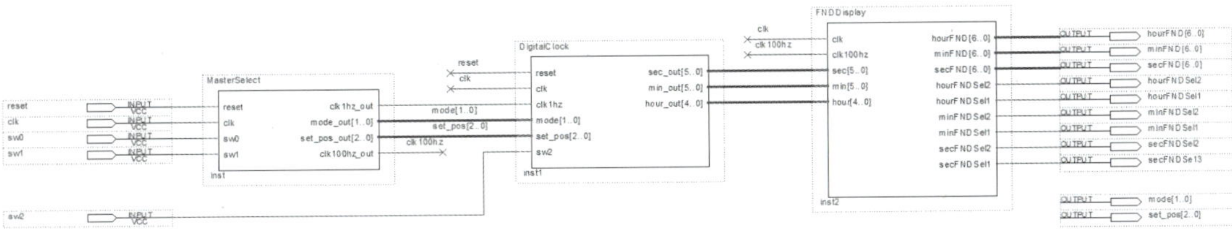

(b) Quartus

[그림 7-2] MSL, DCL, FNDDisplay의 블록도

이 그림은 전체 블록도에서 TL과 AL을 제외한 부분을 나타낸 것으로, 각 심볼은 Verilog로 설계했을 때와 VHDL로 설계했을 때가 동일하다. 마우스로 더블 클릭하면 Verilog 또는 VHDL 소스를 볼 수 있다. 블록 설계에 대한 프로젝트는 [DigitalWatch/DigitalWatchBDF] 폴더에 저장되어 있다.

SECTION
7.3 TL 설계

타이머 로직에서는 스톱워치와 같은 기능을 제공한다. 모드 2에서 SW1 스위치를 누르면 1/100 단위로 시간을 측정한다. 그리고 SW1을 누르면 동작을 멈추며, 이 상태에서 SW2를 누르면 초기화된다.

이제부터는 필요한 로직을 앞에서 설계한 블록 설계에 추가해본다. 타이머 로직을 설계할 때 다른 부분에서 발생되는 출력 신호 중 필요한 신호를 입력받아 타이머 로직을 Verilog나 VHDL로 설계한 후, 블록 설계에 추가한다.

7.3.1 스타트/스톱 기능

TL의 모드 2에서 현재 상태가 1/100sec 단위로 카운트하는 동작 상태면 SW1을 눌렀을 때 카운트 증가 동작을 멈추고, 중지 상태면 다시 카운트 동작을 실행해야 한다. 이를 위해 현재 상태(카운트 상태 또는 정지 상태)를 저장하는 신호를 선언하고 이 신호의 값에 따라 동작을 제어한다.

state 신호의 초깃값은 '0'으로 카운트 정지 상태이다. 타이머 모드(mode="10")에서 현재 상태가 카운트 상태(start)일 때 SW1을 누르면 정지 상태(stop)로 바뀌고, 정지 상태일 때 SW1을 누르면 다시 카운트 상태로 바뀐다.

코드 7-17 [Verilog\DigitalWatch\DigitalWatchBDF_Timer]

```
  reg   state;                                  // 0 : stop 상태, 1 : up count 상태

// always for state control
  always @(posedge SW1 or negedge reset) begin
    if (~reset)
        state <= 1'b0;
    else
        case (mode)
            2'b10 : state <= ~state;
            default :;
        endcase
  end
```

코드 7-18 [VHDL\DigitalWatch\DigitalWatchBDF_Timer]

```
  signal     state    : std_logic;                    -- 0 : stop 상태, 1 : up count 상태

-- process for state control
  process(reset, mode, SW1)
  begin
    if reset = '0' then
        state <= '0';                                 -- stop 상태
    elsif falling_edge(SW1) then
        if mode = "10" then
            state <= not state;
        end if;
    end if;
  end process;
```

7.3.2 1/100sec 단위로 시간 증가

TL의 가장 기본적인 동작은 1/100sec 단위로 시간을 증가시키는 것이다. 따라서 100Hz 클럭을 입력받아 하나의 클럭이 들어올 때마다 1/100sec씩 증가시키고 그 값을 출력한다. [코드 7-19]~[코드 7-20]은 1/100sec 단위로 시간이 증가하는 동작을 Verilog와 VHDL로 각각 설계한 것이다.

코드 7-19 [Verilog\DigitalWatch\DigitalWatchBDF_Timer]

```
  reg [6:0]       mmsec;
// always for 1/100 second
  assign k = {state, mode, SW2};
  always @(posedge(clk100hz) or negedge(reset)) begin
    if (~reset)                                              // 리셋
        mmsec <= 7'b0000000;
    else
        case (k)
            4'b0101 : mmsec <= 7'b0000000;                   // stop 상태에서 초기화
            4'b1000, 4'b1001, 4'b1010,
            4'b1011, 4'b1100, 4'b1101,
            4'b1110,  4'b1111 :
                if (mmsec >= 7'd99)                          // 99sec 카운트 후 리셋
                    mmsec <= 7'b0000000;
                else                                         // 1/100sec씩 카운트
                    mmsec <= mmsec + 1'b1;
            default :;
        endcase
  end
```

코드 7-20 [VHDL\DigitalWatch\DigitalWatchBDF_Timer]

```
  signal mmsec        : std_logic_vector(6 downto 0) := "0000000";
-- process for 1/100 second
  k <= state & mode & SW2;
  process(reset, clk100hz, k)
  begin
    if reset ='0' then                                    -- 리셋
        mmsec <= "0000000";
    elsif rising_edge(clk100hz) then
        case k is
            when "0101" => mmsec <= "0000000";               -- stop 상태에서 초기화
            when "1000"|"1001"|"1010"|"1011"|"1100"|
                 "1101"|"1110"|"1111"=>
                  if conv_integer(mmsec) >= 99 then          -- 99sec 카운트 후 리셋
                         mmsec <= "0000000";
                  else                                       -- 1/100sec씩 카운트
                         mmsec <= mmsec + '1';
                  end if;
            when others => null;
        end case;
    end if;
  end process;
```

[코드 7-19] ~ [코드 7-20]에서는 4비트 신호 k를 선언하고 state, mode, SW2 신호를 하나의 4비트 신호로 연결해서 k에 할당한다. k의 각 비트의 의미를 정리하면 [표 7-3]과 같다.

[표 7-3] 4비트 신호 k를 선언할 때 각 비트의 의미

비트	의미	동작
k[3]	state	0 : 정지 상태, 1 : 카운트 상태
k[2][1]	mode	10 : 타이머 모드
k[0]	SW2	타이머 초기화

k가 "0101"일 때는 타이머가 정지 상태이고 모드가 2이며 SW2가 눌린 상태이므로 mmsec를 초기화한다. 그리고 k가 "1xxx"일 때는 state가 카운트 상태이므로, 100Hz의 클럭에 동기해 10msec(1/100sec)씩 증가시키고 99를 카운트하면 다시 0으로 초기화되고 1sec가 증가한다.

[그림 7-3]은 DCL 블록 설계에 TL이 추가된 블록 설계도이며, 프로젝트는 [DigitalWatch\DigitalWatchBDF_Timer] 폴더에 저장되어 있다. TL이 추가되면 모드 2에서 1/100sec 단위의 시간이 출력될 수 있도록 FNDDisplay 블록도 함께 수정되어야 하며, 수정 내용은 프로젝트 파일이 FNDDisplay 코드를 참고하기 바란다.

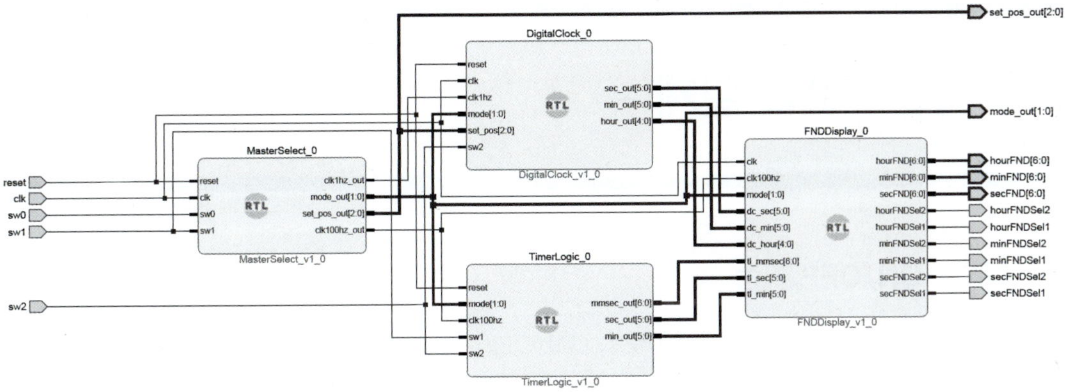

(a) Vivado

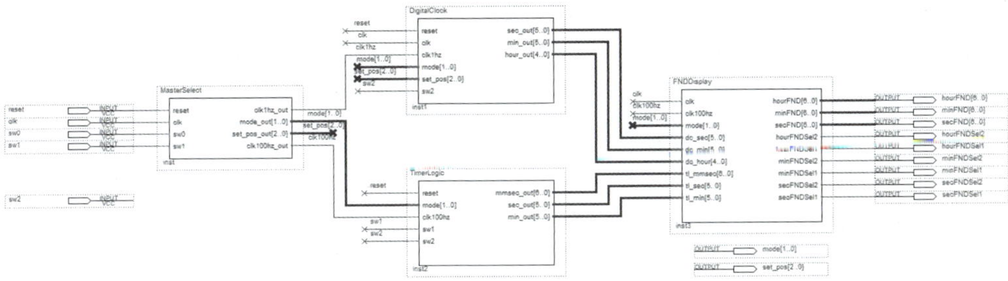

(b) Quartus

[그림 7-3] MSL, DCL, TL, FNDDisplay의 블록도

SECTION 7.4

AL 설계

7.4.1 알람 ON/OFF 기능

알람 기능을 이용하기 위해서는 알람 기능을 ON/OFF하는 동작이 필요하다. 모든 모드에서 알람을 ON/OFF 할 수 있으며, 상태를 LED에 출력해서 현재의 ON/OFF 상태를 알 수 있다.

Verilog 코드인 [코드 7-21]에서는 현재 알람 상태를 case 형식으로 나누어 SW3을 누를 때마다 상태가 바뀌도록 했지만, VHDL 코드인 [코드 7-22]에서는 if~then~else~end if 문을 사용했다. alarm_on 신호는 외부에 현재의 알람 상태를 알리기 위한 신호이며, LED로 출력해서 현재의 상태를 알 수 있다. SW3을 누를 때마다 알람 상태를 ON/OFF한다.

코드 7-21 [Verilog\DigitalWatch\DigitalWatchBDF_Alarm]

```
  reg [2:0]        alarm_on;
  reg              alarm = 1'b0;

// always for Alarm on/off
  always @(posedge SW3 or negedge reset) begin
    if (~reset) begin                                  // 알람과 알람 상태 리셋
        alarm <= 1'b0;
        alarm_on <= 3'b000;
    end else
        case (alarm)
            1'b0 : begin                               // 알람과 알람 상태 켬
                alarm <= 1'b1;
                alarm_on <= 3'b111;
            end
            1'b1 : begin                               // 알람과 알람 상태 끔
                alarm <= 1'b0;
                alarm_on <= 3'b000;
            end
        endcase
  end
```

코드 7-22 [VHDL\DigitalWatch\DigitalWatchBDF_Alarm]

```
   signal alarm    : std_logic:= '0';

   alarm_on        : out    std_logic_vector(2 downto 0));

-- process for Alarm on/off
   process(reset, alarm, SW3)
   begin
     if reset = '0' then
         alarm <= '0';
         alarm_on <= "000";
     elsif rising_edge(SW3) then
         if alarm = '0' then
             alarm <= '1';
             alarm_on <= "111";
         else
             alarm <= '0';
             alarm_on <= "000";
         end if;
     end if;
   end process;
```

7.4.2 알람 시간 설정

알람 기능을 사용하려면 알람 시간을 설정해야 한다. 알람 설정 과정은 시간 설정 과정과 거의 유사하다. 모드 3에서 알람 시간 위치는 SW1 스위치로 정하며, SW2를 눌러 알람 시간을 설정할 수 있다. SW2를 한 번 누를 때마다 hour, min, sec 값이 하나씩 증가한다. [코드 7-23]~[코드 7-24]는 알람 시간에서 sec를 설정하는 코드이다. 모드가 알람 모드(mode ="11")이고 sec를 설정하므로, 알람 설정이 sec 위치(set_pos = "001")여야 한다. SW2를 누를 때마다 1sec씩 증가하며, 59 다음에는 다시 0으로 초기화된다. min과 hour도 동일하게 설정한다.

코드 7-23 [Verilog\DigitalWatch\DigitalWatchBDF_Alarm]

```
// always for second
   always @(posedge(SW2) or negedge(reset)) begin
     if (~reset)
         sec <= 6'd0;
     else
         if ((mode == 2'b11) && (set_pos == 3'b001))
            if (sec >= 6'd59)
                sec <= 6'd0;
            else
                sec <= sec + 1'b1;
   end
```

코드 7-24 [VHDL\DigitalWatch\DigitalWatchBDF_Alarm]

```
-- process for second
  process(reset, SW2, mode, set_pos)
  begin
    if reset = '0' then
        sec <= "000000";
    elsif rising_edge(SW2) then
        if mode = "11" and set_pos = "001" then
            if conv_integer(sec) >= 59 then
                sec <= "000000";
            else
                sec <= sec + '1';
            end if;
        end if;
    end if;
  end process;
```

7.4.3 알람 기능

현재 시간과 설정된 알람 시간이 일치할 경우 알람 신호를 출력한다. 알람 신호는 알람 기능이 ON 상태이고 알람 시간을 설정하는 모드가 아닐 경우에만 출력한다.

이 코드에서는 현재 시간과 설정된 알람 시간이 100Hz 클럭에 동기되어 상승 에지에서 min까지 비교된다(시간 및 알람 설정은 sec까지 가능하지만, 실제로 시계나 알람을 sec까지 맞추는 경우는 거의 없다). clk_hour, clk_min은 DCL에서 제공되는 현재 시간을 나타낸다. 앞서 언급했듯이 알람 신호는 현재 시간과 설정된 알람 시간(hour, min)이 일치하고 알람 설정 모드가 아닐 때, 알람이 ON 상태이면 출력된다.

코드 7-25 [Verilog\DigitalWatch\DigitalWatchBDF_Alarm]

```
// always for comparing between current time and alarm setting time
  always @(posedge(clk100hz)) begin
    if ((hour == clk_hour) && (min == clk_min) &
        (mode != 2'b11) & (alarm == 1'b1))                    // 알람 신호 출력
            alarm_out <= 3'b111;
        else
            alarm_out <= 3'b000;
  end
```

코드 7-26 [VHDL\DigitalWatch\DigitalWatchBDF_Alarm]

```
-- process for comparing between current time and alarm setting time
  process(reset, clk100hz, mode, clk_hour, clk_min, hour, min, sec, alarm)
  begin
    if rising_edge(clk100hz) then
        if hour = clk_hour then
            if min = clk_min then
                if mode /= "11" and alarm = '1' then      -- 알람 신호 출력
                    alarm_out <= "111";
                else
                    alarm_out <= "000";
                end if;
            else
                alarm_out <= "000";
            end if;
        else
            alarm_out <= "000";
        end if;
    end if;
  end process;
```

DIGCOM 키트에는 알람이 없으므로, 3비트 출력 신호를 LED에 할당해서 LED가 ON되도록 한다. 시간이 경과해서 min 값이 바뀌면 알람 신호는 자동으로 꺼진다.

SECTION 7.5

FND 출력 설계

DCL 설계 과정에서 현재 시간을 출력하는 부분은 이미 설계가 완료됐다. 그러므로 설정 시간, 타이머 및 알람 시간을 출력시키기 위해서 앞에서 설계한 출력 부분을 수정한다. 기본적으로 모드 0과 모드 1에서는 디지털 클럭에서 나오는 시간을 출력하고, 모드 2에서는 타이머 로직의 시간 출력 값을, 그리고 모드 3에서는 알람 로직에서 출력되는 시간 값을 출력한다.

코드 7-27 [Verilog\DigitalWatch\DigitalWatchBDF_Alarm]

```
// always for converting to integer
  always @ (mode, dc_hour, dc_min, dc_sec, tl_min, tl_sec, tl_mmsec, al_hour, al_m
in, al_sec) begin
     case (mode)
         2'b00, 2'b01 : begin                              // 디지털 시계, 시계 셋팅
             hour10 <= dc_hour/10;
             hour0 <= dc_hour % 10;
             min10 <= dc_min/10;
             min0 <= dc_min % 10;
             sec10 <= dc_sec/10;
             sec0 <= dc_sec % 10;
         end

         2'b10 : begin                                     // 타이머 모드
             hour10 <= tl_min/10;
             hour0 <= tl_min % 10;
             min10 <= tl_sec/10;
             min0 <= tl_sec % 10;
             sec10 <= tl_mmsec/10;
             sec0 <= tl_mmsec % 10;
         end

         2'b11 : begin                                     // 알람 모드
             hour10 <= al_hour/10;
             hour0 <= al_hour % 10;
             min10 <= al_min/10;
             min0 <= al_min % 10;
             sec10 <= al_sec/10;
             sec0 <= al_sec % 10;
         end
     endcase
  end
```

코드 7-28 [VHDL\DigitalWatch\DigitalWatchBDF_Alarm]

```
-- process for converting to integer
  process(mode, dc_hour, dc_min, dc_sec, tl_min, tl_sec, tl_mmsec, al_hour, al_min, al_sec)
  begin
    case mode is
        when "00" | "01" =>                                         -- 디지털 시계, 시계 셋팅
            hour10 <= conv_integer(dc_hour)/10;
            hour0 <= conv_integer(dc_hour) mod 10;
            min10 <= conv_integer(dc_min)/10;
            min0 <= conv_integer(dc_min) mod 10;
            sec10 <= conv_integer(dc_sec)/10;
            sec0 <= conv_integer(dc_sec) mod 10;
        when "10" =>                                                -- 타이머 모드
            hour10 <= conv_integer(tl_min)/10;
            hour0 <= conv_integer(tl_min) mod 10;
            min10 <= conv_integer(tl_sec)/10;
            min0 <= conv_integer(tl_sec) mod 10;
            sec10 <= conv_integer(tl_mmsec)/10;
            sec0 <= conv_integer(tl_mmsec) mod 10;
        when "11" =>                                                -- 알람 모드
            hour10 <= conv_integer(al_hour)/10;
            hour0 <= conv_integer(al_hour) mod 10;
            min10 <= conv_integer(al_min)/10;
            min0 <= conv_integer(al_min) mod 10;
            sec10 <= conv_integer(al_sec)/10;
            sec0 <= conv_integer(al_sec) mod 10;
        when others => null;
    end case;
  end process;
```

이 코드에서는 디지털 클럭, 타이머, 알람 블록에서 입력되는 hour, min, sec를 모드에 따라 10의 자리(hour10)와 1의 자리(hour0)로 변환해 출력 신호에 저장하는 과정을 보여준다. 예를 들면, 알람 모드(모드 3)에서는 설정된 알람 시간을 출력하기 위해 알람 블록에서 입력되는 시간 (al_hour, al_min, al_sec)을 10진수로 분리해서 10의 자리는 hour10에 저장하고 1의 자리는 hour0에 저장한다. 그리고 VHDL에서는 신호의 타입이 다르면 연산이 되지 않기 때문에 std_logic_vector 타입을 integer 타입으로 변환하기 위해 conv_integer 함수를 사용한다. 알람 기능이 포함된 프로젝트는 [DigitalWatch\DigitalWatchBDF_Alarm] 폴더에 저장되어 있다.

SECTION
7.6 부가적인 기능 및 디지털 시계 실행

지금까지 디지털 시계의 기본적인 동작을 설계했다. 그러나 일반적인 디지털 시계처럼 동작하기 위해서는 여기에 몇 가지 기능을 더 추가해야 한다. 예를 들면, 현재 시간을 설정할 때 설정될 시간 위치의 FND가 일정 간격으로 ON/OFF를 반복해야 하며(블링크), 스위치를 누르는 동안에는 블링크를 멈춰야 한다. 또한 시간을 설정하기 위해 SW2를 누르지만, SW2를 계속 누르고 있으면 시간이 자동으로 증가하는 기능을 추가해야 한다.

7.6.1 시간 설정 시 설정 시간 위치의 블링크 동작

이 기능은 FND 출력에서 현재 모드, 시간 설정 위치, 설정 스위치가 눌린 상태를 감지하여 해당하는 위치의 FND를 일정한 간격으로 ON/OFF하는 것이다. 이 설계는 앞에서 했던 다른 설계보다 조금 더 복잡하다. 우선 FND 블링크의 경우 입력에서 고려해야 할 조건이 복잡하므로, 단순히 조합논리회로만으로 설계하는 것은 쉽지 않다. 따라서 순차논리회로를 적용해야 한다. 따라서 이번 기회에 순차논리회로를 활용해 설계하는 것을 연습해 보자.

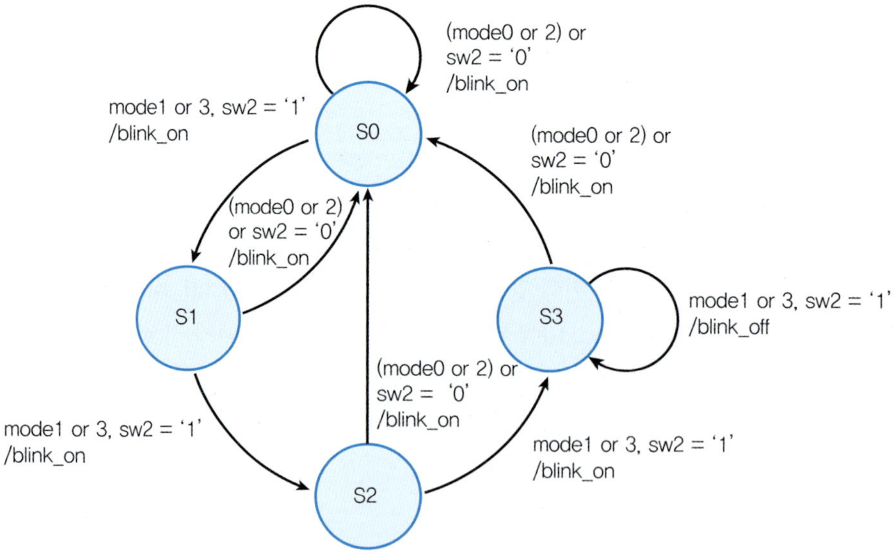

[그림 7-4] 블링크 신호를 제어하기 위한 상태도

먼저, 신호 블링크를 정의한다. 이 블링크 신호는 초기 조건이 ON이며, FND가 블링크되는 조건을 만족하지 않으면 OFF된다. 블링크는 시간 설정 모드(모드 1) 또는 알람 설정 모드(모드 3)에서 동작하며 초기 조건은 blink='1'이므로 모드 1과 모드 3에서 설정 시간 위치 FND는 블링크 동작을 한다. 이 상태에서는 시간을 설정하기 위해 SW2를 누를 때마다 1씩 증가하지만, SW2를 2sec 이상 누르고 있으면 블링크 동작을 멈추고 0.5sec마다 시간 값이 자동으로 증가한다. [그림 7-4]는 블링크 신호를 제어하기 위한 상태도이다.

1 블링크 동작을 위한 상태도 구현

[그림 7-4]는 2Hz 클럭에 동기되어 상태 천이를 실행하며, 4개의 상태를 정의한다. 따라서 0.5sec마다 입력 값에 따라서 상태를 천이한다.

블링크 신호가 OFF 상태가 되기 위해서는 모드 1(시간 설정 모드)과 모드 3(알람 설정 모드)에서 SW2를 2sec 이상 눌러야 한다. 이 외의 경우에는 항상 ON 상태이다, 다만 모드 1과 모드 3일 때에만 블링크가 ON/OFF 동작을 하기 때문에 모드 0과 모드 2에서는 블링크 신호가 ON이어도 FNDDisplay 블록에서는 현재 시간 또는 타이머의 스톱워치 시간을 출력하므로 ON/OFF 동작을 볼 수 없다.

각 상태에서의 동작을 설명하면 다음과 같다.

- **초기 상태(S0)** : 초기 상태에서 시간을 설정(모드 1)하거나 알람을 설정(모드 3)하고 이와 동시에 SW2를 누르면 S1로 천이한다. 그렇지 않으면 S0 상태에 머문다. 이때 블링크는 ON 상태를 유지한다.
- **S1 상태** : S1 상태에서 모드 1 또는 모드 3이 유지가 되고, SW2가 0.5sec 동안 누른 상태를 유지하면 S2로 천이한다. 이것은 모드 1 또는 모드 3에서 SW2를 약 1sec 동안 누른 상태를 유지했다는 것을 의미한다.(조건이 맞으면 S0에서 S2까지 천이하는 데 약 1sec가 필요하다.) 그러나 모드를 0 또는 2로 바꾸거나 SW2를 누른 상태가 아니면 다시 S0 상태로 천이한다.
- **S2 상태** : S2 상태에서 S3으로 천이하는 조건은 S1에서 S2로 천이하는 조건과 동일하며, S0 상태에서 SW2가 1.5sec 동안 누른 상태를 유지했다는 것을 의미한다. 그리고 S2에서 S0으로 천이하는 조건은 S1에서와 동일하다.
- **S3 상태** : S3 상태는 S0 상태부터 모드 1 또는 모드 3에서 SW2가 1.5sec 동안 눌러진 상태를 유지했다는 것을 의미한다. 이 상태에서 다시 0.5sec 동안 SW2가 눌러진 상태를 유지하면 블링크 신호가 OFF되고 시간이 자동으로 증가한다. SW2가 계속 누른 상태를 유지하면 S3 상태를 계속 유지하며, 모드가 바뀌거나 SW2가 누른 상태가 아니라면 다시 S0으로 천이한다.

블링크 기능은 출력에 관한 부분이기 때문에 FNDDisplay 블록에 구현된다.

코드 7-29 [Verilog\DigitalWatch\DigitalWatch]

```
   reg [1:0] state;
   parameter s0=2'b00, s1=2'b01, s2=2'b10, s3=2'b11;

// always for 7-segment blink on/off
   always @(posedge clk2hz or negedge reset) begin
     if (~reset)
         blink <= 1'b1;
     else
         case (state)
             s0:                                                 // 초기 상태
                 if ((mode == 2'b01)||(mode == 2'b11))           // 모드가 1 또는 3일 때
                     if (SW2 == 1'b1) begin                      // SW2를 누르면 다음 상태로 천이
                         state <= s1;
                         blink <= 1'b1;
                     end else begin                              // 그 외에는 초기 상태로 천이
                         state <= s0;
                         blink <= 1'b1;
                     end
                 else begin
                     state <= s0;
                     blink <= 1'b1;
                 end
             s1:
                 if ((mode == 2'b01)||(mode == 2'b11))           // 모드가 1 또는 3일 때
                     if (SW2 == 1'b1) begin                      // SW2를 누르면 다음 상태로 천이
                         state <= s2;
                         blink <= 1'b1;
                     end else begin                              // 그 외에는 초기 상태로 천이
                         state <= s0;
                         blink <= 1'b1;
                     end
                 else begin
                     state <= s0;
                     blink <= 1'b1;
                 end
             s2:

                 (이하 생략)
```

코드 7-30 [VHDL\DigitalWatch\DigitalWatch]

```
type   state_type is (s0, s1, s2, s3);
signal state        : state_type;

process(reset, clk2hz, mode, blink, SW2)
begin
  if reset = '0' then
      blink <= '1';
  elsif rising_edge(clk2hz) then
      case state is
          when s0 =>                                     -- 초기 상태
          -- time set or alarm set mode
              if mode = "01" or mode = "11" then         -- 모드가 1 또는 3일 때
                  if SW2 = '1' then                      -- SW2를 누르면 다음 상태로 천이
                      state <= s1;
                      blink <= '1';
                  else                                   -- 그 외에는 초기 상태로 천이
                      state <= s0;
                      blink <= '1';
                  end if;
              else
                  state <= s0;
                  blink <= '1';
              end if;
          when s1 =>
              if mode = "01" or mode = "11" then         -- 모드가 1 또는 3일 때
                  if SW2 = '1' then                      -- SW2를 누르면 다음 상태로 천이
                      state <= s2;
                      blink <= '1';
                  else                                   -- 그 외에는 초기 상태로 천이
                      state <= s0;
                      blink <= '1';
                  end if;
              else
                  state <= s0;
                  blink <= '1';
              end if;
          when s2 =>

              (이하 생략)
```

[코드 7-29]에서는 상태를 reg로 선언하고 각 상태의 값을 parameter를 이용하여 힐딩하며, [코느 7-30]에서는 state_type의 신호를 선언하고 case 문을 이용해 [그림 7-4]의 조건에 따라 상태 천이한다.

2 블링크 동작을 위한 FND 출력 신호 제어

실제로 블링크 동작이 실행되도록 하려면, FND Display에서 출력하는 부분을 수정해야 한다. hour, min, sec를 블링크 동작시키려면 각 시간 값을 나타내는 ON/OFF 신호(disp_hour, disp_min, disp_sec)를 선언하고, 해당 시간 위치가 지정되면 0.5sec 주기로 '0'과 '1' 값을 반복해야 한다. 즉, 모드 1이고 설정 위치가 hour이면(set_pos="100")이면 hour에 해당하는 FND가 블링크 동작을 한다. 그리고 disp_hour='0'이면 출력이 OFF되고 disp_hour='1'이면 출력이 ON됨으로써 블링크 동작을 한다.

코드 7-31 [Verilog\DigitalWatch\DigitalWatch]

```
// always for display on/off
  always @ (posedge clk2hz) begin
    if ((mode == 2'b01)||(mode == 2'b11)) begin
        if (blink == 1'b1) begin                          // 블링크가 ON이면
            case (set_pos)
                3'b100 : begin                            // hour 블링크
                    disp_hour <= ~disp_hour;
                    disp_min <= 1'b1;
                    disp_sec <= 1'b1;
                end
                3'b010 : begin                            // min 블링크
                    disp_hour <= 1'b1;
                    disp_min <= ~disp_min;
                    disp_sec <= 1'b1;
                end
                3'b001 : begin                            // sec 블링크
                    disp_hour <= 1'b1;
                    disp_min <= 1'b1;
                    disp_sec <= ~disp_sec;
                end
                default :;
            endcase
        end else begin
            disp_hour <= 1'b1;
            disp_min <= 1'b1;
            disp_sec <= 1'b1;
        end
    end else begin
        disp_hour <= 1'b1;
        disp_min <= 1'b1;
        disp_sec <= 1'b1;
    end
  end
```

코드 7-32 [VHDL\DigitalWatch\DigitalWatch]

```
-- process for display on/off
process(clk2hz, mode, set_pos, blink, disp_hour, disp_min, disp_sec)
begin
  if rising_edge(clk2hz) then
    if mode = "01" or mode = "11" then
        if blink = '1' then                                   -- 블링크가 ON이면
            case set_pos is
                when "100" =>                                 -- hour 블링크
                    disp_hour <= not disp_hour;
                    disp_min <= '1';
                    disp_sec <= '1';
                when "010" =>                                 -- min 블링크
                    disp_hour <= '1';
                    disp_min <= not disp_min;
                    disp_sec <= '1';
                when "001" =>                                 -- sec 블링크
                    disp_hour <= '1';
                    disp_min <= '1';
                    disp_sec <= not disp_sec;
                when others => null;
            end case;
        else
            disp_hour <= '1';
            disp_min <= '1';
            disp_sec <= '1';
        end if;
    else
        disp_hour <= '1';
        disp_min <= '1';
        disp_sec <= '1';
    end if;
  end if;
end process;
```

3 블링크 동작을 위한 FND 출력 부분 수정

[코드 7-31] ~ [코드 7-32]에서 0.5sec 간격으로 출력의 블링크 동작을 ON/OFF하는 제어 신호를 발생시켰다. [코드 7-33]~[코드 7-34]는 블링크 동작으로 FND에 설정 시간을 출력시키는 방법을 보여준다. 예를 들어 앞에서 발생한 disp_hour가 '1'이면 hour10과 hour0에 저장된 설정 시간을 FND로 출력시키지만, disp_hour가 '0'이면 hour10과 hour0에 모두 0을 출력하고 FND에 아무 값도 출력을 안 함으로써 블링크 동작을 한다.

코드 7-33 [Verilog\DigitalWatch\DigitalWatch]

```
always @ (posedge clk) begin
  if (disp_hour == 1'b1) begin             // 디스플레이 신호가 켜지면
      case (hour10)                        // hour의 10의 자리 출력
          4'd0 : FNDhour10 <= 7'b1111110;
          4'd1 : FNDhour10 <= 7'b0110000;
          4'd2 : FNDhour10 <= 7'b1101101;
          default :;
      endcase
      case (hour0)                         // hour의 1의 자리 출력
          4'd0 : FNDhour0 <= 7'b1111110;
          4'd1 : FNDhour0 <= 7'b0110000;
          4'd2 : FNDhour0 <= 7'b1101101;
          4'd3 : FNDhour0 <= 7'b1111001;
          4'd4 : FNDhour0 <= 7'b0110011;
          4'd5 : FNDhour0 <= 7'b1011011;
          4'd6 : FNDhour0 <= 7'b1011111;
          4'd7 : FNDhour0 <= 7'b1110000;
          4'd8 : FNDhour0 <= 7'b1111111;
          4'd9 : FNDhour0 <= 7'b1110011;
          default :;
      endcase
  end else begin
      FNDhour10 <= 7'b0000000;
      FNDhour0 <= 7'b0000000;
  end
```

코드 7-34 [VHDL\DigitalWatch\DigitalWatch]

```
if rising_edge(clk) then
  if disp_hour = '1' then                    -- 디스플레이 신호가 켜지면
      case hour10 is                         -- hour의 10의 자리 출력
          when 0 => FNDhour10 <= "1111110";
          when 1 => FNDhour10 <= "0110000";
          when 2 => FNDhour10 <= "1101101";
          when others => null;
      end case;

      case hour0 is                          -- hour의 1의 자리 출력
          when 0 => FNDhour0 <= "1111110";
          when 1 => FNDhour0 <= "0110000";
          when 2 => FNDhour0 <= "1101101";
          when 3 => FNDhour0 <= "1111001";
          when 4 => FNDhour0 <= "0110011";
          when 5 => FNDhour0 <= "1011011";
```

```
            when 6 => FNDhour0 <= "1011111";
            when 7 => FNDhour0 <= "1110000";
            when 8 => FNDhour0 <= "1111111";
            when 9 => FNDhour0 <= "1110011";
            when others => null;
        end case;
    else
        FNDhour10 <= "0000000";
        FNDhour0  <= "0000000";
    end if;
  end if;
```

7.6.2 시간, 알람 설정에서 시간 자동 증가

이 기능을 추가하려면, 블링크가 OFF된 시점부터 2Hz 클럭에 동기해 설정 시간이 1씩 증가하도록 해야 한다. 이를 위해 DCL과 AL에서 시간 증가 및 설정 시 사용하는 클럭 소스를 결정하는 부분을 수정한다. 시간 설정 모드(모드 1)와 알람 설정 모드에서 블링크가 OFF이면 시간이 0.5sec마다 1씩 자동으로 증가되도록 2Hz 클럭을 사용한다.

코드 7-35 [Verilog\DigitalWatch\DigitalWatch]

```
// always for clock source
  always @ (posedge (clk)) begin
    if (mode == 2'b01)              // 모드가 1이고
        if (blink ==1'b1)           // 블링크가 ON 상태이면
            timeClock <= sw2;       // SW2를 클럭으로 사용
        else                        // 블링크가 OFF 상태이면
            timeClock <= clk2hz;    // 2Hz 클럭 사용(자동 증가)
    else
        timeClock <= clk1hz;
  end
```

코드 7-36 [VHDL\DigitalWatch\DigitalWatch]

```
-- process for clock source
   process(clk, clk1hz, clk2hz, mode, blink, sw2)
   begin
        if mode = "01" then                          -- 모드가 1이고
                if blink = '1' then                  -- 블링크가 ON 상태이면
                        timeClock <= sw2;            -- SW2를 클럭으로 사용
                else                                 -- 블링크가 OFF 상태이면
                        timeClock <= clk2hz;         -- 2Hz를 클럭으로 사용(자동 증가)
                end if;
        else
```

```
                timeClock <= clk1hz;
        end if;
    end process;
```

시간, 알람 시간이 자동으로 증가하는 부분은 DCL과 AL 블록에서 각각 수정한다. [코드 7-35]~[코드 7-36]은 DCL에서 클럭 소스를 수정한 부분이다. 코드에서 시간 설정 모드(mode="01")이고 blink가 '1'이면 SW2를 누르고 2sec가 지나지 않은 상태이기 때문에 클럭 소스가 SW2가 되며, 2sec가 지나면 blink가 '0'이 되고 이때부터 자동 증가가 되기 때문에 클럭 소스가 2Hz 클럭이 된다. 모드가 "01"이 아니면 시계로 동작을 하기 때문에 클럭 소스는 1Hz 클럭이 된다.

코드 7-37 [Verilog\DigitalWatch\DigitalWatch]

```
// always for Alarm clock source
  assign k = {mode, blink};
  always @(posedge(clk)) begin
    case (k)
        3'b111 : AlarmClock <= SW2;
        3'b110 : AlarmClock <= clk2hz;
        default :;
    endcase
  end

// always for second
  always @(posedge(AlarmClock) or negedge(reset)) begin
    if (~reset)
        sec <= 6'd0;
    else
        if ((mode == 2'b11) && (set_pos == 3'b001))
                if (sec >= 6'd59)
                    sec <= 6'd0;
                else
                    sec <= sec + 1'b1;
  end
```

코드 7-38 [VHDL\DigitalWatch\DigitalWatch]

```
-- process for Alarm clock source
  k <= mode & blink;
  process(clk, clk2hz, mode, blink, SW2)
  begin
    if rising_edge(clk) then
        case k is
            when "111" =>
                AlarmClock <= SW2;
```

```
            when "110" =>
                AlarmClock <= clk2hz;
            when others => null;
        end case;
    end if;
  end process;

-- process for second
  process(reset, AlarmClock, mode, set_pos)
  begin
    if reset = '0' then
        sec <= "000000";
    elsif rising_edge(AlarmClock) then
        -- second alarm set
        if mode = "11" and set_pos = "001" then
            if conv_integer(sec) >= 59 then
                sec <= "000000";
            else
                sec <= sec + '1';
            end if;
        end if;
    end if;
  end process;
```

[코드 7-37]~[코드 7-38]은 알람 시간 설정에서 자동으로 증가하는 부분을 보여준다. 코드에서 3비트 신호 k를 선언하고 앞에 2비트는 mode를 나머지 한 비트는 blink를 연결한다. 따라서 k가 "111"이면 알람 설정 모드에서 블링크가 ON 상태이므로 클럭 소스는 SW2가 된다. k가 "110"이면 블링크가 OFF 상태이므로 자동 증가 모드가 되고, 클럭 소스는 2Hz 클럭이 된다. 그리고 알람 설정하는 부분에서 클럭 소스를 SW2에서 AlarmClock으로 수정한다. 코드에서는 sec를 설정하는 부분만 보여주고 있으며, min과 hour도 동일한 방식으로 수정할 수 있다.

[그림 7-5]는 앞에서 추가한 기능을 모두 포함한 전체 디지털 시계의 블록도를 보여준다.

블록 설계는 전체 구조를 파악하기가 쉽기 때문에 프로젝트가 커지면 매우 유용하지만, 블록별로 심볼을 만들고 블록 설계에서 신호선들을 모두 연결해야 하는 번거로움이 있기 때문에 경험자들은 블록 설계보다는 포트 매핑 방법으로 설계하는 것을 더 선호한다. 따라서 여기에서는 디지털 시계를 포트 매핑 방법으로 설계하는 과정은 따로 설명하지 않지만, [DigitalWatch\DigitalWatchPortMap] 폴더에 포트 매핑으로 설계한 프로젝트 파일도 포함되어 있으므로 참고하면 좋은 공부가 될 것으로 본다. 포트 매핑으로 설계하는 과정은 4.4절을 참고하기 바란다.

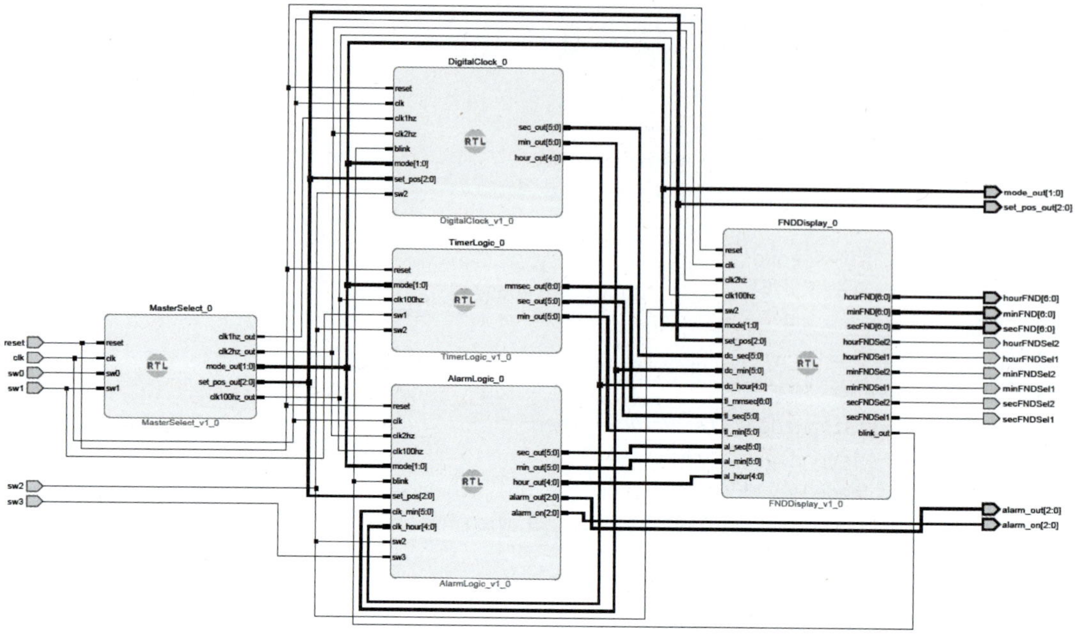

(a) Vivado

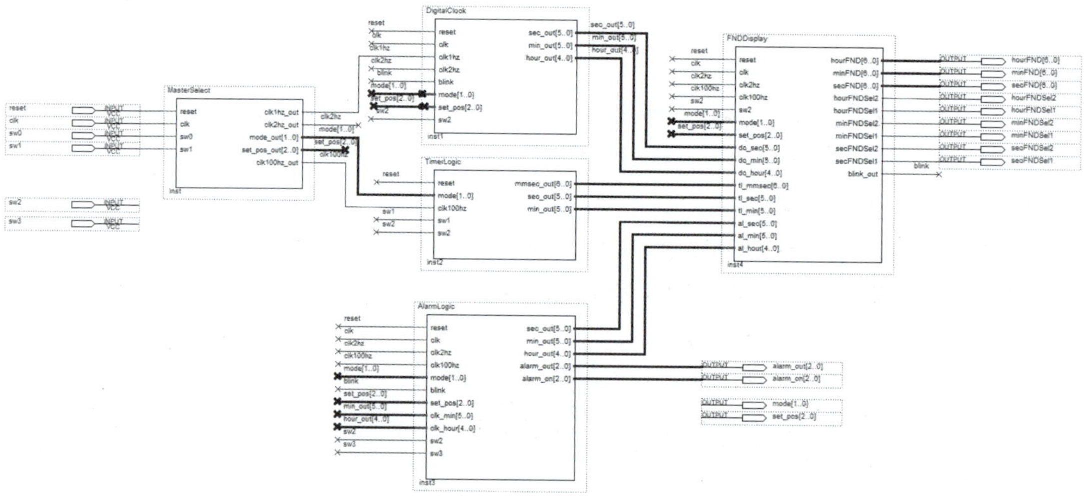

(b) Quartus

[그림 7-5] 기능을 추가한 디지털 시계의 블록도

7.6.3 디지털 시계 실행

디지털 시계를 설계하면 핀을 할당한 후 다시 컴파일하고 실습 키트에 다운로드하여 실행시켜야 한다. 입력으로 사용된 것은 1MHz 클럭, 리셋 스위치, 선택 스위치(SW0~SW3)이며, 출력으로 사용된 것은 시간 값을 나타내는 3개의 두 자리 FND와 알람 LED다. 소리를 내는 출력 장치가 없으므로 알람 시간이 됐을 때 LED가 ON되도록 했다. 또 현재의 동작 모드를 나타내는 mode 신호는 모드 표시 LED에 출력해 현재의 모드를 알 수 있도록 했다. [표 7-4]는 입력과 출력으로 사용된 장치다. 전체 디지털 시계 프로젝트는 [DigitalWatch\DigitalWatch] 폴더에 저장되어 있다.

[표 7-4] 디지털 시계의 입출력 장치

입출력	입출력 장치
clk	On board 1MHz OSC
reset	리셋 스위치
SW0~SW3	입력 키 스위치 Key0~Key3
hour, min, sec	FND3~FND1
알람 ON/OFF 상태	LED D1~D3
알람 신호	LED D5~D7
모드	LED D8~D9
hour, min, sec 설정 위치 표시	LED D13~D15

CHAPTER

08

응용회로 설계

3~7장에서는 FPGA 키트에서 Verilog와 VHDL을 이용해 설계하는 실습을 수행했다. 이밖에도 키트의 확장 포트에 다양한 장치를 연결하면 비슷한 방법으로 더 많은 장치들을 제어할 수 있다. 이 장에서는 확장 포트에 스위치 매트릭스, 부저 사운드, Text LCD 등 몇 가지 장치를 연결해서 실습하는 내용을 다룬다.

CONTENTS

SECTION
8.1 스위치 매트릭스 입력

스위치 매트릭스는 FPGA의 포트 수가 적은 상황에서 많은 스위치 입력이 필요할 때 사용한다. KD1 확장 보드에서 스위치 매트릭스의 구성은 [그림 8-1]과 같다.

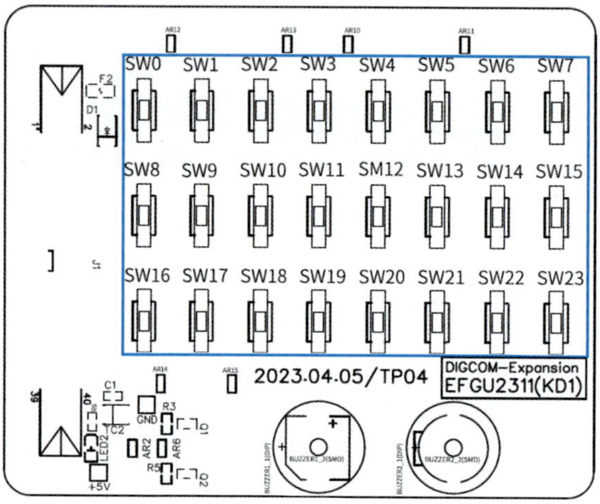

[그림 8-1] 스위치 매트릭스의 구성

8.1.1 스위치 매트릭스의 동작 원리

스위치 매트릭스는 [그림 8-1]과 같이 24개의 텍트 스위치로 구성되어 있다. 만일 1개의 스위치에 하나의 포트를 할당한다면 24개의 포트가 필요하지만, 경우에 따라 포트의 수가 부족할 수도 있다. 이때 스위치 매트릭스를 사용하면 적은 수의 포트로도 많은 스위치 입력을 받아서 처리할 수 있다. [그림 8-2]는 스위치 매트릭스의 회로를 보여준다.

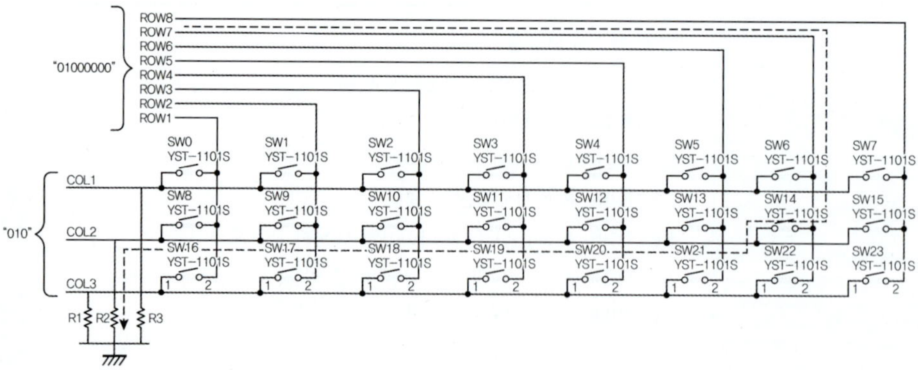

[그림 8-2] 스위치 매트릭스의 회로

[그림 8-2]와 같이 24개의 스위치는 3행Column x 8열Row로 구성되어 있다. FPGA에 연결되는 단자의 수는 모두 11개이며, 3개의 행은 입력 단자에 연결되고 8개의 열은 출력 단자에 연결된다. 그림에서는 sw14가 눌러진 것을 보여준다.

스위치 SW0에서 SW23에 할당된 스위치 값이 1에서 24라고 가정할 때, 출력 단자에 연결된 신호 ROW8 ~ ROW1에 "1000000", "0100000", …, "0000010", "0000001"과 같이 각 열의 값에 '1'을 주기적으로 출력한다. 예를 들어 출력이 "0100000"일 때 사용자가 SW14(스위치 값 15)를 누르고 있으면 ROW7에 흐르는 전류가 SW13을 통해서 COL2의 저항 R2를 통해서 GND로 흐르기 때문에 저항 R2에 3.3V의 전압이 걸린다. 따라서 입력 단자에 연결된 COL3 ~ COL1을 입력했을 때, "010"의 값이 읽힌다.

8.1.2 스위치 매트릭스의 제어

스위치 매트릭스를 제어하기 위해서 입출력 포트를 선언하고 스캔 주기를 결정하는 클럭을 분주한다. 그 다음 스캔 동작을 하기 위해 스캔 비트를 시프트해서 출력하고 스위치 값을 입력한다.

입출력 포트 선언

앞에서 설명한 것과 같이 8bit 열(key_row)이 출력으로 선언되고, 3비트 행(key_col)은 입력으로 선언된다. 그리고 입력된 스위치 값은 LED에 출력되므로 8비트 LED가 선언되었다. 위에는 Verilog 코드를 나타내며, 밑에는 VHDL 코드를 나타냈다.

[Verilog 코드]

```
module KeyScan(clk, key_row, key_col, LED);
  input                 clk;
  input [2:0]           key_col;
  output [7:0]          key_row;
  output [7:0]          LED;
```

[VHDL 코드]

```
entity KeyScan is
port(  clk          : in    std_logic;
         key_row    : out   std_logic_vector(7 downto 0);
         key_col    : in    std_logic_vector(2 downto 0);
         LED        : out   std_logic_vector(7 downto 0));
end KeyScan;
```

클럭 분주(1KHz)

출력 단자에 연결된 행 신호의 각 비트를 주기적으로 '1'로 스캔하기 위해서 1MHz 클럭을 분주해야 한다. 여기에서는 1KHz를 스캔 클럭으로 사용하며, 1MHz 클럭을 1,000 분주하여 1KHz 클럭을 발생한다.

[Verilog 코드]

```
reg              clk_1khz;
integer          cnt_1khz = 0;

always @ (posedge clk) begin
  if (cnt_1khz >= 499) begin
      cnt_1khz = 0;
      clk_1khz = ~clk_1khz;
  end else begin
      cnt_1khz <= cnt_1khz + 1;
  end
end
```

[VHDL 코드]

```
process(clk)
  variable cnt_1khz : integer := 0;
begin
  if rising_edge(clk) then
      if cnt_1khz >= 499 then
          clk_1khz <= not clk_1khz;
          cnt_1khz := 0;
      else
          cnt_1khz := cnt_1khz + 1;
      end if;
  end if;
end process;
```

스캔 비트의 시프트 및 출력

스캔 동작을 하기 위해서는 row_val을 "00000001"로 초기화한 후에 1KHz의 주기로 한 비트씩 시프트하도록 해야 한다. 이를 위해 row_val의 6~0번 비트를 7~1번으로 이동시키고 7번은 다시 0번으로 이동시키면 '1'을 한 비트씩 이동한다. 이 값을 key_row 포트로 출력한다.

[Verilog 코드]

```
reg [7:0]       row_val = 8'b00000001;

always @ (posedge clk_1khz) begin
  row_val [7:1] <= row_val[6:0];
  row_val [0]   <= row_val [7];
end

assign key_row = row_val;
```

[VHDL 코드]

```
signal row_val       : std_logic_vector(7 downto 0) := "10000000";

process(clk_1khz, row_val, key_val)
begin
  if rising_edge(clk_1khz) then
      row_val(7 downto 1) <= row_val(6 downto 0);
      row_val(0) <= row_val(7);
  end if;
  key_row <= row_val;
end process;
```

스위치 값 입력

8비트 행 비트 중에 한 비트를 '1'로 출력한 후에 해당하는 열에서 스위치가 눌러지면 눌러진 스위치 행 위치를 '1'로 입력한다. 그리고 출력한 열의 위치와 입력된 행의 위치로 스위치 값을 계산한다. 예를 들어 [그림 8-2]에서 SW14(스위치 값 15)를 눌렀을 때, row_val에 "01000000"이 출력되며, ROW7에서 흐르는 전류가 눌러진 SW14를 통과해서 COL2에 연결된 R2 저항을 통해서 흐르기 때문에 R2에 3.3V의 전압이 걸린다. 따라서 key_col은 "010"으로 입력되며 코드의 case 문에서 row_val="01000000" 그리고 key_col="010"에 해당하므로 스위치 값인 key_val=15가 된다.

[Verilog 코드]

```
input [2:0]         key_col;
reg [4:0]           key_val;
reg [7:0]           row_val = 8'b00000001;
reg [2:0]           col_val;

always @ (negedge clk_1khz) begin
  if (row_val == 8'b10000000) begin
      case (key_col)
```

```
            4'b100 : key_val <= 24;
            4'b010 : key_val <= 16;
            4'b001 : key_val <= 8;
            default : key_val <= 0;
        endcase
    end else if (row_val == 8'b01000000) begin
        case (key_col)
            4'b100 : key_val <= 23;
            4'b010 : key_val <= 15;
            4'b001 : key_val <= 7;
            default : key_val <=0;
        endcase

    (중략)

    end else if (row_val == 8'b00000001) begin
        case (key_col)
            4'b100 : key_val <= 17;
            4'b010 : key_val <= 9;
            4'b001 : key_val <= 1;
            default : key_val <= 0;
        endcase
    end else begin
        key_val <= 0;
end
```

[VHDL 코드]

```
key_col             : in     std_logic_vector(2 downto 0);

signal key_val      : integer range 0 to 24;
signal row_val      : std_logic_vector(7 downto 0) := "00000001";
signal col_val      : std_logic_vector(2 downto 0);

process(clk_1khz, row_val, key_val)
begin
    if falling_edge(clk_1khz) then
        if row_val = "10000000" then
            case key_col is
                when "100" => key_val <= 24;
                when "010" => key_val <= 16;
                when "001" => key_val <= 8;
                when others => key_val <= 0;
            end case;
```

```
        elsif row_val = "01000000" then
            case key_col is
                when "100" => key_val <= 23;
                when "010" => key_val <= 15;
                when "001" => key_val <= 7;
                when others => key_val <= 0;
            end case;

        (중략)

        elsif row_val = "00000001" then
            case key_col is
                when "100" => key_val <= 17;
                when "010" => key_val <= 9;
                when "001" => key_val <= 1;
                when others => key_val <= 0;
            end case;
        else
            key_val <= 0;
        end if;
    end if;
```

스위치 값 출력

마지막으로 스위치 값을 LED에 출력한다. 스위치의 최댓값은 24이므로 5비트의 LED에 출력할 수 있으며, Verilog에서 사용하지 않는 상위 3비트 LED에는 '0'을 출력하고, VHDL에서는 정수를 8비트로 변환해서 출력한다.

[Verilog 코드]

```
assign LED [7:5] = 0;
assign LED [4:0] = key_val;
```

[VHDL 코드]

```
LED <= conv_std_logic_vector(key_val, 8);
```

SECTION 8.2

부저 사운드 구동

부저Buzzer 또는 비퍼Beeper는 자동차, 전자레인지 및 게임기 등 일반적인 전자제품에서 신호를 발생시키는 장치이다. 제어 장치에 연결된 스위치 또는 센서에서 스위치가 눌렸는지를 알리거나 일정한 시간이 경과한 것을 알리기 위해 사용되기도 하고, 연속적으로 또는 일정한 주기로 신호음을 발생시킴으로써 경고음으로 사용되기도 한다.

8.2.1 부저의 동작 원리

이 책에서는 [그림 8-3]과 같은 두 종류의 부저를 사용한다. [그림 8-3(a)]와 같이 BUZZ1에는 BMK-2705C가 부착되었고 [그림 8-3(b)]와 같이 BUZZ2에는 BMX-2705가 각각 부착되었다. BMK-2705C는 발진회로가 내장되어 있어 BUZZ1 입력에 5V의 전압을 입력하면 소리가 발생하지만, BMX-2705는 발진회로가 내장되어 있지 않아 BUZZ2에 1kHz의 클럭 신호를 입력해야 소리가 발생한다.

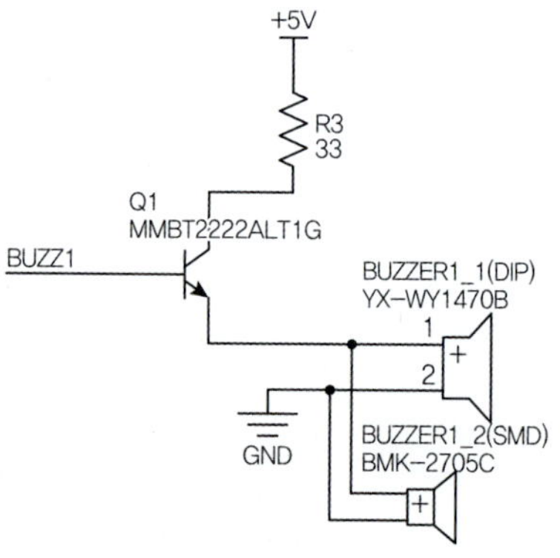

(a) BMK-2705C가 부착된 회로(BUZZ1)

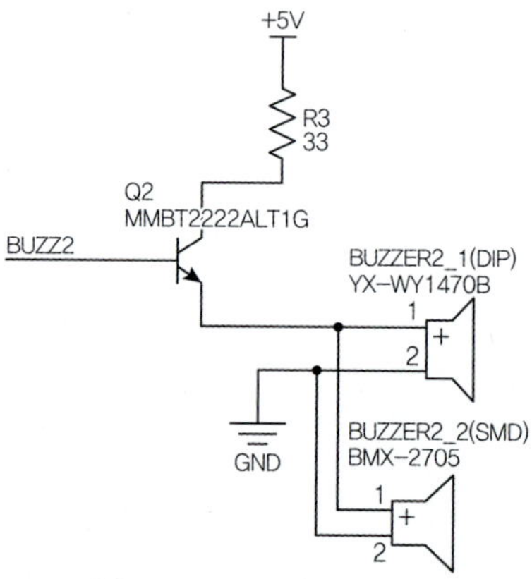

(b) BMX-2705가 부착된 회로(BUZZ2)

[그림 8-3] 부저 회로

8.2.2 부저 사운드의 제어

입출력 포트 선언

부저에 소리가 나게 하는 것은 매우 간단하다. 발진회로가 내장되어 있는 부저에는 입력 시 5V 전압을 주고, 발진회로가 없는 부저에는 1KHz 신호를 입력하면 소리가 발생한다.

다음 코드에서는 하나의 슬라이드 스위치를 입력으로 받아서 두 부저를 교대로 출력할 수 있게 했으며 출력은 두 부저를 제어하는 2개의 출력 신호 buzzer_out과 buzzer_out2로 되어 있다.

[Verilog 코드]

```
module BuzzerSound(clk, switch, buzzer_out, buzzer_out2);
  input         clk;
  input         switch;
  output        buzzer_out, buzzer_out2;
```

[VHDL 코드]

```
port(  clk          :   in std_logic;
       switch       :   in std_logic;
       buzzer_out   :   out std_logic;
       buzzer_out2  :   out std_logic
    );
end BuzzerSound;
```

클럭 분주(1Hz, 1KHz)

1MHz 클럭을 분주해서 1Hz, 1KHz의 클럭을 발생시킨다. 1KHz의 클럭은 앞에서 설명한 것과 같이 클럭이 내장되지 않은 부저에 공급하기 위해 분주하는 것이고, 1Hz의 클럭은 1초 간격으로 소리를 내기 위해 분주한다. 클럭 분주 방법에 대해서는 앞에서 이미 많이 다루었으므로 여기에서는 생략한다.

[Verilog 코드]

```
integer cnt_1hz=0, cnt_1khz=0;
always @ (posedge clk) begin
  if (cnt_1hz >= 499999) begin
      cnt_1hz <=   0;
      clk_1hz <= ~clk_1hz;
  end else begin
      cnt_1hz = cnt_1hz + 1;
  end
end

always @ (posedge clk) begin
  if (cnt_1khz >= 499) begin
      cnt_1khz <=  0;
      clk_1khz <= ~clk_1khz;
  end else begin
      cnt_1khz = cnt_1khz + 1;
  end
end
```

[VHDL 코드]

```
process(clk)
  variable cnt_1hz      : integer range 0 to 500000;
  variable cnt_1khz     : integer range 0 to 5000;
begin
  if rising_edge(clk) then
      if cnt_1hz >= 499999 then
          clk_1hz <= not clk_1hz;
          cnt_1hz := 0;
      else
          cnt_1hz := cnt_1hz + 1;
      end if;

      if cnt_1khz >= 499 then
          clk_1khz <= not clk_1khz;
          cnt_1khz := 0;
      else
          cnt_1khz := cnt_1khz + 1;
      end if;
  end if;
end process;
```

발진회로가 내장된 부저의 사운드 발생

먼저 발진회로가 내장된 BMK-2705C 부저([그림 8-3(a)])에 소리가 발생하도록 해보자. 이 부저는 발진회로가 내장되어 있기 때문에 부저 입력에 5V의 전압만 가하면 된다.

BMK-2705C 부저에서는 두 단자가 있으며 한 단자는 GND에 연결되므로 하나의 입력이 있다. 입력 부분에 트랜지스터가 사용되며, 트랜지스터의 단자가 컬렉터Collector, 에미터Emitter, 베이스Base로 되어 있다. 컬렉터는 5V에 연결되고, 에미터는 부저의 입력에 연결되며, 베이스는 FPGA에 연결된다. 즉, 베이스에 신호 '1'이 입력되면 트랜지스터가 ON되어서 컬렉터의 5V의 전압이 에미터로 흐르기 때문에 부저의 입력에 전압이 가해지면서 사운드가 발생한다.

[Verilog 코드]

```
always @ (clk_1hz, switch, buzzer) begin
  if (switch) begin
      if (clk_1hz == 1'b1) begin
          buzzer <= 1'b1;
      end else begin
          buzzer <= 1'b0;
      end
  end else begin
      buzzer <= 1'b0;
```

```
    end
  end
  assign buzzer_out = buzzer;
```

[VHDL 코드]

```
process(clk_1hz, switch, buzzer)
begin
  if (switch = '1') then
      if (clk_1hz = '0') then
          buzzer <= '0';
      else
          buzzer <= '1';
      end if;
  else
          buzzer <= '0';
  end if;
end process;
buzzer_out <= buzzer;
```

switch 신호가 '1'일 때 발진회로가 내장된 BMK-2705C 부저에서 소리가 발생하며, switch는 슬라이드 스위치에 연결되어 있다. 코드에서 1Hz의 클럭이 '0'이면 buzzer 신호에 '0'을 출력하므로 부저에서 사운드가 발생하지 않고, 1Hz의 클럭이 '1'이면 buzzer에서 '1'이 출력되므로 부저에서 사운드가 발생한다. 따라서 0.5초 간격으로 부저 사운드가 ON/OFF를 반복한다.

발진회로가 내장되지 않은 부저의 사운드 발생

[그림 8-3(b)]의 BMX-2705 부저에는 발진회로가 없기 때문에 5V의 전압 대신에 1KHz의 신호를 베이스에 입력한다는 점만 다르고 다른 부분은 동일하다.

[Verilog 코드]

```
always @ (clk_1hz, clk_1khz, switch) begin
  if (~switch) begin
      if (clk_1hz == 1'b1) begin
          buzzer2 <= clk_1khz;
      end else begin
          buzzer2 <= 1'b0;
      end
  end else begin
      buzzer2 <= 1'b0;
  end
end
assign buzzer_out2 = buzzer2;
```

[VHDL 코드]

```
process(clk_1hz, clk_1khz, switch)
begin
  if (switch = '0') then
      if (clk_1hz = '0') then
          buzzer2 <= '0';
      else
          buzzer2 <= clk_1khz;
      end if;
  else
          buzzer2 <= '0';
  end if;
end process;
buzzer_out2 <= buzzer2;
```

switch 신호가 '0'일 때 BMX-2705 부저에서 소리가 발생한다. 1Hz의 클럭이 '0'이면 buzzer2 신호에 '0'을 출력해서 사운드가 발생하지 않으며, 1Hz의 클럭이 '1'이면 buzer2 신호에 1KHz의 신호를 출력한다. 결과적으로 0.5초 간격으로 부저 입력에 1KHz의 신호가 ON/OFF를 반복함으로써 사운드가 발생한다.

SECTION 8.3 Text LCD 출력

Text LCD는 복사기, 팩스, 레이저 프린터, 산업용 기기, 라우터 및 저장 장치와 같은 네트워크 장비에서 간단한 문자를 출력할 때 많이 사용된다. Text LCD는 8비트 코드로 표시가 가능한 문자열만을 표현할 수 있으며, 크기가 작고 사용하기가 편리하다.

8.3.1 Text LCD의 구조

Text LCD의 구조를 살펴보면, 표시 장치는 한 행에 8자씩 1줄을 표시할 수 있는 8×1, 또는 8×2와 16×2 문자 등이 가장 일반적인 형태이다. 가장 많은 문자를 표시하는 경우는 40×4까지 사용되며, 이 책에서는 16×2 Text LCD를 사용한다. 대부분의 Text LCD 모듈은 [그림 8-4]와 같이 LCD 패널, LCD 컨트롤러 및 LED 백라이트Back Light로 구성된다.

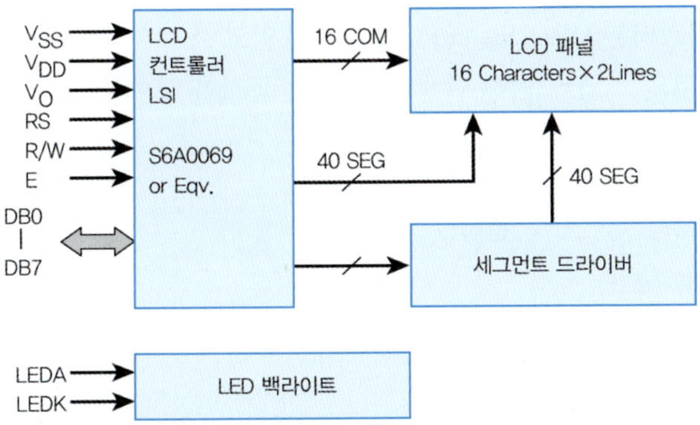

[그림 8-4] Text LCD의 구조

이 책에서는 Text LCD의 구조 및 Verilog 또는 VHDL로 제어하는 방법에 대해서만 간단히 설명한다. 따라서 좀 더 상세한 내용은 매뉴얼을 참고하기 바란다.

외부 인터페이스

Text LCD는 마이크로프로세서 또는 FPGA의 제어에 의해 동작한다. [표 8-1]은 외부 단자에 대한 설명이다.

[표 8-1] Text LCD의 외부 단자

핀 번호	핀 이름	입출력	핀 설명
1	Vss	전원	GND(0V)
2	Vdd	전원	전원(5V)
3	V0	전원	LCD Contrast 기준 전원 공급
4	RS	입력	레지스터 선택 • RS='1' : 디스플레이 데이터를 전송 • RS='0' : 명령 데이터를 전송
5	R/W	입력	읽기 / 쓰기 제어 • R/W='1' : 읽기 모드 선택 • R/W='0' : 쓰기 모드 선택
6	E	입력	데이터 인에이블
7 ~ 14	DB0 ~ DB7	입출력	양방향 3-상태 데이터 버스
15	BLA	전원	백라이트 양 전원
16	BLK	전원	백라이트 음 전원

Text LCD 내부에는 데이터 레지스터 DR, Data Register와 명령어 레지스터 IR, Instruction Register가 있다. DR은 DDRAM/CGRAM에 읽거나 쓰기 위해 데이터를 임시로 저장하는 데 사용되며, IR은 명령어를 읽거나 쓰거나 상태 값을 읽기 위해 사용된다. 두 레지스터는 MPU 또는 FPGA에 의해 읽고 쓰기가 가능하다. [표 8-2]는 RS Register Select와 R/W Read/Write 비트의 조합에 의해 발생할 수 있는 동작을 보여준다.

[표 8-2] RS와 R/W 비트의 조합

RS	R/W	동작
Low	Low	IR에 명령어를 쓰기
Low	High	BF(Busy Flag)와 주소 카운터(AC, Address Counter)를 읽기
High	Low	DR에 데이터를 쓰기
High	High	DR로부터 데이터를 읽기

BF가 '1'이면 내부 동작이 처리 중이라는 것을 나타내므로 이때에는 다음 명령어가 받아들여지지 않는다. BF는 RS=LOW이고 R/W=HIGH일 때 DB7에서 읽을 수 있다. 따라서 다음 명령을 실행하기 전에는 반드시 BF가 HIGH가 아닌 것을 확인해야 한다.

AC는 IR로부터 전송된 DDRAM/CGRAM의 주소를 저장한다. DDRAM/CGRAM으로부터 데이터를 읽거나 쓴 후에 AC는 자동으로 1이 증가한다. AC는 RS=LOW이고 R/W=HIGH일 때 DB0 ~ DB6 포트에서 읽을 수 있다. Text LCD 모듈에는 다음과 같이 3개의 메모리 영역이 있다.

❶ Display Data RAM(DDRAM)

CGROM에 저장된 문자가 출력된다. 이번 설계 과정에서 사용하는 Text LCD 모듈은 16 문자를 2줄에 출력하므로 DDRAM의 주소 매핑은 [그림 8-5]와 같다.

Display Position	1	2	3	4	5	6	7	8	9	10	11	12	13	14	15	16
DDRAM Address	00	01	02	03	04	05	06	07	08	09	0A	0B	0C	0D	0E	0F
	40	41	42	43	44	45	46	47	48	49	4A	4B	4C	4D	4E	4F

[그림 8-5] 16×2 디스플레이 맵

❷ Character Generator ROM(CGROM)

CGROM은 8비트 문자 코드로부터 5×8 도트 문자 패턴Dot Character Pattern을 발생한다. 발생 가능한 총 문자의 수는 208개이다. [표 8-3]에는 CGROM에 저장된 문자와 코드를 보여준다.

[표 8-3] CGROM의 문자 코드와 문자 패턴 (계속)

b7~b4 / b3~b0	0000	0001	0010	0011	0100	0101	0110	0111	1000	1001	1010	1011	1100	1101	1110	1111
0000	CG RAM (1)			0	@	P	`	p				ー	タ	ミ	α	p
0001	(2)		!	1	A	Q	a	q			。	ア	チ	ム	ä	q
0010	(3)		"	2	B	R	b	r			「	イ	ツ	メ	β	θ
0011	(4)		#	3	C	S	c	s			」	ウ	テ	モ	ε	∞
0100	(5)		$	4	D	T	d	t			、	エ	ト	ヤ	μ	Ω
0101	(6)		%	5	E	U	e	u			・	オ	ナ	ユ	σ	ü
0110	(7)		&	6	F	V	f	v			ヲ	カ	ニ	ヨ	ρ	Σ
0111	(8)		'	7	G	W	g	w			ァ	キ	ヌ	ラ	g	π
1000	(1)		(	8	H	X	h	x			ィ	ク	ネ	リ	√	x̄
1001	(2)		)	9	I	Y	i	y			ゥ	ケ	ノ	ル	$^{-1}$	y
1010	(3)		*	:	J	Z	j	z			ェ	コ	ハ	レ	j	千

[표 8-3] CGROM의 문자 코드와 문자 패턴

b7~b4 / b3~b0	0000	0001	0010	0011	0100	0101	0110	0111	1000	1001	1010	1011	1100	1101	1110	1111
1011	(4)		+	;	K	[	k	{			ｫ	ｻ	ﾋ	ﾛ	ˣ	万
1100	(5)		,	<	L	¥	l	|			ｬ	ｼ	ﾌ	ﾜ	¢	円
1101	(6)		-	=	M	]	m	}			ｭ	ｽ	ﾍ	ﾝ	£	÷
1110	(7)		.	>	N	^	n	→			ｮ	ｾ	ﾎ	ﾞ	ñ	
1111	(8)		/	?	O	_	o	←			ｯ	ｿ	ﾏ	ﾟ	ö	█

❸ Character Generator RAM(CGRAM)

CGRAM은 프로그래밍에 의해 사용자가 문자 패턴을 입력할 때 사용한다. 하지만 이번 설계 과정에서는 CGROM에 저장된 문자만 출력하므로 CGRAM에 대한 자세한 설명은 생략한다.

명령어

[표 8-4]는 Text LCD 모듈에서 사용되는 명령어Instructions의 종류를 보여준다. 명령어에 대한 상세한 동작은 매뉴얼과 실습 코드를 통해 이해할 수 있을 것이다.

[표 8-4] Text LCD 모듈에서 사용되는 명령어의 종류

명령어	코드									
	RS	R/W	DB7	DB6	DB5	DB4	DB3	DB2	DB1	DB0
Clear Display	0	0	0	0	0	0	0	0	0	1
Return Home	0	0	0	0	0	0	0	0	1	X
Entry Mode Set	0	0	0	0	0	0	0	1	I/D	S
Display ON/OFF	0	0	0	0	0	0	1	D	C	B
Cursor or Display Shift	0	0	0	0	0	1	S/C	R/L	x	X
Function Set	0	0	0	0	1	DL	N	F	x	X
Set CGRAM Address	0	0	0	1	AC5	AC4	AC3	AC2	AC1	AC0
Set DDRAM Address	0	0	1	AC6	AC5	AC4	AC3	AC2	AC1	AC0
Read Busy Flag & Address	0	0	BF	AC6	AC5	AC4	AC3	AC2	AC1	AC0
Write Data to RAM	1	0	D7	D6	D5	D4	D3	D2	D1	D0
Read Data from RAM	1	1	D7	D6	D5	D4	D3	D2	D1	D0

[표 8-5]는 [표 8-4]에서 각 명령어에 해당하는 기능을 나타낸 것이다.

[표 8-5] Text LCD 모듈에서 사용되는 명령어의 기능

명령어	기능
Clear Display	DDRAM에 20h(space code)를 쓰고 DDRAM 주소(AC)를 "00h"로 세트함
Return Home	DDRAM 주소(AC)를 "00h"로 세트하고 시프트되면 리턴 커서를 원위치로 되돌림
Entry Mode Set	커서의 이동 방향을 정하고 DDRAM과 CGRAM에 데이터를 읽기/쓰기 할 때 디스플레이 시프트를 결정함 • I/D : DDRAM 주소의 Increment/Decrement (커서 또는 블링크) I/D=1이면 커서가 우측으로 이동하고 DDRAM 주소가 1 증가함 I/D=0이면 커서가 좌측으로 이동하고 DDRAM 주소가 1 감소함 • S : 디스플레이의 시프트 DDRAM이 읽기 동작이거나 S=0이면 디스플레이의 시프트 동작이 발생하지 않음 S=1이고 DDRAM이 쓰기 동작이면 I/D 값에 의해 시프트 동작이 발생함
Display ON/OFF	디스플레이/커서/블링크(blink) ON/OFF 1비트를 제어함 • D : 디스플레이 ON/OFF 제어 비트 • C : 커서 ON/OFF 제어 비트 • B : 커서 블링크 ON/OFF 제어 비트
Cursor or Display Shift	DDRAM의 내용을 변경하지 않고 커서를 이동함 시프트 제어 비트와 방향을 정함
Function Set	데이터 길이, 라인 수, 폰트 타입 제어 • DL : 인터페이스 데이터 길이 제어 비트 • N : 디스플레이 라인 수 제어 비트 • F : 디스플레이 폰트 타입 제어 비트
Set CGRAM Address	CGRAM 주소를 AC에 설정함
Set DDRAM Address	DDRAM 주소를 AC에 설정함
Read Busy Flag & Address	BF 비트를 검사함으로써 내부 동작이 진행 중인지를 알 수 있음 BF=1이면 내부 동작이 처리 중에 있음을 나타냄. 따라서 다음 명령어가 받아들여지지 않음
Write Data to RAM	8비트 데이터를 DDRAM 또는 CGRAM에 쓰기
Read Data from RAM	8비트 데이터를 DDRAM 또는 CGRAM에서 읽기

8.3.2 Text LCD의 제어

Text LCD의 동작을 이해한다면 제어하는 방법은 쉽게 이해할 수 있다. 간략하게 동작을 설명하면 카운터를 1KHz의 클럭에 동기시켜서 0~50 동안 LCD를 리셋하고 50~53 사이에는 명령어를 전송하며, 카운터 값을 54~84 사이에서 반복하면서 문자를 LCD로 출력한다.

[표 8-6]은 카운터 값에 따른 LCD의 동작을 보여준다.

[표 8-6] 카운터 값에 따른 LCD 동작 제어

LCD 카운터 값	LCD 동작
0~49	LCD 내부 리셋
50~53	명령어 전송 (Function Set, Display On, Clear Display, Entry Mode Set)
54	첫 번째 열 지정
55~67	첫 번째 열 데이터 출력
68	두 번째 열 지정
69~84	두 번째 열 데이터 출력

입출력 포트 선언

다음은 입출력 포트의 선언부이다. 입출력 포트는 Text LCD 인터페이스에 연결되며, D_En, RS, RW와 같은 제어 신호 포트와 DB[Data Bus]의 데이터 포트이다.

[Verilog 코드]

```
module TextLCD (clk, D_En, RS, RW, DB, reset, backlight);
  input          clk, reset;
  output         D_En, RS, RW;
  output         backlight;
  output [7:0]   DB;
```

[VHDL 코드]

```
entity TextLCD is
Port ( clk          : in  std_logic;
       D_En         : out std_logic;
       RS           : out std_logic;
       RW           : out std_logic;
       DB           : out std_logic_vector(7 downto 0);
       backlight    : out std_logic;
       reset        : in  std_logic);
end TextLCD;
```

[표 8-7]은 입출력 포트의 각 기능을 나타낸 것이다.

[표 8-7] 입출력 포트의 기능

입출력 포트	기능
clk	1MHz의 클럭, 1KHz의 카운터 클럭으로 분주하기 위해 사용
D_En	Data Enable, DB에 출력 데이터가 있을 때 제어 신호로 사용
RS	Register Select, 디스플레이 데이터와 명령어 레지스터를 선택
RW	Read/Write, 읽기 / 쓰기를 제어
DB	Data Bus, 명령어 또는 디스플레이 데이터 버스
backlight	백라이트 제어
reset	리셋

클럭 분주(1KHz)

1KHz의 카운터 클럭을 발생시키기 위해서 1MHz의 클럭을 1,000 분주한다. 클럭을 분주하는 방법에 대해서는 이미 많이 다루었으므로 여기서는 생략한다.

[Verilog 코드]

```
integer        cnt_1khz = 0;
always @ (posedge clk) begin
  if (cnt_1khz >= 499) begin
      cnt_1khz <= 0;
      clk_1khz <= ~clk_1khz;
  end else begin
      cnt_1khz <= cnt_1khz + 1;
  end
end
```

[VHDL 코드]

```
process(clk)
  variable clk_cnt  : integer range 0 to 500;
begin
  if rising_edge(clk) then
      if clk_cnt >= 499 then
          clk_cnt := 0;
          clk_1khz <= not clk_1khz;
      else
          clk_cnt := clk_cnt + 1;
      end if;
  end if;
end process;;
```

LCD 카운터 생성

LCD 카운터 값을 사용해서 Text LCD를 제어할 수 있다. 따라서 1KHz의 클럭에 동기시켜 카운터 값을 발생시킨다. [표 8-6]에서와 같이 카운터 값에 따라서 LCD가 제어되며, 카운터가 초기화된 후 카운터가 49까지 증가하다가 50에서 LCD를 제어하기 시작해서 54까지 명령어를 전송하며, 54에서 84까지 데이터를 출력한다. 이후 카운터가 84가 되면 다시 54로 초기화되어 54에서 84를 반복하면서 데이터를 출력한다. LCD를 리셋하고 명령어와 출력 데이터를 전송하는 부분은 다음 코드에서 설명한다.

[Verilog 코드]

```
always @ (posedge clk_1khz or negedge reset) begin
  if (~reset) begin
      lcd_cnt <= 0;
  end else begin
      if (lcd_cnt >= 84) begin
          lcd_cnt <= 54;
      end else begin
          lcd_cnt <= lcd_cnt + 1;
      end
  end
end
```

[VHDL 코드]

```
process(clk_1khz,reset)
begin
  if(reset = '0') then
      lcd_cnt <= 0;
  elsif rising_edge(clk_1khz) then
      if(lcd_cnt >= 84 ) then
          lcd_cnt <= 54;
      else
          lcd_cnt <= lcd_cnt+1;
      end if;
  end if;
end process;
```

LCD 명령어 전송 및 데이터 디스플레이

다음은 카운터를 1KHz의 클럭에 동기를 시켜서 0~50 동안 LCD를 리셋하고 50~53 사이에는 명령어를 전송하며, 카운터 값을 54~84 사이에서 반복하면서 문자를 LCD로 출력하는 부분이다.

[Verilog 코드]

```
always @ (lcd_cnt) begin
  case (lcd_cnt)
      // rw = '0', rs = '0'
      50 : lcd_db <= 8'b00111000; // Function set
      51 : lcd_db <= 8'b00001100; // Display on
      52 : lcd_db <= 8'b00000001; // clear display
      53 : lcd_db <= 8'b00000110; // entry mode set
      54 : lcd_db <= 8'b10000000; // Set DDRAM Line 1

      // rw = '0', rs = '1'
      55  : lcd_db <= 8'b00100000; // blank
      56  : lcd_db <= 8'b01010111; // W

      (중략)

      66  : lcd_db <= 8'b00100000; // blank
      67  : lcd_db <= 8'b00100000; // blank

      // rw = '0', rs = '0'
      68 : lcd_db <= 8'b11000000;  // Set DDRAM Line 2

      // rw = '0', rs = '1'
      69  : lcd_db <= 8'b00100000; // blank
      70  : lcd_db <= 8'b01000110; // F

          (중략)

      83  : lcd_db <= 8'b00100001; // !
      84  : lcd_db <= 8'b00100001; // !
      default:lcd_db <= 8'b00000000;
  endcase
end
```

[VHDL 코드]

```
process(lcd_cnt)
begin
  case lcd_cnt is
      -- rw = '0', rs = '0'
      when 50 => lcd_db <= "00111000"; -- Function set
      when 51 => lcd_db <= "00001100"; -- Display on
      when 52 -> lcd_db <= "00000001"; -- clear display
      when 53 => lcd_db <= "00000110"; -- entry mode set
      when 54 => lcd_db <= "10000000"; -- Set DDRAM Line 1
```

```
      -- rw = '0', rs = '1'
      when 55  => lcd_db <= "00100000"; -- blank
      when 56  => lcd_db <= "01010111"; -- W

      (중략)

      when 66 => lcd_db <= "00100000"; --  blank
      when 67 => lcd_db <= "00100000"; --  blank

      -- rw = '0', rs = '0'
      when 68 => lcd_db <= "11000000";  -- Set DDRAM Line 2
      -- rw = '0', rs = '1'
      when 69 => lcd_db <= "00100000"; --  blank
      when 70 => lcd_db <= "01000110"; --  F

      (중략)

      when 83 => lcd_db <= "00100001"; --  !
      when 84 => lcd_db <= "00100001"; --  !
      when others => lcd_db <= "00000000";

   end case;
 end process;
```

실습에서 LCD에 출력시키는 문자열은 [그림 8-6]과 같다.

[그림 8-6] 출력 문자열

	W	e	l	C	o	m	e		t	o					
	F	P	G	A			W	o	r	l	d	!	!	!	!

사용하는 LCD는 2줄로 되어 있으며, 각 줄은 16개의 문자를 출력할 수 있다. case 문에서 카운터 값이 50~54까지는 명령어 전송을 하기 위한 부분이며, 예를 들어 카운터가 50일 때 DB에 "00111000"을 출력한다. 이 값은 [표 8-4]의 명령어 Function Set에 해당하는 값이며, 각 비트의 값에 따라 [표 8-8]과 같이 설정된다.

[표 8-8] Function Set 설정

비트	비트 번호	기능
DL	DB4	DL='1'이므로 8비트 모드를 사용
N	DB3	N='1'이므로 2라인 모드를 사용
F	DB2	F='0'이므로 5×8 Dot Format 사용

이러한 방법으로 카운트 값이 51~54일 때 어떻게 설정되는지 알 수 있으며, 이를 [표 8-9]에서 보여준다.

[표 8-9] LCD 카운터에 의한 명령어 설정

LCD 카운터	명령어	설정
51	Display ON/OFF	• DB3(D)='1' : 디스플레이가 ON • DB2(C)='1' : 커서가 ON • DB1(B)='0' : 블링크가 OFF
52	Clear Display	DDRAM에 20h를 쓰고 DDRAM 주소를 "00h"로 세트
53	Entry Mode Set	• DB1(I/D)='1' : 커서가 우측 이동, DDRAM 주소 1 증가 • DB0(S)='1' : S='1'이고 DDRAM이 쓰기 동작이면 I/D 값에 의해 시프트 동작이 발생
54	Set DDRAM Address	DDRAM 주소를 첫 번째 라인의 "00h"로 설정

마지막에 54일 때에는 DB에 "10000000"을 출력하며, 이것은 [표 8-4]에서 Set DDRAM Address에 해당하는 코드로, [표 8-9]에서와 같이 LCD의 첫 번째 줄의 첫 문자 위치 DDRAM 주소인 0x00번지를 지정하기 위한 값이다. 이때 DB7은 '1'이므로 DB 값은 "10000000"이 된다.

명령어를 출력해서 LCD를 설정하면 이어서 출력할 데이터를 DB에 출력한다. LCD에 데이터를 출력시키기 위해서는 [표 8-3]의 CGRAM의 문자 테이블에서 해당하는 문자의 코드를 lcd_db로 출력하면 된다. 예를 들어 [표 8-3]에서 문자 코드 "0100 0001"을 lcd_db로 출력하면 LCD에 'A'가 출력된다. 앞의 설정 부분에서 DDRAM 주소를 첫 번째 라인의 첫 번째 위치로 초기화했기 때문에 하나의 문자가 출력될 때마다 주소가 하나씩 자동으로 증가한다.

문자를 출력하는 방법은 다음과 같다. 예를 들어 가장 처음에 출력되는 문자는 'blank'이며, [표 8-3]에서 b7~b0 값이 "00100000"(20h)를 DB로 출력하면 LCD에 'blank'가 출력되고, b7~b0 값이 "01010111"(58h)을 DB로 출력하면 LCD에 'W'가 출력된다. 나머지 문자들도 같은 방법으로 출력하다가, 중간에 lcd_db <= "11000000";은 16문자를 다 출력한 후에 두 번째 라인부터 출력하기 위한 명령어이다.

제어 신호 출력 제어

RS_{Register Select}는 명령어 또는 데이터 레지스터를 선택하는 신호이며, LCD 카운터가 0~54 사이거나, DDRAM 주소를 두 번째 라인으로 바꾸기 위한 68일 때에는 명령어 레지스터를 선택하기 위해서 RS에 '0'을 출력한다. 다른 LCD 카운터 값에서는 데이터 레지스터를 선택하기 위해서 RS에 '1'을 출력한다. 그리고 이 코드에서는 명령어 또는 데이터를 출력만 하기 때문에 RW 신호에 '0'을 출력하며, 백라이트를 켜기 위해서 backlight 신호에 '1'을 출력한다.

[Verilog 코드]

```
always @ (*) begin
  if ((lcd_cnt >= 0 && lcd_cnt <= 54) || (lcd_cnt == 68)) begin
      RS <= 1'b0;
  end else begin
      RS <= 1'b1;
  end
end

always @ (*) begin
  if ((lcd_cnt >= 50) && (lcd_cnt <=84)) begin
      D_En <= clk_1khz;
  end else begin
      D_En <= 1'b0;
  end
end

assign backlight = 1'b1;
assign RW = 1'b0;
assign DB = lcd_db;
```

[VHDL 코드]

```
backlight <= '1';
RW <= '0';

RS <= '0' when (lcd_cnt >= 0 and lcd_cnt <= 54) or
  (lcd_cnt = 68) else '1';
D_En <= clk_1khz when (lcd_cnt >= 50) and (lcd_cnt <= 84) else '0';
DB <= lcd_db;
```

D_En(Data Enable) 신호는 명령어 또는 데이터 출력을 제어하기 위한 신호이며, [그림 8-7]은 DB에 데이터를 쓰기 위한 타이밍을 보여준다. [그림 8-7]에서 DB에 유효한 데이터가 로드Load되면, E(Enable)의 하강 에지에서 쓰기 동작이 일어난다. 위 코드에서 명령어 또는 데이터를 출력하기 위한 LCD 카운터의 값은 50~84이며, 이때 D_En 신호에 1KHz의 클럭을 출력해서 하강 에지에서 쓰기 동작이 일어나도록 한다.

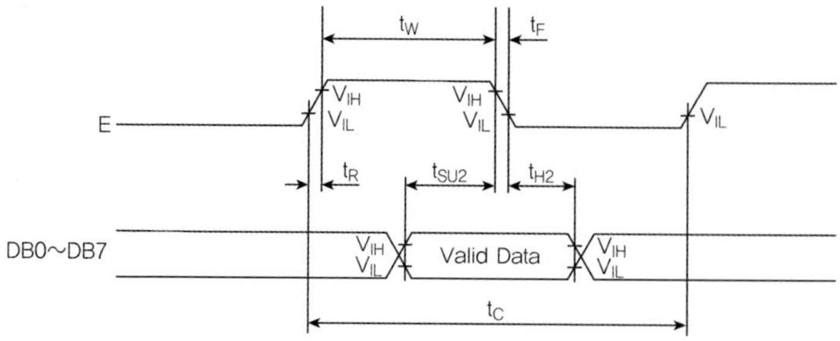

[그림 8-7] 데이터 쓰기 타이밍

SECTION 8.4 Dot Matrix 출력

Dot Matrix는 출력 포트의 수가 부족할 때 많은 수의 LED로 글자를 출력할 때 사용할 수 있는 방법이다. 여기에서 사용하는 5×7 Dot Matrix에는 전체 35개의 LED가 있으며, 포트의 수가 35개가 보다 적어도 문자를 출력할 수 있다.

8.4.1 Dot Matrix의 구조

[그림 8-8]은 5×7 Dot Matrix의 구조를 보여준다. Dot Matrix의 구동은 LED가 배열된 한 열씩 스캔하면서 LED를 ON/OFF하는 방식이다. 즉, 스캔 라인(열, column)과 데이터 라인(행, row)에 의해 1열씩 스캔하면서 동기된 데이터를 행으로 출력하는 방식이다.

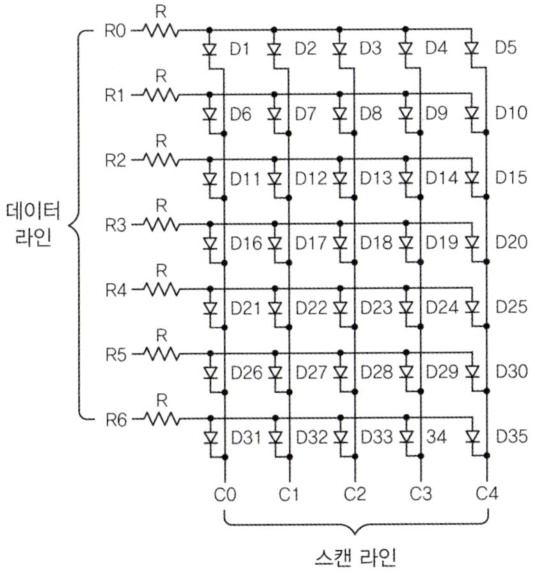

[그림 8-8] 5×7 Dot Matrix의 구조

[그림 8-8]은 5열의 스캔 라인과 7행의 데이터 라인으로 구성되어 있다. 만일 첫 번째 열(C0)에 "1010101"을 출력하기 위해서는 LED D1, D11, D21, D31이 ON되고, C0열의 다른 LED는 OFF되어야 한다. 따라서 스캔 라인 C0~C4에는 스캔 데이터 "01111"을 출력하고 데이터 라인 R0~R6에는 "1010101"을 출력하면 C0열에 연결된 LED만 구동되어 ON/OFF되고 나머지 열의 LED는 구동되지 않는다. 같은 방법으로 각 열을 빠르게 스캔하면서 스캔 데이터와 동기시켜 출력하면 잔상 효과에 의해 원하는 문자를 출력할 수 있다.

[그림 8-9]는 FPGA와 Dot Matrix의 연결을 보여준다. 행 R0~R6은 FPGA의 포트에 직접 연결하지만, 열 C0~C4(COL-DRV1~COL-DRV5)는 디코더를 통해서 연결한다.

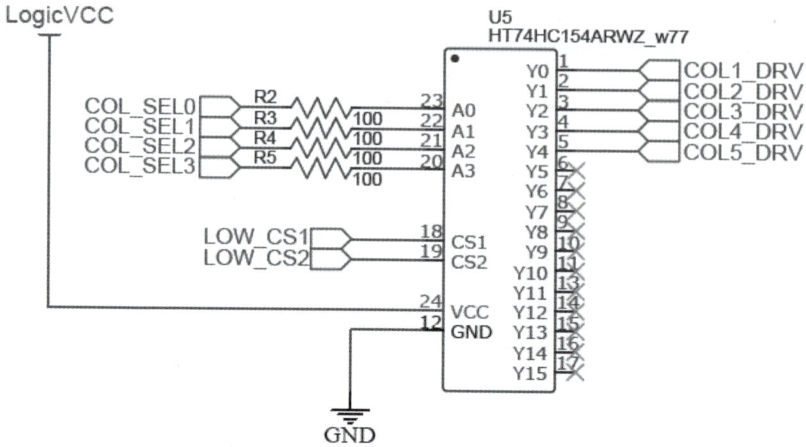

[그림 8-9] 4×16 디코더를 이용한 Dot Matrix 열 인터페이스

8.4.2 Dot Matrix의 출력

실습 코드는 5×7 Dot Matrix에 1초에 한 번씩 "공"과 "부"를 교대로 출력하는 코드이다. 따라서 "공"과 "부"의 폰트를 2차원 배열에 정의하고 출력한다.

입출력 포트 선언

Dot Matrix 출력은 스캔 열과 선택된 열에 출력할 데이터로 구성된다. 열은 5개이지만 4×16 디코더를 사용하므로 4비트 배열이다.

[Verilog 코드]

```
module DotMatrix(clk, dot_data, col_out);
  input    clk;
  output   reg[6:0] dot_data;
  output   reg[3:0] col_out;
```

[VHDL 코드]

```
entity DotMatrix is
port(  clk            : in std_logic;
       dot_data       : out std_logic_vector(6 downto 0);
       col_out        : out std_logic_vector(3 downto 0));
end DotMatrix;
```

출력 문자 폰트 정의

Dot Matrix에 "공", "부"를 출력하기 위해서 글자 모양을 출력할 수 있는 폰트를 상수로 정의해야 한다. 일반적으로 상수를 정의하기 위해 Verilog에서는 parameter를 사용하고 VHDL에서는 constant를 사용한다. 폰트는 배열로 정의를 해야 하므로 벡터[Vector] 또는 어레이[Array]가 필요하다. 그러나 Verilog에서는 어레이로 parameter를 정의할 수 없으므로 System Verilog를 사용했다.

[Verilog 코드]

```
parameter integer dot_data1 [4:0] = '{7'b1101010,
                                      7'b1001101,
                                      7'b1011101,
                                      7'b1001101,
                                      7'b1001010};

parameter integer dot_data2 [4:0] = '{7'b1111100,
                                      7'b0101100,
                                      7'b0101111,
                                      7'b0101100,
                                      7'b1111100};
```

[VHDL 코드]

```
type   matrix2D is array (4 downto 0) of std_logic_vector(6 downto 0);

constant dot_data1 : matrix2D := (   "1101010",
                                     "1001101",
                                     "1011101",
                                     "1001101",
                                     "1001010");

constant dot_data2 : matrix2D := (   "1111100",
                                     "0101100",
                                     "0101111",
                                     "0101100",
                                     "1111100");
```

System Verilog는 Verilog의 확장된 개념으로 향상된 설계와 검증 능력을 제공한다. 이 책에서는 주로 Verilog를 이용한 설계에 대해 설명했으며, System Verilog에 관심이 있으면 다른 자료를 찾아서 공부하는 것을 권한다.

어레이 파라미터를 정의하기 위한 System Verilog 사용

Vivado와 Quartus에서 System Verilog를 사용하기 위해서는 설계 파일을 작성할 때 "System Verilog HDL File"로 지정하며, 파일의 확장명은 .sv로 저장된다. 그리고 설계 파일을 작성한 후의 모든 과정은 Verilog와 동일하다.

Verilog에서는 integer 데이터 타입의 1차원 배열로 정의했지만 비트 타입으로 표현했으며 VHDL에서는 std_logic_vector를 다시 배열로 정의했기 때문에 결과적으로 2차원 배열 타입으로 정의했다. 앞서 코드에서 정의한 폰트는 [그림 8-10(a)]와 같이"공", "부"가 반시계 방향으로 90도 회전한 형태이다. 이를 시계 방향으로 90도 회전하면 [그림 8-10(b)]와 같이 "공"과 "부" 글자를 확인할 수 있다.

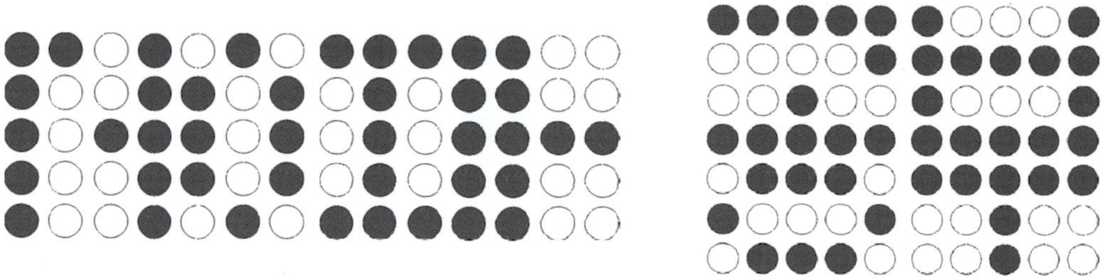

(a) 기본 형태

(b) 90도 회전한 형태

[그림 8-10] "공", "부" 폰트의 기본 형태와 회전한 형태

클럭 분주(1KHz, 1KHz)

"공"과 "부"를 1초 동안 교대로 출력하기 위해서는 1Hz의 클럭이 필요하며, 1KHz의 클럭에 맞춰서 C0~C4를 스캔하므로 1KHz의 클럭이 필요하다. 입력은 1MHz의 클럭이므로, 각각의 클럭을 위해서는 1,000,000분주, 1,000분주를 한다. 클럭 분주는 앞에서 이미 많이 다루었으므로 여기에서는 생략한다.

1Hz로 분주를 할 때에는 data 신호에 '0'과 '1'을 교대로 저장한다. data 신호가 '0'일 때에는 "공"을 출력하고 '1'일 때에는 "부"를 출력하기 위해서 사용한다.

[Verilog 코드]

```
always @ (posedge clk) begin
  if (cnt_1hz >= 499999) begin
      cnt_1hz = 0;
      clk_1hz = ~clk_1hz;
      data <= ~data;
  end else begin
      cnt_1hz <= cnt_1hz + 1;
  end
end
```

```
always @ (posedge clk) begin
  if (cnt_1khz >= 499) begin
      cnt_1khz = 0;
      clk_1khz = ~clk_1khz;
  end else begin
      cnt_1khz <= cnt_1khz + 1;
  end
end
```

[VHDL 코드]

```
process(clk)
  variable cnt_1hz  : integer range 0 to 1000000;
begin
  if rising_edge(clk) then
      if cnt_1hz >= 499999 then
          clk_1hz <= not clk_1hz;
          cnt_1hz := 0;
          data <= not data;
      else
          cnt_1hz := cnt_1hz + 1;
      end if;
  end if;
end process;

process(clk)
  variable cnt_1khz : integer range 0 to 13500;
begin
  if rising_edge(clk) then
      if cnt_1khz >= 499 then
          clk_1khz <= not clk_1khz;
          cnt_1khz := 0;
      else
          cnt_1khz := cnt_1khz + 1;
      end if;
  end if;
end process;
```

스캔 열 카운터 출력

스캔 열을 출력하기 위해서는 5개 열에 순서대로 "01111" →"10111" →⋯ →"11110"이 출력되어야 한다. 하지만 디코더를 사용하므로([그림 8-9] 참고) 1KHz의 클럭으로 카운터를 0~4로 증가시키면서 디코더의 입력으로 사용되며, 디코더의 출력이 스캔 열에 연결된다.

[Verilog 코드]

```
reg [3:0]  col_no;
always @ (posedge clk_1khz) begin
  if (col_no == 4'h4) begin
      col_no <= 4'h0;
  end else begin
      col_no <= col_no + 1'b1;
  end
end
assign col_out = col_no;
```

[VHDL 코드]

```
signal col_no   : std_logic_vector(3 downto 0) := "0000";
process(clk_1khz, col_no, dot_data0)
begin
  if rising_edge(clk_1khz) then
      if col_no = "0100" then
          col_no <= "0000";
      else
          col_no <= col_no + '1';
      end if;
  end if;
end process;
col_out <= col_no;
```

스캐닝과 데이터 출력

dot_data1에는 "공", dot_data2에는 "부"를 출력하기 위한 폰트가 정의되어 있다. 다음 코드에서 스캔 열이 0~4로 증가하면서 data가 '0'이면 dot_data1(공)이 출력되고, data가 '1'이면 dot_data2(부)가 출력된다.

[Verilog 코드]

```
always @ (col_no) begin
  if (data == 1'b0) begin
      case(col_no)
          4'h0 : dot_data <= dot_data1[0];
          4'h1 : dot_data <= dot_data1[1];
          4'h2 : dot_data <= dot_data1[2];
          4'h3 : dot_data <= dot_data1[3];
          4'h4 : dot_data <= dot_data1[4];
      endcase
  end else begin
      case(col_no)
```

```
            4'h0 : dot_data <= dot_data2[0];
            4'h1 : dot_data <= dot_data2[1];
            4'h2 : dot_data <= dot_data2[2];
            4'h3 : dot_data <= dot_data2[3];
            4'h4 : dot_data <= dot_data2[4];
        endcase
    end
end
```

[VHDL 코드]

```
process(col_no)
begin
  if data = '0' then
      case col_no is
          when "0000" => dot_data <= dot_data1(0);
          when "0001" => dot_data <= dot_data1(1);
          when "0010" => dot_data <= dot_data1(2);
          when "0011" => dot_data <= dot_data1(3);
          when "0100" => dot_data <= dot_data1(4);
          when others => dot_data <= "1111111";
      end case;
  else
      case col_no is
          when "0000" => dot_data <= dot_data2(0);
          when "0001" => dot_data <= dot_data2(1);
          when "0010" => dot_data <= dot_data2(2);
          when "0011" => dot_data <= dot_data2(3);
          when "0101" => dot_data <= dot_data2(4);
          when others => dot_data <= "1111111";
      end case;
  end if;
end process;
```

SECTION

8.5 L293D 드라이버를 이용한 스텝모터 제어

스텝모터Step Motor는 펄스모터Pulse Motor 또는 스텝퍼 모터Stepper Motor라고도 부르며, 위치 제어가 간편하기 때문에 프린터 헤드, XY 플로터의 펜 위치 제어 및 디스크의 헤드 위치 제어 등 다양한 분야에 사용되고 있다.

스텝모터의 특징은 다음과 같다.

❶ 모터의 회전각은 입력 펄스의 수에 비례하고, 속도는 펄스의 주파수에 비례한다.
❷ 회전각 검출을 위해서 피드백Feedback이 필요 없고, 제어계가 간단해서 가격이 저렴하다.
❸ 회전각의 오차가 누적되는 않는다.
❹ 기동 및 정지의 응답이 매우 양호하다.
❺ 특정 주파수에서 진동, 공진 현상이 발생하기 쉽고, 관성이 있는 부하에 영향을 많이 받는다.

8.5.1 스텝모터의 동작 원리

기본적인 스텝모터 내부는 영구자성Permanent Magnet을 가지면서 회전축에 연결된 로터Rotor(회전자)와 코일에 의해 가변자성을 갖는 스테이터Stator(고정자)로 구성된다. [그림 8-11]은 로터와 스테이터로 구성된 기본적인 스텝모터의 구조를 보여준다.

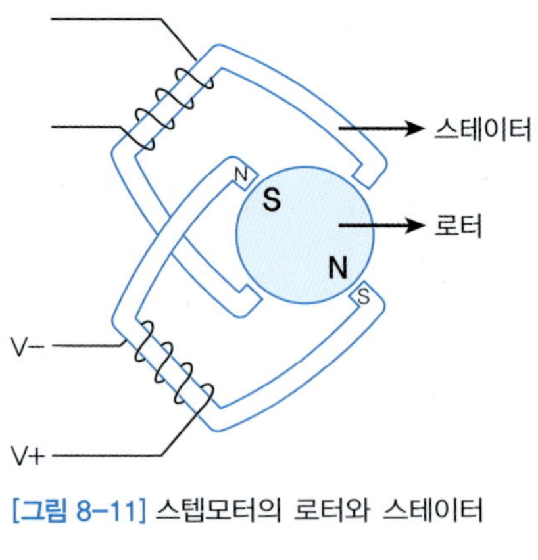

[그림 8-11] 스텝모터의 로터와 스테이터

[그림 8-11]에서 안쪽의 로터는 N극과 S극을 갖는 고정 자석이며 중앙에 모터 구동축이 연결된다. 그리고 바깥쪽의 스테이터는 코일로 감겨져 있는데, 코일 양쪽에 걸리는 전압의 극성에 따라서 전류의 방향이 바뀌면서 N극과 S극의 자성을 바꿀 수 있다. [그림 8-11]에서와 같은 극성으로 전압을 가하면 스테이터에 극성이 발생하여 스테이터의 N극과 로터의 S극, 그리고 스테이터의 S극과 로터의 N극이 가까워지는 방향으로 모터 구동축을 중심으로 로터가 회전한다.

유니폴라, 바이폴라 결선 방식

스텝모터의 결선 방식에 따라서 유니폴라 Unipolar 방식과 바이폴라 Bipolar 방식으로 분류할 수 있다. 유니폴라 방식은 각 권선코일의 각 센터탭Center Tap을 서로 연결하고, 센터탭을 그라운드 또는 Vcc 전원에 연결한다. 그리고 권선과 전류에 의해 발생하는 자기장의 방향을 바꾸기 위해 각 권선코일의 끝에 교대로 전원을 공급한다(또는 센터탭에 전원을 공급하고 코일의 끝을 GND를 교대로 연결한다). 바이폴라 방식은 센터탭이 없이 각 코일의 끝에 공급하는 전원의 극성을 스위칭Switching 시켜가면서 자기 극성을 바꾸는 방식이다. 이때 코일에 극성을 스위칭하는 절차를 스위칭 시퀀스Switching Sequence라고 한다. 유니폴라는 전류가 한쪽 방향으로 흐르며, 바이폴라는 전류의 방향이 바뀌면서 흐른다.

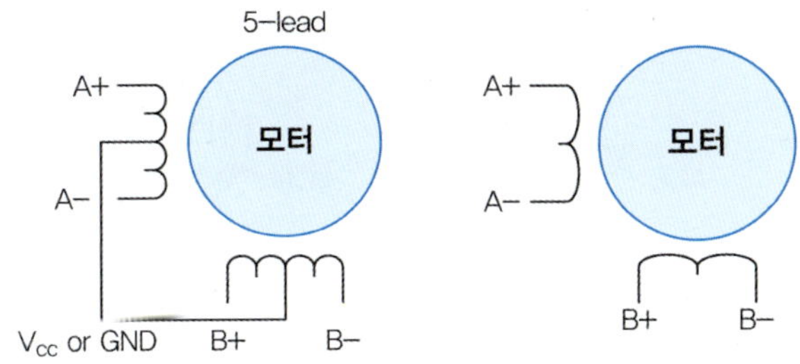

(a) 유니폴라 스텝모터 (b) 바이폴라 스텝모터

[그림 8-12] 유니폴라 스텝모터와 바이폴라 스텝모터

1상, 2상 여자 방식 스텝모터

코일에 전류를 흘려서 자기장을 발생시키는 과정을 여자Excitation시킨다고 한다. 여자 방식에는 1상Single Phase, 2상Two Phase 및 1–2상 여자 방식이 있다. 1상은 동시에 하나의 코일만 여자시키는 방식이며, 2상의 동시에 두 개의 코일을 여자시켜서 제어하는 방식이다.

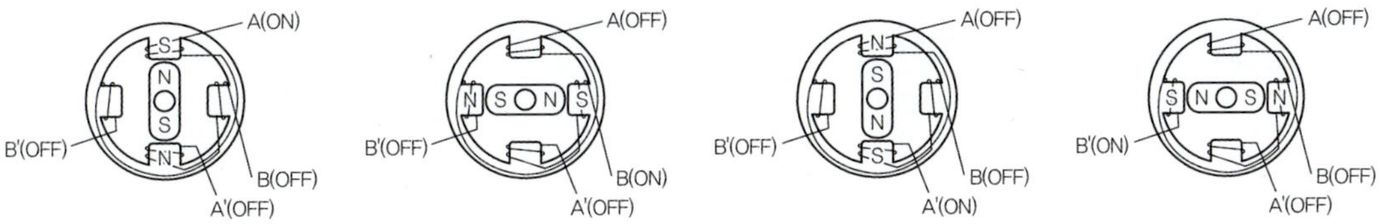

(a) 스텝 0 (b) 스텝 1 (c) 스텝 2 (d) 스텝 3

[그림 8-13] 1상 여자 방식 스텝모터의 구동 순서

[그림 8-13(a)]에서는 단자 A가 ON되어 전류가 흐르면 수직 고정자의 한쪽은 S극으로 다른 한쪽은 N극으로 자화되어 회전자가 수직 상태에 놓이게 된다. 다음에 단자 A는 OFF되고 단자 B가 ON되면 B에서 공통접지로 전류가 흐르고, [그림 8-13(b)]와 같이 수평 고정자가 N극과 S극으로 자화되어 회전자가 90도 회전한다. 이와 같은 방법으로 회전자가 4스텝 동안 360도 회전한다. [표 8-10]은 1상 여자 방식 스텝모터의 스텝 단계별 스위칭 시퀀스를 보여준다.

[표 8-10] 1상 여자 방식 스텝모터의 스위칭 시퀀스

스텝	회전자 위치 각	ON/OFF			
		A	A'	B	B'
0	0°	ON	OFF	OFF	OFF
1	90°	OFF	OFF	ON	OFF
2	180°	OFF	ON	OFF	OFF
3	270°	OFF	OFF	OFF	ON

[그림 8-14]는 2상 여자 방식 스텝모터의 구동 순서를 보여준다.

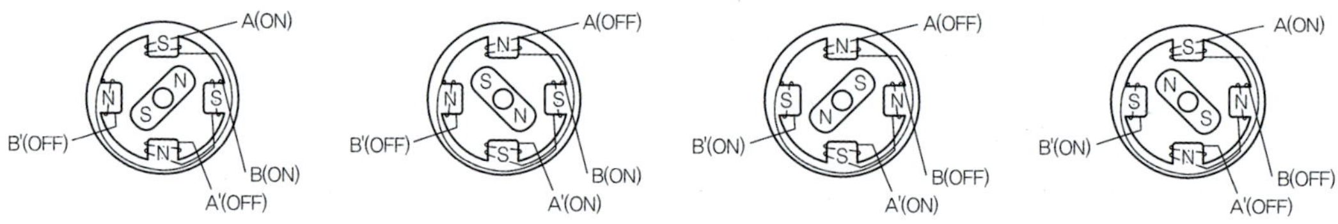

[그림 8-14] 2상 여자 방식 스텝모터의 구동 순서

2상 여자 방식에서는 동시에 2개의 단자가 ON이 된다. 예로 [그림 8-14(a)]에서는 단자 A와 B가 동시에 ON되므로 인접하는 2개의 고정자가 동시에 S극으로 자화되기 때문에 영구자석의 회전자 N극은 두 고정자 사이에 위치하게 된다. 이와 같은 방식으로 인접하는 두 고정자가 동시에 같은 극으로 자화되고, 반대 극성을 갖는 회전자는 그 중간에 위치하면서 회전한다. [표 8-11]은 2상 여자 방식 스텝모터의 스텝 단계별 스위칭 시퀀스를 보여준다.

[표 8-11] 2상 여자 방식 스텝모터의 스위칭 시퀀스

스텝	회전자 위치 각	ON/OFF			
		A	A'	B	B'
0	45°	ON	OFF	ON	OFF
1	135°	OFF	ON	ON	OFF
2	225°	OFF	ON	OFF	ON
3	315°	ON	OFF	OFF	ON

[그림 8-15]는 1-2상 여자 방식 스텝모터가 90도 회전하는 과정을 보여준다. 1-2상 여자 방식은 1상 또는 2상 여자 방식이 한 스텝에서 90도로 회전하는 것에 비해 상대적으로 정밀하게 제어할 수 있으며 한 스텝에서 45도의 정밀도로 제어할 수 있다.

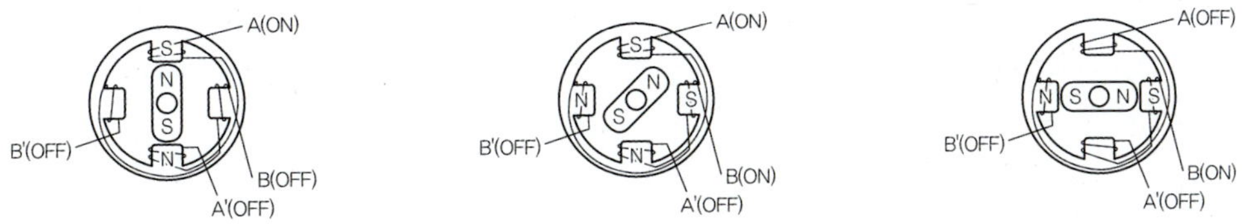

[그림 8-15] 1-2상 여자 방식 스텝모터의 90도 회전

[그림 8-15]에서 단자 A가 ON되어 고정자의 극성이 S극이 되므로 회전자는 수직이 된다. 그 다음 스텝에서 단자 A는 ON 상태를 유지하고 단자 B가 OFF에서 ON으로 바뀌면 회전자의 N극은 단자 A와 단자 B의 중간 위치로 45도 회전하고, 다시 단자 A가 ON에서 OFF로 바뀌면 회전자는 다시 45도 회전하여 수평으로 놓이게 된다.

[표 8-12]는 1-2상 여자 방식 스텝모터의 스텝 단계별 스위칭 시퀀스를 보여준다.

[표 8-12] 1-2상 여자 방식 스텝모터의 스위칭 시퀀스

스텝	회전자 위치 각	ON/OFF			
		A	A'	B	B'
0	0°	ON	OFF	OFF	OFF
1	45°	ON	OFF	ON	OFF
2	90°	OFF	OFF	ON	OFF
3	135°	OFF	ON	ON	OFF
4	180°	OFF	ON	OFF	OFF
5	225°	OFF	ON	OFF	ON
6	270°	OFF	OFF	OFF	ON
7	315°	ON	OFF	OFF	ON

28BYJ-48 스텝모터

만일 스텝모터가 앞에서 설명한 대로만 동작한다면 회전축이 360도로 한 번 회전하기 위해서는 4스텝 또는 8스텝만 필요하다. 그러나 이렇게 하면 45도 또는 90도의 각도로 회전하기 때문에 정밀하게 제어하기가 어렵다. 따라서 실제로 사용되는 스텝모터는 감속기를 사용하고 로터와 스테이터의 기어의 톱니 수를 다르게 함으로써 좀 더 정밀하게 제어할 수 있다.

스텝모터에 대해서 너무 상세하게 설명하는 것은 이 책의 범위를 벗어나기 때문에 최대한 간단하게 다룰 것이다. 여기서는 이번 설계 과정에서 사용하는 28BYJ-48 스텝모터를 예를 들어 설명한다.

[그림 8-11]에서는 로터와 스테이터에 톱니가 없는 것처럼 보이지만 실제로는 [그림 8-16]과 같이 여러 개의 톱니가 있다. 또한 로터의 톱니와 스테이터의 톱니 간격이 정확하게 일치하지 않는다. 따라서 수직축 또는 수평축을 여자시켰을 때 90도로 회전하는 것이 아니라 로터와 스테이터의 톱니가 가장 잘

일치하는 각도만큼 회전한다. 이 비율을 로터와 스테이터의 기어 비율Gear Ratio이라고 한다. 28BYJ-48 스텝모터의 경우, 이 비율이 64:1이다. 즉, 64번의 스텝이 있어야 모터 구동축이 360도 회전하며 한 스텝에서 5.625도 회전한다.

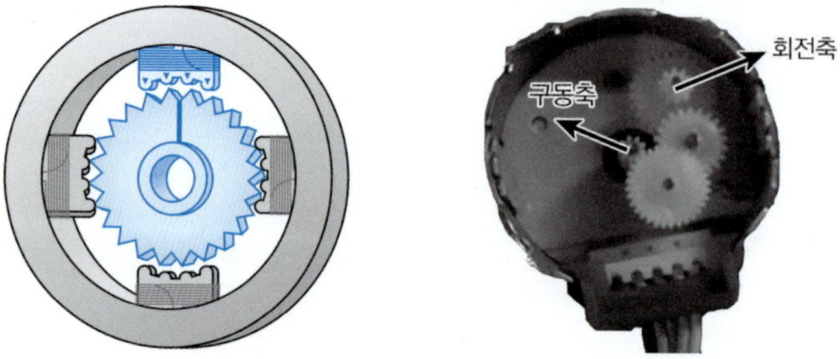

(a) 로터와 스테이터의 기어 비율　　　(b) 감속기

[그림 8-16] 28BYJ-48 스텝모터의 구조

그리고 28BYJ-48 스텝모터에는 로터와 스테이터에 의해 구동되는 구동축에 달린 기어와 모터 외부에 회전축에 연결된 기어가 있으며 이 두 기어가 서로 물려 있으면서 감속기 역할을 한다. 이 두 기어의 톱니 수 비율은 64:1이다. 즉, 구동축이 64번 회전하면 모터 회전축은 1회전 한다. 결과적으로 로터와 스테이터의 기어 비율과 감속기에 의해서 64 스텝에서 구동축이 한 번 회전하며, 다시 감속기에 의해서 구동축이 64번 회전하면 회전축이 1번 회전한다. [그림 8-16(b)]는 28BYJ-48 내부의 감속기 구조를 보여준다.

L293D 스텝모터 드라이버

28BYJ-48은 L293D 드라이버를 이용해서 구동이 된다. [그림 8-16]은 L293D 모터 드라이버의 핀 아웃pin-out을 보여준다.

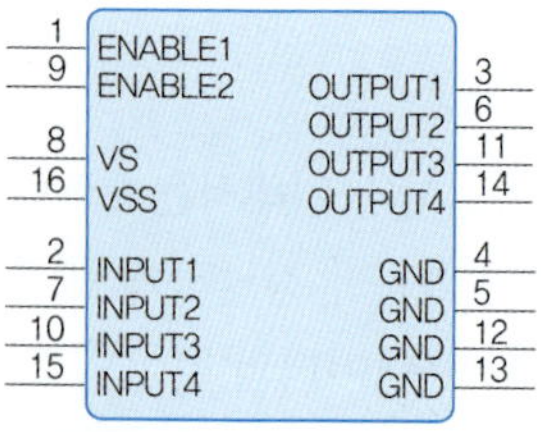

[그림 8-17] L293D 스텝모터 드라이버

[그림 8-17]에서 스텝모터는 L293D의 4개 단자(OUTPUT1~OUTPUT4)에 연결된다. FPGA는 L293D의 ENABLE 신호와 INPUT1~INPUT4 신호를 출력하며, OUTPUT 출력 단자에서 코일이 여자되는 순서인 스위칭 시퀀스와 속도 및 방향에 의해서 제어된다.

8.5.2 스텝모터의 제어

스텝모터를 제어하기 위해서는 먼저 입출력 포트를 선언해야 한다. 그 다음에 스텝 클럭을 발생시키고 모드와 회전 방향을 제어한다.

다음 코드에서는 mode 입력에 의해 4가지 모드로 제어하는 것을 나타낸다.

[Verilog 코드]

```
module StepMotor(clock, mode, dir, speed, stepOut, stepEn, LED, LED2);
  input clock;
  input [1:0] mode;
  input dir;
  input [1:0] speed;
  output [3:0] stepOut;
  output [1:0] stepEn;
  output [2:0] LED;
  output [3:0] LED2;
```

[VHDL 코드]

```
entity StepMotor is
port(  clock, dir   : in std_logic;
       mode      : in std_logic_vector(1 downto 0);
       speed     : in unsigned(1 downto 0);
       stepOut   : out std_logic_vector(3 downto 0);
       stepEn    : out std_logic_vector(1 downto 0);
       LED       : out std_logic_vector(2 downto 0);
       LED2      : out std_logic_vector(3 downto 0));
end StepMotor;
```

[표 8-13]은 스텝모터의 제어 신호와 제어 방식을 나타낸 것이다.

[표 8-13] 스텝모터의 동작 제어 모드

제어 신호	제어 방식	
	모드	모드 제어
mode	0 : bipolar single phase	바이폴라 1상 여자 방식에 의한 제어(90°/step)
	1 : bipolar two phase	바이폴라 2상 여자 방식에 의한 제어(90°/step)
	2 : unipolar full step	유니폴라 1상 여자 방식에 의한 제이(90°/step)
	3 : unipolar half step	유니폴라 1-2상 여자 방식에 의한 제어(45°/step)
dir	회전 방향 제어	
speed	회전 속도 제어	

스텝 클럭을 발생시키는 코드를 나타내면 다음과 같다.

[Verilog 코드]

```
reg [2:0] step; // 8 positions for half steps
parameter StepDivider=2500; // every 400Hz

always @ (posedge clock)
begin
if (cnt >= StepDivider*(speed+1)/2) begin
  cnt <= 0;
  stepClk <= ~stepClk;
end else
  cnt <= cnt+1;
end

always @ (posedge stepClk)
begin
step <= step + 1'b1;
end
```

[VHDL 코드]

```
signal step     : integer range 0 to 7;
constant StepDivider    : integer := 2500;

process(clock, step)
variable cnt    : integer range 0 to 20000;
begin
  if rising_edge(clock) then
      if (cnt >= StepDivider*(conv_integer(speed)+1)/2) then
          stepClk <= not stepClk;
          cnt := 0;
      else
          cnt := cnt + 1;
      end if;
  end if;
end process;

process(stepClk)
begin
  if rising_edge(stepClk) then
      step <= step + 1;
  end if;
end process;
```

스텝모터의 회전 속도는 stepClk에 의해 제어된다. 즉, stepClk의 주파수가 높으면 step 신호가 발생되는 속도가 빨라져서 스텝모터의 회전 속도가 빨라진다. 반면에 step 신호의 발생 속도가 느리면 회전 속도가 느려진다.

이번 설계 과정에서는 1MHz의 클럭을 사용하므로 StepDivider를 2,500으로 설정하면 가장 빠른 stepClk 주파수는 400Hz가 된다. 속도는 speed 신호에 의해서 제어가 되며, 2비트 speed 신호에 따라서 400Hz, 200Hz, 100Hz 및 50Hz로 stepClk를 발생할 수 있다. 스텝모터는 기계적인 장치이기 때문에 속도의 제한을 받는다. 모터의 특성에 따라서 이 이상의 속도를 낼 수도 있지만 28BYJ-48은 400Hz 이상의 주파수에서는 제대로 동작을 하지 않는 것을 볼 수 있다.

step 신호는 3비트 신호 또는 0~7의 값이며, stepClk에 의해서 0~7로 증가한다. step 신호에 의해서 스테이터 코일의 단자가 여자되는 순서와 방향이 결정된다.

다음 코드는 4가지 모드 중에서 mode0, 즉 bipolar single phase로 제어하는 코드를 보여준다.

[Verilog 코드]

```
always @ (step, mode, dir)
begin
// *** bipolar single phase mode
if (mode == 2'b00)
  if (dir == 1'b0) begin
      case(step)
          0: stepPins <= 4'b1110;
          1: stepPins <= 4'b1101;
          2: stepPins <= 4'b1011;
          3: stepPins <= 4'b0111;
          4: stepPins <= 4'b1110;
          5: stepPins <= 4'b1101;
          6: stepPins <= 4'b1011;
          7: stepPins <= 4'b0111;
      endcase
  end else begin
      case(step)
          0: stepPins <= 4'b1110;
          1: stepPins <= 4'b0111;
          2: stepPins <= 4'b1011;
          3: stepPins <= 4'b1101;
          4: stepPins <= 4'b1110;
          5: stepPins <= 4'b0111;
          6: stepPins <= 4'b1011;
          7: stepPins <= 4'b1101;
      endcase
  end
```

[VHDL 코드]

```
process(step, mode, dir)
begin
-- bipolar single phase mode
if (mode = "00") then
  if(dir = '0') then
      case step is
          when 0 => stepPins <= "1110";
          when 1 => stepPins <= "1101";
          when 2 => stepPins <= "1011";
          when 3 => stepPins <= "0111";
          when 4 => stepPins <= "1110";
          when 5 => stepPins <= "1101";
          when 6 => stepPins <= "1011";
          when 7 => stepPins <= "0111";
      end case;
  else
      case step is
          when 0 => stepPins <= "1110";
          when 1 => stepPins <= "0111";
          when 2 => stepPins <= "1011";
          when 3 => stepPins <= "1101";
          when 4 => stepPins <= "1110";
          when 5 => stepPins <= "0111";
          when 6 => stepPins <= "1011";
          when 7 => stepPins <= "1101";
      end case;
  end if;
```

모드 0에서는 스테이터의 수직 또는 수평축의 한 축만 여자되므로 하나의 스텝이 증가할 때마다 90도씩 회전한다. 따라서 step 신호가 0~3으로 증가하면 한 번 회전을 하며 4~7에서도 같은 방식으로 회전을 한다. dir은 회전 방향을 제어하는 신호로 '0'이면 stepPins의 '0' 값이 왼쪽으로 한 비트씩 시프트를 하며, '1'이면 오른쪽으로 시프트를 한다. 결과적으로 dir이 '0'과 '1'일 때 반대 방향으로 회전한다. 모드 1에서는 bipolar 2상 여자 방식에 의해 제어된다. 예를 들어 step이 0이면 stepPins에는 "1100"이 출력되며, 이 신호는 스테이터의 수직축과 수평축을 동시에 여자시켜서 로터가 45도 기운 각도에 위치하게 한다.

모드 2와 모드 3은 유니폴라 방식으로 제어를 한다. 유니폴라와 바이폴라 방식의 차이는 스텝모터의 센터탭을 사용하고 사용하지 않고의 차이이다. [그림 8-18(a)]는 28BYJ-48의 외부 단자를 보여주며, 바이폴라에서는 센터탭(red)을 연결하지 않은 상태에서 제어하며, 유니폴라에서는 센터탭을 Vcc(5V)에 연결한다. 센터탭을 5V에 연결하기 위해서는 [그림 8-18(b)]에서 슬라이드 스위치 위치를 ON으로 올려야 한다.

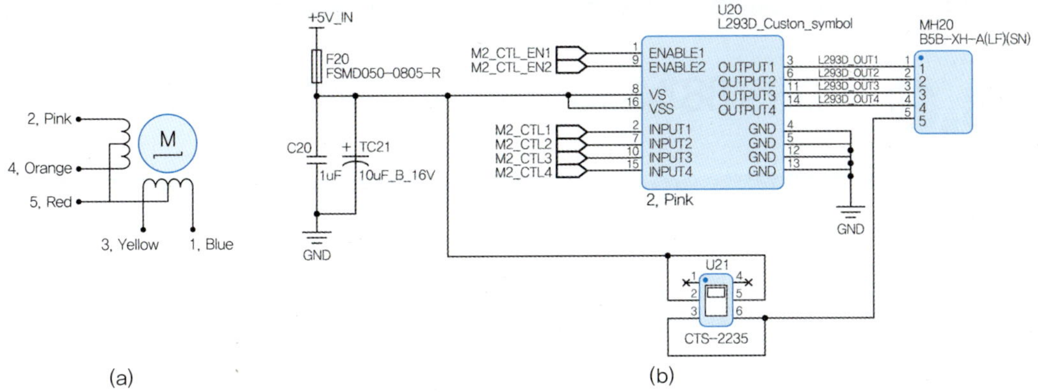

[그림 8-18] 28BYJ-48 스텝모터의 외부 단자

모드 2에서는 unipolar full step 모드로 제어를 하며, 센터탭이 5V에 연결된 상태에서 스테이터의 수직축 또는 수평축 한 축만 여자되므로 한 스텝에 90도씩 회전한다. 이 모드에서는 모드 0과 동일하게 동작하며, 90도씩 회전을 하므로 full step이라고 표현한다.

모드 3에서는 unipolar half step 모드로 제어하며, 28BYJ-48은 이 모드가 기본 동작 모드이다. 이 모드에서는 한 스텝에서 45도씩 회전을 하므로 full step 모드일 때의 90도 회전의 절반만 회전하므로 half step이라는 용어를 사용한다. 그러므로 step 신호가 0~7로 증가하면서 stepPins는 "1110" → "0110" → … → "1101" → "1100"의 순서로 출력되면서 45도씩 회전한다. 즉, "1110"일 때에는 수직축 또는 수평축 중 한 축에서만 여자가 되므로 1상 여자 방식이지만, "0110"일 때에는 수직축과 수평축이 동시에 여자되므로 로터가 45도 각도로 위치하게 된다.

앞서 28BYJ-48은 한 스텝에서 5.625도씩 회전한다고 설명했으며, 이 각도는 half step 모드일 때에 해당한다. 바이폴라 방식이나 full step 모드에서는 5.625×2=11.25도씩 회전한다. 400MHz에서 half step으로 모터를 구동시키면 2.5msec마다 5.625도씩 회전하므로 회전축이 한 번 회전하기 위해서는 2.5msec×4,096=10.24초가 걸리며, full step에서는 11.25도씩 회전하므로 한 번 회전하기 위해서는 2.5msec×2,048=5.12초가 걸린다. 이 값은 모터를 구동시키고 측정했을 때의 값과 일치한다.

DIGCOM 키트에서 스텝모터를 제어하기 위해서 [표 8-14]와 같이 핀을 할당한다.

[표 8-14] 스텝모터 제어를 위한 핀 할당

제어 신호	핀 할당
mode	슬라이드 스위치(M1, M0)
dir	슬라이드 스위치(SW7)
speed	슬라이드 스위치(SW1, SW0)

28BYJ-48에서 최대 400Hz는 매우 빠른 주파수이며, 전류, 케이블의 상태 및 길이와 같은 실험 환경에 따라서 정상적으로 동작하지 않을 수도 있다. 이런 경우에는 낮은 속도로 설정해서 설계를 해야 한다.

SECTION 8.6 DRV8834 드라이버를 이용한 스텝모터 제어

8.5절에서는 L293D 드라이버를 사용해 28BYJ-48 스텝모터를 제어하는 방법에 대해 설명했다. L293D를 사용할 때에는 full step, half step 등 동작 모드에 필요한 스위칭 시퀀스를 만들어야 한다. 그러나 DRV8834는 드라이버 모듈이며, 이 모듈을 사용하면 스텝 속도와 회전 방향, 그리고 스텝 해상도Microstepping Resolution만 설정하면 필요한 모터를 구동하기 위한 스위칭 시퀀스가 드라이버에서 발생한다. 여기에서는 DRV8834 모듈을 이용하여 28BYJ-48 스텝모터를 제어하는 방법에 대해서 설명한다.

8.6.1 DRV8834 드라이버 모듈

[그림 8-19]는 DRV8834 모듈의 단자를 보여준다.

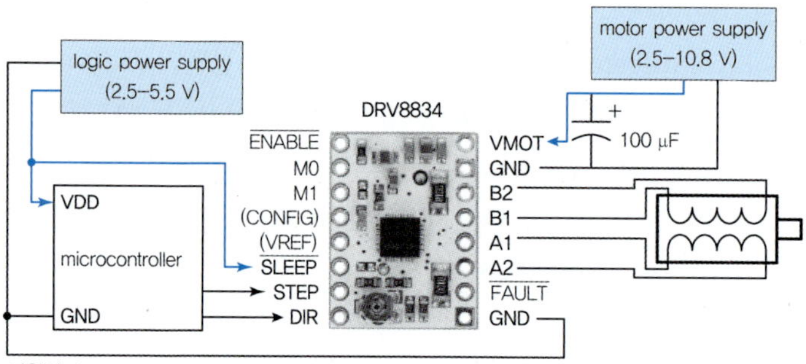

[그림 8-19] DRV8834 모듈

DRV8834는 바이폴라 스텝모터를 제어하기 위한 드라이버 모듈이며, [표 8-15]는 DRV8834 입출력 핀에 대한 설명이다. MS1~MS3 신호는 동작 모드를 제어하며, 3비트이며 모두 5가지의 해상도로 스위칭 시퀀스를 발생할 수 있다.

[표 8-15] DRV8834 입출력 핀

핀 이름	설명
/ENABLE	칩 인에이블 입력
M0, M1	Microstep Select : 동작 모드를 제어
STEP	'0'->'1'에서 모터의 한 스텝 회전
DIR	회전 방향을 제어
B2, B1, A1, A2	스테이터 코일의 스위칭 시퀀스 출력

[표 8-16]은 설정 해상도를 보여준다. 모두 6 스텝 해상도로 제어할 수 있으나 28BYJ-48는 full step와 half step만 지원하므로 MS0은 항상 '0'을 출력하고 MS1만 이용해서 제어한다.

[표 8-16] MS에 의한 스텝 해상도

MS0	MS1	스텝 해상도
Low	Low	Full step
High	Low	Half step
Floating	Low	1/4 step
Low	High	1/8 step
High	High	1/16 step
Floating	High	1/32 step

8.6.2 DRV8834에 의한 스텝모터 제어

DRV8834에 의한 스텝모터 제어 방식의 특징은 앞서 L293D를 사용할 때보다 Verilog 및 VHDL의 소스 코드가 단순하다는 것이다.

입출력 포트 선언

다음 코드는 입출력 포트를 보여준다. dirIn은 회전 방향을 정하는 입력이다. speed는 스텝의 속도를 결정하며, 4단계로 속도를 제어한다. ms는 full step 또는 half step을 결정한다.

[Verilog 코드]

```
module Step_Motor(clock, speed, dirIn, ms, step_en, stepOut, dir, ms_out);
  input    clock, dirIn;
  input    [1:0]    speed;
  input    ms;
  output   step_en, stepOut, dir;
  output   [2:0] ms_out;
```

[VHDL 코드]

```
entity Step_Motor is
port(  clock         : in     std_logic;
       speed         : in     std_logic_vector(1 downto 0);
       dirIn         : in std_logic;
       ms            : in     std_logic;
       step_en       : out    std_logic;
       stepOut       : out    std_logic;
       dir           : out    std_logic;
       ms_out        : out    std_logic_vector(2 downto 0));
end Step_Motor;
```

속도 제어

다음 코드에서는 모터의 회전 속도를 제어하기 위해서 stepClk의 주파수를 정하는 방법을 보여준다. StepDivider는 1,250을 갖는 상수이며, 만일 2비트 speed가 "00"이라면 StepDivider×(1/2)에 의해서 cnt는 625를 카운트할 때마다 stepClk가 '0'과 '1'을 반복적으로 갖는다. 입력 클럭은 1MHz이므로 결과적으로 stepClk는 800Hz를 갖는 클럭이 된다.

[Verilog 코드]

```
parameter StepDivider = 1250;
always @ (posedge clock)
begin
  if (cnt >= StepDivider*(speed+1)/2) begin
      cnt <= 0;
      stepClk <= ~stepClk;
  end else
      cnt <= cnt+1;
end
```

[VHDL 코드]

```
constant   StepDivider   : integer := 1250;
process(clock)
variable cnt    : integer range 0 to 10000;
begin
  if rising_edge(clock) then
      if (cnt >= StepDivider*(conv_integer(speed)+1)/2) then
          stepClk <= not stepClk;
          cnt := 0;
      else
          cnt := cnt + 1;
      end if;
  end if;
end process;
```

모터 제어 신호 출력 속도

모터는 step 신호가 '0'에서 '1'로 전환할 때 한 스텝 회전하며, step 신호는 stepClk 신호에 동기되어 '0'과 '1'을 반복한다. 따라서 앞에서 설명한 것과 같이 stepClk가 800Hz 주파수를 가지면 step은 400Hz로 출력된다. step 신호는 stepOut 출력 신호로 출력되어 모터에 연결된다. 모터의 회전 방향은 dirIn을 입력받아 dir로 출력되며, ms는 스위칭 시퀀스 출력을 결정하며 6가지의 시퀀스가 있지만, 28BYJ-48은 full step과 half step으로 동작하므로 ms[0] 한 비트로 제어를 하며, ms[1]과 ms[2]는 항상 '0'을 출력한다.

[Verilog 코드]

```
always @ (posedge stepClk) begin
      step_en <= 1'b0;
      step <= ~step;
      if (dirIn == 1) begin
          dir <= 1;
      end else begin
          dir <= 0;
      end
end

assign stepOut = step;
assign ms_out[0] = ms;
assign ms_out[1] = 1'b0;
assign ms_out[2] = 1'b0;
```

[VHDL 코드]

```
process(stepClk, step)
begin
  if rising_edge(stepClk) then
      step_en <= '0';
      step <= not step;
      if (dirIn = '1') then
          dir <= '1';
      else
          dir <= '0';
      end if;
  end if;
end process;

stepOut <= step;
ms_out(0) <= ms;
ms_out(1) <= '0';
ms_out(2) <= '0';
```

[표 8-17]은 모터 제어를 위한 핀 할당을 보여준다. 속도는 2비트 speed로 제어하며 "00"일 때 400Hz로 가장 빠른 속도로 회전하고, speed 값을 올리면서 회전 속도가 감소한다.

L293D 드라이버를 사용할 때와 다른 점은 스위칭 시퀀스를 하기 위한 별도의 입력 신호가 없다는 것이다. 속도와 방향, 그리고 스텝 해상도만 정하면 DRV8834에서 자동으로 발생하므로 코드에서 만들 필요가 없다.

[표 8-17] 모터 제어를 위한 핀 할당

제어 신호	핀 할당
speed	슬라이드 스위치(SW1, SW0)
dirIn	슬라이드 스위치(M1)
ms[0]	슬라이드 스위치(M0)

SECTION 8.7 서보모터 제어

서보Servo 또는 서보 메커니즘Servo Mechanism이란 기계 장치의 동작을 수정하기 위해 에러를 감지하고 피드백하는 자동 장치를 나타낸다. 서보 메커니즘을 이용하는 제어 중에서 산업용 로봇은 서보 메커니즘이 가장 많이 사용되는 시스템이다. 부품을 붙이고 나사를 조이고 용접하고 도장하는 등의 작업을 정교하고 빠르게 수행하기 위해서는 팔Arm의 각도와 위치를 정확하게 제어하는 것이 중요하다. 따라서 로봇 팔 제어 시스템은 서보 메커니즘으로 볼 수 있다.

8.7.1 서보모터의 동작 원리

보통 서보는 음의 피드백Negative Feedback 원리로 동작을 하며, 제어 입력은 출력단에서 측정되는 실제의 위치와 비교된다. 실제 값과 입력 값의 차이Error Signal는 증폭되며 에러를 줄이는 방향으로 제어하도록 시스템을 구동하는 데 사용된다. [그림 8-20]은 서보 메커니즘의 블록도를 나타낸다.

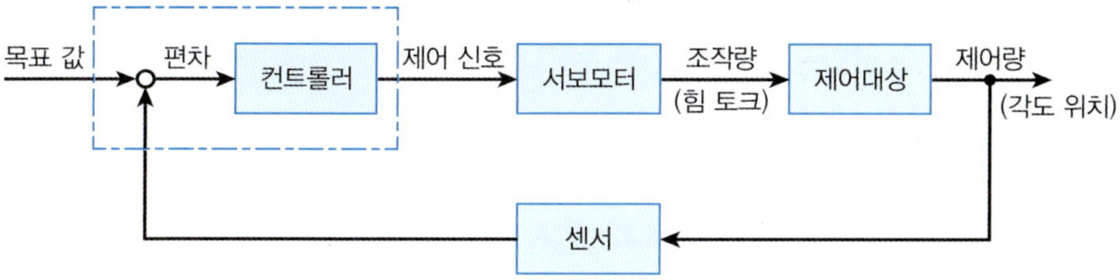

[그림 8-20] 서보 메커니즘의 블록도

일반적으로 서보는 접지GND, 전원Power 및 제어Control 등 3선에 의해 제어된다. 이러한 서보는 제어선에 입력되는 펄스에 의해 움직되며, 이 신호는 액추에이터 암Actuator Arm의 각도를 결정한다. 서보는 매 20ms의 주기마다 각도에 대한 정확한 정보를 얻기 위해 펄스를 감지한다. 서보 펄스의 폭Width은 서보의 각 동작의 범위에 영향을 주는데, 1.5ms의 펄스 폭은 서보가 중립Neutral 상태 또는 90도의 위치에 놓이도록 한다. 또한 1.25ms를 갖는 서보 펄스는 서보의 위치를 0도에 놓이게 하고, 1.75ms의 펄스는 180도 위치에 놓이게 한다. 일반적인 서보의 회전각은 180도~210도이지만, 펄스 폭이 1.5ms일 때에는 항상 중립의 위치에 놓이게 한다.

[그림 8-21]에서 보는 것과 같이 펄스 폭은 출력 회전축의 각도를 명령한다. 실제 타이밍은 서보 제품마다 약간씩 다르지만 동작 원리는 동일하다.

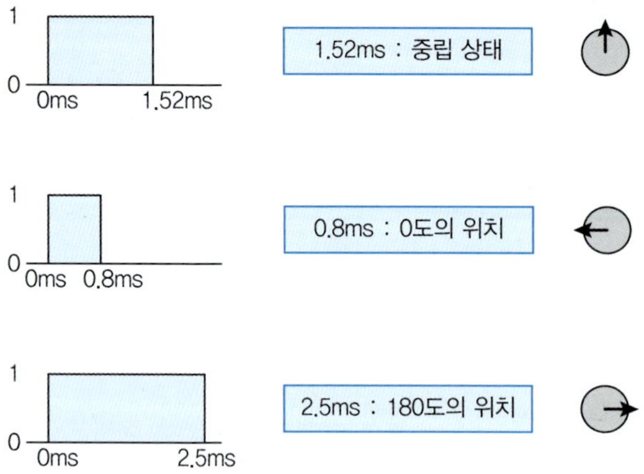

[그림 8-21] 펄스 폭과 서보의 회전 각

8.7.2 서보모터의 제어

서보모터를 제어하기 위해서는 먼저 입출력 포트를 선언해야 한다. 그 다음에는 클럭을 발생시키고, 서로 다른 펄스 폭을 갖는 펄스를 발생시킨다. 마지막으로 펄스 신호를 출력한다.

서보모터의 입출력은 단순하다. 1MHz의 클럭을 사용해서 다른 폭을 갖는 펄스를 발생시키고, 각각의 스위치는 90도 위치의 중립 상태, 0도 위치 그리고 180도 위치에 놓이게 한다. 2개의 출력으로 2개의 서보모터를 각각 다르게 제어할 수 있지만, 여기에서는 두 모터가 동일하게 동작하도록 했다.

입출력 포트 선언

입력은 모터 회전축의 위치를 결정하는 sw_in, 그리고 2개의 모터 입력에 연결되는 출력으로 구성된다.

[Verilog 코드]

```
module ServoMotor(clk, sw_in, ServoOut1, ServoOut2);
  input           clk;
  input [2:0]     sw_in;
  output          ServoOut1, ServoOut2;
```

[VHDL 코드]

```
entity ServoMotor is
port(  clk          : in    std_logic;
       sw_in        : in    std_logic_vector(2 downto 0);
       ServoOut1    : out   std_logic;
       ServoOut2    : out   std_logic);
end ServoMotor;
```

500KHz 클럭 발생

3개의 모터 위치를 결정하는 펄스는 매 20msec마다 발생하며, 20msec마다 3가지 종류의 폭을 갖는 펄스를 발생시키기 위해서 500KHz의 클럭을 발생시킨다. 입력 클럭은 1MHz이므로 클럭의 상승에지에서 '0'과 '1'을 반복하면 2usec 주기를 갖는 500KHz의 클럭이 발생한다.

[Verilog 코드]

```
always @ (posedge clk) begin
  clk_500KHz <= ~ clk_500KHz;
end
```

[VHDL 코드]

```
process(clk)
begin
  if rising_edge(clk) then
      clk_500KHz <= not clk_500KHz;
  end if;
end process;
```

펄스 발생

서보모터의 회전각을 제어하기 위해 90도 위치(중립), 0도 위치 및 180도 위치로 회전하게 하는 펄스폭을 각각 1.5msec, 0.9msec 및 2.1msec로 설정했다.

[Verilog 코드]

```
integer cnt_20ms = 0;
integer cnt_1_5ms = 0;
integer cnt_0_9ms = 0;
integer cnt_2_1ms = 0;
always @ (posedge clk_500KHz) begin
  if (cnt_20ms < 10000) begin
      cnt_20ms <= cnt_20ms + 1;
      if (cnt_1_5ms < 750) begin
          cnt_1_5ms <= cnt_1_5ms + 1;
      end else begin
          cpulse <= 1'b0;
      end;

      if (cnt_0_9ms < 450) begin
          cnt_0_9ms <= cnt_0_9ms + 1;
      end else begin
          lpulse <= 1'b0;
      end;
```

```
        if (cnt_2_1ms < 1050) begin
            cnt_2_1ms <= cnt_2_1ms + 1;
        end else begin
            rpulse <= 1'b0;
        end;
    end else begin
        cnt_20ms <= 1'b0;
        cnt_1_5ms <= 1'b0;
        cnt_0_9ms <= 1'b0;
        cnt_2_1ms <= 1'b0;

        cpulse <= 1'b1;
        lpulse <= 1'b1;
        rpulse <= 1'b1;
    end;
end
```

[VHDL 코드]

```
process(clk_500KHz)
    variable cnt_20ms     : integer range 0 to 10000 := 0;
    variable cnt_1_5ms    : integer range 0 to 750 := 0;
    variable cnt_0_9ms    : integer range 0 to 450 := 0;
    variable cnt_2_1ms    : integer range 0 to 1050 := 0;
begin
    if rising_edge(clk_500KHz) then
        if cnt_20ms < 10000 then
            cnt_20ms := cnt_20ms + 1;
            if cnt_1_5ms < 750 then
                cnt_1_5ms := cnt_1_5ms + 1;
            else
                cpulse <= '0';
            end if;

            if cnt_0_9ms < 450 then
                cnt_0_9ms := cnt_0_9ms + 1;
            else
                lpulse <= '0';
            end if;

            if cnt_2_1ms < 1050 then
                cnt_2_1ms := cnt_2_1ms + 1;
            else
                rpulse <= '0';
            end if;
        else
```

```
            cnt_20ms := 0;
            cnt_1_5ms := 0;
            cnt_0_9ms := 0;
            cnt_2_1ms := 0;

            cpulse <= '1';
            lpulse <= '1';
            rpulse <= '1';
        end if;
    end if;
end process;
```

이 코드에서는 [그림 8-22]와 같이 3가지 다른 폭을 갖는 펄스 cpulse^Center Pulse^, rpulse^Right Pulse^ 및 lpulse^Left Pulse^를 선언한다.

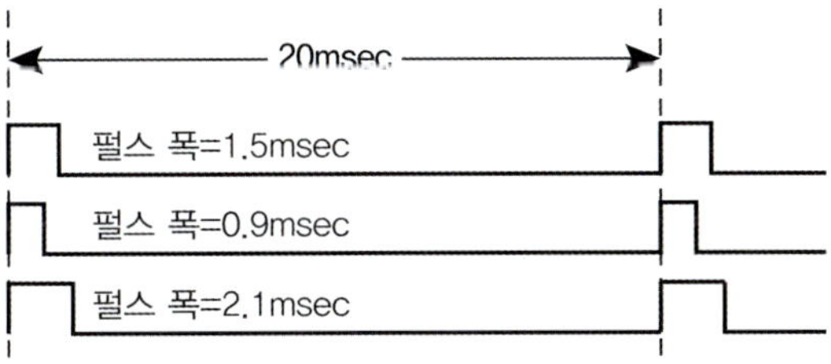

[그림 8-22] 3가지 다른 폭을 갖는 펄스 발생

500KHz의 클럭으로 20msec 시간을 측정하기 위해서는 10,000개의 클럭이 필요하다. 마찬가지로 1.5msec, 0.9msec, 2.1msec의 시간을 측정하기 위해서는 750개, 450개 그리고 1,050개의 클럭이 각각 필요하다. 따라서 이러한 값을 카운트하는 카운터를 선언한다.

서보는 매 20msec마다 펄스를 감지하기 때문에 20msec가 시작되는 위치에서 3개의 신호를 모두 '1'로 설정한 후, 해당하는 시간이 지나면 '0'으로 신호 레벨을 바꾼다. 펄스 신호 cpulse, rpulse, lpulse를 선언할 때 '1'로 초기화된다. 따라서 20msec 시작점에서 세 개의 펄스는 모두 '1'이며, 20msec 범위 내에서(if cnt_20ms < 10000) cnt_1_5ms가 750을 넘지 않으면 500KHz의 클럭에 동기하여 750을 카운트할 때까지 cpulse는 '1'을 유지한다. 그러나 750을 넘으면 1.5msec를 초과하므로 cpulse를 '0'으로 낮춘다. 따라서 1.5msec의 폭을 갖는 펄스가 발생된다.

폭이 0.9msec와 2.1msec를 갖는 2개의 펄스도 같은 방법으로 발생되며, 500KHz의 클럭에서 각각의 카운트 값은 450과 1,050이다. cnt_20ms 카운터가 10,000을 넘으면 20msec를 초과하는 시간이므로 모든 카운터를 초기화하고, 펄스의 논리 값을 '1'로 초기화하여 새로운 20msec를 시작한다.

펄스 신호 출력

sw_in은 서보모터의 위치를 정하는 3비트 입력이며, 각각 cpulse, lpulse 및 rpluse를 ServoOut으로 출력한다.

[Verilog 코드]

```
always @ (posedge clk) begin
  mode <= sw_in;
  case (mode)
      3'b100 : Servo <= cpulse;
      3'b010 : Servo <= lpulse;
      3'b001 : Servo <= rpulse;
      default;
  endcase;
end
assign ServoOut1 = Servo;
assign ServoOut2 = Servo;
```

[VHDL 코드]

```
process(mode, sw_in)
begin
  if rising_edge(clk) then
      mode <= sw_in;
      case mode is
          when "100" =>
              ServoOut1 <= cpulse;
              ServoOut2 <= cpulse;
          when "010" =>
              ServoOut1 <= lpulse;
              ServoOut2 <= lpulse;
          when "001" =>
              ServoOut1 <= rpulse;
              ServoOut2 <= rpulse;
          when others => NULL;
      end case;
  end if;
end process;
```

입력 sw_in은 3개의 택트 스위치를 할당하면 누르는 스위치에 따라서 서보모터의 위치로 회전하는 것을 확인할 수 있다.

APPENDIX

부록

CONTENTS

APPENDIX A Verilog의 데이터 타입과 연산자

A1. 데이터 타입

Verilog에서 데이터 타입은 크게 nets와 registers로 구분된다. net 데이터 타입은 게이트와 같은 객체 간의 물리적인 연결을 나타내며, 값은 저장하지 못한다. 대신에 게이트 또는 연속 할당[Continuous]과 같은 드라이버로 구동되어야 한다. 만약 구동되지 않으면 값은 High Impedance 상태를 유지한다. 레지스터는 데이터 저장 요소를 추상화한 것이다. register 데이터 타입의 키워드는 reg이며, 다른 값이 할당될 때까지 그 값을 저장한다. net 데이터 타입에는 wire, tri, wor, trior, wand, triand, tri0, tri1, supply0, supply1, trireg가 있고 register 데이터 타입에는 reg, integer, time, real이 있다.

Verilog 논리 값

Verilog의 거의 모든 값은 다음과 같은 기본적인 4가지 값으로 구성되어 있다.

- 0 : 논리(logic) '0' 또는 거짓(false) 조건
- 1 : 논리(logic) '1' 또는 참(true) 조건
- x : 알 수 없는 논리 값
- z : High Impedance 상태

wire

wire는 회로에서 물리적인 연결을 나타내며, 게이트 또는 모듈들을 연결하는 데 사용된다. wire 값은 function 또는 block에서 읽힐 수 있지만 할당은 받지 못한다. 그리고 wire는 값을 저장하지 못하며, 연속 할당문에 의해 구동되거나 게이트 또는 모듈의 출력에 연결해 구동되어야 한다. wire의 다른 형태로 다음과 같은 타입이 있다.

- wand[wired-AND]: wand 값은 wand에 연결된 모든 드라이버 값의 논리 AND이다.
- wor[wired-OR]: wor 값은 wor에 연결된 모든 드라이버 값의 논리 OR이다.
- tri[three-state]: tri에 연결된 모든 드라이버는 하나의 값을 제외하고 모두 'z'가 되어야 한다. 'z'가 아닌 하나의 값이 tri 값을 결정한다.

Syntax	Example

`wire [msb:lsb] wire_variable_list;`
`wand [msb:lsb] wand_variable_list;`
`wor [msb:lsb] wor_variable_list;`
`tri [msb:lsb] tri_variable_list;`
	`wire c            // wire`
	`wand d;`
	`assign d = a;     // d 값은 a와 b의`
	`assign d = b;     // 논리 AND`
	`wire [9:0] A;     // wire 10개의 vector`

reg

reg는 프로시저 할당문에서 다른 값을 할당받기 전에 값을 저장하는 데이터 객체다. reg는 funciton과 절차 블록에서만 사용된다. reg는 Verilog 변수 타입이며 물리적인 레지스터를 의미하지는 않는다.

Syntax	Example

`reg [msb:lsb] reg_variable_list;t;`	`reg    [7:0] k;     // 하나의 8비트 벡터 레지스터`
	`reg    [5:0] b, c;  // 1개의 6비트 벡터 레지스터`
	`reg a;              // 1비트 레지스터 변수`

input, output, inout

이 키워드는 module 또는 task의 입력, 출력, 양방향 포트를 선언한다. input 양방향 포트는 wire 타입이며, output 포트는 wire, reg, wand, wor 또는 tri 타입으로 선언될 수 있지만 기본 타입은 wire이다.

Syntax	Example

`input [msb:lsb] input_port_list;`
`output [msb:lsb] output_port_list;`
`inout [msb:lsb] inout_port_list;`
	`module    sample(b, e, c, a);`
	`input a;          // wire 타입 input`
	`output b, e;      // wire 타입의 두 output`
	`output [1:0] c;   // 두 비트 output`
	`reg [1:0] c;      // c 포트가 reg로 선언됨`

integer

integer는 범용 변수General Purpose Variable이다. 이 변수는 주로 반복문의 인덱스Index, 파라미터Parameter 또는 상수로 사용된다. integer 변수는 부호화된 수Signed Number를 저장하지만, reg 타입으로 선언하면 부호가 없는 수로 저장한다. 컴파일할 때 수를 저장한다면, 기본적으로 32비트로 정해진다. 만일 상수라면 합성기Synthesizer가 컴파일할 때 최소 비트를 할당한다.

Syntax	Example
`integer integer_variable_list;`	`integer    a;      // 32 비트 integer` `assign    b=63;    // 63, 7비트 변수`

supply0, supply1

supply0, supply1은 각각 논리 '0'(ground)과 논리 '1'(power)에 연결된 wire를 정의한다.

Syntax	Example
supply0 logic_0_wires; supply1 logic_1_wires;	supply0 my_gnd; // '0'을 할당받은 wire supply1 a, b;

time

time은 64비트 크기이며 $time 시스템 task와 함께 시뮬레이션 시간 저장에 사용된다. time은 합성에서 지원하지 않으며, 시뮬레이션 목적으로만 사용된다.

Syntax	Example
time time_variable_list;	time a; a=$time; // 현재 시뮬레이션 시간

parameter

parameter는 module을 인스턴스 생성할 때 설정 가능한 상수를 정의한다. 이 방법은 module을 인스턴스 생성할 때 변수 값을 자동으로 할당할 수 있게 한다.

Syntax

```
parameter par_1=value;
parameter par_2=value;
parameter[range] par_3=value
```

Example

```
parameter     add=2'b00, sub=3'b111;
parameter     n=4;
parameter     [3:0] param2=4'b1010;
. . .
reg [n-1:0] hurry;
// 4비트 reg, 비트 길이는 parameter n에 의해 결정됨
always@(x)
      y={{add-sub{x}}; // 복제 연산자
      if(x) begin
         state=param2[1];else state=para
m2[2];
  end
```

A2. 연산자

Verilog에서는 다양한 연산자를 지원하며, [표 A-1]은 연산자를 종류별로 정리한 것이다.

[표 A-1] Verilog 연산자

<table>
<tr><th>연산자 종류</th><th>연산자</th><th>설명</th></tr>
<tr><td rowspan="5">산술 연산자</td><td>+</td><td>addition(더하기)</td></tr>
<tr><td>-</td><td>subtraction(빼기)</td></tr>
<tr><td>*</td><td>multiplication(곱하기)</td></tr>
<tr><td>/</td><td>division(나누기)</td></tr>
<tr><td>%</td><td>modulus(나머지 연산)</td></tr>
<tr><td rowspan="6">관계 연산자</td><td><</td><td>less than(작다)</td></tr>
<tr><td><=</td><td>less than or equal to(작거나 같다)</td></tr>
<tr><td>></td><td>greater than(크다)</td></tr>
<tr><td>>=</td><td>greater than or equal to(크거나 같다)</td></tr>
<tr><td>==</td><td>equal to(같다)</td></tr>
<tr><td>!=</td><td>not equal to(같지 않다)</td></tr>
<tr><td rowspan="5">비트-단위 연산자</td><td>~</td><td>bitwise NOT(비트 단위 NOT)</td></tr>
<tr><td>&</td><td>bitwise AND(비트 단위 AND)</td></tr>
<tr><td>|</td><td>bitwise OR(비트 단위 OR)</td></tr>
<tr><td>^</td><td>bitwise XOR(비트 단위 XOR)</td></tr>
<tr><td>~^ 또는 ^~</td><td>bitwise XNOR(비트 단위 XNOR)</td></tr>
<tr><td rowspan="3">논리 연산자</td><td>!</td><td>logical NOT(논리 NOT)</td></tr>
<tr><td>&&</td><td>logical AND(논리 AND)</td></tr>
<tr><td>||</td><td>logical OR(논리 OR)</td></tr>
<tr><td rowspan="6">축소 연산자</td><td>&</td><td>reduction AND(축소 AND)</td></tr>
<tr><td>|</td><td>reduction OR(축소 OR)</td></tr>
<tr><td>~&</td><td>reduction NAND(축소 NAND)</td></tr>
<tr><td>~|</td><td>reduction NOR(축소 NOR)</td></tr>
<tr><td>^</td><td>reduction XOR(축소 XOR)</td></tr>
<tr><td>~^ 또는 ^~</td><td>reduction XNOR(축소 XNOR)</td></tr>
<tr><td rowspan="2">시프트 연산자</td><td><<</td><td>shift left(왼쪽 시프트)</td></tr>
<tr><td>>></td><td>shift right(오른쪽 시프트)</td></tr>
<tr><td>연결 연산자</td><td>{ }</td><td>논리 값을 하나로 연결</td></tr>
<tr><td>복제 연산자</td><td>{n{item}}</td><td>item을 n번 복제</td></tr>
<tr><td>조건 연산자</td><td>(cond) ? (A if cond==T) :
(B if cond==F)</td><td>조건이 T면 A를 실행, F면 B를 실행</td></tr>
</table>

산술 연산자

산술 연산자Arithmetic Operators는 산술 연산을 실행한다. '+'와 '–' 연산자는 단항 연산자Unary Operator(–z) 또는 2진 연산자Binary Operator(x–y)로도 사용된다.

Syntax	Example

• + : 덧셈(addition)
• - : 뺄셈(subtraction)
• * : 곱셈(multiplication)
• / : 나눗셈(division)
• % : 나머지 연산(modulus)
	Parameter n=4;
	Reg [3:0] a, c, f, g, count
	f = a + c;
	g = c - n;
	count = (count + 1)%16; // 1 ~ 15까지 카운트

관계 연산자

관계 연산자Relational Operators는 2개의 피연산자를 비교해서 '1' 또는 '0' 중 하나의 비트를 리턴한다. 이 연산자들은 비교기로 합성된다. wire와 reg 변수들은 양의 값을 가지므로 (–3'b001)은 3'b111과 같으며, 따라서 (–3'b001)>3'b110이 된다. 그러나 integer는 음의 값을 가질 수 있으므로 –1<6의 관계가 성립한다.

Syntax	Example

• < : less than
• <= : less than or equal to
• > : greater than
• >= : greater than or equal to
• == : equal to
• != : not equal to
	if(x==y)
	  e=1;
	else
	  e=0;

비트 단위 연산자

비트 단위 연산자Bitwise Operators는 2개의 피연산자를 비트 단위로 비교한다.

Syntax	Example

• ~ : bitwise NOT
• & : bitwise AND
• | : bitwise OR
• ^ : bitwise NOR
• ~^ or ^~ : bitwise XNOR
	module and2(a, b, c)
	  input [1:0] a, b;
	  output [1:0] c;
	  assign c = a & b;
	endmodule

논리 연산자

논리 연산자Logical Operators는 하나의 비트 '1' 또는 '0'을 리턴한다. 이 연산자는 피연산자가 한 비트인 것을 제외하고 비트 단위 연산자와 동일하다. 이 연산자는 표현Expression, 정수Integer, 비트의 그룹과 '0'이 아닌 것을 '1'로 취급하는 모든 값에 대해 적용할 수 있다. 논리 연산자는 표현과 함께 사용할 수 있으므로 조건문(if … else)에서 주로 사용한다.

Syntax

- ! : logical NOT
- && : logical AND
- || : logical OR

Example

```
wire [7:0] x, y, z;
  reg a;
  …
  if ((x==y) && (z)) a =1 ;
        // x와 y가 같고, z가 0이 아니면
else a = !x;
```

축소 연산자

축소 연산자Reduction Operators는 벡터 피연산자의 모든 비트에 적용하며 하나의 비트를 리턴한다. 이 연산자는 비트 연산자의 단항 형태이다.

Syntax

- & : reduction AND
- | : reduction OR
- ~& : reduction NAND
- ~| : reduction NOR
- ^ : reduction XOR
- ~^ or ^~ : reduction XNOR

Example

```
wire [7:0] x, y, z;
  reg a;
  …
  if ((x==y) && (z)) a =1 ;
        // x와 y가 같고, z가 0이 아니면
else a = !x;
```

시프트 연산자

시프트 연산자Shift Operators는 첫 번째 피연산자를 두 번째 피연산자에 정해진 비트 수만큼 이동시킨다. 좌측 또는 우측으로 이동해서 발생하는 빈자리는 '0'으로 채워지며, 부호 확장Sign Extension은 없다.

Syntax

- << : shift left
- >> : shift right

Example

```
assign c = a << 2;    // 왼쪽으로 두 비트 이동
```

연결 연산자

연결 연산자Concatenation Operators는 둘 또는 그 이상의 피연산자를 합쳐서 크기가 더 큰 벡터를 형성한다.

Syntax

- { } : concatenation

Example

```
wire [1:0] a, b;
wire [2:0] x;
wire [3:0] y,Z;
    assign x={1'b0,a};
    //x[2]=0, x[1]=a[1], x[0]=a[0]
    assign y={a,b};
    // y[3]=a[1], y[2]=a[0], y[1]=a[0], y[1]=b[1]
    assign {cout, y} = x+Z;
    // concatenation of a result
```

복제 연산자

복제 연산자Replication Operators는 하나의 아이템을 복사하는 동작을 한다.

Syntax

- {n{item}} : item을 n번 복제

Example

```
wire [1:0] a, b;
wire [4:0] x;
   assign x={2{1'b0},a};   // x={0, 0, a}와 동일
   assign y={2{a}, 3{b}}; // y={a, a, b, b}와 동일
```

조건 연산자

조건 연산자Conditional Operator는 C/C++와 같이 동작한다. 이 연산자는 조건에 따라서 둘 중 하나의 표현을 실행한다.

Syntax

```
(cond) ? (result if cond true);
             (result if cond false)
```

Example

```
assign a = (g) ? x:y;
assign a = (inc ==2) ? a+1: a-1;
// if (inc), c=a+1, else a=a-1
```

연산자의 우선순위

[표 A-2]는 Verilog 연산자의 우선순위에 따라 나타낸 것이다.

[표 A-2] Verilog 연산자의 우선순위

<table>
<tr><th>연산자</th><th>설명</th></tr>
<tr><td>[ ]</td><td>비트 선택 또는 부분 선택</td></tr>
<tr><td>( )</td><td>괄호</td></tr>
<tr><td>!, ~</td><td>논리 NOT과 비트 단위 NOT</td></tr>
<tr><td>&, |, ~&, ~|, ^, ~^, ^~</td><td>축소 연산자 AND, OR, NAND, NOR, XOR, XNOR</td></tr>
<tr><td>+, -</td><td>단항 연산자</td></tr>
<tr><td>{ }</td><td>연결 연산자</td></tr>
<tr><td>{{ }}</td><td>복제 연산자</td></tr>
<tr><td>*, /, %</td><td>곱셈, 나눗셈, 나머지 연산</td></tr>
<tr><td>+, -</td><td>2진 덧셈, 뺄셈</td></tr>
<tr><td><<, >></td><td>시프트 연산자</td></tr>
<tr><td><, <=, >, >=</td><td>비교 연산자</td></tr>
<tr><td>==, !=</td><td>관계 연산자</td></tr>
<tr><td>&</td><td>비트 단위 AND</td></tr>
<tr><td>^, ~^, ^~</td><td>비트 단위 XOR, XNOR</td></tr>
<tr><td>|</td><td>비트 단위 OR</td></tr>
<tr><td>&&,</td><td rowspan="2">논리 AND, 논리 OR</td></tr>
<tr><td>||</td></tr>
<tr><td>? :</td><td>조건 연산자</td></tr>
</table>

APPENDIX B

VHDL의 데이터 타입, 연산자, attributes

B1. 데이터 타입

signal, variable 및 constant와 같은 VHDL의 데이터 객체Data Object는 그 객체와 연관된 데이터 타입이 있다. 이 타입은 객체가 가질 수 있는 값과 객체에 대해 실행할 수 있는 연산의 집합을 정의한다. 일반적으로 VHDL에서는 각 객체가 일정한 타입을 가져야 하며, 하나의 데이터를 다른 종류의 데이터 타입을 가진 객체에 할당할 수 없다. VHDL에는 [그림 B-1]과 같이 scalar, composite, access, file의 4가지 데이터 타입이 있다.

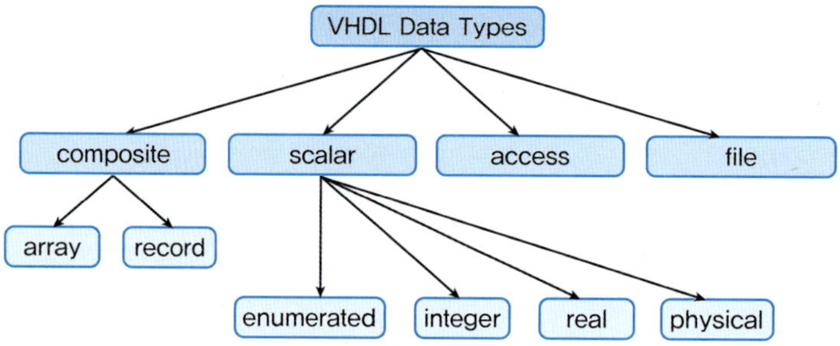

[그림 B-1] VHDL 데이터 타입

그러나 file 타입은 기본적인 파일 입출력을 위한 객체이고, access 타입은 C언어에서의 포인터와 비슷한 기능을 하며, 크기가 변하는 큐Queue, 스택Stack 구조 등에서 연결 리스트Linked List를 만들기 위해 사용한다. 여기서는 이 2가지 타입에 대한 설명을 생략한다. 또한 scalar 타입은 enumeration, integer, real 및 physical 타입으로 구분되며, composite 타입은 array 타입과 record 타입으로 구분된다.

표준 패키지에 선언된 데이터 타입

VHDL에는 이미 IEEE1076과 IEEE1164 내에 선언된 타입들이 있다. 이러한 데이터 타입은 [표 B-1]과 같은 패키지와 라이브러리에 정의되었다.

[표 B-1] 패키지/라이브러리에 정의된 데이터 타입들

패키지	라이브러리	데이터 타입
standard	std	bit, boolean, integer, real
std_logic_1164	ieee	std_logic, std_ulogic
std_logic_arith		signed, unsigned 데이터 타입과 데이터 변환함수 제공
std_logic_signed, std_logic_unsigned		std_logic_vector 타입에 signed 또는 unsigned 산술 연산함수 제공

[표 B-2]는 [표 B-1]에 나열된 데이터 타입과 사용 예를 나타낸 것이다.

[표 B-2] 패키지 내에 선언된 데이터 타입과 사용 예

타입	값의 범위	사용 예
bit	'0', '1'	signal x : bit : = 1;
bit_vector	비트형 구성 요소를 가진 배열(array)	signal y : bit_vector(4 downto 0);
boolena	FALSE, TRUE	variable test : Boolean := FALSE;
character	ASCII 문자 또는 문자열	
integer	32비트 정수($-(2^{31}-1) \sim +(2^{31}-1)$)	constant i : integer := 155;
natural	0을 포함한 양의 정수($0 \sim +(2^{31}-1)$)	variable j : natural := 10;
positive	양의 정수($1 \sim +(2^{31}-1)$)	variable k : positive := 20;
real	실수($-1.0x10^{38} \sim +1.0x10^{38}$), 합성 불가능	variable l : real := +64.2E12;
signed	부호가 있는 수치 값	signal val1 : unsigned(7 downto 0);
unsigned	0 또는 양의 수치 값	signal val2 : signed(7 downto 0);
physical	물리적인 양을 나타냄, 합성 불가능	
string	문자형 구성 요소를 가진 배열(array)	variable CH : string(1 to 3) := "$&#";

사용자 정의 데이터 타입

사용자는 새로운 데이터 타입의 이름과 값의 범위를 선언함으로써 새로운 데이터 타입을 정의할 수 있다. 사용자 정의 데이터 타입의 선언 형식은 다음과 같다.

```
type <identifier> is <type_definition>;
```

다음은 몇 가지 타입을 정의한 예이다.

integer 타입

integer 타입은 32비트의 정수를 나타내며, 다음은 integer 타입 중 사용자 정의 데이터 타입의 예이다.

```
type mid_int is range 0 to 4095;
type word_length is range 1023 downto 0;
subtype sub_word is word_length range 511 down to 0;
```

subtype은 이미 정의된 타입의 부집합이다. 앞의 integer 타입의 마지막 예는 subtype의 사용 예를 나타낸 것이다. 이 예에서는 sub_word라는 타입을 정의하며, 이것은 word_length의 subtype이고 범위는 511에서 0까지이다. 또 다른 예로 라이브러리 패키지에 정의된 integer 타입을 subtype으로 나타내면 다음과 같다.

```
subtype sub_integer is integer range -2048 to + 2047;
```

real 타입

real 타입은 실수를 나타내며, 다음은 real 타입 중 사용자 정의 데이터 타입의 예이다.

```
type cmos_range is range 0.0 to 3.3;
type pmos_range is range -5.0 to 0.0;
type probability_range is range 0.0 to 1.0;
subtype cmos_low_range is cmos_range range 0.0 to +1.8;
```

enumerated 타입

enumerated 타입은 문자열 또는 식별자로 구성된다. 이 타입은 추상화 레벨에서 모델링할 때 편리하다. enumerated 타입의 형식은 다음과 같다.

```
type <type_name> is <identifier list or character literal>;
```

다음은 enumerated 타입의 몇 가지 예이다.

```
type three_values is ('0', '1', 'Z');
type operations is (load, store, add, sub, div, mult, shiftl, shiftr);
type hex_value  is ('0', '1', '2', '3', '4', '5', '6', '7', 8', '9', 'A', 'B', 'C',
  'D', 'E', 'F');
type state_type is (S0, S1, S2, S3);
```

std_ulogic 타입은 std_logic_1164 패키지에 정의된 enumerated 타입으로, 다음과 같이 정의된다.

```
type STD_ULOGIC is (
• 'U',     -- uninitialized
• 'X',     -- forcing unknown, 값의 충돌과 같은 에러 상태 표시
• '0',     -- forcing 0, 디지털 논리 '0'
• '1',     -- forcing 1, 디지털 논리 '1'
• 'Z',     -- high impedance
• 'W',     -- weak unknown
• 'L',     -- weak 0, pull-down된 디지털 논리 '0'
• 'H',     -- weak 1, pull-up된 디지털 논리 '1'
• '-');    -- don't care
```

array 타입

array 타입의 선언은 다음과 같은 형식을 갖는다.

```
type <array_name> is array <indexing scheme> of <element_type>;
```

다음은 array 타입의 몇 가지 예이다.

```
type memory_ type is array (15 downto 0) of std_logic;
type data_type is array(31 downto 0) of std_logic;
type is array_integer (0 to 7) of integer;
```

첫 번째 예는 std_logic을 구성 요소로 가진 1차원 배열을 15에서 0까지 정의했고, 두 번째 예는 8개의 정수형 데이터를 가진 배열을 정의했다.

위에서 정의된 array 타입을 이용하면 다음과 같은 신호들을 선언할 수 있다.

```
signal memory_address    : memory_type;
signal data_word         : data_type :=  B"1101100101010110";
constant value           : array_integer := (5, 3, 6, 8, 10, 6, 10, 16);
```

다차원Multidimensional array 타입은 1차원과 비슷한 형식으로 선언된다.

```
type matrix2by2 is array (1 to 3, 1 to 2) of natural;
type matrix4by2 is array (1 to 4, 1 to 2) of integer;
```

정의된 다차원 array 타입을 이용하면 다음과 같이 변수를 선언할 수 있다.

```
variable data_array: matrix2by2 := ((5,8), (2,10), (4,16), (15,71));
```

변수 data_array는 다음과 같은 값으로 초기화되고 data_array(3, 1)은 4를 리턴한다.

```
5     8
2     10
4     16
15    71
```

이따금 array 타입으로 선언되면 배열의 차원을 지정하지 않는 것이 편리하다. 이것을 제약 없는 Unconstrained array 타입이라고 한다. 이러한 array 타입의 형식은 다음과 같다.

```
type <array_name> is array (<type range <>>) of <element_type>;
```

몇 가지 예는 다음과 같다.

```
type matrix is array (integer range <>) of integer;
type int_vector1 is array (natural range <>) of integer;
type vector2 is array (natural range <>, natural range <>) of std_logic;
```

범위는 다음과 같이 배열의 객체를 선언할 때 정해진다.

```
variable matrix10 : matrix(2 downto -8) := (3, 15, 10, 3, 7, 19, 2, 1, 20, 18);
variable array3by2 : vector2 (1 to 4, 1 to 3)) := (('1','0'), ('0','-'), (1, 'Z'));
```

record 타입

record 타입은 다른 타입의 요소로 구성되며 형식은 다음과 같다.

```
type <name> is
  record
      <identifier :subtype_indication>;
          ...
          ...
      <identifier :subtype_indication>;
  end record;
```

record 타입의 예는 다음과 같다.

```
type record_module is
  record
      size : integer range 0 to 200;
      data : bit_vector(15 downto 0);
  end record;

 signal i, j : record_module;
```

record에 값을 할당하거나 읽을 때는 다음과 같은 방법을 사용한다.

```
i.size <= 500;
i.data <= "0111001110001101";

j.size <= 120;
```

B2. 연산자

VHDL은 signal, variable과 constant에 적용하는 다른 종류의 연산자들을 지원한다. [표 B-3]은 VHDL에서 제공하는 연산자이다.

[표 B-3] VHDL 연산자

분류	연산자
할당 연산자	<=, :=, =>
논리 연산자	and, or, nand, nor, xor, xnor, not
관계 연산자	=, /=, <=, >, >=
시프트 연산자	sll, srl, sla, sra, rol, ror
덧셈 연산자	+, −, &
단항 연산자	+, −
곱셈 연산자	*, /, mod, rem
기타 연산자	**, abs, not

연산의 우선순위는 가장 아래에 있는 연산자가 가장 높으며 위쪽으로 갈수록 낮아진다. 그리고 같은 우선순위를 가질 경우 왼쪽의 것이 우선 적용되고, 그 다음 오른쪽에 나열된 순서대로 적용된다.

할당 연산자

할당 연산자Assignment Operator는 signal, variable, constant에 값을 할당할 때 사용된다. "<="는 signal에 값을 할당할 때 사용되며, ":="는 variable, constant, generic에 할당할 때 사용된다. 또한 ":="는 초깃값을 정할 때 사용된다. 연산자 "=>"는 벡터의 개별 요소에 할당할 때 사용하거나, others와 함께 사용된다. 다음은 "=>" 연산자의 사용 예를 나타낸 것이다.

```
w <= (0 =>'1', OTHERS =>'0');   -- LSB is '1', the others are '0'
```

논리 연산자

논리 연산자Logical Operator는 "bit", "Boolean", "std_logic", "std_ulogic" 타입과 그 벡터에 대해 정의한다. 논리 연산자는 부울 표현식을 나타내기 위해 사용되거나 비트열Bit Array에서 비트끼리의 연산을 위해 사용된다. 연산 결과는 피연산자와 같은 타입(bit 또는 boolean)을 갖는다. 이 연산자는 signal, variable, constant에 적용될 수 있다.

관계 연산자

관계 연산자Relational Operator는 2개의 scalar 타입 값의 상대적인 값을 테스트하여 “TRUE” 또는 “FALSE”를 되돌려 준다. [표 B-4]는 VHDL에서 제공하는 관계 연산자이다.

[표 B-4] VHDL 관계 연산자

연산자	연산	피연산자	연산 결과
=	같다	모든 타입	boolean
/=	같지 않다	모든 타입	boolean
<	작다	scalar 또는 discrete array 타입	boolean
<=	작거나 같다	scalar 또는 discrete array 타입	boolean
>	크다	scalar 또는 discrete array 타입	boolean
>=	크거나 같다	scalar 또는 discrete array 타입	boolean

시프트 연산자

시프트 연산자Shift Operator는 1차원 배열의 구성 요소에 대해 비트 단위의 시프트 또는 회전Rotate 연산을 실행한다. [표 B-5]는 VHDL에서 제공하는 시프트 연산자이다.

[표 B-5] VHDL 시프트 연산자

연산자	연산	피연산자	연산 결과
sll	논리 시프트 레프트(Shift Left Logical), 오른쪽 비트는 ‘0’으로 채워짐	• 왼쪽 : 요소가 bit 또는 boolean인 1차원 배열 • 오른쪽 : integer	왼쪽 피연산자
srl	논리 시프트 라이트(Shift Right Logical), 왼쪽 비트는 ‘0’으로 채워짐		왼쪽 피연산자
sla	산술 시프트 레프트(Shift Left Arithmetic), 오른쪽 비트는 오른쪽 끝의 비트로 채워짐		왼쪽 피연산자
sra	산술 시프트 라이트(Shift Right Arithmetic), 왼쪽 비트는 왼쪽 끝의 비트로 채워짐		왼쪽 피연산자
rol	왼쪽 회전(Rotate Left)		왼쪽 피연산자
ror	오른쪽 회전(Rotate Right)		왼쪽 피연산자

다음은 비트 벡터 A = “101001”에 대한 시프트 연산 결과를 나타낸 것이다.

```
variable A: bit_vector :="101001";
A sll 2  →  "100100"
A srl 2  →  "001010"
A sla 2  →  "100111"
A sra 2  →  "111010"
A rol 2  →  "100110"
A ror 2  →  "011010"
```

덧셈 연산자

덧셈 연산자Addition Operators는 모든 수치 데이터를 산술 연산(덧셈, 뺄셈)하는 데 사용된다. 연결 연산자 &는 2개의 벡터를 연결하기 위해 사용된다. 이 연산자들을 사용하려면 ieee.std_logic_1164 패키지 외에 ieee.std_logic_unsigned.all 또는 std_logic_arith 패키지가 지정되어야 한다. [표 B-6]은 VHDL에서 제공하는 덧셈 연산자이다.

[표 B-6] VHDL 덧셈 연산자

연산자	연산	왼쪽 피연산자	오른쪽 피연산자	연산 결과
+	덧셈	수치 타입	왼쪽 연산자와 동일	동일
-	뺄셈	수치 타입	왼쪽 연산자와 동일	동일
&	연결	array 또는 element 타입	왼쪽 연산자와 동일	동일한 array

연결 연산자를 사용하는 예는 여러 signal을 그룹으로 연결해서 하나의 버스를 만드는 것이다.

```
signal mybus         :std_logic_vector (15 downto 0);
signal status        :std_logic_vector (2 downto 0);
signal rw, cs1, cs2 :std_logic;
signal mdata         :std_logic_vector ( 0 to 9);
```

위의 예에서 status, rw, cs1, cs2 및 mdata의 각 비트들을 연결해 16비트 mybus를 생성한다.

```
mybus <= status & rw & cs1 & cs2 & mdata;
```

단항 연산자

단항 연산자Unary Operator인 "+"와 "-"는 수치 데이터 타입의 부호를 나타낸다. [표 B-7]은 VHDL에서 제공하는 단항 연산자이다.

[표 B-7] VHDL 단항 연산자

연산자	연산	피연산자	연산 결과
+	양의 부호	모든 수치 데이터 타입	피연산자와 동일
-	음의 부호	모든 수치 데이터 타입	피연산자와 동일

곱셈 연산자

곱셈 연산자Multiplying Operators는 integer 또는 real 타입의 피연산자에 대해 수학적 연산을 실행한다. [표 B-8]은 VHDL에서 제공하는 곱셈 연산자이다.

[표 B-8] VHDL 곱셈 연산자

연산자	연산	왼쪽 피연산자	오른쪽 피연산자	연산 결과
*	곱셈	모든 integer 또는 real	왼쪽과 동일	동일한 타입
		모든 physical 타입	integer 또는 real	왼쪽과 동일
		모든 integer 또는 real	모든 physical 타입	오른쪽과 동일
/	나눗셈	모든 integer 또는 real	모든 integer 또는 real	동일한 타입
		모든 physical 타입	모든 integer 또는 real	왼쪽과 동일
		모든 physical 타입	왼쪽과 동일	integer
mod	모듈로 연산	모든 integer 타입		동일한 타입
rem	나머지 연산	모든 integer 타입		동일한 타입

나머지 연산자 rem의 연산 결과는 첫 번째 피연산자와 동일한 부호를 갖지만, 모듈로mod 연산 결과는 두 번째 피연산의 부호를 갖는다. 다음은 이 연산자들을 적용한 결과이다.

```
11 rem 4        →  3
(-11) rem 4     →  -3
9 mod 4         →  1
7 mod (-4)      →  -1 (7 - 4*2 = -1).
```

기타 연산자

기타 연산자Miscellaneous Operators로는 수치 데이터에 적용되는 절댓값Absolute Value 연산자와 지수Exponential 연산자가 있다. [표 B-9]는 VHDL에서 제공하는 기타 연산자들이다.

[표 B-9] VHDL 기타 연산자

연산자	연산	왼쪽 피연산자	오른쪽 피연산자	연산 결과
**	지수 연산	integer 타입	integer 타입	왼쪽과 동일
		real	integer 타입	왼쪽과 동일
abs	절댓값	모든 수치 타입		동일한 타입

B3. attributes

이미 정의된 attribute는 signal name, variable name 또는 type과 같은 prefix에 적용된다. attributes는 signal, variable 및 type에 관한 다양한 형태의 정보를 리턴하며, attribute의 이름과 그 다음에 따라오는 인용부호(')로 구성된다.

data attributes

data attribute는 VHDL 데이터 타입에 관한 정보를 리턴한다. [표 B-10]은 이미 정의된 data attribute이다.

[표 B-10] VHDL data attributes (계속)

attribute	설명	예
T'base	데이터 타입의 기본 타입 리턴	natural'base → integer
T'left	선언된 범위에서 왼쪽 값 리턴	integer'left → -2147483648 bit'left → '0'
T'right	선언된 범위에서 오른쪽 값 리턴	integer'right → -2147483647 bit'right → '1'
T'high	선언된 범위에서 가장 큰 값 리턴	type bit8 is 255 downto 0 bit8'high → 255
T'low	선언된 범위에서 가장 작은 값 리턴	type bit8 is 255 downto 0 bit8'low → 255
T'pos(x)	타입 목록의 인자 위치 정보 리턴	type color is (red, green blue, orange); color'pos(green) → 1
T'val(x)	타입 목록에서 지정한 위치 번호의 값 리턴	type color is (red, green blue, orange); color'val(2) → blue
T'succ(x)	전달되는 값의 다음 값 리턴	type color is (red, green blue, orange); color'succ(green) → blue
T'pred(x)	전달되는 값의 이전 값 리턴	type color is (red, green blue, orange); color'succ(blue) → green
T'leftof(x)	전달되는 값의 왼쪽 값 리턴	type color is (red, green blue, orange); color'succ(green) → red
T'rightof(x)	전달되는 값의 오른쪽 값 리턴	type color is (red, green blue, orange); color'succ(blue) → orange

array attributes

[표 B-11]은 array 타입에 관한 정보를 리턴하는 attribute를 나타낸 것이다. N 파라미터는 다차원 배열인 경우 모든 attribute에 대해 attribute가 적용되는 범위를 지정하며, 1차원 배열에서는 무시될 수 있다. [표 B-11]에서 사용되는 예는 다음과 같은 array 선언에 적용된다.

```
type a_type is array(0 to 3, 7 downto 0) of bit;
```

[표 B-11] VHDL array attributes

attribute	설명	예
A'left(N)	선택된 인덱스 범위에서 배열 왼쪽 경계 리턴	a_type'left(1) → 0 a_type'left(2) → 7
A'right(N)	선택된 인덱스 범위에서 배열 오른쪽 경계 리턴	a_type'right(1) → 3 a_type'right(2) → 0
A'high(N)	선택된 인덱스 범위에서 배열의 가장 큰 쪽 경계 리턴	a_type'high(1) → 3 a_type'high(2) → 7
A'low(N)	선택된 인덱스 범위에서 배열의 가장 작은 쪽 경계 리턴	a_type'low(1) → 0 a_type'low(2) → 0
A'range(N)	선택된 인덱스 범위 리턴	a_type'range(1) → 0 to 3 a_type'range(2) → 7 downto 0
A'reverse_range(N)	선택된 인덱스 범위를 반대(Reverse)로 리턴	a_type'reverse_range(1) → 3 downto 0 a_type'reverse_range(2) → 0 to 7
A'length(N)	선택된 인덱스 범위의 크기 리턴	a_type'length(1) → 4 a_type'length(2) → 8

signal attributes

[표 B-12]는 signal에 관련된 정보를 리턴하거나 새로운 signal을 생성하는 attribute이다.

[표 B-12] VHDL signal attributes

attribute	설명	예
S'delayed(T)	T만큼 지연된 signal 생성	clock'delayd(10ns)
S'quiet(T)	signal S에 T 동안 transaction(assignment)이 없을 경우 "TRUE"를 리턴하고, 그렇지 않으면 "FALSE"를 리턴	reset'quiet(5ns)
S'stable(T)	signal S에 T 동안 이벤트가 없으면 "TRUE"를 리턴하고, 그렇지 않으면 "FALSE"를 리턴	clock'stable(1ns)
S'transaction(T)	signal S에 transaction이 발생할 때마다 토글(Toggle)하는 bit type의 signal 발생	load'transaction
S'event(T)	signal S에 이벤트가 발생할 때마다 "TRUE"를 리턴	clock'event
S'active(T)	signal S에 transaction이 발생할 때마다 "TRUE"를 리턴	load'active
S'last_event(T)	signal S에 마지막 이벤트가 발생한 후 경과한 시간	data'last_event
S'last_active(T)	signal S에 마지막 transaction이 발생한 후 경과한 시간	clock'last_active
S'last_value(T)	이전에 signal S에 할당된 값	data'last_value

APPENDIX C

DIGCOM 키트

C1. DIGCOM 키트란?

DIGCOM 키트에서는 AMD과 Intel FPGA 두 종류의 FPGA를 사용한다. AMD FPGA를 사용하는 키트는 DIGCOM-XA1.0과 DIGCOM-XA1.1 두 종류이며, Intel FPGA를 사용하는 키트는 DIGCOM-A1.2와 DIGCOM-AC1.3 두 종류이다. [표 C-1]에는 각각의 키트들의 차이점을 보여 준다.

[표 C-1] 제조사별 키트의 차이점

FPGA 제조사(Part)	키트	특징
AMD (XC7A15T-1FTG256I)	DIGCOM-XA1.0	외장 다운로드 케이블(Platform Cable)
	DIGCOM-XA1.1	다운로드 기능 내장, 확장 포트 실습
Intel (EP4CE6F17C8)	DIGCOM-A1.2	외장 다운로드 케이블(USB Blaster)
	DIGCOM-AC1.3	다운로드 기능 내장, 확장 포트 실습

모두 4종류의 키트로 실습할 수 있으며 FPGA와 다운로드 기능의 내/외장 차이만 있으며 구성은 모두 동일하다. DIGCOM 키트의 입출력 구성은 [표 C-2]와 같다.

[표 C-2] DIGCOM 키트의 입출력 구성

입출력	입출력 장치
입력	슬라이드 스위치 10개
	텍트 스위치 20개
출력	LED 15개
	2자리 FND 3개(6자리 출력)
확장 포트	40핀 확장 포트

DIGCOM 키트에서는 일반적으로 사용할 수 있는 입출력 장치로 3개의 두 자리 세그먼트 FND, 20개의 텍드 스위치, 10개의 슬라이드 스위치 및 15개의 LED가 있다.

C2. DIGCOM 키트의 구성

지금부터는 키트를 구성하는 장치를 알아볼 것이다. 앞에서 설명한 것과 같이 DIGCOM-XA1.0, DIGCOM-A1.2는 별도의 다운로드 케이블을 연결해야 하지만, DIGCOM-XA1.1, DIGCOM-AC1.3는 다운로드 기능이 내장되어 있다.

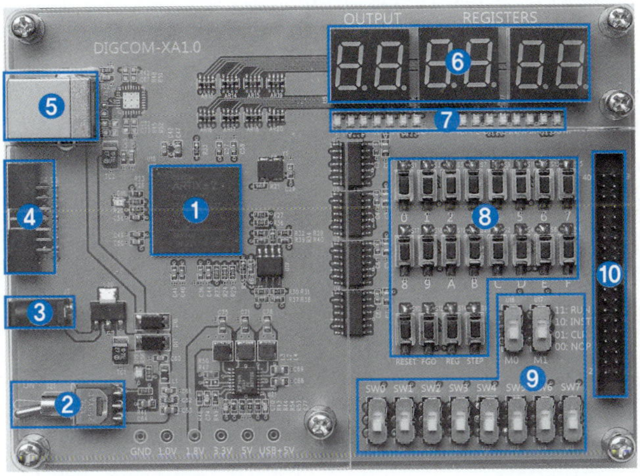

[그림 C-1] DIGCOM-XA1.0의 구성

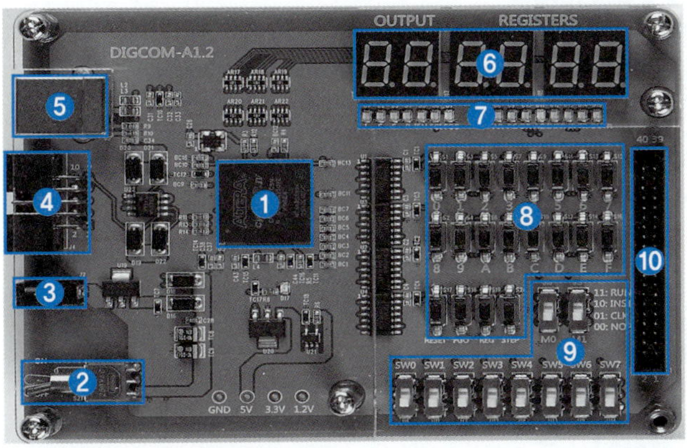

[그림 C-2] DIGCOM-A1.2의 구성

❶ 가장 핵심 부품인 FPGA이며, XC7A15T-1FTG256I(DIGCOM-XA1.0)와 EP4CE6F17C8 (DIGCOM-A1.2)이 각각 사용된다.

❷ 주 전원 스위치 : 전원 ON/OFF 스위치이다.

❸ 어댑터 전원 : 어댑터를 이용하여 전원을 공급하며 ❺의 USB 전원을 이용하거나 어댑터 전원을 이용할 수 있다.

❹ [DIGCOM-XA1.0] Configuration 포트 : Master SPI 모드로 configuration할 수 있으며, FPGA에 직접 configuration하거나, SPI 플래시 메모리에 configuration할 수 있다. 플랫폼 케이블이 연결된다.

[DIGCOM-A1.2] USB-Blaster 포트 : Active Serial 모드로 EPCS4 configuration 디바이스에 다운로드할 때 사용한다. Configuration 디바이스에 다운로드되므로 전원이 꺼져도 내용이 지워지지 않는다. USB Blaster가 연결된다.

❺ USB 전원 : USB를 이용하여 전원을 공급하며, ❸의 어댑터 전원을 이용하거나 USB 전원을 이용할 수 있다.

❻ 3개의 2자리 7-세그먼트 FND이며, 모두 6자리 숫자를 출력할 수 있다.

❼ 15개의 LED이며, 비트 값을 출력할 수 있다.

❽ 20개의 텍트 스위치이며, 16개는 0x0~0xF는 16진수 입력 스위치로 사용할 수 있고 나머지 4개는 reset, step 등 다른 용도로 사용할 수 있다.

❾ 10개의 슬라이드 스위치이며, 비트 값을 입력할 때 사용할 수 있다.

❿ 확장 포트 : DIGCOM 키트에 확장 케이블을 연결한 후 하드웨어를 추가해 실습할 수 있다.

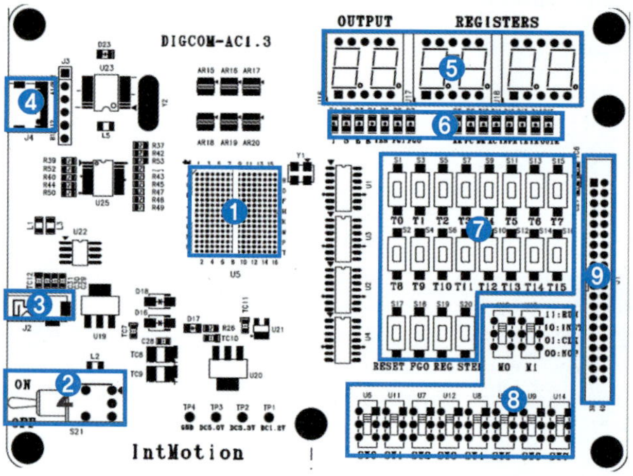

[그림 C-3] DIGCOM-XA1.1의 구성

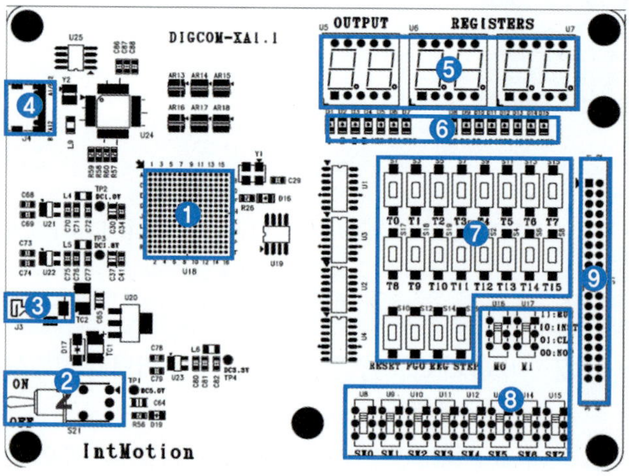

[그림 C-4] DIGCOM-AC1.3의 구성

❶ 가장 핵심 부품인 FPGA이며, XC7A15T-1FTG256I(DIGCOM-XA1.1)와 EP4CE6F17C8 (DIGCOM-AC1.3)이 각각 사용된다.

❷ 주 전원 스위치 : 전원 ON/OFF 스위치이다.

❸ 어댑터 전원 : 어댑터를 이용하여 전원을 공급하며 ❹의 USB 전원을 이용하거나 어댑터 전원을 이용할 수 있다.

❹ C-type USB 포트이며, 다운로드 기능이 내장되어 있어서 별도의 다운로드 케이블을 연결하지 않고 컴퓨터의 USB 포트와 직접 연결한다. USB 포트에서 5V의 전원도 공급받는다.

❺ 3개의 2자리 7-세그먼트 FND이며, 모두 6자리 숫자를 출력할 수 있다.

❻ 15개의 LED이며, 비트 값을 출력할 수 있다.

❼ 20개의 텍트 스위치이며, 16개는 0x0~0xF는 16진수 입력 스위치로 사용할 수 있고 나머지 4개는 reset, step 등 다른 용도로 사용할 수 있다.

❽ 10개의 슬라이드 스위치이며, 비트 값을 입력할 때 사용할 수 있다.

❾ 확장 포트 : DIGCOM 키트에 확장 케이블을 연결한 후 하드웨어를 추가해 실습할 수 있다.

C3. DIGCOM 키트의 설치

DIGCOM-XA1.0, DIGCOM-A1.2

전원 연결

전원은 ❹의 USB 전원 또는 ❸의 어댑터 전원을 이용할 수 있다. USB 포트를 사용할 수 있는 컴퓨터가 있다면 USB 전원을 사용할 수 있지만, 그렇지 않은 경우에는 어댑터 전원을 이용한다. 또는 키트에서 사용하는 전력이 높아지거나 확장 포트를 연결해서 USB 전원으로 부족한 경우에 어댑터 전원을 추가로 연결해서 사용할 수 있다.

Platform 다운로드 케이블 연결

[그림 C-5]와 같이 DIGCOM-XA1.0은 컴퓨터의 USB 포트와 ❹의 Configuration 포트를 자일링스 플랫폼 케이블Xilinx Platform Cable로 연결한다. 이때 configuration 데이터는 FPGA에 직접 configuration 되거나, SPI 플래시 메모리에 configuration된다.

DIGCOM-A1.2는 USB 포트와 ❹의 USB-Blaster 포트를 USB-Blaster 케이블로 연결한다. 이때 configuration 데이터는 EPCS4 configuration 디바이스에 저장되며, 전원이 꺼져도 내용이 지워지지 않는다.

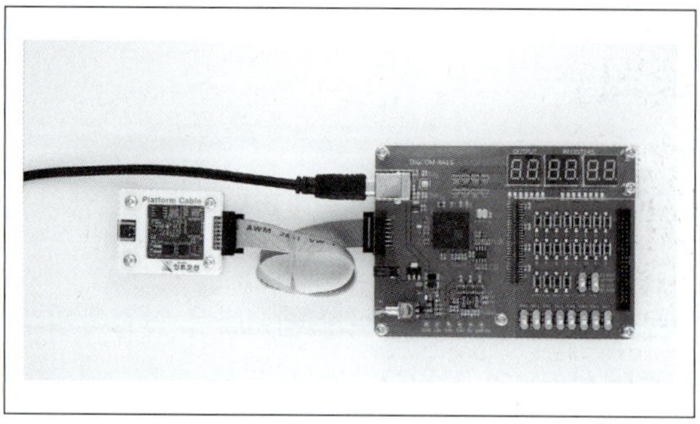

(a) DIGCOM-XA1.0

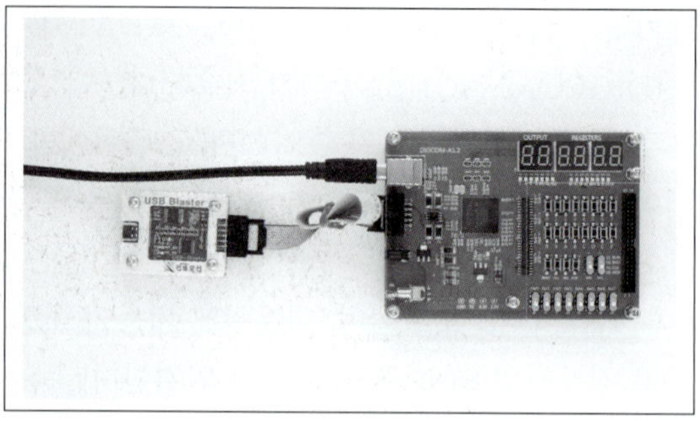

(b) DIGCOM-A1.2

[그림 C-5] DIGCOM-XA1.0, DIGCOM-XA1.1 키트 설치

DIGCOM-XA1.1, DIGCOM-AC1.3

C-type USB 케이블 연결(전원 및 다운로드)

전원은 ❹의 C-type USB 전원만 사용하거나 추가로 ❸의 어댑터 전원을 이용할 수 있다. USB 포트는 전원을 공급하기도 하지만 다운로드 기능이 내장되어 있어서 키트를 사용하기 위해서는 반드시 컴퓨터와 연결되어야 한다. 만일 키트에서 사용하는 전력이 높아지거나 확장 포트를 연결해서 USB 전원으로 부족한 경우에 어댑터 전원을 추가로 연결해서 사용할 수 있다. 다운로드 기능이 키트에 내장되어 있으므로 외장 platform 다운로드 케이블 없이도 다운로드할 수 있다.

(a) DIGCOM-XA1.1

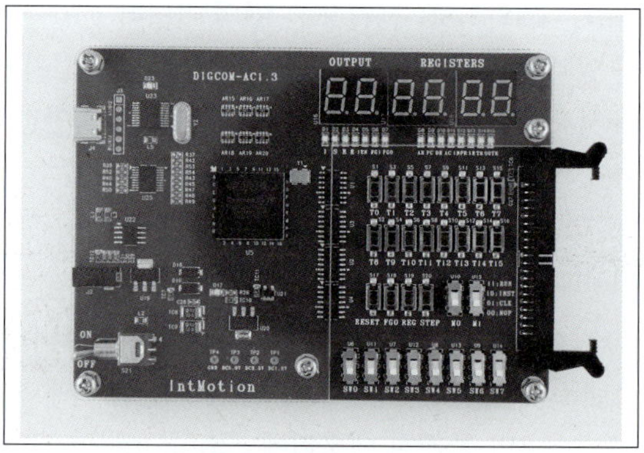

(b) DIGCOM-AC1.3

[그림 C-6] DIGCOM-XA1.1, DIGCOM-AC1.3 키트 설치

C4. DIGCOM 키트의 핀 할당

DIGCOM 키트에서 일반적으로 사용할 수 있는 입출력 장치는 3개의 두 자리 7-세그먼트 FND, 16개의 숫자표시 텍트 스위치(0x0~0xF), 4개의 텍트 스위치(RESET, FGO, REG, STEP), 8개의 슬라이드 스위치(SW0~SW7) 및 2개의 슬라이드 스위치(M0, M1), 15개의 LED(D1~D15)이다.

DIGCOM-XA1.0

[그림 C-7]은 DIGCOM-XA1.0에서 각 입출력 장치의 위치를 나타낸 것이다.

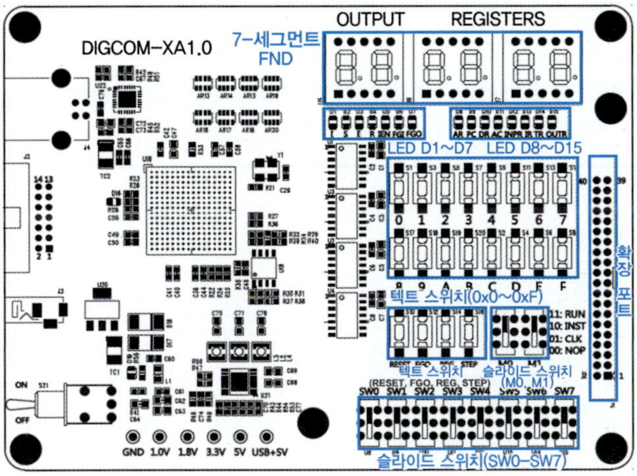

[그림 C-7] DIGCOM-XA1.0에서 사용하는 입출력 장치

각 입출력은 XC7A15T-1FTG256I FPGA에서 다음과 같이 핀이 할당되어 있다.

텍트 스위치(0x0~0xF) 핀 할당

0x0	0x1	0x2	0x3	0x4	0x5	0x6	0x7
B15	B16	C16	D14	C14	A15	H13	P15
0x8	**0x9**	**0xA**	**0xB**	**0xC**	**0xD**	**0xE**	**0xF**
N14	P13	T15	G12	R10	T10	N9	R8

텍트 스위치(RESET, FGO, REG, STEP) 핀 할당

RESET	FGO	REG	STEP
P4	P5	R5	P6

슬라이드 스위치(SW0~SW7) 핀 할당

SW0	SW1	SW2	SW3	SW4	SW5	SW6	SW7
J3	K2	K3	L2	M2	N3	N2	R2

슬라이드 스위치(M0, M1) 핀 할당

M0	M1
R3	P3

7-세그먼트(FND3~FND1) 핀 할당

FND3	FND3A	FND3B	FND3C	FND3D	FND3E	FND3F	FND3G	FND3DP	FND3Sel2	FND3Sel1
	D5	D11	B12	F15	D6	E6	D9	C11	C7	B7
FND2	FND2A	FND2B	FND2C	FND2D	FND2E	FND2F	FND2G	FND2DP	FND2Sel2	FND2Sel1
	D1	D4	C1	B1	B4	C3	C2	R2	H11	G11
FND1	FND1A	FND1B	FND1C	FND1D	FND1E	FND1F	FND1G	FND1DP	FND1Sel2	FND1Sel1
	D3	E2	E3	F2	C6	B6	B5	C4	G14	F13

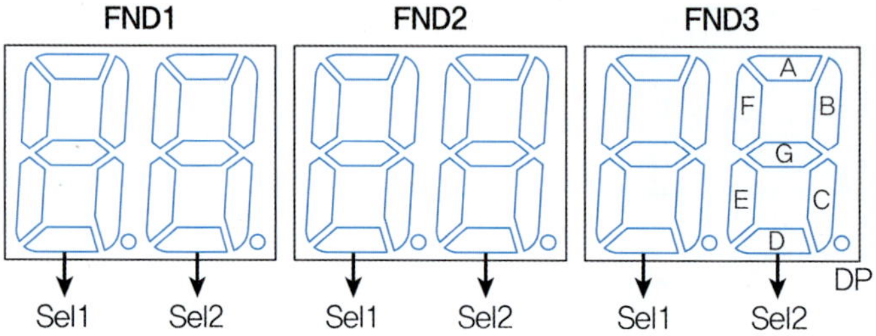

[그림 C-8] 2자리 7-세그먼트 FND 핀 배열

LED(D1~D7) 핀 할당

D1	D2	D3	D4	D5	D6	D7
C13	A12	C12	B11	B10	D10	B9

LED(D8~D15) 핀 할당

D8	D9	D10	D11	D12	D13	D14	D15
C9	D8	C8	A8	A13	D13	A14	B14

확장 포트(IO0~IO31) 핀 할당

IO0	IO1	IO2	IO3	IO4	IO5	IO6	IO7	IO8
R7	R6	N6	P8	P9	M6	P14	R15	H12
IO9	IO10	IO11	IO12	IO13	IO14	IO15	IO16	
M14	H14	H16	G15	F14	E13	E15	D15	

확장 핀 번호

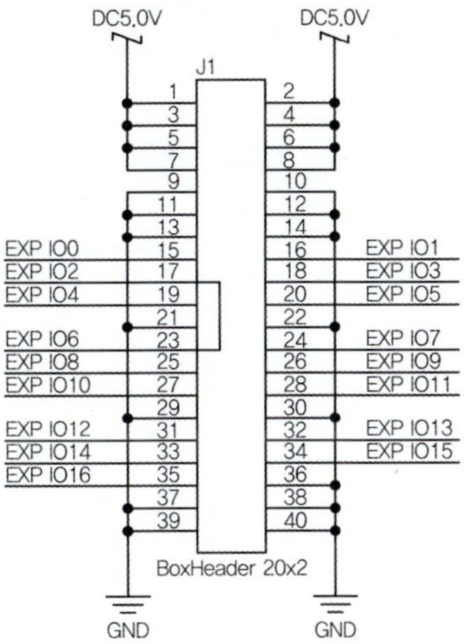

Oscillator : E12

OSC
E12

DIGCOM-A1.2

[그림 C-9]는 DIGCOM-A1.2에서 각 입출력 장치의 위치를 나타낸 것이다.

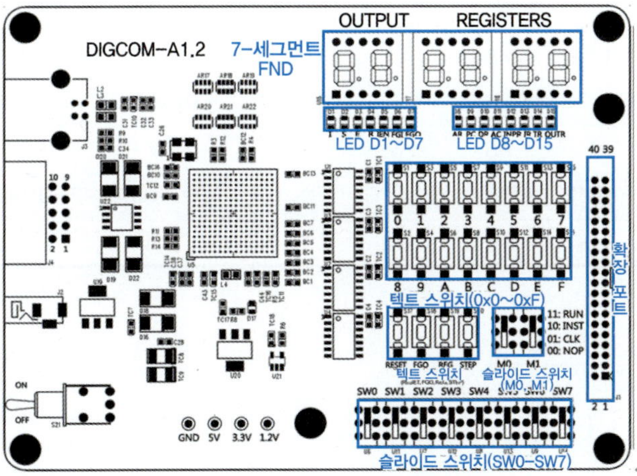

[그림 C-9] DIGCOM-A1.2에서 사용하는 입출력 장치

각 입출력은 EP4CE6F17C8 FPGA에서 다음과 같이 핀이 할당되어 있다.

텍트 스위치(0x0~0Xf) 핀 할당

0x0	0x1	0x2	0x3	0x4	0x5	0x6	0x7
N3	P3	R3	T3	T2	R4	T4	N5
0x8	0x9	0xA	0xB	0xC	0xD	0xE	0xF
N6	M6	P6	M7	K8	R5	T5	R6

텍트 스위치(RESET, FGO, REG, STEP) 핀 할당

RESET	FGO	REG	STEP
L8	P8	M8	N8

슬라이드 스위치(SW0~SW7) 핀 할당

SW0	SW1	SW2	SW3	SW4	SW5	SW6	SW7
R9	T9	K9	L9	M9	N9	R10	T10

슬라이드 스위치(M0, M1) 핀 할당

M0	M1
R12	T12

7-세그먼트(FND3~FND1) 핀 할당

FND3	FND3A	FND3B	FND3C	FND3D	FND3E	FND3F	FND3G	FND3DP	FND3Sel2	FND3Sel1
	A8	B8	C8	D8	E8	F8	A7	B7	F6	F7
FND2	FND2A	FND2B	FND2C	FND2D	FND2E	FND2F	FND2G	FND2DP	FND2Sel2	FND2Sel1
	C6	A6	B6	E7	E6	A5	A2	B5	A4	B4
FND1	FND1A	FND1B	FND1C	FND1D	FND1E	FND1F	FND1G	FND1DP	FND1Sel2	FND1Sel1
	C14	D14	D11	D12	A13	B13	A14	B14	E11	E10

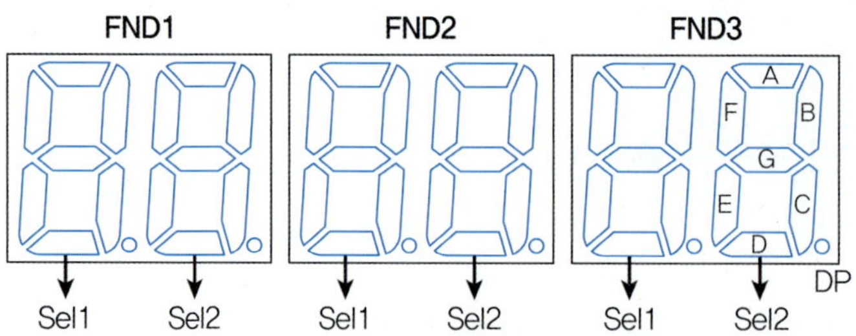

[그림 C-10] 2자리 7-세그먼트 FND 핀 배열

LED(D1~D7) 핀 할당

D1	D2	D3	D4	D5	D6	D7
A12	B12	A11	B11	C11	F10	F9

LED(D8~D15) 핀 할당

D8	D9	D10	D11	D12	D13	D14	D15
F11	A15	A10	B10	C9	D9	E9	A9

확장 포트(IO0~IO31) 핀 할당

IO0	IO1	IO2	IO3	IO4	IO5	IO6	IO7
N13	M12	L12	K12	N14	P15	P16	R16
IO8	**IO9**	**IO10**	**IO11**	**IO12**	**IO13**	**IO14**	**IO15**
K11	N16	N15	L14	L13	L16	L15	J11
IO16	**IO17**	**IO18**	**IO19**	**IO20**	**IO21**	**IO22**	**IO23**
K16	K15	J16	J15	J14	J12	J13	G16
IO24	**IO25**	**IO26**	**IO27**	**IO28**	**IO29**	**IO30**	**IO31**
G15	F13	G11	F15	B16	F14	D16	D15

확장 핀 번호

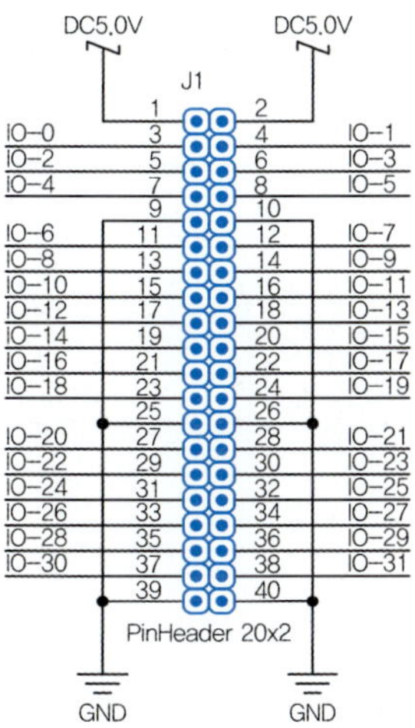

Oscillator : E16, E15

OSC	OSC
E16	E15

DIGCOM-XA1.1

[그림 C-11]은 DIGCOM-XA1.1에서 각 입출력 장치의 위치를 나타낸 것이다.

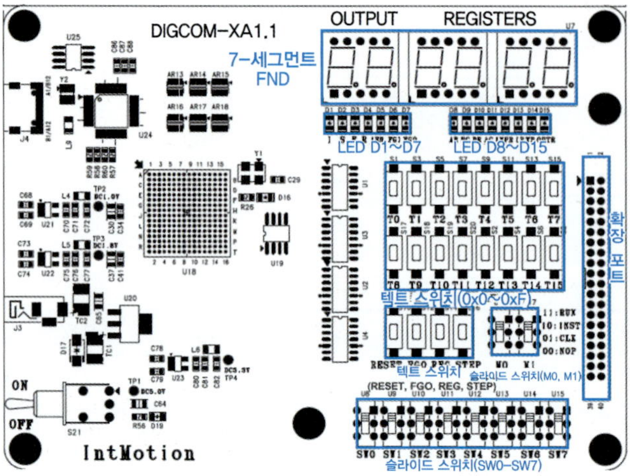

[그림 C-11] DIGCOM-XA1.1에서 사용하는 입출력 장치

각 입출력은 XC7A15T-1FTG256I FPGA에서 다음과 같이 핀이 할당되어 있다.

텍트 스위치(0x0~0xF) 핀 할당

0x0	0x1	0x2	0x3	0x4	0x5	0x6	0x7
B15	B16	C16	D14	C14	A15	H13	P15
0x8	0x9	0xA	0xB	0xC	0xD	0xE	0xF
N14	P13	T15	G12	R10	T10	N9	R8

텍트 스위치(RESET, FGO, REG, STEP) 핀 할당

RESET	FGO	REG	STEP
P4	P5	R5	P6

슬라이드 스위치(SW0~SW7) 핀 할당

SW0	SW1	SW2	SW3	SW4	SW5	SW6	SW7
J3	K2	K3	L2	M2	N3	N2	R2

슬라이드 스위치(M0, M1) 핀 할당

M0	M1
R3	P3

7-세그먼트(FND3~FND1) 핀 할당

FND3	FND3A	FND3B	FND3C	FND3D	FND3E	FND3F	FND3G	FND3DP	FND3Sel2	FND3Sel1
	D5	D11	B12	F15	D6	E6	D9	C11	C7	B7
FND2	FND2A	FND2B	FND2C	FND2D	FND2E	FND2F	FND2G	FND2DP	FND2Sel2	FND2Sel1
	D1	D4	C1	B1	B4	C3	C2	B2	H11	G11
FND1	FND1A	FND1B	FND1C	FND1D	FND1E	FND1F	FND1G	FND1DP	FND1Sel2	FND1Sel1
	D3	E2	E3	F2	C6	B6	B5	C4	G14	F13

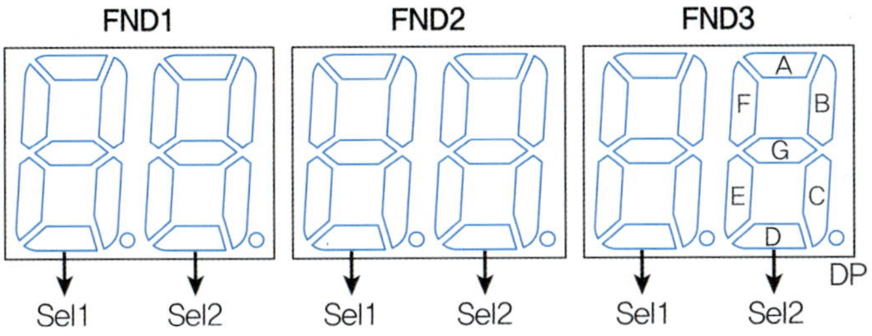

[그림 C-12] 2자리 7-세그먼트 FND 핀 배열

LED(D1~D7) 핀 할당

D1	D2	D3	D4	D5	D6	D7
C13	A12	C12	B11	B10	D10	B9

LED(D8~D15) 핀 할당

D8	D9	D10	D11	D12	D13	D14	D15
C9	D8	C8	A8	A13	D13	A14	B14

확장 포트(IO0~IO31) 핀 할당

IO0	IO1	IO2	IO3	IO4	IO5	IO6	IO7	IO8
R7	R6	N6	P8	P9	M6	P14	R15	H12
IO9	IO10	IO11	IO12	IO13	IO14	IO15	IO16	
M14	H14	H16	G15	F14	E13	E15	D15	

확장 핀 번호

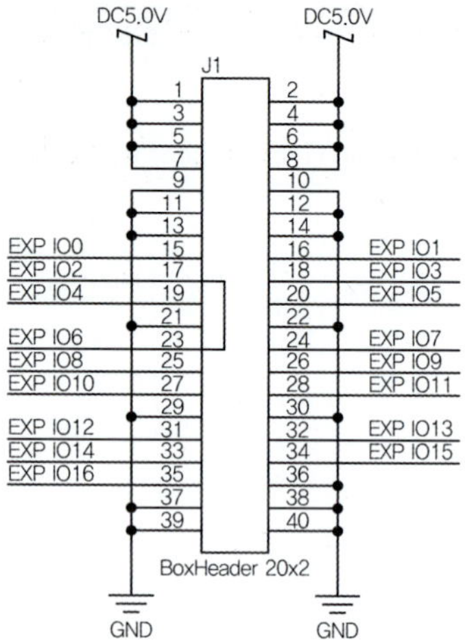

Oscillator : E12

OSC
E12

DIGCOM-AC1.3

[그림 C-13]은 DIGCOM-AC1.3에서 각 입출력 장치의 위치를 나타낸 것이다.

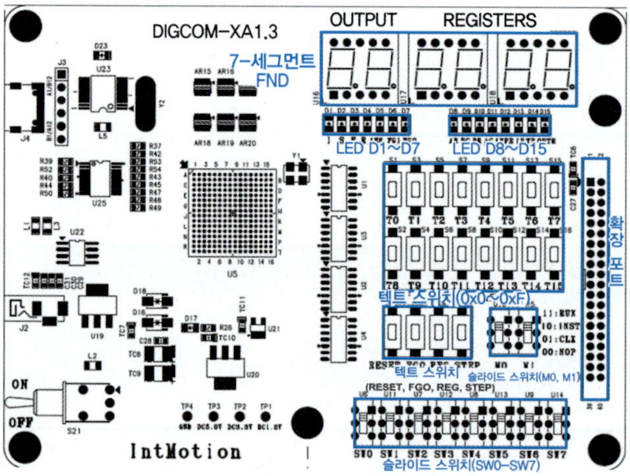

[그림 C-13] DIGCOM-AC1.3에서 사용하는 입출력 장치

각 입출력은 EP4CE6F17C8 FPGA에서 다음과 같이 핀이 할당되어 있다.

텍트 스위치(0x0~0Xf) 핀 할당

0x0	0x1	0x2	0x3	0x4	0x5	0x6	0x7
R3	P6	T2	R4	T4	T5	N6	M6
0x8	**0x9**	**0xA**	**0xB**	**0xC**	**0xD**	**0xE**	**0xF**
T3	M7	K8	R5	N5	R6	T6	L7

텍트 스위치(RESET, FGO, REG, STEP) 핀 할당

RESET	FGO	REG	STEP
M9	T10	N9	R10

슬라이드 스위치(SW0~SW7) 핀 할당

SW0	SW1	SW2	SW3	SW4	SW5	SW6	SW7
P9	P11	R13	T13	M10	N11	T14	T15

슬라이드 스위치(M0, M1) 핀 할당

M0	M1
R12	T12

7-세그먼트(FND3~FND1) 핀 할당

FND3	FND3A	FND3B	FND3C	FND3D	FND3E	FND3F	FND3G	FND3DP	FND3Sel2	FND3Sel1
	D14	D11	D12	A13	B13	A14	B14	E11	A12	E10
FND2	FND2A	FND2B	FND2C	FND2D	FND2E	FND2F	FND2G	FND2DP	FND2Sel2	FND2Sel1
	A2	B5	A4	B4	D5	D6	A3	B3	D3	C3
FND1	FND1A	FND1B	FND1C	FND1D	FND1E	FND1F	FND1G	FND1DP	FND1Sel2	FND1Sel1
	C8	D8	E8	F8	A7	B7	F6	F7	A6	C6

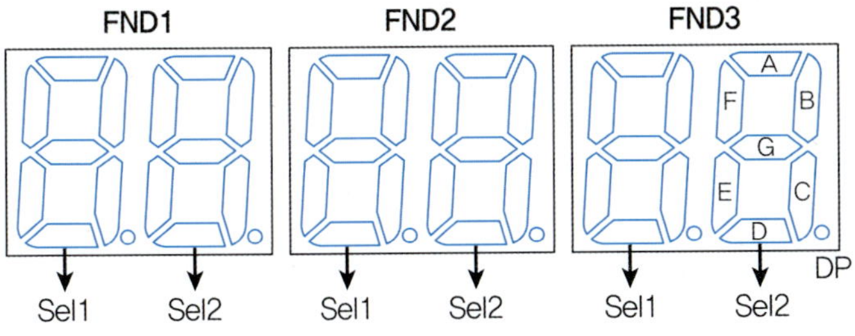

[그림 C-14] 2자리 7-세그먼트 FND 핀 배열

LED(D1~D7) 핀 할당

D1	D2	D3	D4	D5	D6	D7
B12	A11	B11	C11	F10	F9	F11

LED(D8~D15) 핀 할당

D8	D9	D10	D11	D12	D13	D14	D15
A15	A10	B10	C9	D9	E9	A9	B9

확장 포트(IO0~IO31) 핀 할당

IO0	IO1	IO2	IO3	IO4	IO5	IO6	IO7
N13	M12	L12	K12	N14	P15	P16	R16
IO8	IO9	IO10	IO11	IO12	IO13	IO14	IO15
K11	N16	N15	L14	L13	L16	L15	J11
IO16	IO17	IO18	IO19	IO20	IO21	IO22	IO23
K16	K15	J16	J15	J14	J12	J13	G15
IO24	IO25	IO26	IO27	IO28	IO29	IO30	IO31
F13	G11	F15	B16	F14	D16	D15	C16

확장 핀 번호

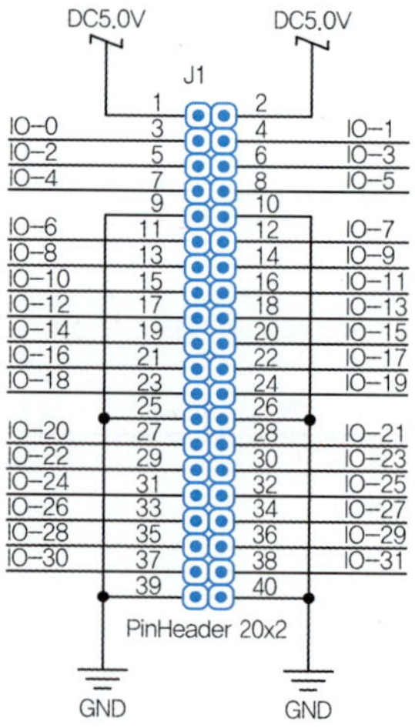

Oscillator : E16, E15

OSC	OSC
E16	E15

확장 실습 보드 인터페이스

KD1(스위치 매트릭스, 부저 사운드) 인터페이스

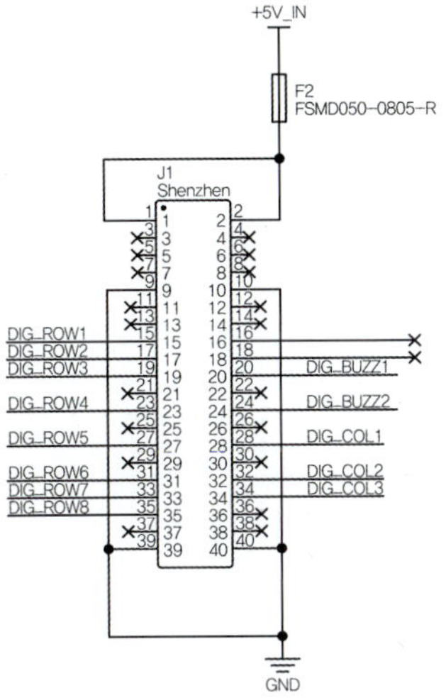

[그림 C-15] KD1(스위치 매트릭스, 부저 사운드) 인터페이스

[표 C-3] 실습 장치에 따른 신호 이름 및 동작

실습 장치	신호 이름	신호 동작
스위치 매트릭스	DIG_ROW1~DIG_ROW8	스위치 매트릭스 행(Row) 출력
	DIG_COL1~DIG_COL3	스위치 매트릭스 열(Column) 입력
부저 사운드	DIG_BUZZ1	발진회로 내장 부저 출력
	DIG_BUZZ1	발진회로 미내장 부저 출력

KD2(Text LCD) 인터페이스

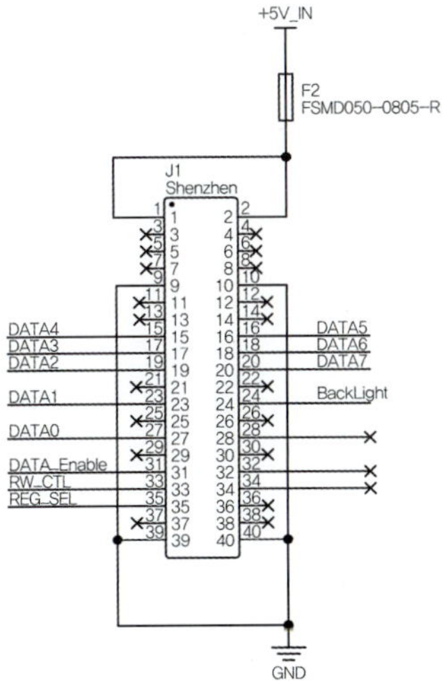

[그림 C-16] KD2(Text LCD) 인터페이스

[표 C-4] 실습 장치에 따른 신호 이름 및 동작

실습 장치	신호 이름	신호 동작
Text LCD	DATA0~DATA7	데이터 버스
	DATA_Enable	데이터 인에이블
	RW_CTL	읽기/쓰기 제어
	REG_SEL	레지스터 선택
	BackLight	LCD 백라이트

KD3(Dot Matrix) 인터페이스

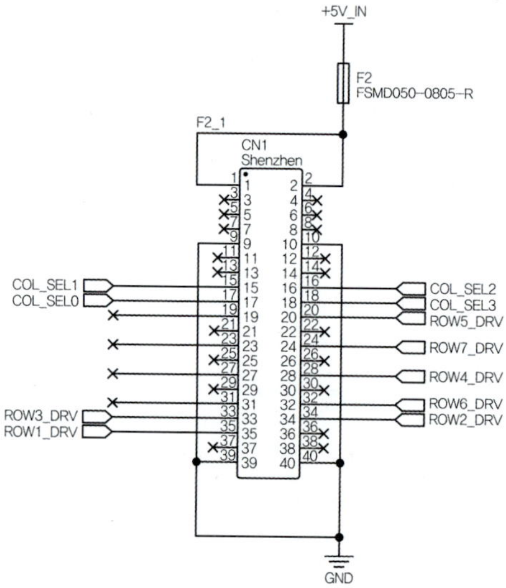

[그림 C-17] KD3(Dot Matrix) 인터페이스

[표 C-5] 실습 장치에 따른 신호 이름 및 동작

실습 장치	신호 이름	신호 동작
Dot Matrix	COL_SEL0~COL_SEL3	스캔 열 출력
	ROW1_DRV~ROW7_DRV	데이터 행 출력

KD4(스텝모터(L293D), 스텝모터(DRV8834), 서보모터) 인터페이스

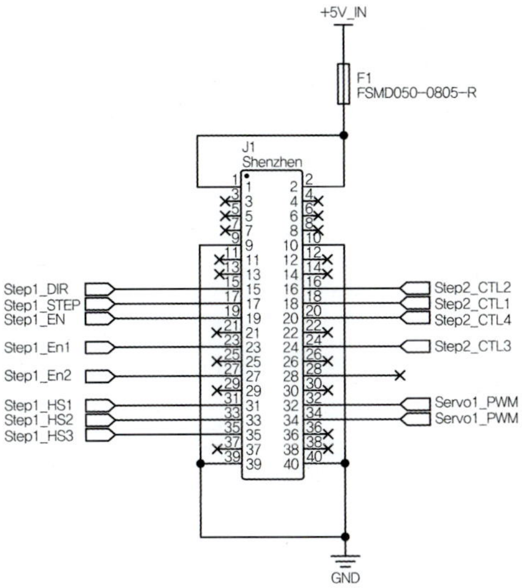

[그림 C-18] KD4(스텝모터(L293D), 스텝모터(DRV8834), 서보모터) 인터페이스

[표 C-6] 실습 장치에 따른 신호 이름 및 동작

실습 장치	신호 이름	신호 동작
스텝모터 (L293D)	Step2_CTL1~Step2_CTL4	스위칭 시퀀스, 속도 방향 제어
	Step2_En1, Step2_En2	L203D 드라이버 인에이블
스텝모터 (DRV8834)	Step1_DIR	모터 방향 제어
	Step1_STEP	모터 스텝 입력
	Step1_EN	DRV8834 드라이버 인에이블
	Step1_HS1~Step1_HS3	스텝 해상도 제어
서보모터	Servo1_PWM, Servo2_PWM	서보모터 출력

Index

숫 자